中国海上风电丛书

"十四五"时期国家重点出版物出版专项规划项目

国家出版基金项目
NATIONAL PUBLICATION FOUNDATION

RESEARCH ON DYNAMICS RESPONSE OF FLOATING WIND TURBINE FOUNDATIONS

漂浮式风电机组基础的运动响应研究

李炜 等 著

中国水利水电出版社
www.waterpub.com.cn
·北京·

内 容 提 要

本书是《中国海上风电丛书》之一，介绍漂浮式风电机组基础的运动响应研究的相关内容，主要包括海上风电发展概述、海上漂浮式风电发展概述、海上浮体的运动响应、海上浮体运动响应的频域计算方法、海上浮体运动响应的时域计算方法、南海风能资源开发水域的风浪环境、海上浮体运动的初始条件、典型漂浮式风电机组基础在南海海域的运动响应、典型漂浮式风电机组运动响应的时域全耦合数值模拟、现有漂浮式风电机组基础构型在南海的工作适应性讨论。

本书适合作为高等院校相关专业的教学参考用书，也适合从事海上风电相关专业技术与管理人员阅读参考。

图书在版编目（CIP）数据

漂浮式风电机组基础的运动响应研究 / 李炜等著. 北京 : 中国水利水电出版社, 2024. 12. -- (中国海上风电丛书). -- ISBN 978-7-5226-2948-3

Ⅰ. TM315

中国国家版本馆CIP数据核字第2025Z8Y117号

书　　名	中国海上风电丛书 **漂浮式风电机组基础的运动响应研究** PIAOFUSHI FENGDIAN JIZU JICHU DE YUNDONG XIANGYING YANJIU
作　　者	李炜　等著
出版发行	中国水利水电出版社 （北京市海淀区玉渊潭南路1号D座　100038） 网址：www.waterpub.com.cn E-mail：sales@mwr.gov.cn 电话：（010）68545888（营销中心）
经　　售	北京科水图书销售有限公司 电话：（010）68545874、63202643 全国各地新华书店和相关出版物销售网点
排　　版	中国水利水电出版社微机排版中心
印　　刷	北京印匠彩色印刷有限公司
规　　格	184mm×260mm　16开本　15.75印张　383千字
版　　次	2024年12月第1版　2024年12月第1次印刷
定　　价	**128.00元**

凡购买我社图书，如有缺页、倒页、脱页的，本社营销中心负责调换

版权所有·侵权必究

《中国海上风电丛书》
编委会

顾　　　　问　李华军

主　　　　任　戚海峰

副　　主　　任　姜贞强　王立忠

委　　　　员（按姓氏笔画排序）

于　龙　王小合　王其君　王树青　刘笑驰
孙长平　孙立刚　孙震洲　李孙伟　李　钢
李　炜　杨文斌　杨仲轩　杨建军　何　奔
汪明元　陈大江　陈　晴　陈瑶姬　国　振
易　侃　罗金平　郑向远　郑海村　赵生校
赵　岩　赵留园　胡晓清　郦洪柯　洪　义
秦　明　袁建平　陶建根　黄延琦　梁丙臣
韩　勃　熊　根

丛书主编　赵生校　李　炜　孙震洲

丛书总策划　李　莉　殷海军

主要参编单位（排名不分先后）

中国电建集团华东勘测设计研究院有限公司

清华大学深圳（国际）研究生院

浙江海风新能源科技发展有限公司

浙江省海洋风电发展有限公司

东方电气风电股份有限公司

浙江华东岩土勘察设计研究院有限公司

浙江华东测绘与工程安全技术有限公司

浙江工业大学

中国长江三峡集团有限公司科学技术研究院

国家海洋环境预报中心

中交第三航务工程局有限公司

国电象山海上风电有限公司

华电科工股份有限公司

西门子能源有限公司

天津大学

浙江大学

中国电力科学研究院有限公司

中海油能源发展股份有限公司清洁能源分公司

宁波海缆研究院工程有限公司

宁波天驰检测技术有限公司

本书编委会

主　　　编　李　炜

副　主　编　李孙伟

参编人员　易　乾　刘翊超　蔡青青　姜　坤　黎季康

　　　　　　黄海琴　张宝峰　乔　厚　赖踊卿　杨江浩

　　　　　　熊　根　高　山

主要参编单位（排名不分先后）

中国电建集团华东勘测设计研究院有限公司

浙江海风新能源科技发展有限公司

清华大学深圳（国际）研究生院

浙江省海洋风电发展有限公司

序

在全球气候治理与能源革命交织的新时代,海上风电作为清洁能源体系的重要支柱,正以前所未有的战略价值重塑全球能源版图。中国作为海洋大国与能源消费大国,肩负着推动绿色转型、引领技术创新的双重使命。在"双碳"目标指引下,海上风电不仅是突破资源约束、保障能源安全的关键路径,更是抢占国际科技制高点、构建全球合作新范式的重要载体。中国工程科技界以自主创新为锚,以产业协同为帆,在深远海风电领域实现了从"追赶者"到"领航者"的跨越,为全球能源可持续发展贡献了中国智慧。

近年来,中国海上风电发展势头强劲,成就举世瞩目。政策层面,《"十四五"海上风电高质量发展行动计划》擘画了深远海规模化开发的蓝图,国务院《关于深化能源革命推进绿色低碳发展的意见》进一步明确了打造世界级产业集群的路径。实践层面,我国海上风电累计装机容量已突破3500万千瓦,连续六年稳居全球首位,单机容量跨越20兆瓦门槛,漂浮式风机、超大型换流站等尖端技术从实验室走向工程化应用。这些突破不仅彰显了我国在高端装备制造与海洋工程领域的硬实力,更标志着海上风电产业正从"量的积累"迈向"质的飞跃"。

相较于陆上风电,深远海开发凭借风能密度高、消纳距离短、生态影响小等优势,成为能源转型的"深蓝引擎"。然而,其复杂性亦不容忽视:极端海洋环境考验装备可靠性,高盐雾腐蚀挑战运维体系,跨学科技术融合亟待突破成本与效率的平衡。如何构建全生命周期管理体系?如何实现核心装备自主可控?如何推动产业链上下游协同创新?这些问题既是行业痛点,亦是技术跃迁的契机。本丛书的编纂,正是以问题为导向,以实践为基石,系统梳理中国经验,为全球深远海开发提供系统性解决方案。

《中国海上风电丛书》覆盖资源评估、智能装备、柔性输电、运维管理等全产业链环节，既聚焦漂浮式基础、超大型机组等前沿技术，亦深入探讨规模化并网、降本增效等现实难题。丛书编写团队汇聚国内顶尖科研院所、龙头企业及权威专家，他们在国家重大科技专项中攻坚克难，在国际标准制定中发声亮剑，在标志性工程实践中积累经验。这些成果不仅是技术突破的结晶，更是产学研深度融合的典范，为行业树立了从"技术跟跑"到"生态引领"的标杆。

期待本丛书的问世，能够为全球海上风电行业注入新动能。一方面，推动关键技术标准化与智能化，助力中国企业深度参与国际竞争；另一方面，培育跨界复合型人才，构建开放共享的创新生态。未来，随着深远海资源的加速开发，海上风电必将成为联通能源安全、经济增长与生态保护的桥梁，为人类可持续发展书写新的篇章。

李华军

2024 年 9 月

丛书前言

随着全球能源结构加速向清洁化、低碳化转型，海上风电已成为推动能源革命、实现"双碳"目标的核心领域之一。海上风电是风电领域的前沿引领技术，作为技术密集型产业，海上风电不仅关乎国家能源安全与产业链自主可控，更是国际科技竞争与合作的重要抓手。中国通过突破关键核心技术、完善本土化产业链，正逐步摆脱对传统能源的依赖，并在全球绿色产业竞争中占据主动，为构建新型国际能源合作格局提供中国方案。

中国始终将海上风电置于能源转型的核心位置。2023年，国家能源局发布《"十四五"海上风电高质量发展行动计划》，明确提出"加快深远海风电规模化开发，推进漂浮式风机、超大型海上换流站等前沿技术示范应用，力争到2025年深远海风电装机容量突破1000万千瓦"。2024年，国务院印发《关于深化能源革命推进绿色低碳发展的意见》，进一步强调"以深远海风电为突破口，打造世界级海上风电产业集群，强化海洋工程装备自主创新"。截至2024年年底，我国海上风电累计装机容量超4127万千瓦，连续六年稳居全球首位，其中深远海项目占比显著提升，单机容量16~18兆瓦级风电机组实现商业化应用，标志着我国海上风电已从"规模化"迈向"高端化"，成为全球海上风电技术创新的策源地。2022年起海上风电无国家补贴，实行以不高于火电标杆电价进行竞争性配置，逐步实现市场化竞价上网，2030年中国海上风电装机容量将突破1亿千瓦，实现高质量发展。

相较于陆上风电，海上风电开发具有无可替代的独特优势：海洋风能资源密度更高、分布更广，年等效满负荷利用小时数显著提升；远海区域风速稳定、湍流小，可大幅提高发电效率；沿海地区经济发达、电力需求旺盛，就近消纳可有效降低输电损耗。此外，深远海风电开发可规避陆上土地资源紧张、生态保护矛盾等限制，为能源结构转型开辟更广阔的空间。然而，其开发亦面临强台风、深远海波浪流、复杂地质和强腐蚀等严苛海洋环境，工程技术难度大、建设成本高昂、运维挑战突出等瓶颈。如何突破关键技术壁垒，构建标准化、智能化、全生命周期的技术标准和管理体系，推动海上风电开发建设向深远海发展，实现风能资源高效开发与产业协同，是当前亟需解决的核心问题。在此背景下，《中国海上风电丛书》应运而生。本丛书立足国家战略需求与行业痛点，系统总结国内外海上风电工程实践经验，深度融合前沿技术研究成果，旨在为行业提供科学、规范、国际化的理论支撑与解决方案。

《中国海上风电丛书》共计 19 个分册，聚焦深远海资源开发、工程勘测与设计、新型基础结构优化、高压交流和柔性直流输电技术突破、智能化施工装备研发、全生命周期运维体系构建等核心领域，涵盖从资源评估、装备制造、工程建设到智慧运维的全产业链技术体系，着力攻克深远海环境适应性、大规模并网消纳、降本增效等关键难题，为海上风电规模化、高端化、国际化发展提供系统性技术支撑。

本丛书由国内海上风电领域顶尖科研院所、大学、龙头企业及行业权威专家联合编写。参编单位包括承担国家重大科技专项的领军企业、主导国际标准制定的科研机构，以及深度参与多项标志性海上风电工程的技术团队。编写团队不仅拥有丰富的理论积淀与工程实践经验，更在漂浮式风电机组、超大型海上换流站等"卡脖子"技术领域实现突破，主导编制了多项国家及行业标准，是推动中国海上风电从"跟跑"到"领跑"的核心力量。

期待本丛书的出版，能够推动我国海上风电行业技术创新、管理升级与人才培育，为我国能源结构转型与全球气候治理目标的实现注入强劲动力！

由于编者水平有限，丛书中的不足之处恳请广大读者批评指正！

2024 年 9 月

本书前言

自工业化革命之后的全球变暖趋势和日益显著的气候变化所造成的自然环境恶化使人们清醒地认识到，化石燃料的过度消耗将对生态与环境造成难以弥补的破坏与污染，最终导致地球这一唯一适合人类生存的家园的破坏。唯有寻求清洁、安全与稳定的可再生能源才能保证人类社会的可持续发展。因此，越来越多的国家将碳中和上升为国家战略，提出了零碳未来的愿景。作为世界上最大的发展中国家，我国也不例外地将"双碳"列为国家长期发展目标。2020年9月22日，习近平总书记在第七十五届联合国大会一般性辩论上宣布："中国将提高国家自主贡献力度，采取更加有力的政策和措施，二氧化碳排放力争于2030年前达到峰值，努力争取2060年前实现碳中和。"碳达峰、碳中和的目标愿景是党中央基于我国可持续发展的内在要求和构建人类命运共同体的责任担当，经过深思熟虑做出的重大战略部署，可再生能源替代化石能源是实现"双碳"目标的主导方向。"十三五"时期，我国水电、风电、光伏发电等可再生能装机规模等多项指标保持世界第一。其中，风电产业由于相对成熟的技术和广阔的市场容量，成为可再生能源产业中的"领头羊"。相比于陆上风能资源，海上风能具备资源更加丰富、稳定度更好、对周边居民的生产生活影响更小等诸多优势。根据全球风能理事会发布的《2022全球海上风电报告》，预计截至2031年全球海上风电累计装机容量将达到3.7亿kW，与国际可再生能源署设定的发展目标（2030年达到3.8亿kW）已经很接近。

随着海上风电市场的不断发展以及世界各国对沿岸环境保护的日益重视，海上风电开发向深远海转移是一个不可回避的趋势。深海环境对海上风电机组的设计、制造和安装提出了新的挑战。传统的固定式海上风电机组基础型式在水深超过80m的海域并非是经济最优的选择，而漂浮式风电基础有望成为面向深水的主流风电机组基础构型。在此趋势指引下，本书旨在介绍应用于深远海的漂浮式风电技术，从漂浮式风电技术发展的历史，主流漂浮式风电机组基础结构型式，漂浮式风电机组基础的运动响应计算方法和结构设计要点出发，重点研究了能够运用在我国南海的漂浮式风电机组基础构型。特别针对主流的半潜式、立柱式，以及驳船式漂浮式风电机组基础构型在南海一般风浪和台风海况下的运动和动力响应进行了讨论，分析其优势和劣势，讨论了各类型漂浮式风电机组基础未来的发展方向，以期为海上风电领域，特别是漂浮式风电机组基础设计领域的专业技术人员提供参考。相关研究成果也可为我国其他海域的海上漂浮式风电基础选型与设计提供参考。

本书为《中国海上风电丛书》之一，由李炜策划，任主编，李孙伟副教授任副主编。本书共分11章：第1章主要介绍海上风电发展概况；第2章主要介绍海上漂浮式风电发展概况；第3章主要介绍海上浮体的运动响应；第4章主要介绍海上浮体运动响应的频域计算方法；第5章主要介绍海上浮体运动响应的时域计算方法；第6章主要介绍南海风能资源开发水域的风浪环境；第7章主要介绍海上浮体运动的初始条件；第8章主要介绍典型漂浮式风电机组基础在南海海域的运动响应；第9章主要介绍典型漂浮式风电机组运动响应的时域全耦合数值模拟；第10章主要介绍和讨论现有漂浮式风电机组基础构型在南海的工作适应性；第11章主要提出未来漂浮式风电机组基础结构型式的展望和建议。

本书第1章主要由李炜、蔡青青、杨江浩、黄海琴、乔厚编撰，第2章主要由姜坤编撰，第3章主要由李孙伟编撰，第4章主要由易乾、李炜、乔厚编撰，第5章主要由李孙伟、刘翊超编撰，第6章主要由刘翊超编撰，第7、第8章主要由李炜、易乾、赖踊卿编撰，第9章主要由李孙伟、刘翊超编撰，第10章主要由李孙伟、黎季康、李炜编撰，第11章主要由李炜、李孙伟、黎季康、熊根、高山、张宝峰编撰。

本书在编写过程中得到清华大学深圳（国际）研究生院、中国水利水电出版社有限公司、浙江省海洋风电发展有限公司、浙江海风新能源科技发展有限公司的大力支持，同时参阅了国内外大量优秀的风电领域技术资料，编者在此表示衷心感谢！对本书中列举的和没有列举的文献作者们表示感谢和敬意！

由于编者水平有限，尽管付出了很大的努力，但是疏漏与不尽如人意之处在所难免，恳请读者给予批评指正。

2024年9月

序
丛书前言
本书前言

第1章 海上风电发展概述 ... 1
1.1 海上新能源发展概况 ... 2
1.2 海上风电发展现状 ... 5
1.3 我国海上风电行业发展趋势 ... 9
1.4 我国海上风电发展的主要挑战 ... 10
参考文献 ... 12

第2章 海上漂浮式风电发展概述 ... 13
2.1 漂浮式风电机组发展概况 ... 13
2.2 漂浮式基础的运用现状 ... 18
2.3 主要漂浮式风电机组基础的构型和布置 ... 31
参考文献 ... 39

第3章 海上浮体的运动响应 ... 42
3.1 海洋动力环境荷载 ... 42
3.2 单自由度系统结构动力响应 ... 49
3.3 多自由度系统结构动力响应 ... 57
3.4 结构动力随机响应 ... 65
参考文献 ... 68

第4章 海上浮体运动响应的频域计算方法 ... 70
4.1 波浪荷载的周期性和频域特征 ... 70
4.2 波浪荷载的计算 ... 76
4.3 海上浮体运动响应预测的频域转换 ... 84
参考文献 ... 89

第5章 海上浮体运动响应的时域计算方法 ... 91
- 5.1 海洋动力荷载的时间序列 ... 91
- 5.2 计算流体动力学模拟 ... 97
- 5.3 湍流模型 ... 104
- 5.4 控制方程的离散化 ... 107
- 5.5 流场数值计算 ... 111
- 参考文献 ... 113

第6章 南海风能资源开发水域的风浪环境 ... 115
- 6.1 理论模型 ... 116
- 6.2 WRF-SWAN 联合数值模拟 ... 119
- 6.3 工程模型 ... 133
- 参考文献 ... 142

第7章 海上浮体运动的初始条件 ... 145
- 7.1 初始条件对海上浮体的运动响应的影响 ... 145
- 7.2 频域和时域解算中的初始条件处理 ... 146
- 7.3 FAST 风电机组模拟软件 ... 149
- 7.4 WAMIT 水动力计算软件 ... 150
- 7.5 海上浮体运动响应的频域计算 ... 152
- 参考文献 ... 154

第8章 典型漂浮式风电机组基础在南海海域的运动响应 ... 155
- 8.1 OC3-Hywind 单立柱式漂浮式风电机组基础的运动响应 ... 155
- 8.2 OC4-DeepCwind 半潜式漂浮式风电机组基础的运动响应 ... 167
- 8.3 ITI-Energy 驳船式漂浮式风电机组基础的运动响应 ... 181
- 参考文献 ... 190

第9章 典型漂浮式风电机组运动响应的时域全耦合数值模拟 ... 192
- 9.1 Hywind 单立柱式漂浮式风电机组的数值建模 ... 192
- 9.2 基于虚拟体积力的风浪边界条件调整 ... 197
- 9.3 计算案例 ... 204
- 9.4 漂浮式风电机组的运动学行为 ... 206
- 参考文献 ... 215

第10章 现有漂浮式风电机组基础构型在南海的工作适应性讨论 ... 218
- 10.1 单立柱式漂浮式风电机组基础的南海工作适应性 ... 219
- 10.2 半潜式漂浮式风电机组基础的南海工作适应性 ... 222
- 10.3 驳船式漂浮式风电机组基础的南海工作适应性 ... 225
- 参考文献 ... 227

第 11 章　结论	229
11.1　单立柱式漂浮式风电机组基础	231
11.2　半潜式漂浮式风电机组基础	231
11.3　驳船式漂浮式风电机组基础	232
11.4　未来漂浮式风电机组基础结构型式的发展方向	233
参考文献	235

第1章
海上风电发展概述

2020年9月22日，习近平主席在联合国大会一般性辩论上郑重宣布，中国将力争在2030年前实现二氧化碳排放达到峰值，并努力在2060年前实现碳中和。这一重大承诺标志着我国正式提出了实现碳达峰、碳中和的目标，这将对未来20~30年我国经济社会发展产生深远影响，并成为我国未来能源产业发展的基本参考框架。随着世界能源转型从传统的不可再生的石化能源向以可再生能源为核心的多种能源形式并举的格局转变，发展清洁能源已成为国际社会的普遍共识[1]。据统计，截至2023年9月，全球已有150多个国家提出了未来实现温室气体净零排放或实现碳中和的愿景目标和实现时间表。这表明，实现碳达峰、碳中和已经成为全球各国的共同责任和使命。我国作为全球最大的温室气体排放国家之一，其减排行动将对这一目标的实现及全球气候变化产生重大影响。党和政府高度重视碳达峰、碳中和的承诺，并将其纳入国家整体发展战略中。为实现这一目标，我国已采取一系列强有力的措施，包括大力发展和推广清洁能源、优化产业结构、提高能源利用效率等[2]。这些措施的实施将有助于推动我国经济的绿色转型和可持续发展，同时也将对全球气候变化产生积极的影响。

"双碳"目标的提出以及明确时间表的制定为我国能源产业，特别是可再生能源产业的发展提供了一个确定性的路径，是我国未来能源产业发展的重大政策依据。同时，在全社会共同推进"双碳"目标实现的大背景下，能源行业的转型迎来以可再生能源为主体的市场爆发。在多种多样的可再生能源之中，海上风电是可见的清洁能源发展的重要方向[3]。我国拥有丰富的海上风能资源[4]，且海上风能在东部沿海省份就地消纳具有先天的地理优势条件。因时、因地、因基础条件制宜利用我国近海和深远海的丰沛风能资源，科学有效发展海上风电，对于促进我国东南沿海发达地区社会经济的协调发展，进而推动我国经济发展引擎的驱动方式转变具有重要的作用。因此，开发海上风电能够加快我国能源转型进程，助力我国"双碳"目标的实现。

自2021年我国海上风电累计装机容量超越英国成为全球海上风电装机规模最大的国家以来，我国海上风电装机规模领先优势持续扩大。截至2023年年底，我国海上风电累计装机容量约3729万kW（37.29GW）。从能源结构看，2023年我国风电累计装机容量达 4.4 亿 kW（440GW），其中海上风电占全国风电装机容量的 8.47%[5]，这样的占比说明我国海上风电行业的发展前景十分广阔，无论是从产业投资上，还是技术开发上都有巨大的增长空间。随着海上风电发电和输送电技术的不断成熟，海上风电经济技术开发区域逐步扩大。按照现有的海上风电发展规划，规划总规模在 3 亿 kW（300GW）以上。"十四五"期间我国海上风电新增装机预计将超过 5000 万 kW（50GW），"十五五"期间将会是我国海上风电发展的高速增长期。我国海上风电的规模化开发，也将是培育海上风电产业链本土化、集群化的大好机遇。

放眼全球，以海上风电为代表的全球清洁能源产业是未来能源转型和人类社会经济全面健康发展的趋势和方向。根据全球风能协会（GWEC）发布的《全球风能报告 2024》，截至 2023 年年底，全球海上风电总装机容量达 75.2GW；预计未来五年（2024—2028 年），海上风电新增装机容量将超过 130GW，到 2028 年年底，海上风电总装机容量将达到 213GW[6]。

1.1 海上新能源发展概况

海上新能源的开发是全球范围内应对气候挑战，实现经济社会可持续发展的重要手段。随着海洋资源开发不断向深海和远海推进，海上新能源开发也逐渐向深远海进军。在海上新能源领域，我国已经取得了一些重要进展。政府和企业加大了对海上新能源开发的投入，积极推动海上风能、海洋能等新能源的开发和建设。海上新能源的开发对于我国实现可持续发展具有重要意义。它不仅可以减少碳排放，保护环境，还可以创造就业机会，促进经济发展；同时，还可以提高我国在新能源领域的国际竞争力，为未来的能源战略奠定基础。

1.1.1 新能源简述

新能源指除传统化石能源外的各种非常规能源，特别是基于新技术进行开发利用的可再生能源。当前的主流语境中，新能源按照其能源来源和形式主要分为太阳能、风能、核能等[7]。这些新能源的开发主要依赖于目前能源利用技术的进步和政策调整。自工业革命以来，以石油和天然气为代表的传统化石能源支撑了人类近 200 年的高速发展，实现了工业革命对农业革命的碾压式赶超。传统化石能源是由远古时期的动植物残骸在长期地质作用下转化而来，储量有限且使用过程中容易造成环境污染[8]。在能源和环境危机日益加剧的情况下，以风能、太阳能、核能等为代表的新能源的出现以及新能源开发技术的不断进步使其取代传统化石能源成为可能。另外，温室气体排放会造成气候变化逐渐成为国际社会的普遍共识，以 CO_2 为主的温室气体造成的气候变化和环境恶化对人类的长期生存提出了严峻挑战[9]。因此，不断开发和利用新能源是解决当前全球经济和环境发展危机的关键。

1. 新能源开发利用的优点

从目前新能源开发利用的状况来看，新能源相比传统化石能源具有以下显著特点[10]：

（1）资源储量非常丰富，人类可长时间、可持续开发利用。

（2）开发和利用新能源不会产生大量的碳排放，从现有认知看，对全球升温和气候变化造成的影响较小。

（3）新能源从陆地到海上都能进行具有商业价值的工程开发，因此在规模与布局上有灵活开发的可能。

2. 新能源开发利用的问题

新能源开发利用过程中还存在以下问题[11]：

（1）新能源并网发电造成的电量波动问题还未找到成熟的解决方案。例如，不同地区、不同时节的风能、太阳能供应很容易出现波动，且难以控制其并网发电的波动性，造成一部分新能源的电量无法直接并网，需要通过电化学储能、抽水蓄能等技术实现中继。

（2）新能源的能量密度较低，一般来说开发利用装备的占地面积较大，对东南沿海发达地区来说开发经济成本较高。例如，开发利用太阳能需要大面积的场地和设备，故以深圳和上海为代表的人口和工业密集的大城市付出的成本太大。

（3）新能源的开发利用中为设备和技术支付的成本仍高于传统化石能源。这一方面说明现有的新能源开发的整体成本暂时高于以石油为代表的传统化石能源；另一方面也揭示出新能源开发的成本仍有下降空间。事实上，近几年风能、太阳能等新能源技术水平不断提升，设备成本大幅降低，新能源发电的经济成本已显著降低。

1.1.2 我国能源革命的紧迫性

改革开放以来，随着经济社会的快速发展，我国经济总量已在世界范围内居于前列。2010年，我国国内生产总值（GDP）正式超过日本，位列世界第二，并保持至今，占世界经济总量比重逐年上升。为适应经济社会快速发展需要，我国推进能源全面、协调、可持续发展，成为世界上最大的能源生产和消费国。在我国能源行业取得举世瞩目成就、能源全面开发利用的同时，传统化石能源资源日益枯竭，生态环境问题突出，向清洁能源转型、提高能源利用效率和降低环境污染的压力越来越大，能源发展面临着诸多严峻挑战。

1. 能源转化和利用效率低

进入21世纪以来，我国能源消费总量快速增长，根据国家发展改革委发布的数据，2023年全国能源消费总量为57.2亿t标准煤。在能源消费总量增长的同时，能源消费结构也在不断优化，我国单位国内生产总值（GDP）能耗从1978年的15.66t标准煤/万元下降到2023年的0.45t标准煤/万元。但是相比世界平均水平，我国单位国内生产总值能耗仍然较高。在促进经济增长的"三驾马车"中，我国长期依靠投资和出口促进经济总值的增长。由于相比终端消费，投资和出口需要大量的工业产品，造成我国经济结构中高能耗产业的发展规模较之欧美等发达国家规模占比都高。从单位国内生产总值能耗情况看，我国存在着能源转化和利用效率偏低、能源高效利用技术不够先进、向低碳清洁能源转型的发展不平衡、能源优质化利用程度不高等问题。

2. 碳减排形势严峻

我国存在明显的"富煤、贫油、少气"的能源分布特征，煤炭在总体能源消耗中占据重要的地位。2023年我国煤炭消费量占能源消费总量的55.3%。随着经济社会的发展以及能源技术的进步，近年来我国非化石能源消费比重有所增长，2023年占比为26.4%。

虽然近年来我国非化石能源消费占比已经有了显著的上升，但是碳减排任务的实现仍然任重道远。2023年全球与能源相关的二氧化碳排放量为374亿t，我国二氧化碳排放量位于全球第一，排放量为12.6亿t，占全球二氧化碳排放量的35%。2020年9月22日，中国国家主席习近平在第七十五届联合国大会一般性辩论上宣布："中国将提高国家自主贡献力度，采取更加有力的政策和措施，二氧化碳排放力争于2030年前达到峰值，努力争取2060年前实现碳中和。"根据我国制定的碳达峰和碳中和实现路径以及未来单位国内生产总值的温室气体排放目标，未来能源行业的二次技术突破和新型用能技术的普及压力巨大，形势非常严峻。

3. 对外能源依赖程度高

我国化石能源的储采比非常低，远低于世界平均水平。2019年我国石油、天然气、煤炭的储采比分别为18.7年、47.3年和37年。同一时间，世界范围石油、天然气、煤炭平均储采比为49.9年、49.8年和132年[12]。从上述数据可以看出，我国石油储采比仅为世界平均水平的约1/3，煤炭仅为世界平均水平的约1/4。与此相应的，我国2017年正式超过美国成为全球第一大石油进口国。根据《2023年国内外油气行业发展报告》，我国2023年石油消费量达7.56亿t，原油产量达2.08亿t，原油进口量达5.6亿t，对外依存度高达72.9%；同时自2018年起，我国成为世界上最大天然气进口国，我国2023年天然气消费量为3917亿m³，天然气产量为2353亿m³，天然气进口量达1656亿m³，对外依存度超40%。随着世界政治格局的变化，各国对能源资源的需求潜力增大，资源市场的竞争逐渐加剧，我国能源安全形势存在很大的隐患。

4. 能源开发技术创新能力不足

科技是带动经济增长和社会发展的根本，也彰显了一个国家的核心竞争力。相比于传统的化石能源开发利用产业，新能源产业属于新兴技术密集型产业，现阶段仍存在许多关键技术诸如出力预测、电力控制系统、电力设备等需要攻克。另外，新能源发电容易受极端天气等影响，需从极限荷载、运行维护技术等角度突破技术壁垒，实现安全可靠运行。

1.1.3 海上新能源发展战略

面对能源短缺、环境污染等全人类所共同面临的挑战，世界范围内已经形成了开发利用可再生清洁能源的浪潮。具体到我国的新能源发展战略的制定，需要从能源储量和用量的空间分布这一基本国情出发。事实上，我国能源的分布和需求并不对等，资源上（包括新能源资源）"西富东贫、北多南少"，需求上恰恰相反[13]。在各种新能源形式中，风电与光伏发电的发展一骑绝尘，是首先实现大规模商业化开发的新能源形式。由于核电的种种安全问题和挑战，核电运用的普及程度远不及风电等产业。首先，风电在所有新能源形式中与核电和太阳能发电类似，具有较高的技术成熟度和商业运营经验；其次，风电的度电成本在各种新能源形式中最为低廉，适合进行大规模的开发运用。我国海上风能资源丰富，同时具有运行效率高、就地消纳方便、适宜大规模开发等特点，因此成为我国大力发展可再生能源的必然选择。"十四五"期间，各省份相继出台新的海上风电发展规划，海上风电规模将会大幅提升，海上风电进入新的发展时期。

1.2 海上风电发展现状

过去 20 多年来,随着全球能源、资源和环境问题的日益显著,特别是全球气候变化成为从各国政府到社会各界的基本共识,风能特别是海上风电受到世界各国政府和产业界的高度重视。风电行业在各国政策制定人员和从业专业人员的共同努力下成为当前世界范围内发展速度最快的可再生能源形式之一。在环境保护形势日益严峻和海洋资源丰富且可循环利用的情况下,中国、欧洲多个国家已建立了多个海上风电场而且规模巨大。

1.2.1 全球海上风电发展现状

根据全球风能协会(GWEC)的统计,2023 年全球海上风电新增装机容量达到 10.8GW,成为继 2021 年创纪录的最大增量后的历史第二高位。截至 2023 年年底,全球海上风电总装机容量达 75.2GW,遍布三大洲 19 个国家,占全球风电装机容量的 7.3%。全球海上风电历年新增装机容量如图 1.1 所示。

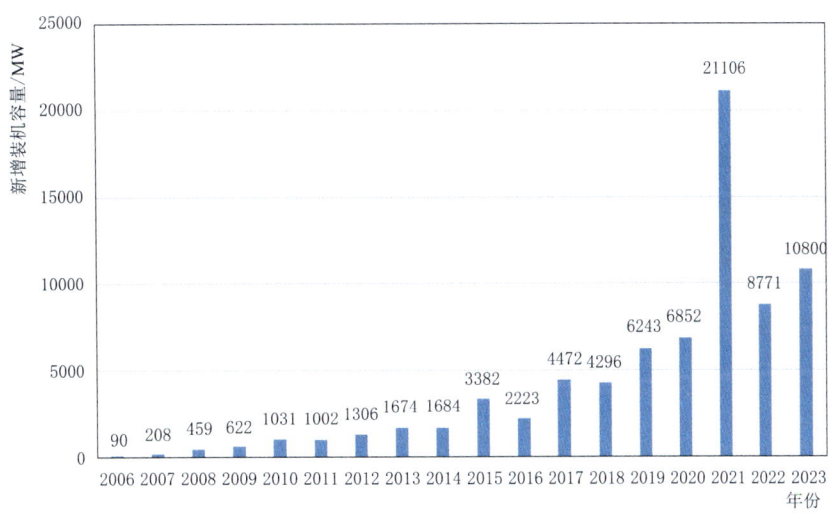

图 1.1 全球海上风电历年新增装机容量

2023 年,中国海上风电新增装机容量达到 702.5 万 kW(7.0GW),占全球新增装机总量的 65%〔其中,中国台湾新增装机容量为 69.2 万 kW(0.69GW),全球占比 6%〕。其他国家和地区新增装机容量占比分别为:荷兰占比 18%,英国占比 8%,法国占比 3%,丹麦占比 3% 等,如图 1.2 所示。

截至 2023 年年底,全球海上风电装机总量为 75.2GW。中国是全球海上风电累计装机规模最大的国家,累计装机规模为 39.9GW,占全球总规模的 53%(其中,中国台湾累计装机 2.1GW,全球占比 3%)。英国是全球海上风电装机第二大国,占全球总规模的 20%,随后为德国、荷兰和丹麦,如图 1.3 所示。

随着碳中和成为国际社会未来能源发展的主要目标,新能源在能源消费中的占比会日渐增大。而在各种新能源形式中,海上风电是资源潜力巨大、技术较为成熟的可再生能源，商业化运营也较为完善，在实现"双碳"目标和的路径上有重要作用。现阶段，世界海上风电发展主要呈现以下特点：

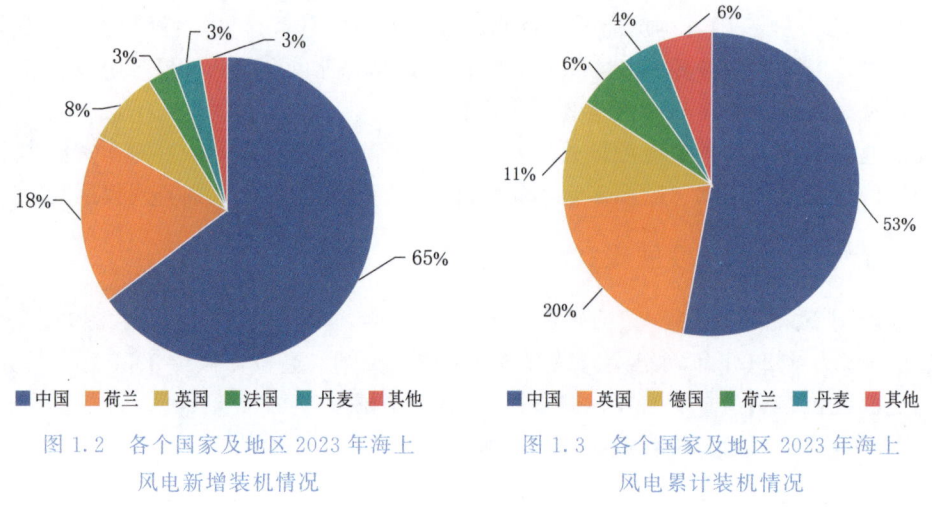

图 1.2　各个国家及地区 2023 年海上风电新增装机情况

图 1.3　各个国家及地区 2023 年海上风电累计装机情况

（1）离岸距离和涉水深度增加。2007 年之前，欧洲海上风电场多分布在离岸 10km 以内的海域，随着海上安装技术的提高，海上风电场呈现离岸越来越远的趋势。目前已经建成并网的固定式基础海上风电场的平均离岸距离为 43.3km，英国 Moray 等海上风电场最远已经突破 100km，平均水深为 27.1m，最深已经突破 60m[14]。以挪威 Hywind 风电机组为代表的海上漂浮式风电机组的适应水深更是达到了接近 300m[15]。

（2）开发成本持续快速下降。受技术进步及规模扩大的影响，十余年全球海上风电度电成本下降超过 60%。全球海上风电项目度电成本由 2010 年的 0.197 美元/kWh（约合人民币 1.34 元/kWh），降至 2022 年的 0.081 美元/kWh（约合人民币 0.52 元/kWh），下降了 61.3%。2022 年欧洲海上风电项目度电成本降至 0.074 美元/kWh，较 2010 年下降了 65.2%。

（3）风电机组容量日趋大型化。海上风电单机容量逐年上升，2017 年丹麦维斯塔斯公司单机容量 9.5MW 海上风电机组下线；西门子、通用电气目前具备 15MW 海上风电机组生产能力。金风科技 16MW 的海上风电机组于 2023 年 6 月在福建平潭成功并网发电，该风电机组为当时已吊装的全球单机容量最大、风轮直径最大的海上风电机组。考虑到海上风电机组的整体维护成本和电量可调节性的便利，未来海上风电机组的容量整体趋势仍然是增大的。按照预测，目前海上风电机组单机容量的峰值可能在 30MW 左右，现今风电机组技术仍然有很大的进步空间。

（4）机组运维成本依然较高。海上风电投运情况整体良好，一般采用高立柱、大叶片的大容量海上风电机组，其年利用小时数可达 4000～4500h，稳定运行时间相对于陆上风电和其他新能源发电方式有显著的优势。一般来说，在合适的海域，海上风电机组的年均稳定发电时间占比达到了接近 60% 的上限，从经济角度考虑是非常高效的。但海上风电机组故障率高，维修量大，受复杂气象影响大，安全风险大，运维成本高。海上风电机组的运维需要专业船只和专业团队，根据现场实际情况在海上拟定维护方案再予以执行。因此，每次运维航次都需要进行周全的准备。随着海上风电向智能化、远程化、规模化方向发展，海上风电机组运维成本有望降低。实际上，目前智能化运维技术研发的一个重要诱因就是推动海上风电整体成本的进一步下降。

发展海上风电，是推动全球能源向清洁低碳转型的关键环节。从能源发展态势看，全球能源格局正经历变动调整，新能源逐步代替传统化石能源，各国正加快推动能源转型。发展海上风电，符合清洁低碳的能源发展趋势和方向。从资源角度看，海上风能资源丰富，约占全球可再生能源储量的16%，海上风电具备规模化开发、满足新型清洁主体能源开发利用的资源条件；从技术层面看，海上风电具有依赖先进高效技术的特点，大容量海上风电机组研制、海底电缆输电等关键技术是海上风电开发技术降低风险的保证，这些关键技术的发展和突破决定了海上风电具备规模化开发的技术保障；从开发成本来看，近年来海上风电开发成本快速下降，在欧洲、亚洲和美洲都已经基本实现了不依靠政府补贴的市场生存。中国的海上风电发展迅速，于2022年进入平价时代，取消对新标准项目的补贴。风电机组制造技术、海上安装技术、运行维护技术以及海域综合利用技术已取得重大突破，海上风电的成本进一步降低，规模化开发正在走向深远海。

1.2.2 国内海上风电发展现状

2007年11月，中海油绥中36-1钻井平台试验机组（1.5MW）的建成运行标志着我国海上风电的正式起步。2009年1月，国家发展改革委、能源局正式启动了沿海地区海上风电的规划工作。2010年6月，中国第一、亚洲第一个海上风电场——上海东海大桥100MW海上风电场示范工程并网发电，标志着我国基本掌握了海上风电的工程建设技术，为今后大规模发展海上风电积累了经验。在相关政策的大力推动下，萌芽示范阶段我国海上风电场建设取得突破性进展，到2013年年底，我国已陆续完成的海上风电项目共有17个。2016年起，中国海上风电加速发展，装机规模逐年递增。截至2023年年底，无论是累计装机容量还是新增装机容量，中国都已经成为世界规模最大的海上风电市场。根据国家能源局发布的数据，全国海上风电累计装机容量约3729万kW（37.29GW）。从各省份来看，江苏省海上风电累计装机容量约为1184万kW，占全国海上风电累计装机容量的32%；广东省居第二，累计占比约29%；山东省累计占比约13%；浙江省累计占比约12%；福建省累计占比约9%；其余4个省（直辖市）（辽宁、上海、河北、天津）的累计装机容量合计约占5%。沿海各省（直辖市）相继出台海上风电规划，规划总装机规模达3亿kW（300GW）。"十四五"期间我国海上风电加速发展，累计新增装机容量将超过5000万kW（50GW）。

由于海上风电开发经验的逐步积累以及各环节设备国产化的持续推进，海上风电的开发成本持续下降，发电成本不断下降，我国海上风电已进入大型化、规模化与商业化阶段，其发展范围包括近远海、浅深水，并有由小规模向大规模迅速扩张的趋势。为了能更加充分地获取和利用海上风能资源，深远海将成为我国风电发展的热点区域。相比于陆上风电，海上风电的适用性和就地消纳优势明显；相比其他海上新能源，海上风电的技术成熟度和商业运营经验都更加适合大规模的开发利用，将成为我国大力发展可再生能源的必然选择。

表 1.1　中国大陆沿海各区域风能资源分布

区域	风速/(m/s)	年等效满负荷时间/h
辽宁省大连市	7.4～7.6	2450～2700
河北	6.3～7.5	2300～2700
山东	6.9～7.8	2225～2642
江苏	7.2～7.8	2300～2800
上海	6.8～7.6	2200～2800
浙江	6.8～8.0	2000～2600
福建	7.1～10.2	2200～3800
广东	6.5～8.5	2000～3000
海南	6.5～9.0	2100～2605

1. 海上风能资源丰富

我国海岸线很长，具备丰富的海上风能资源条件。根据中国气象局 2013 年发布的中国风能资源普查结果，中国近海 5～25m 水深，50m 高度的海上风电开发潜力约为 200GW；5～50m 水深，70m 高度的海上风电开发潜力约为 500GW。国家发展改革委能源研究所发布的《中国风电发展路线图 2050》中国大陆沿海各区域风能资源分布图见表 1.1。福建、台湾海峡近海风能资源最为丰富，年平均风速 8.5～10.5m/s，年等效满负荷时间为 3600～4500h，该区域向南、北两侧大致呈递减趋势。福建省以北的浙江，以南的广东、广西及海南近海风能资源也较为丰富，年平均风速 7.5～9.0m/s，年等效满负荷时间为 3000～3600h。

2. 海上风电就地消纳方便

我国陆地绝大部分新能源资源分布在西北部，北部和西北部煤炭资源占全国的 76%，西南部水能资源占全国的 80%，而中东部负荷需求则占全国的 70% 以上。能源基地大多远离负荷中心，最大距离达到 3000km。中国工程院《我国未来电网格局研究（2020 年）咨询意见》指出，随着我国西部产业发展和东部清洁能源的开发，东西部能源不平衡程度将逐步降低，"西电东送"的现象将发生改变。根据预测，2030 年我国中东部地区最大用电负荷将达到 970GW，需受入电力超过 360GW，必须采取"集中开发、远距离输送"与"分布式开发、就地消纳"并举模式。紧邻东部负荷中心的海上风电大规模开发，能够减轻"西电东送"的运输压力，海上风电与"西电东送"的水电还能形成季节互补，所以发展海上风电能够进一步提高可再生能源在我国整体能源消费中的占比，减少传统化石能源的消耗，实现能源产业转型升级，进而助力我国"双碳"目标的实现。

3. 推动沿海地区经济发展

党的二十大进一步做出"发展海洋经济，保护海洋生态环境，加快建设海洋强国"的战略部署。"十四五"时期，海上风电产业对沿海地区经济的推动作用明显，重点建设山东半岛、长三角、闽南、粤东和北部湾五大海上风电基地，在广东、广西、福建、山东、江苏、浙江、上海等地推动一批百万千瓦级深远海上风电示范工程开工建设，成为地方经济支柱产业。在国家政策扶持和资金的投入下，海洋经济得以再上新台阶，海上风电形成新型产业链集群。

4. 海上风电未来潜力巨大

由于涉海技术的快速发展，现今发展海上风电所面临的主要困难都将逐渐得到解决，海上风电发展前景十分广阔。

根据各省规划，到 2030 年，我国海上风电装机容量将达到 9000 万 kW（90GW），对促进我国能源结构转型和构建清洁、安全、高效的现代能源体系将起到重要作用。未来，东部地区可以把社会经济发展的能源负担转移到海上风电资源的开发，中东部电力负荷也将形成以本地传统电源、"西电东送"、就地分布式新能源和海上风电规模化开发互相支撑的局面。可以说，海上风电因其上述优势，将支撑我国能源结构低碳转型，推动海洋经济发展，成为我国开发利用可再生能源的最佳选择。

1.3　我国海上风电行业发展趋势

随着风电装机规模的不断增加和产业技术创新能力的持续提升，未来风电技术装备的发展方向及趋势主要有以下方面。

1.3.1　海上风电开发规模化、集群化

海上风电开发规模化、集群化发展有助于降低成本，提高运维效率，加快我国海上风电规模化发展速度，推动我国海上风电快速形成全球竞争优势。我国沿海地区大多经济发达、能源需求大，通过充分利用当地资源禀赋优势，开展海上风电项目的规划和发展，成为此类地区落实"双碳"目标，保障能源供应安全和促进绿色转型的重要抓手。

2022年3月，国家发展改革委、国家能源局印发《"十四五"现代能源体系规划》，6月国家发展改革委等九部委联合印发《"十四五"可再生能源发展规划》，两项重要的国家级文件中均明确提出积极推动沿海地区海上风电集群化开发建设。重点基地集群包括了山东半岛、长三角、闽南、粤东、北部湾等五大海上风电基地集群，其中以广东、福建、浙江、江苏和山东等省作为重点建设基地。沿海各省陆续推出海上风电发展规划，并积极开展海上风电装备产业园、基地规划建设，推动产业集群发展。

1.3.2　海上风电走向深远海

随着近海海上风电的开发及新的用海政策导向，海上风电发展的重点将从近海逐步走向深远海，我国深远海风电开发前景广阔。初步估算，我国50～150km远海技术可开发容量在10亿kW以上。由于近海空间资源有限，海上风电的发展也必然遵循油气工业的发展轨迹，不断地从浅近海走向深远海。相应的，海上风电机组支撑结构型式也伴随水深变化，从固定式支撑结构演变到漂浮式支撑结构。与固定式基础相比，漂浮式基础可以移动，并且便于拆除，可安装在风能更丰富的较深海域。在经济性方面，漂浮式基础未来也有一定的提升潜力。深海海上风电是海洋工程与风电装备的技术融合，将有力推进风电装备的研发能力和制造能力升级，促进我国海洋产业融合发展，实现海洋强国战略。

《加快电力装备绿色低碳创新发展行动计划》《"十四五"可再生能源发展规划》《"十四五"能源领域科技创新规划》等多项政策规划均强调要重点发展深远海、漂浮式海上风电装备。在此背景下，我国各沿海省份都在积极规划深海风电。2022年6月，"扶摇号"海上漂浮式风电样机安装，开创了国内深远海漂浮式海上风电建设的先河，对于推动我国海上风电迈向深远海、助力国家"双碳"目标达成具有重要意义。2022年12月，海南万宁的百万千瓦漂浮式海上风电项目正式开工建设。万宁百万千瓦漂浮式海上风电项目是我国首个规模化深远海海上风电项目，也是全球规模最大的商业化漂浮式海上风电项目，项目规划装机容量100万kW，全部建成投产后，每年可提供40亿kWh以上的清洁电力。

1.3.3 海上风电与其他产业创新融合

为提升水上、水下能源和资源综合利用效率，探索降低海上用电开发成本，提升项目整体效益，海上风电未来将与多种能源或资源进行综合利用和融合发展。融合发展不但可以带动海上光伏、海洋牧场等相关行业的发展，而且大大拓展了海上风电的发展空间。

（1）方向一：海上风光同场开发。山东省结合海上风电的开发，目前已完成海上光伏竞配；江苏、辽宁等省正在开展海上光伏规划编制工作。

（2）方向二：海上风电与海洋牧场融合发展。统筹海洋渔业资源开发，建设现代化海洋牧场，实现新能源产业和现代高效农业跨界融合，已开展竞配的省份基本均将与海洋牧场融合开发纳入竞配评分要求。

（3）方向三：海上风电与油气田融合开发。利用海上风电替换原有化石能源供电模式，是传统化石能源与新能源的重要结合，已列入可再生能源"十四五"规划的示范方向。

（4）方向四：海上综合能源岛。海上新能源与制氢结合，实现综合供能。

1.4 我国海上风电发展的主要挑战

风能是一种绿色清洁能源，清洁能源的开发利用已经成为能源转型的重要方向。随着全球气候变化问题日益受到关注，各国对清洁能源的规划与部署迅速增加。在风能项目中，海上风电具有巨大发展优势和进步空间。我国海上风电项目面临很多挑战，如技术难度大、投资门槛高、环境影响复杂等，使海上风电发展受到牵制，因此亟须突破海上风电建设瓶颈，促进海上风电产业发展，实现我国能源的清洁化转型。

1.4.1 海上风电发展面临的主要问题

我国海上风电发展面临着许多挑战，这些挑战主要包括投资成本高、用海政策不明确、电网配套不及时、关键设备大型化步伐冒进等方面，这些挑战既是当前我国海上风电发展面临的主要问题，也是决定海上风电发展规模和速度的关键因素。

1. 投资成本高

海上风电投资成本较高，大规模海上风电投资经济性风险较大。首先，建设成本较高。我国海上风电机组的国产化率仍有提高空间，发电机、轴承、变流器等关键部件与国外尚有一定差距，在追求高可靠性的海上风电项目上，投资商往往倾向于采购国外零部件，增加了设备购置成本。另外，随着海上风电开发朝深远海迈进，对海上风电技术要求提高，且海上升压站建设点离岸距离更远，相应的送出线路成本，如海底电缆等材料成本、施工船运输成本都将不断增加。其次，项目审批环节多、周期长导致机会成本高。海上风电项目核准前需取得海洋、海事等部门对海洋环评、海域使用论证、通航安全评估等多项批复，有的还需取得规划、国土部门的规划选址意见、土地预审意见等。海上风电项目核准涉及部门多、审批流程长、手续烦琐复杂、协调困难，导致机会成本升高。

2. 用海政策不明确

我国海上风电场相关规程规范中将离岸距离大于65km、水深大于50m的海上风电场定义为深远海风电场，按此，我国已并网海上风电均位于近海，深远海区域丰富的风能资源尚未大规模开发。深远海风电需在领海外空间开发，多处于国管海域，相关风电项目涉及军事安全、海域管辖、渔业资源、海洋环境、通航和外交等诸多因素。当前国管海域利用规划不够公开透明，缺少深远海风电开发建设管理办法，导致用海管理申报、审批程序不明确，企业缺少行动指引，项目规划、核准、施工的实施路径不清晰。

3. 电网配套不及时

当前，部分地市已经出现海上风电项目建设与电网接入消纳不同步的矛盾。电网的配套工程建设缓慢，出现了"新能源项目等电网"的情况，亟须进一步优化并网流程，加快接入系统审核和建设进度。

同时，海上风电走向深远海，深远海海上风电单体容量大，一般在100万kW以上，接入困难。沿海现有变电站及其配套电网线路受容量限制难以接入一个或多个深远海海上风电项目，且配套新建高电压等级的输变电设施，要纳入电网的五年规划后才能启动建设流程。受电网规划修编窗口期影响，深远海海上风电提出接入电网需求后，至电网建成投运需要4~5年时间，影响了海上风电的开发建设节奏。

4. 关键设备大型化步伐冒进

国内风电机组价格战在海上风电退出补贴后愈演愈烈，风电机组大型化被各个风电整机商视为降低成本的最直接选择。近年来，我国海上风电机组在大型化、国产化方面进步显著，两年内单机容量从最大8MW已发展到16MW。风电机组更新迭代速度快，如何保证其安全可靠运行成为关键。大兆瓦风电机组配套研发制造了超长叶片、超大发电机与主轴等关键部件。海上风电项目设计寿命为25年，大兆瓦风电机组的关键部件未经过时间检验即规模化安装运行，将给未来项目安全稳定运行与达到预期收益带来较大不确定性。

1.4.2 海上风电发展的建议

经过多年发展，我国海上风电在技术研发、工程建设和运营等方面不断取得进步，与世界先进水平的差距正在进一步缩小。为推动海上风电发展，增强能源保供能力，助力"双碳"目标实现，基于当前海上风电建设进展和存在的问题，提出加快海上风电开发的4点建议措施。

1. 加强创新、降本增效

针对目前海上风电项目投资成本高的问题，建议加强创新，聚焦解决"卡脖子"核心技术，促进全产业链降本增效。风电机组是海上风电最为核心的设备，其性能和可靠性在很大程度上决定了风电场的投资收益。通过加强风电机组关键技术、核心部件的自主创新能力，聚焦海上风电"卡脖子"问题，加快实施海上风电设备国产化路线，提高风电机组运行稳定性，降低风电机组制造和运维成本。

2. 完善用海管理政策办法

随着海上风电开发提速以及走向深远海，相应的审批流程、用海政策等方面可以进一步优化，加强国管海域政策衔接，尽快出台国管海域海上风电开发建设管理办法，开展深

远海试点建设，在实践中发现问题，不断优化完善各项政策法规，并完善海洋、气象、海事、环保等部门的统筹协调机制，进行整体规划，促进具备条件的项目尽早开工建设。

3. 统筹电网发展规划与建设

统筹沿海地区海上风电与电力系统发展，提前研究海上风电的并网送出和消纳利用，适时调整电网发展规划，适度提前高电压等级电网建设，提高电网大规模接入海上风电的承载能力。推动海上风电与电网协同规划建设，形成海上风电接入电网项目清单；重点海上风电项目提请国家能源局支持，加快推动相关电网项目纳规与前期工作。

4. 提高关键设备的可靠性

大兆瓦海上风电机组未经过时间检验即规模化安装运行将给未来项目安全稳定运行与达到预期收益带来较大不确定性。为应对这种情况，可小批量试验示范，在积累了一定的可靠性运行数据和运行经验之后再大批量推广应用，减小大兆瓦机组大规模运用的风险性。

同时建议制定关键设备实证试验相关标准与规定，引导行业关注设备的长期可靠性。在技术层面严格把控关键部件的质量标准、制造工艺和实验测试。提高海上风电机组准入门槛，对风电机组的可靠性进行体系化管控，对关键部件如叶片、齿轮箱、轴承、发电机等的产品质量和可靠性严格把控，不以牺牲可靠性去降低成本，在成本、性能、可靠性中找到适合目前海上风电发展的平衡点。

参 考 文 献

[1] 王昉. "碳达峰、碳中和"带来新机遇 [J]. 中国电信业, 2021, (8): 26-29.
[2] 王超, 孙福全, 许晔. 碳中和背景下全球关键清洁能源技术发展现状 [J]. 科学学研究, 2023, 41 (9): 1604-1614.
[3] 秦海岩. 我国海上风电发展回顾与展望 [J]. 海洋经济, 2022, 12 (2): 50-58.
[4] 李赫, 齐文静, 曹春雨, 等. 中国毗邻海域海上风能资源分析 [J]. 青岛大学学报 (自然科学版), 2014, 27 (4): 31-34.
[5] 中国可再生能源学会风能专业委员会. 2023年中国风电吊装容量统计简报 [R]. 中国, 2024.
[6] JOYCE LEE, FENG ZHAO. GWEC｜GLOBAL WIND REPORT 2024 [R]. Belgium, 2024.
[7] 黄万昭. 新能源工程的机械特点及发展 [J]. 当代化工研究, 2023 (4): 178-180.
[8] 程莉. 中国新时期的能源问题 [J]. 商情, 2011, (43): 34-36.
[9] 江玉梅. 开发清洁能源, 减排温室气体 [J]. 交通与运输, 2017, 33 (1): 12-14.
[10] 王国昌, 孙丽霞, 吴敏, 等. 新能源的优势及其应用研究 [J]. 山东工业技术, 2016, (19): 44-44.
[11] 宋成华. 中国新能源的开发现状、问题与对策 [J]. 学术交流, 2010, (3): 57-60.
[12] 杜静, 薄兵. 中国石化国内常规天然气储采比现状与可持续发展方向 [J]. 石油与天然气化工, 2020, 49 (1): 62-66.
[13] 张立英. 我国新能源的分布和利用 [J]. 地理教育, 1992, (1): 16-17.
[14] 孙一琳. 2019年欧洲海上风电发展概况 [J]. 风能, 2020, (2): 54-57.
[15] SKAARE B, NIELSEN F G, HANSON T D, et al. Analysis of measurements and simulations from the Hywind Demo floating wind turbine [J]. Wind Energy, 2015, 18 (6): 1105-1122.

第 2 章
海上漂浮式风电发展概述

当前，全球海上风电主要集中在离岸距离小于 30km、水深小于 50m 的浅海区，采用固定式基础，如单桩式、重力式、导管架式和负压筒式。随着碳中和成为全球共识和未来国家能源产业发展目标，海上风电行业成为各国实现碳中和的重要支柱产业。然而，近海风能无法满足大部分国家可持续社会经济发展的能源需求。以英国为例，其计划至 2050 年海上风电装机容量达 20~55GW，但仍无法满足国家能源需求[1]。随着海上风电场的大量开发，近岸浅海区域已逐渐拥挤，无法满足国家社会经济发展的远期规划目标。

研究显示，全球大部分海上风能资源位于水深超过 60m 的深海区域（欧洲、美国、日本的深海风能资源量分别占据其海上风能总量的 80%、60%、80%）。随离岸距离增加，风速和稳定性大幅增加，有利于风能向电能的转换，且不会与海上渔场、航线等发生冲突，为开发风能资源提供了得天独厚的优势[2]。因此，各国已开始关注深远海风能开发，以实现深远海风能的开发并推动国家实现碳中和长期目标，同时也有利于国家长期社会经济可持续发展。

随着水深增加，如继续使用固定式基础作为海上风电机组支撑平台，其建造成本、施工难度等将急剧增加。参考海洋石油平台由固定式到漂浮式的发展历程，研究人员已将漂浮式基础引入海上风电机组设计中，并研发出漂浮式风电机组[3]。如今，随着陆地乃至潮间带、近海机位逐渐饱和，风电场建设正在走向深远海，深远海漂浮式风电机组和相应的远海风能开发正呈现加速发展的态势。

2.1 漂浮式风电机组发展概况

2.1.1 漂浮式风电机组的概念和优势

漂浮式风力发电系统是指安装在浮动结构上的离岸风力发电系统，简称漂浮式风电机组[4]，主要由上部风力发电机、支撑塔筒、漂浮式基础、系泊系统组成。塔筒固定在漂浮式基础之上，塔筒顶部安装风力发电机，上部风力发电机发出的电由海上电缆输送到用户；漂浮式风电机组一般包含一个系泊系统，系泊链一端与漂浮式基础相连，另一端通过锚固装置固定在海底。系泊系统对漂浮式风电机组基础的运动起到约束作用，在抵抗风轮推力、扭矩、偏航荷载及浪、流、冰等荷载作用的同时，保证漂浮式风电机组的稳定性和安全性。和海上固定式风电机组相比，漂浮式风电机组可以部署在较深水域。按照目前海上风电机组的设计标准，一般认为水深50m以内，适合安装固定式基础结构的海上风电机组；水深50~200m的海域则适合发展漂浮式风电机组[5]。随着业界对海上漂浮式风电机组认识的不断深入，有认为水深在70m左右也是适合进行固定式风电机组开发的，而水深超过100m以后，使用漂浮式风电机组的经济性会体现得更为充分[6]。

由于浅水海域固定式基础的风电机组系统技术相对成熟，进行深水海域的风电机组相关领域的研究逐渐成为热点。相比于浅水海域，在深水海域（水深大于50m）开发风能有如下优势[7]：

（1）深水海域具有更加丰富且优质的风能资源，产生的电能更加稳定和连续，有利于海上风电机组平稳运行，减少由于频繁停机和顺桨造成的风电机组叶片疲劳损伤累积。

（2）使用的海域面积更大，可避开船舶航道、渔业活动，海域位置选择更加灵活，风电机组间相互不受干扰。

（3）近海风电场在安装基础结构时采用固定于海底的贯穿桩结构法，该方法的建造成本随着海水深度增加而急剧上升，而采用漂浮式基础可降低基础建造成本。

（4）漂浮式基础的灵活性更好，可以针对不同海底深度灵活调节，可拆卸、方便移动，从而可实现在不同海域服役。

（5）漂浮式基础更适合大型化风电机组，提高海上风电的经济性，或者可以实现一个浮体上多台机组安装，提高发电的规模效益。

（6）产生的噪声、景观污染小，对岸边居民的生活影响较小。

（7）为某些不具备条件发展海上固定式风电机组的国家提供了新的发展途径。

（8）和海上石油平台的发展历史有相似性，可以借鉴其发展经验，特别是不同漂浮式基础的设计理念和历史上的损毁经验，能够更好地为漂浮式风电机组基础的设计、制造、安装提供必需的技术标准和合理的操作流程。

（9）深水海域一般采用的漂浮式风电机组安装过程简单，大部分能在港口完成，优化设计后产业化程度更高。漂浮式风电机组的上部风力发电机、支撑塔筒、漂浮式基础均能够在岸边和船坞内制造完成，运营现场仅需安装系泊系统。

2.1.2 漂浮式风电的发展历史

1972年，美国麻省理工学院（MIT）的Heronemus教授首次提出海上漂浮式风电机组的概念，将多个小型风力发电机集中安装在一个大型漂浮式基础上（图2.1）。但是由于该想法受限于当时的技术和高昂成本，漂浮式风电机组的设计在当时并未引起重视[8]。直到20世纪90年代中期，风力发电技术得到了大量商业化应用，此时漂浮式风电机组的概念才重新得到关注[9]。自20世纪90年代之后，不同的漂浮式风电机组基础设计概念便层出不穷，一方面借助浮式油气生产平台的概念，另一方面也根据浮体水动力的基本理论，进行不同漂浮式风电机组基础设计。

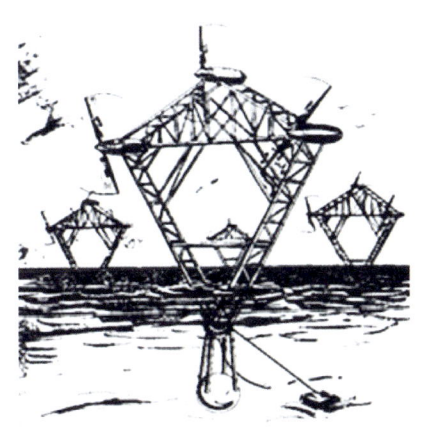
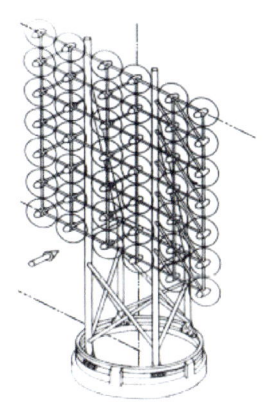

(a) 三角桁架形式　　　　　　　　(b) 方形阵列形式

图 2.1　Heronemus 海上大型漂浮式风电机组

20 世纪 80 年代，美国 FloWind 公司与美国桑迪亚国家实验室合作分别开发了 100kW 和 300kW 漂浮式垂直轴风电机组，在美国加利福尼亚两个大型风电场生产、安装、运行了 500 多台低成本的漂浮式垂直轴风电机组，累计装机容量达 170MW，但该项目在 1986 年美国加利福尼亚政府取消对风电补贴后基本陷入停滞[10]。

1991 年，英国贸工部资助了一项关于大型漂浮式水平轴风电机组项目的研究。克威尔内油气公司从技术和经济性两方面考察了独立的海洋工程平台安装大型水平轴风电机组以及在英国北海地区布置 9 台风电机组组成海上风电场的可行性[11]。1993 年，伦敦大学学院（UCL）的一个小组与 W. S. Atkins 和（荷兰能源研究中心，ECN）合作，在英国进行了一项多单元漂浮式海上风电场（MUFOW）的研究项目[12]。该研究设想在单个漂浮式基础上安装多个风电机组，构成多单元漂浮式海上风电场（图 2.2），并研究了风电机组不同布置方式对气动性能的可能影响，以及多风电机组布置形式与单个风电机组相比的主要优缺点。同时，意大利米兰的学者们提出了环形漂浮体结构 ELOMAR 平台的概念，将单个风电机组放置在一个环形漂浮式基础上，并使用张力系泊进行固定[13]。该设计适用于水深 30～100m 的区域，但由于建造困难、实施成本昂贵，该方案仅停留在项目设想和概念设计阶段。在接下来的几年中，随着环境保护意识的增强和可再生能源的兴起，海上风电成为一个备受关注的研究领域。更多的研究者和企业开始探索和开发适用于海上风电的漂浮式基础和风电机组设计。

2002 年，由 TNO 牵头的组织在荷兰进行了一项名为 Drijf Wind 或 FloatWind 的研究项目。该项目对漂浮式风电机组的技术和经济可行性进行了全面研究，报告了电网连接、运行和维护等附属问题[14]。在深入分析各种漂浮式风电机组概念，并结合所考虑的条件因素后，发现三柱半潜式（图 2.3）是最适合的基础类型。这项研究得出的结论表明，尽管该技术在当时可能还无法进行商业应用，但由于海洋工程技术的进展以及新材料在海洋工程中逐渐广泛运用，该技术的经济可行性正在逐渐提升。

20 世纪初期，部分张力腿式（TLP）漂浮式风电技术得到了发展，其中包括马赛工

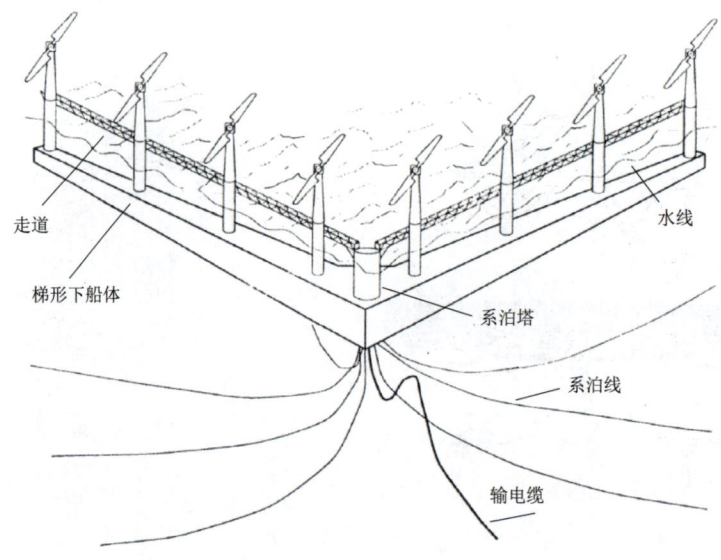

图 2.2 多单元漂浮式海上风电场概念构型

程大学的 three-leg star TLP。麻省理工学院（MIT）和美国国家可再生能源实验室（NREL）也在研究类似的 TLP 概念。德国工程咨询公司阿卡迪斯（Arcadis）也在开发一种适用于相对较浅水域的漂浮式基础，其考虑在波罗的海使用张力腿式平台和混凝土重力锚。

同一时期，半潜式漂浮式风电技术也处于研究之中。在法国，由 Nass & Wind 公司、Saipem 公司和 DCNS 公司组成的机构与一些咨询人员一起开发了一种半潜式漂浮式基础 Winflo[15]。与此同时，挪威相关机构正在研究一款多风电机组漂浮式基础 WindSea，该基础基于三柱半潜式设计，但每个立柱上安装一台风电机组，其中两台风电机组为上风向，一台风电机组为下风向，塔筒向外倾斜以减少尾流损失[16]。

2008 年，Blue H 技术公司在意大利海岸安装了第一个 75% 比例的试验型漂浮式风电机组 Blue H[17]，风电机组的额定容量为 80kW，采用两叶片结构，经过一年的测试和数据收集后退役。由于搭载的风电机组功率较小，且没有采用当时主流的三叶片风电机组，同时测试时间较短，不能完全验证张力腿式漂浮式风电机组的可靠性。从此，大量漂浮式风电机组样机测试项目逐渐出现在欧洲各海域。

2009 年，挪威国家石油公司（Statoil）（2018 年更名为 Equinor）安装了世界上第一座全尺寸漂浮式风电机组样机 Hywind，采用西门子（Siemens）的 2.3MW 风电机组，Hywind 部署地点位于挪威西南海岸线 10km 处，作业水深达到 200m[18]。2011 年，Principle

图 2.3 三柱半潜式基础概念构型

Power 公司与 WindPlus S. A. 公司合作开发的第二个大型漂浮式基础 WindFloat 安装在葡萄牙海岸西南部 Agucadoura 离海岸线 5km 处。WindFloat 为三柱半潜式结构，基础上方搭载维斯塔斯（Vestas）公司生产的 V80 型号 2MW 风电机组，该项目成为全球首个实尺度半潜式海上风电项目[19]。同年，由日本环境部门启动了 GOTO 单立柱式漂浮式风电项目，安装了 1 台预应力混凝土（PC）—钢混合型单立柱式基础，搭载 1 台下风向风电机组，型号是 HTW 2.0－80，其位于长崎县五岛市桦岛（Kabashima）离岸 1km、水深 91m 的海域，是亚洲首例全尺寸漂浮式风电机组样机项目，但风电机组的总体规模小于挪威的 Hywind Demo[20]。2011 年 3 月，Sway AS 公司在挪威海岸附近的 Kollsnes（位于卑尔根西北）附近投入了 1∶6.5 比例的 SWAY 样机，浮体为单立柱式结构，底部通过单根张力腱与海底连接，属于单立柱式、张力腿式混合型基础类型，该样机一直测试到 2011 年年底[21]。Hywind Demo 样机试验为后续建设小型海上风电场提供了宝贵的经验。2017 年，挪威国家石油公司和 Masdar 公司联合投资建设了全球首座商运漂浮式海上风电场 Hywind Scotland。风电场距苏格兰东部海岸 25km，水深达到了 95～120m，共安装 5 台西门子 SWT－6.0 风电机组搭载在单立柱式漂浮式基础上，总装机容量 30MW[22]。在第一台 WindFloat 样机的性能得到验证后，2018 年，EDP 公司及其合作伙伴建立了第一座半潜式海上风电场 Wind Float Atlantic，风电场位于距葡萄牙维亚纳堡 20km 处，由 3 台 WindFloat 半潜式基础搭载 8.4MW 的 MHI Vestas 海上风电机组组成，总装机容量达 25MW，于 2020 年 1 月成功并网发电[23]。Wind Float Atlantic 是当时世界上使用的风电机组体积及单机容量最大的漂浮式海上风电项目。

2015 年，由日本丸红株式会社牵头，东京大学、三菱重工、日立、三井造船等 11 家单位组成福岛海上风电联盟投资开发的日本 Fukushima Forward 福岛海上漂浮式风电项目正式并网发电，项目位于距离福岛楢叶町沿岸约 20km，水深约 120m 的海域[24]。该漂浮式风电场是安装漂浮式风电机组样机型式最多的示范项目。项目分两期完工，一期工程中安装了 1 台 2MW 的 Compact 生产的半潜式漂浮式风电机组、世界首个 25MV 海上漂浮式变电站以及 66kN 海底海缆。二期工程安装了 1 台 7MW 的 V 形半潜式漂浮式风电机组，1 台 5MW 的先进单立柱式漂浮式风电机组，工程总投资 188 亿日元，旨在帮助福岛成为新工业中心，使其从 2011 年日本大地震的破坏中恢复过来。

2018 年，法国 Ideol 公司在 Brittany 半岛南部的多功能测试场址 SEM－REV 开展了其设计的一个阻尼池漂浮式风电机组样机测试项目 Floatgen，基础采用中空环形阻尼池技术实现类似减摇液舱的功能，在该漂浮式基础上搭载了 2MW 风电机组[25]。同年秋季，日本海域也安装了 1 台 Floatgen 试验风电机组，采用钢制阻尼池漂浮式基础搭载 3.2MW 两叶片风电机组。

2.1.3 漂浮式风电的发展前景

目前，海上漂浮式风电机组的潜在市场以欧洲、美国、中国、日本和韩国等沿海国家为主。最新发布的《2023 全球海上风能报告》指出，截至 2022 年年底，中国已超过欧洲成为全球最大的海上风电市场，但以漂浮式风电来看，欧洲依然是漂浮式风电的主要研发、测试和商业开发地区。报告数据表明，欧洲漂浮式风电装机容量占全球漂浮式风电装机容量的91.1%，达171.1MW，主要参与的欧洲国家有英国、挪威、葡萄牙和法国等。并且报告预测在未来三年，欧洲漂浮式风电装机容量将加速增长，预计投运规模达432MW。英国Kincardine项目二期在2021年开建，由5台单机容量9.5MW的Wind-Float半潜式漂浮式风电机组组成风电场。挪威Hywind Tampen风电场项目从2022年开建，由11台单机容量8MW的单立柱式漂浮式风电机组组成。法国在2021年到2022年期间，有4个主要的漂浮式风电项目投入建设，含24MW的驳船式漂浮式风电机组项目EolMed，28.5MW的张力腿式漂浮式风电机组项目Provence Grand Large和Eoliennes Flottantes de Groix，以及30MW的半潜式漂浮式风电机组项目EFGL。美国的风电市场当前主要以陆上风电场为主，但是美国相关高校和研究机构在漂浮式风电技术上和欧洲一起处于领先地位，潜在运用市场以美国西海岸为主。亚洲国家中，日本是率先开展漂浮式风电机组相关样机试验的国家，是唯一开展过漂浮式升压站海上示范的国家。日本在经历福岛核事故之后，积极地寻求安全的可再生能源转型之路，作为一个岛屿国家，日本发展漂浮式风电具有重要的现实意义。中国紧随其后进行了"三峡引领号""扶摇号""海油观澜号"和"国能共享号"等漂浮式风电机组的示范工程建设和运行[27,28]。此外，我国还提出建设百万千瓦大型漂浮式海上风电场的项目规划，预计2027年在海南万宁建成1GW容量的漂浮式海上风电场。值得指出的是，我国的大陆架变化较缓，目前以中浅海域为主，因此对于过渡水深范围（40~60m）的漂浮式风电技术更为迫切。

总体来说，过去20年漂浮式风电机组完成了从无到有、从模型到样机的过程，目前正处于从示范到投运，单机到风电场的进程中，未来将向着更大、更远、更深的方向发展。

2.2 漂浮式基础的运用现状

经过多年研究，国际上已在概念设计、数值模拟、模型试验和全尺寸样机并网发电等方面取得了一定进展。目前全球已经建成了多个漂浮式风电机组示范项目，以及2个海上风电场Hywind Scotland，Wind Float Atlantic，本书较为详细地介绍了其中8个较为知名的漂浮式风电机组项目。

2.2.1 挪威Hywind示范项目

Hywind漂浮式海上风电机组的基础方案是挪威国家石油公司Statoil提出的深吃水单立柱式漂浮式基础。该项目将现有海上风电技术与单立柱漂浮式基础技术相结合，开启了通往深海风电技术的大门。挪威国家石油公司从事油气行业多年，在漂浮式海上油气平台的设计、安装和运行方面有深厚的背景，凭借丰富的经验，并结合欧洲北海水深较大的特点，选取单立柱式基础可利用其深吃水特性提高稳定性，同时兼具结构型式简单、电力传输距离短、可靠性好等优点。此外，采用单立柱式基础可充分利用油气与海上风电行业良好的供应链能力，可谓一举多得。

Hywind漂浮式风电机组结构如图2.4所示，其由风力发电机、塔筒、单立柱式平台、系泊系统四部分组成。其中风力发电机部分由风力发电机供应商提供，塔筒通常由专业的塔架制造商单独制造。Hywind 单立柱式基础属于压载稳定式平台，基础内部包含浮力舱和压载舱，浮力舱位于基础的上段，为上部风轮、机舱、塔筒等结构提供支撑浮力；压载舱位于基础的下段，通过装载水、碎石或高密度混凝土进行压载，使系统重心低于浮心，在水中形成"不倒翁"式结构，从而实现无条件稳定平衡。基础外形设计为上下两个不同直径的圆柱，中间采用圆台过渡，浸入水下的圆柱直径较大，位于水面处的圆柱直径较小，以最大限度

图 2.4 Hywind 漂浮式风电机组

地减小波浪作用。基础通过 3 根系泊索固定于海底，系泊连接点位于浮体的中下部，在单根系泊索失效的情况下，剩余的 2 根缆绳有足够的备用强度，以防止结构断裂和漂移。结构的整体尺寸是根据风电机组发电量，工作海域的环境荷载、系泊荷载，同时满足风电机组稳定性要求进行多次分析和优化的结果。此外，Hywind 漂浮式风电机组具有无条件稳定平衡、运动周期长、所受垂向波浪力小等优点。

2001 年，Hywind 概念被首次提出，2005 年在挪威海洋技术研究院（MARINTEK）的海洋工程试验水池进行了一次水池模型试验，以验证 Hywind 漂浮式基础的性能，2009 年在北海开展了世界上第一台实尺度的海上漂浮式风电机组测试项目 Hywind Demo。紧接着，Hywind 的设计概念得到了进一步发展，由 5 台 Hywind 漂浮式基础搭载的风电机组组成的海上风电场 Hywind Scotland 于 2017 年在苏格兰并网发电，该项目同时也是世界首座商业化海上风电场。由于 Hywind Scotland 在运行过程中表现突出，该技术此后将被应用在更多的海域。

2009 年，挪威国家石油公司率先开展了世界上首台实尺度的兆瓦级海上漂浮式风电机组样机测试项目 Hywind Demo（图 2.5）。该项目在设计时考虑了北海的极端海况，采用单立柱式海上漂浮式风电机组 Hywind 为支撑基础，基础重量约为 3200t，其水下结构本质上是一个直径 8.3m 的钢制圆柱体，底部由碎石和水压载，吃水深度为 100m；在水线处的直径较小，为 6m，以减少波浪对结构的影响。基础顶部通过塔筒连接风力发电机，发电机为西门子 SWT-2.3-82 标准型海上风电机组，单机功率 2.3MW，风轮直径为 82.4m，重 138t，轮毂高度 65m。Hywind 系泊系统为 3 根分布式系泊链，在导缆孔处使用三角形连接从而形成 Y 形分布，这样的连接方式可以增加其艏摇刚度，减少平面内的转动，最后使用拖曳锚嵌入海底。Hywind 部署地点位于挪威西南海岸线 10km 处，作业水深

图 2.5 Hywind Demo 项目

达到200m，排水量约为5300t，通过3根锚链进行系泊，可适用于水深120~700m的海域。由于挪威有条件良好的深水港湾，基础的扶正、压载可以在港湾内进行，但在其他海域，上述所有作业都需要在开阔海域进行。期间，挪威国家石油公司对Hywind的动力性能进行了详细测量记录，并为相关漂浮式风电机组的安装和运维积累了宝贵的工程经验。

Hywind Demo制造和安装主要由以下公司提供：Technip公司负责漂浮式基础的生产和安装，西门子公司提供风力发电机，Nexans公司提供海上电缆。Technip公司在芬兰制造和加工漂浮式基础，然后将其拖至挪威的斯塔万格市，并通过向浮体内部注水，使其从水平放置变为竖直立于水中。这一过程，以及机舱和转子组件的安装和调试，都是在靠近海岸的一个相对隐蔽的深水峡湾中完成的，那里的深度足以使结构翻转。一旦组装，整个单元被拖船湿拖到安装现场，其中系泊系统预先在安装现场完成和海底的锚固作业。

Hywind Demo样机试验为后续建设小型海上风电场提供了宝贵的经验。2017年，挪威国家石油公司和Masdar公司联合投资建设了世界首座商运漂浮式海上风电场Hywind Scotland（图2.6）。部署地点位于距苏格兰东部海岸25km，水深95~120m，用海面积约4km²。风电场配备了更高功率的风电机组，由5台西门子SWT-6.0-154风电机组组成，每台风电机组额定功率6MW，风轮直径

图2.6 Hywind Scotland 商业化项目

154m，重420t，风电机组轮毂高度98m，总装机容量30MW。同时，对漂浮式基础也进行了一定的修改，将其高度缩短、直径扩大，吃水深度改为78m，水下淹没部分直径增加到约14m，在水线处直径也扩大为10m，排水量约为12000m³。项目总投资约2100万英镑，可满足2万户当地家庭用电需求。Hywind Scotland在首个冬季大风季期的平均容量系数高达65%，高于同期固定式基础发电水平。

Hywind Scotland风电场的施工（建造、运输和安装）分别在欧洲不同的国家完成，并通过海上运输输送到Scotland的码头进行组装。整个风电场的施工复杂而且设计单位众多，作为项目的建设和运营单位，能够按预期完成风电场的投产，从侧面体现了Equinor公司多年的专业经验和实力。最先开始的海上施工是吸力锚的安装，该项工作于2017年3月开始，共花费2周完成，主要施工单位由Technip公司牵头，Solstad Offshore公司、Van Oord公司协助。风电机组组装后托运到现场，8月完成锚链的悬挂。电缆系统的安装于2017年7月开始，该项工作由Subsea 7公司承担，Van Oord来协助，花费5周完成，包括内部电缆和外部电缆的挖槽、敷设和保护。一旦发生风电机组停机，运维工作将会启动，应急预案包括运维船和直升机两种模式。Hywind Scotland风电场每年设定的巡检时间为50~70h，机组各个系统的油压检测周期为2~5a，风电机组基础、锚链和电缆系统的检测周期应为1~4a。在整个生命周期内，如果需要进行大部件更换，目前的运维策略是拆下风电机组运回码头进行更换。

截至2024年6月，挪威的Hywind Tampen是世界上已经投运最大的漂浮式风电场，于2022年11月首次发电并于2023年8月全面投入运营。该风电场同样是由Equinor公

司开发，离岸 140km，作业水深 260~300m，由 11 台 8MW 海上风电机组组成，总装机容量 88MW（图 2.7）。这个项目将用于供应 Equinor 在附近的石油开采平台，省去了外送电缆的费用。据评估，该项目发电量能够满足 5 个海上石油开采平台（Snorre A、B 与 Gullfaks A、B、C）年用电量的 35％，预计每年能减少 CO_2 排放不少于 20 万 t。

图 2.7　Hywind Tampen 设计规划图

2.2.2　葡萄牙 WindFloat 示范项目

WindFloat 项目是一个三立柱半潜式海上风电机组平台，该技术的设计理念源于海上石油半潜式平台，由 PPI 公司（Principle Power Inc）根据麻省理工学院（MIT）设计的 MiniFloat 改进得到。WindFloat 半潜式平台主要由立柱、连杆、斜撑、垂荡板、系泊系统组成，每个立柱内设有多个隔舱，分别配有静态压载系统、主动压载系统来提高结构稳定性。3 根立柱间通过横撑互相连接并通过斜撑加强，风电机组安装于其中 1 根立柱上。垂荡板位于立柱底部，WindFloat 项目创新设计了一种六边形滞水垂荡板，表面有格栅，可以有效捕捉周围水流，增加了平台的流体附加质量和黏性阻尼，锋利的边缘增加了由于旋涡脱落而产生的黏性阻尼，从而减少了平台在波浪中的运动。与具有类似运动性能的大型海洋结构相比，垂荡板的另一个好处是减少了浮体结构重量，进而降低整体发电成本。静态压载系统在位于浮体底部的隔舱中装载压载水，保障系统整体重心位于结构的垂向几何中心线上。主动压载系统则根据机组的运动姿态实时调节 3 个浮体内的压载水分配，以补偿风速和风向变化引起的机组运动，使塔筒平均位置保持垂直，提高了风电机组的发电效率。该系统采用闭环主动控制系统（不需要海水流入或流出系统），且具有故障保护功能，只占总压舱水量的一小部分，这也是 WindFloat 项目的主要技术特点之一。系泊系统由 4 根系泊线组成，每根系泊线由顶部有块重的锚链、中间部分的绳索和底部连接拖曳预埋锚的一段锚链组成，其中 2 根系泊线连接到支撑风电机组的立柱上，因为它承受的荷载比另外 2 根立柱高。

WindFloat 项目漂浮式风电机组技术采用非对称浮体布置方案，风电机组塔筒偏置于其中一个立柱之上，如图 2.8 所示。这种结构方便风电机组的组装以及海上作业的进行，

图2.8 WindFloat 结构

风电机组组装和调试活动可以在码头进行。相比于传统的固定式海上风电机组较为烦琐的海上部署与安装流程，WindFloat 项目海上漂浮式风电机组借助其半潜式基础良好的稳定性特点，成为世界上首台可以在陆地上完成所有组装和调试，且在海上作业时，不使用重型吊船或桩基设备的商业化海上风电机组。

半潜式基础是目前漂浮式风电机组最主要采用的基础型式，WindFloat 项目之所以受到广泛的关注和研究，最重要的原因是其独特的结构设计方案。与众多半潜式漂浮式风电机组基础相比，WindFloat 项目的最大区别就是省去中心立柱和大浮箱，把上部机组布置在一根立柱上，从而降低结构复杂性。据 PPI 公司介绍，WindFloat 项目的设计有如下优势：

（1）对风电机组通用性强。WindFloat 项目可以搭载目前大部分商业化的海上风电机组，只需对风电机组的控制系统和塔筒与基础连接进行较少的优化设计。事实上，现有的半潜式漂浮式风电机组基础的设计都基于可获取的商业化风电机组的设计以及相关参数，没有考虑到漂浮式风电机组基础对各种容量风电机组的挑选。

（2）水动力性能好。WindFloat 项目的立柱底部设计了静压载舱可以装满压载水来降低重心，保证稳性要求，而在每个立柱中上部布置主动压载舱，可以实现3个立柱间压载水动态调整，从而补偿风速和风向变化。主动压载舱中的水泵具备富余功率，可以在30min 内泵出或者泵入200t 压载水快速满足压载和电位要求。同时采用垂荡板设计，增加自身阻尼，使得基础固有周期避开波浪能量集中范围，从而减小漂浮式风电机组的运动响应。通过以上的压载系统设计和垂荡板设计使 WindFloat 项目具有良好的水动力性能。

（3）适用范围广。WindFloat 项目的浅吃水设计方案使其可以适应不同水深海域，整个系统可以在码头进行组装，然后采用湿拖方案运至目标风电场。

2008—2009 年，美国 PPI 公司在伯克利对漂浮式基础 WindFloat 项目分别进行了 1∶96 和 1∶67 的水池模型试验，并基于试验结果对 WindFloat 项目的性能进行了分析和改进，同时开始着手制造第一台实尺度的样机。

2011 年，PPI 公司在距离葡萄牙西南部 Agucadoura 海岸线 5km 的海域附近安装了首台 WindFloat 原型样机（记为 WindFloat Ⅰ），该项目由葡萄牙能源公司（EDP）领导的葡萄牙合资企业 WindPlus S. A. 提供资金，采用 WindFloat 三柱半潜式基础搭载 Vestas V80 的 2MW 标准型风电机组，成为全球首个实尺度半潜式海上风电项目。样机先在陆地上完成组装，由拖船经过 400km 的海上湿拖到达目的地。

WindFloat 样机工作水深约为 45m，排水量约为 2800t，由 4 根系泊链固定。该样机 5 年的连续工作期间，共计发出 16GWh 电能，经受住了超过 17m 的巨浪以及 30m/s 大风的恶劣天气考验。2017年，该项目以少于50万欧元的成本拆除，基础被转移到英国Kincardine漂浮式海上风电示范项目中继续测试。

与Hywind发展历程相似，在第一台WindFloat样机的性能得到验证后，EDP公司及其合作伙伴着手建立了第一座半潜式海上风电场Wind Float Atlantic（WFA），该漂浮式风电场位于距葡萄牙维亚纳堡20km处，由3台WindFloat半潜式基础搭载8.4MW的MHI Vestas海上风电机组组成，总装机容量达25MW，于2020年1月成功并网发电。为适应功率更高的发电机，WFA对WindFloat样机体积进行了扩大，单台基础高度为30m，立柱间距为50m，吃水25m，排水量8000t，由3根悬链式系泊通过拖曳锚与海底连接，每根系泊线使用链-绳-链（chain-rope-chain）的设计，最大破断强度约为5500kN。表2.1分别给出了WindFloatⅠ和Wind Float Atlantic项目主要技术参数。

表2.1 WindFloat项目主要技术参数

参　　数	WindFloatⅠ	Wind Float Atlantic
主要建设单位	PPI公司、ASM公司、Vestas公司等	EDP公司、PPI公司等
投产年份	2011	2020
海域	葡萄牙	葡萄牙
水深/m	40～50	85～100
海岸距离/km	5	20
基础型式	半潜式	半潜式
基础排水量/t	2800	8000
基础用钢量/t	900	3000
基础吃水/m	13.7	25
立柱直径/m	8.2	11
立柱间距/m	38	50
斜撑量大直径/m	2.5	3
垂荡板直径/m	24	26
风电机组功率/MW	2	8.4
轮毂高度/m	56	105
风轮直径/m	80	164

WFA项目由Windplus财团开发，该财团包括葡萄牙能源公司EDP、法国能源集团Engie、西班牙Repsol公司和美国浮体设计制造专业公司Principle Power，参与该项目的还有风电机组供应商MHI Vestas，系泊系统和电缆系统供应商A.S.M、Bourbon Subsea Services、JDR和Nexans。项目全面投入运营后，预计年发电量将满足6万名用户的使用。

WFA项目中的3个漂浮式风电机组基础分别在伊比利亚半岛上的西班牙、葡萄牙两国建造。其中有2个基础在葡萄牙的塞图巴尔（Setúbal）船厂制造（图2.9），另外1个基础在西班牙的阿维莱斯（Avilés）和费罗尔（Ferrol）船厂制造。EDP公司表示它们的

图 2.9 葡萄牙 WindFloat 样机

设计目的是通过标准的拖船进行运输,而不像固定在海底的项目需要动员昂贵的船只进行运输。且项目在岸上组装有助于减少与运输相关的物流,从而使得财务和环境成本降低,有利于该项目更大规模地应用到世界各地。

除了 WFA 项目外,WindFloat 还将应用在 50MW 的英国 kincardine 项目、30MW 的法国 Golfe de Lion 项目、150MW 的美国 Redwood Coast Offshore Wind Project 等项目中。其中,Kincardine 项目是继 Hywind Scotland 之后苏格兰海域的第二个漂浮式海上风电项目,由 Cobra 公司开发,装机容量为 49.5MW,采用 1 台 2MW 和 5 台 9.5MW 的 MHI Vestas 风电机组。第一台漂浮式风电机组来自 WindFloat 项目的退役机组和基础,现已并网发电,2020 年完成 1 台 9.5MW 风电机组安装。

2.2.3 法国 Floatgen 示范项目

法国 Ideol 公司开发了一款阻尼池型漂浮式风电机组基础(Damping Pool),采用中空环形阻尼池技术实现类似减摇液舱的功能,并于 2013 年启动了阻尼池漂浮式风电机组样机测试项目 Floatgen。该项目样机部署于法国 Brittany 半岛南部的 LeCroisic 湾北部的多功能测试场址 SEM-REV,采用钢筋混凝土制的阻尼池基础搭载 2MW 风电机组,于 2018 年开始进行样机运行测试,样机运行期间表现良好。公开数据显示,2019 年上半年,样机发电量为 2GW 时,经受了 11.7m 波高海况的考验。除了 Floatgen 项目,阻尼池型漂浮式基础技术在日本海域的 Hibiki 项目中也得到了应用。不同的是,Hibiki 项目的试验性更强,在试验样机上使用了一些新技术。例如安装的 1 台 3.2MW 的 Aerodyn 两叶片风电机组采用与日本福岛二期项目 V 形基础一样的下风向风电机组;同时,与 Floatgen 使用混凝土材料不同,Hibiki 项目采用钢制漂浮式基础,在充分利用阻尼池技术的同时兼顾了本土加工能力。

阻尼池型漂浮式基础的概念来源于航海领域的船舶减摇水舱和圆筒形漂浮式生产储油卸油装置的设计,属于驳船式基础,具有结构简单、水线面面积大、吃水深度浅、垂荡运动稳定性差等特点。基于上述特点,Ideol 公司提出了采用中空环形阻尼池技术实现类似减摇液舱的功能。基础为中间镂空的正方形环状结构,利用环形水池结合内部舱室压载和阻尼设备构成阻尼池技术,减小运动响应。主体结构材料可采用全钢、全混凝土或两者相结合的方式,浮体吃水深度为 7~8m,主尺度和排水量可根据风电机组功率等级和环境条件进行改变。为了控制垂荡运动,在环形浮筒的周围增加适当的舭龙骨,可有效降低垂向运动。漂浮式基础通过基础上预先安装的钢结构过渡段与塔筒和风电机组连接。Ideol 公司根据经验开发了一种新型系泊系统,选用高强度的尼龙纤维代替钢材料,可节约 40% 的系泊绳制作成本和 20% 的安装成本。阻尼池型平台通过特定的系泊系统(前侧 2 根系泊绳,后侧 4 根系泊绳)来保持浮体位置。

Ideol 公司为阻尼池技术申请了专利,并宣称这是降低漂浮式风电成本最经济和简单的方案。相对于陆上风电和其他漂浮式基础型式,该基础装配可在码头完成,更加容易实现批量化,成本较低;同时可根据当地情况,选择混凝土或者钢作为结构材料进行加工,对于 Floatgen 项目而言,采用钢筋混凝土结构可以使得基础建造场地临近目标风电场,进一步减少运输成本。此外,阻尼池型漂浮式基础吃水深度浅,垂向特征尺寸小、横向尺寸大,且对港口、航道和风电场环境水深的适应性强,因此便于维修人员登陆进行海上作业。

Floatgen 项目是法国第一个漂浮式风电机组试验项目,于 2013 年启动,2017 年年底并网发电,2018 年开始进行样机运行测试,参与该项目的机构包括 Ideol 公司、Bouygues Travaux Publics 公司、南特中央理工学校、RSK 集团、Zabala 公司、斯图加特大学和弗朗霍夫风能技术研究所等。该项目的照片如图 2.10 所示。项目测试地点位于法国首个多功能海上试验场 SEM-REV,该试验场位于法国 Brittany 半岛南部的 LeCroisic 湾北部,离岸距离 22km,水深 33m,最大抵御设计波高可达 16m。

采用混凝土材质的阻尼池型漂浮式基础,不仅减少了结构用钢成本,又降低了基础结构的重心高度,保证基础的稳定性。基础底部外围安装大面积的垂荡板结构,增加了基础的运动阻尼,能有效抑制平台的垂荡运动。平台上方安装 1 台 2MW 的 Vestas V80 风电机组,风轮直径为 80m。基础采用 6 根聚酯系泊绳实现半张紧系泊定位,保障平台具有足够的系泊安全冗余。为适应漂浮式基础的特殊性,海缆设计时需要特殊保护,从基础一侧与风电机组相连并接入变电站。此外,该基础可以在有义波高 2.3m 状况下,凭借自身较低的干弦和通道设计,使得运维人员在全年 90% 的时间内方便登靠。

2019 年秋季,日本海域也安装了 1 台 Floatgen 试验风电机组(图 2.11),采用钢制阻尼池型漂浮式基础搭载 3.2MW 两叶片风电机组,工作水深 55m,离岸距离 15km,计划从 2018 年一直运行到 2021 年。漂浮式基础由大阪 Sakai 造船厂建造,在日本北九州港组装完毕后被拖运至安装地点。Hibiki 项目在样机设计上大胆使用了一些新技术,例如应用两叶片下风向风电机组,其传动系统包括 1 个独立的转子轴承、1 个两级行星齿轮和 1 台发电机,具有重量轻、体积小、建设重量成本低、效率高等优点,更适合于海上风电。漂浮式基础面积 36m²,深 10.8m,由加强混凝土和预应力混凝土制成。

图 2.10 法国 Floatgen 项目

图 2.11 Hibiki 项目样机

Hibiki 项目由丸红株式会社、日立造船、东京大学等多家企业、学校、科研机构联合成立的组织 Nedo 运营,自并网以来一共经历了 3 次台风,依旧运行良好。从现场情况来看,其出色的耐波性可以和 Floatgen 项目媲美。法国 Floatgen 项目和日本 Hibiki 项目主要参数对比见表 2.2。

表 2-2　　　　　　　　法国 Floatgen 项目和日本 Hibiki 项目主要参数表

项　　目	Floatgen 项目	Hibiki 项目
主要建设单位	ECN 联合体	NEDO
投产年份	2018	2019
海域	法国	日本
水深/m	33	55
离岸距离/km	22	16
基础型式	混凝土阻尼池	钢制阻尼池
基础排水量/t	5500	8000
基础用钢量/t	—	2500
基础吃水/m	7	7.5
基础型深/m	9.5	10
基础边长/m	36	45
阻尼池边长/m	20	30
风电机组功率/MW	2	3
上部机组重量含塔架/t	—	434
风轮直径/m	80	100
塔架高度	60	—
轮毂高度/m	65	72

2.2.4　日本 GOTO 示范项目

在亚洲,日本在漂浮式海上风电方面走在世界前列。2011 年,由日本环境部门启动的 GOTO 项目是亚洲首例全尺寸漂浮式风电机组样机项目,位于长崎县五岛市桦岛 (Kabashima) 离岸 1km、水深 91m 的海域,期间开发了一种预应力混凝土—钢混合型单立柱式基础。基础由底部的预应力混凝土环和上部的圆柱形钢壳组成。图 2.12 显示了 GOTO 项目全尺寸风机示意图。在底部使用混凝土将有利于减少成本支出。原型模型支持一个下风向 HTW 2.0-80 标准型风电机组(日立公司),额定功率为 2MW,转子直径 80m。与 Hywind 类似,GOTO 单立柱式基础上下分别为两段不同直径的圆柱,上部外径 4.8m,下部外径 7.8m,变径的主要目的是控制垂荡自振周期,使得自振周期足够长,远离波浪的能量范围(波浪周期通常在 4～14s)。浮体底部充满压载,使得重心低于浮心。系泊系统包括 3 根悬链线系泊链(R3S 无档链),用拖曳式锚固定在海床上,其中位于迎风侧的 2 根系泊链为增加重量而加了配重。

GOTO 样机的 50 年一遇设计浪高为 8.4m,但是试运行不久即遭遇 2012 年的第 16

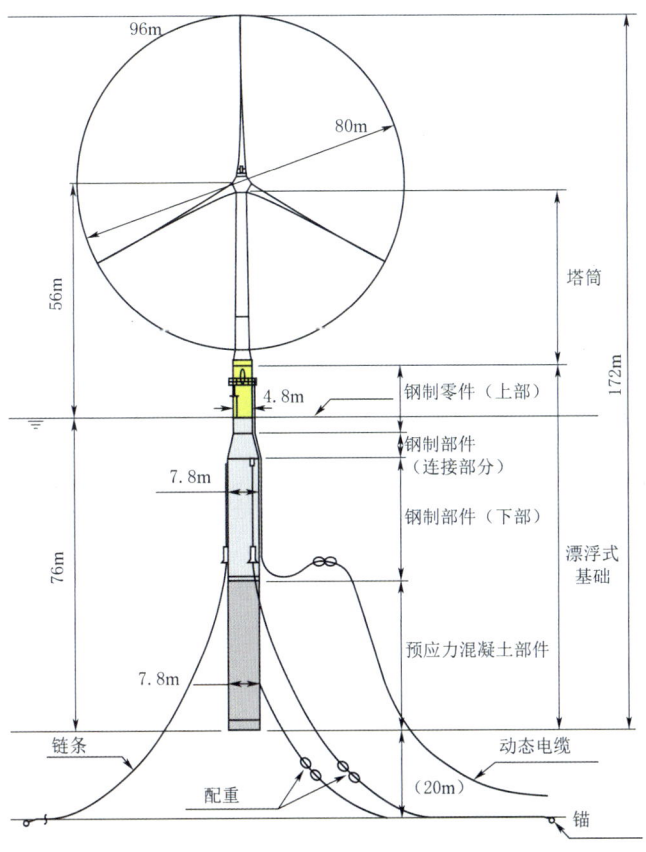

图 2.12 GOTO 项目全尺寸风电机组示意图

号台风 Sanba，成功抵抗 9.5m 高的波浪侵袭。2015 年，GOTO 项目完成样机试验，认定这一漂浮式基础的安全性好，且对环境影响小，可继续运营。该项目全尺寸实景照片如图 2.13 所示。此后，样机迁移至福江岛东岸崎山冲（Sakiyama）近海约 100m 水深海域继续运行。该风电机组的总体规模较挪威 Hywind（同为立柱式漂浮式风电机组）小，但由于特殊的结构设计型式和安装方法，被认为是未来立柱式风电机组技术发展的一次重要探索。

图 2.13 GOTO 项目全尺寸风电机组实景图

2.2.5 日本 Fukushima Forward 示范项目

由日本丸红株式会社牵头，东京大学、三菱重工、日立、三井造船等单位组成福岛海上风电联盟投资开发的日本 Fukushima Forward 漂浮式海上风电场是安装漂浮式样机型式最多的示范项目，位于距离福岛楢叶町沿岸约 20km，水深约 120m 的海域。项目分两期完成，一期工程由 1 台 2MW 的四柱半潜式（Compact Semi-Sub）漂浮式风电机组、世界首个 25MV 海上漂浮式变电站以及 66kV 海底海缆组成，于 2013 年竣工；二期工程安装了 1 台 7MW 的 V 形半潜式漂浮式风电机组，1 台 5MW 阶梯状立柱式漂浮式风电机组（图 2.14）。工程总投资 188 亿日元，旨在帮助福岛成为新工业中心，使其从 2011 年日本大地震的破坏中恢复过来。表 2.3 给出了该项目的主要参数。

（a）漂浮式变电站　　（b）紧凑半潜式风电机组　　（c）先进单立柱式风电机组　　（d）V形半潜式风电机组

图 2.14　Fukushima Forward 海上风电示范项目类型

表 2-3　Fukushima Forward 海上风电示范项目相关参数表

名　称	基础类型	型　号	风轮直径/m	时　间
漂浮式变电站	新型立柱式	25MV 海上漂浮式变电站、6kV 水下电缆	—	—
紧凑半潜式风电机组	四柱半潜式	富士重工 Subaru 80/2.0 型下风向风电机组	80	2013 年 11 月并网发电
先进单立柱式风电机组	新型立柱式	日立 HTW 5.0－126 型下风向风电机组	126	2017 年 3 月并网发电
V 形半潜式风电机组	三柱半潜式	MHI 7MW SeaAngel 型上风向风电机组	167	2015 年 12 月并网发电 2020 年 5 月拆除

Fukushima Forward 项目的研究内容包括浮体的运动补偿系统、浮体和风电机组的特性、浮体运动控制系统效用等。此外，结构防腐和疲劳情况、恶劣天气下的施工技术也是重点关注的方面。项目不仅关心漂浮式技术的各种挑战，也会和渔业、海上航行安全以及环境评估机构合作，为日后开展更大规模的离岸海上漂浮式风电场做经验储备。

漂浮式变电站安装在新型阶梯状单立柱式平台上，建设于 2013 年 6 月完成。浮体采用独特的三层阶梯状结构，减小了浮体在波浪作用下的运动响应。第一层漂浮体的主甲板上安装了气象桅杆和直升机停机坪，内部装有世界上第一个漂浮式变电站。最底层浮体内部填充了混凝土以降低重心，使其在建造和拖航过程中始终保持在垂直位置。

此外，为配合漂浮式变电站的使用，还开发了一种耐用且不受浮体运动影响的漂浮式海上变压器系统，并通过振动台试验对其抗振动和抗倾斜性能进行了评估，并开发了一种抗疲劳的大容量防水隔水管电缆。基于这些技术，在恶劣的海洋气象条件下建立了世界上第一个漂浮式海上变压器系统。

紧凑半潜式风电机组采用四柱半潜式基础，搭载日立 2MW 下风向风电机组，风轮直径为 80m，于 2013 年 11 月并网发电。风电机组布置在平台的中心，未采用与美国 WindFloat 半潜式基础类似的主动压载控制系统。扩大基础下部结构体积，并在底部周边安装制荡板区域（类似舭龙骨），把大量压载水置于下部，增加了结构的稳定性，同时增大了垂荡、横摇阻尼。采用下风向风电机组可以减小叶片质量，提高发电效率。电力线缆直接与漂浮式升压站相连，由于其吃水深度浅，在施工和安装方面具有优势。浮体的吃水深度可以通过位于侧柱底部的压载舱来调节。

基础采用与漂浮式变电站相似的阶梯状立柱式设计，搭载日立公司生产的 5MW 下风向风电机组，风轮直径 126m，轮毂高度 86m，该漂浮式风电机组工作水深 48m，吃水深度 33m，采用 6 根系泊线定位，于 2017 年 3 月并网发电。

V 形漂浮式基础采用三柱半潜式结构，风电机组安装在 V 形浮体尖端的立柱上，采用日本三菱重工生产的 7MW 上风向风电机组，油压驱动（区别于传统的直驱或齿轮箱驱动方式），风轮直径 167m，轮毂高度 105m。漂浮式风电机组工作水深 32m，吃水深度 17m，采用 8 根系泊链固定，于 2015 年 12 月并网发电。V 形基础去掉了半潜式基础中常见的横撑、斜撑，用底部的横柱连接 3 个立柱，兼作压载水舱，减小了水线面面积，有效降低了波浪影响，增加了垂荡阻尼。此外，无支撑结构在焊接接头处不易发生疲劳，而且 V 形布置有利于基础平台在码头侧的靠泊，便于风电机组安装和未来的维护。

这台 7MW 海上风电机组是 Fukushima Forward 漂浮式试验项目中单机容量最大的一台，但由于主机故障频发、运维成本高昂，运营方决定将其拖回港口实施退役。这台风电机组的利用率只有 3.7%，远低于 30% 的商业化利用率标准。另外 2 台 5MW 和 2MW 风电机组的利用率分别为 32.9% 和 18.5%。该风电机组采用了一种独特的液压传动技术，即数字位移传动，而不是直驱和齿轮箱传动系统。

2.2.6 意大利 Blue H 示范项目

Blue H 公司设计的张力腿式漂浮式风电机组（图 2.15）是 TLP 型漂浮式基础应用在海上风电行业的一项典型工程，也是世界上第一个将概念样机化的方案。2007 年年底，Blue H 公司在意大利南部海域处 113m 水深处安装了第一个 75% 比例的试验型漂浮式风电机组 Blue H，该基础结构采用 3~6 根张紧腿系泊线，系泊线底部与适用于各种海底条件的重力锚系统相连，该结构用钢量不到 2000t，在位系泊系统在完好状态时具有绝对稳性，但是锚固基础受地质影响较大，运动

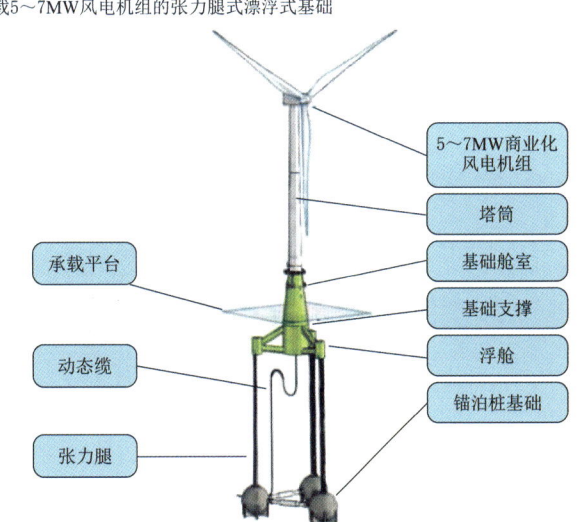

图 2.15 Blue H 漂浮式风电机组概念设计

响应受水深与系泊系统的影响明显。风电机组的额定容量为80kW,采用两叶片结构,经过一年的测试和数据收集后退役。由于搭载的风电机组功率较小,且没有采用当时主流的三叶片风电机组,同时测试时间较短,不能完全验证张力腿式漂浮式风电机组的可靠性。目前这一概念已经被改进以减少结构质量。虽然Blue H漂浮式风电机组是世界第一台漂浮式风电机组,但未产生类似Hywind和WindFloat的标杆效应。由于张力腿技术在合适的环境条件下具备自身的独特优势,行业对张力腿式漂浮式风电机组进行了持续研究。

2.2.7 挪威Sway AS示范项目

Sway AS公司于2001年起开始设计Sway漂浮式风力发电系统(图2.16),最初是为了北海100～400m深处的海上油气平台的电气化而开发的。Sway由一个连续的单立柱式型浮筒组成,浮筒内部设有压载来获得稳定性,通过张力—扭转腿锚定在海床上,并配备一个被动的水下偏航旋转装置。Sway的设计理念是将整个基础随风旋转(偏航),同时使用钢索为结构加固。偏航机构放置在浮筒的底部,风电机组的机舱固定在塔筒的顶部,让整个风电机组由风向控制。这一特点使得在风电机组前的空气动力学形状可以最大限度地减少风电机组湍流。偏航机构的另一个好处是,钢索始终保持在迎风方向,显著减少了结构的弯矩和疲劳损伤。这一特性有利于在浮筒上部署大于5MW的风电机组,甚至是安装高达10MW的风电机组。

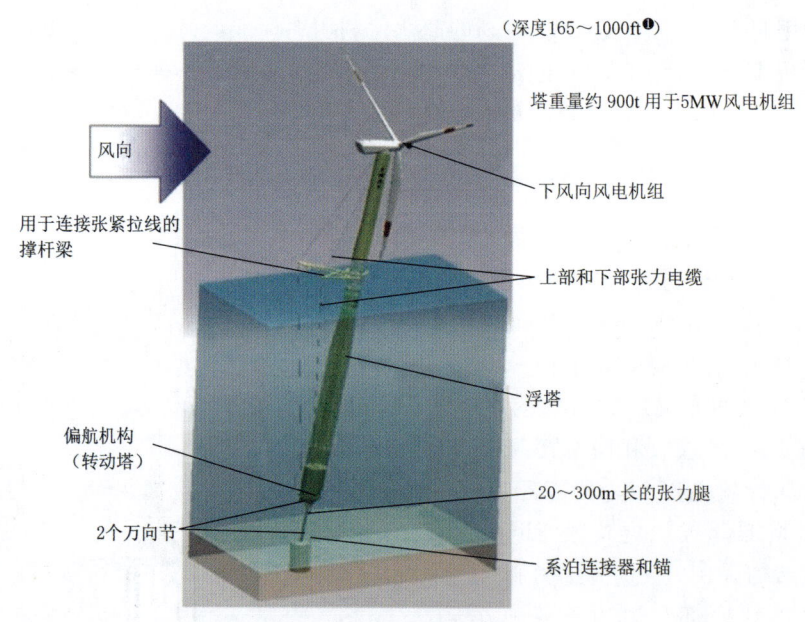

图2.16 Sway概念设计

---

❶ 1ft=0.3048m。

与传统的单立柱式风电机组相比，Sway 可以减少约 50% 的塔筒、基础组合钢重量；与悬链线式系泊系统相比，Sway 单点张力腿式系泊系统可以节省 60%～70% 的锚固成本；与传统的多张力腿式设计相比，锚固力只有原来的 1/11 至 1/9。2011 年 3 月，Sway 在挪威海岸附近的 Kollsnes（卑尔根西北）附近投入了 1∶6.5 比例的原型机，该原型机一直测试到 2011 年年底。

2.2.8 中国"三峡引领号"示范项目

"三峡引领号"示范项目由中国三峡新能源（集团）股份有限公司牵头，从 2017 开始策划并于 2021 年建造完成和投运，是我国首台海上漂浮式风电机组的试验示范项目，也是全球首台大容量抗台风型海上漂浮式风电机组。"三峡引领号"的漂浮式基础采用三柱半潜式设计，排水量约为 1.3 万 t，搭载 5.5MW 风电机组，风轮直径为 158m。系泊系统采用 3×3 悬链线布置，每根立柱下拉 3 条系泊线来限制漂浮式基础的水平运动，具体如图 2.17 所示。该项目离岸距离 28km，作业水深 30m，位于南海海域，属于台风频发海域。为了提高该样机的抗台风能力，设计时选用了固定在海床的重型锚块连接漂浮式半潜式基础。当台风袭击时，重型锚块通过系泊系统下拉漂浮式基础下潜，在水面上只保留机舱部分，减少迎风面积，由此提高抗台风能力。经过测算，该样机能抵抗 70m/s 的 17 级台风，超过当时国外在建和投运漂浮式风电机组抵抗最高风速 50m/s，在抗台设计方面取得高度创新。在 2022 年 7 月，该项目成功经受 12 级台风（37m/s）"暹（xiān）芭"的考验。此外，该项目还使用了高精度定位技术对吸力锚进行施工，精度可达 0.01m，并且在大容量风电机组—漂浮式基础一体化拖航、一体化就位等方面取得了突破性进展。然而，该项目单位兆瓦用钢量过大，成本约为其他发达国家先进漂浮式基础的两倍以上[27]，因此我国的漂浮式风电还有很大的降本空间。

2.3 主要漂浮式风电机组基础的构型和布置

漂浮式风电机组的基础结构类型和结构体系布置直接决定了漂浮式风电机组在特定海域中的水动力响应和结构振动，是漂浮式风电机组建造成本的主要影响因素，也是今后漂浮式风电机组基础降本增效的主要途径。

2.3.1 漂浮式风电机组基础主流类型

漂浮式风电机组由风力发电机、塔筒、漂浮式基础和系泊系统四部分组成，其所处海洋环境复杂，同时承受着风、浪、流等多荷载作用。按照静稳性原理，漂浮式基础可以大致分为单立柱式、张力腿式、半潜式、驳船式四类[29]。除了这四类主流漂浮式基础型式外，近年还出现一些特殊的漂浮式基础，包括在一个漂浮式基础上安装多台风电机组[30]，或者在一个漂浮式基础上同时安装风电机组和其他海洋能发电装备[31]，以及由几种主流漂浮式风电机组基础组合而成的混合型漂浮式基础。

1. 单立柱式

单立柱式基础主体一般为漂浮式柱状结构，由浮力舱、压载舱以及系泊系统组成。浮力舱提供结构所需浮力，压载舱内部装有水、碎石，或者高密度混凝土等压载物使得浮体重心低于浮心，从而形成类似"不倒翁"结构以提高整体在水中的抗倾覆稳定性。基础吃水深度较大，因此通常工作在水深 100m 以上海域。图 2.17 展示了典型的单立柱式漂浮式基础构型。

图 2.17　"三峡引领号"设计示意图

该类型基础主要依靠压载提供稳定性。由于重心低于浮心，所以单立柱式基础处于稳定平衡状态。当基础发生倾斜时，重力与浮力形成复原力矩可抵抗基础的倾斜运动。

单立柱式基础构造简单，易于设计和制造，吃水深，所受垂向波浪激励力小，因此，垂荡运动响应较小。但是由于单立柱式基础的水线面小，其横摇和纵摇运动较大；而且由于单立柱式基础为小细长比的柱形结构，在流的作用下易产生涡激运动。此外，该基础工作海域水较深，且无法在港口或岸边组装，因此，组装工作船需要具备现场起重设施和动态稳定系统等装备才能进行海上装配作业；当遇到故障时，仅能现场修复，无法拖航回港口修理。目前已建成原型机并投入运行的有 Hywind、Goto‐FOWT、Fukushima Forward Advanced Spar 等。

2. 张力腿式

张力腿式基础最初应用在石油钻井平台中，其设计的主要思想是使基础半顺应半刚性。张力腿式基础通常由立柱、支撑结构、浮筒、系泊系统和锚固基础等部分组成。该基础的最大特点是系泊处于张紧状态，由于浮体结构体积小且重量轻，所受浮力远大于重力，剩余的浮力与系泊系统中张力腱中的预张力平衡。

张力腿式基础主要由张紧的系泊系统获得稳定性，由于浮力大于重力，两者之差使得张力腱中产生张力，当结构受到外部荷载冲击发生倾斜时，一侧张力腱的张力增大，另一侧减小，张力腱的张力差对重心产生回复力矩。由于系泊系统承受较大的预张力，张力腱时刻处于受拉的张紧状态，整个漂浮式结构垂直方向的刚度较大，因此垂荡、横摇、纵摇运动固有周期小，远离波浪主要能量范围，且运动响应小。但由于结构水平方向近似柔性，横荡、纵荡、艏摇运动性能较差。图 2.18 显示了一个典

图 2.18　典型张力腿式漂浮式基础构型

型的张力腿式漂浮式基础构型设计。

张力腿式基础适用水深通常大于 40m，具有稳定性高、体积小、重量轻、无须主动压载等优点，可以在港口进行装配后拖航至安装点位。其缺点是系泊系统的安装工艺复杂，需要特定的安装驳船进行海上作业；张力腱结构造价高，且产生的张力容易受海流影响；同时，张力腱承受较大荷载容易产生疲劳，张紧的张力腱容易与漂浮式风电机组上部结构发生频率耦合进而产生共振。张力腿式海上风电机组的原型样机的代表有 Provence Grand Large（PGL）- TLP、Blue H TLP、GICON - TLP 等。

3. 半潜式

海上漂浮式风电机组半潜式基础的设计参照海洋石油半潜式平台而来，由于波浪具有抵消效应，可以改善波浪引起的海洋结构的动力响应，因此提出了将半潜式基础应用于海上漂浮式风电机组的设计理念。WindFloat 半潜式漂浮式基础构型如图 2.19 所示。

半潜式基础通常由浮箱、立柱、横梁、斜撑、压水板、系泊系统组成。浮箱主要用于提供浮力，立柱与立柱之间通过横梁和斜撑连接，并间隔一定距离，形成较大水线面提供回复力，基础由系泊系统固定。立柱内部通常分隔为多个

图 2.19 WindFloat 半潜式漂浮式基础构型

舱室，并设有压载，立柱底部安装有大直径垂荡板，以减小垂荡方向的运动响应。

该类基础主要由分布式浮力获得稳定性，结构发生倾斜时，一侧立柱的浮力增大，另一侧浮力减小，两侧的浮力差对重心产生回复力矩。半潜式基础通常具有较大的水线面面积，立柱内部的压载可降低结构重心，提高稳定性。同时，当基础在水中运动时，立柱底部的垂荡板周围会形成漩涡，从而增加基础的附加质量和阻尼，降低垂荡方向的运动幅值，延长垂荡周期。

半潜式基础的优点有：适用水深范围广，通常认为大于 40m；常采用湿拖法，安装拆卸灵活，可在港口组装后拖航至安装点位，发生故障时，也可以拖回港口维修；通常采用悬链线式系泊系统，经济性好且便于安装；吃水深度较大，水动力性能优越，纵荡运动响应小于张力腿式，纵摇运动响应小于单立柱式，通过结构的合理设计，可使平台运动固有频率有效避开主要波浪频率。半潜式平台的缺点是钢结构部分较为复杂，连接件多，不便于生产加工，开发成本相对较高。由于垂荡方向的运动响应较大，通常还需配备昂贵的主动压载系统，对于低频二阶波浪力较为敏感。半潜式基础是目前应用最为广泛的漂浮式风电机组基础构型，常见的有 WindFloat（已建成多个海上风电场），NREL DeepCWind 中的四柱半潜式，Fukushima Forward 项目中的 V 形半潜式和 Compact semi-submersible，TECNALIA 设计的 Natulis 四柱半潜式基础、中国的"三峡引领号"等。

4. 驳船式

驳船式基础的基本结构和特性与半潜式基础类似，区别在于：驳船式基础的水线面更

图 2.20　Floatgen 驳船式漂浮式基础构型

大,浮力更加分散;吃水深度更浅,因此可以用于水深较浅海域,最小适用水深可至 25m;半潜式基础通常由立柱组成,而驳船式通常是具有连续且规则的几何构型,典型的例子有 ITI-Barge,法国 Ideol 公司开发的阻尼池型漂浮式风电机组。驳船式漂浮式风电机组中,目前已经开始进行示范运用的就是法国 Floatgen 项目,如图 2.20 所示。

驳船式基础具有占海面积大、浮力分布均匀、稳定性好的特点,主要依靠其巨大的水线面面积提供稳性。由于吃水深度浅,其垂荡稳定性较差,对所在海域环境非常敏感。但是相比于半潜式基础,其结构更加简单,加工安装都方便。

2.3.2　漂浮式基础特殊构型

除上述四种主流构型外,近年还出现了一些特殊的漂浮式基础,包括在一个漂浮式基础上安装多台风力发电机,或者在一个漂浮式基础上同时安装风电机组和其他海洋能发电装备,以及由主流漂浮式风电机组组合而成的混合型漂浮式基础。

1. 多风电机组型漂浮式基础

多风电机组型海上漂浮式风电机组是指在同一个漂浮式基础上放置多台风电机组,构成一个更大的风力发电系统,功率可以是原来单个风电机组的 3~5 倍。这样多风电机组的漂浮式风电机组在获得较高额定功率的同时,可以降低多个漂浮式基础的建设成本,实现更好的经济效益。但是,由于支撑结构上的风电机组数量和荷载成倍增加,漂浮式基础的尺寸和承载能力也应随之提高。此外,还应注意荷载不对称导致的系统不稳定以及风电机组尾流效应造成的风能损失。同时,基础上多个风电机组间的电力传输和水密要求会使基础造价和电力设备成本增大,结构复杂度增加也会带来制造加工和安装运维等方面的问题。

瑞典 Hexicon 公司开发了一个桁架结构的多机组漂浮式基础 Hexicon,上方安装了 3 台风电机组,呈一字排开的队列。挪威 FORCE 技术公司设计的 WindSea 为三柱半潜式结构基础,同时搭载了 3 台风电机组,包含 2 台上风向和 1 台下风向风电机组,分别位于平台的 3 个顶点,塔筒倾斜以减少尾流损失。此外,还有混合风能波浪能发电装置 W2Power,2 台风电机组和 1 台波浪能发电装置分别位于三角形基础的一个角上;德国 EnBW 公司开发的 Nezzy2,2 台风电机组的塔筒以一定夹角安装在半潜式基础的同一立柱上等(图 2.21)。

2. 构型混合型漂浮式基础

将单立柱式、半潜式和张力腿式基础中的任意两种组合起来,就形成了构型混合型漂浮式基础。上述 3 种基础分别代表了不同的稳定机制,混合型基础则可以将不同基础的优

(a) Hexicon　　(b) WindSea　　(c) W2Power　　(d) Nezzy2

图 2.21　多机组型漂浮式基础

点结合在一个漂浮式结构中。常见构型混合型基础有 Tension Leg Buoy（TLB），该基础采用张力腱来固定单立柱式浮体，例如法国阿尔斯通公司开发的 Floating Haliade，英国 Xanthus Energy 公司开发的 Ocean Breeze，挪威生命科学大学开发的 TLB 系列，以及挪威的 Sway（图 2.22）。美国 Nautica WindPower 设计的单点系泊先进漂浮式风电机组（Advanced Floating Turbine，AFT）则将张力腿式基础和半潜式基础相结合，以支撑两叶片风电机组。风电机组始终保持倾斜，该设计的目的是让风电机组自适应任意倾斜态以减少额外的控制，同时减轻结构重量。

3. 多能源混合发电漂浮式基础

为了实现漂浮式基础更高的利用率，人们考虑将不同的新能源发电装置集成到 1 个漂浮式基础上，使其不仅可以捕获风能，还可以捕获其他能源，如波浪能、潮汐能或太阳能。一方面可以提高基础单位面积的能源产量，从而降低总发电成本；另一方面，可以提高电网连接的利用率，并将运行和维护成本分摊到多个发电装置上；此外，还可以提高功率密度，在一定程度上平衡功率生产中的波动。然而，该技术也增加了系统的复杂性、整体尺寸，以及系统的负载量。

目前最为常见的组合是风能和波浪能，如：挪威的 W2Power，三角形平台的 3 个立柱上方分别安装了 2 台风电机组和 1 台冲击式波浪能发电装置；以及丹麦的 FPP（Floating Power Plant）公司开发的 Poseidon 半潜式结构，以及日本 MODEC 公司设计的 SK-WID 基础。此外，日本博多湾 WindLens 示范风场将风电机组和太阳能光伏板集成到一个漂浮式基础上，该半潜式基础由一系列六边形组成，每个六边形支撑 2 个 WindLens 风电机组并覆盖太阳能光伏板。图 2.23 给出了上述四种多能源混合发电漂浮式平台概念图。

(a) Floating Haliade　　　(b) Ocean Breeze

(c) Sway　　　(d) Advanced Floating Turbine

图 2.22　构型混合型漂浮式基础

2.3.3　系泊系统

系泊系统是漂浮式风电机组中至关重要的一环,关系着结构的安全和稳定性。其基本原理可以解释为,系泊系统通过系泊材料的变形或悬空重量的改变来提供约束张力,对漂浮式风电机组的位置和运动产生约束[32]。当风电机组正常工作时,保证漂浮状态下漂浮式结构的稳定性;当风电机组遭遇极端海况时,系泊系统能够确保漂浮式结构的安全性;一旦系泊线发生断裂,漂浮式系统容易出现断裂、倾覆等严重现象。海上漂浮式风电机组基础的系泊系统一般由绞车、导缆设备、系泊线、锚固装置、重力和浮力配件等组成。

系泊线是连接漂浮式基础结构与海床的关键构件,上端通过导缆孔与漂浮式基础连接,下端通过锚固装置与海床连接,系泊线中的预张力通过漂浮式基础结构中的起链机控制。系泊系统主要通过系泊线在几何变形状态下的张力来提供回复力,并对漂浮式基础的运动起到约束作用,在抵抗风轮推力、扭矩、偏航荷载及浪、流、冰等荷载作用的同时,保证漂浮式风电机组的稳定性和安全性[33]。

(a) W2Power　　　　　　　　(b) Poseidon

(c) SKWID　　　　　　　　(d) WindLens

图 2.23　多能源混合发电漂浮式基础

1. 系泊链分类

根据受力原理，漂浮式基础结构的系泊系统的主要形式包括悬链线式（Catenary mooring）、张紧式（Taut mooring）、张力腱式（Tether mooring）3 种（图 2.24）。其中，悬链线式系泊系统占用的海域面积最大，张力腱式系泊系统占用的海域面积最小。

（1）悬链线式系泊线一般采用重度较大的钢链，钢链由许多链环连接而成，链环分为有档链环和无档链环两种。钢链因其制造成本低、工序简单、强度高等优点，成为运用最广泛的系泊材料。系泊线的预张力主要取决于锚链的悬空段，锚链的回复力主要通过锚链悬空段的重力提供。这种系泊方式在海床上具有较长的平躺段，因此占据的海床空间较大，重量随着水深增加而急剧增大，海床锚固基础仅承受水平力；悬链线式系泊线常用于单立柱式、半潜式和驳船式海上漂浮式风电机组中。

（2）张紧式系泊线一般由上下两端的钢缆和中部的合成纤维缆组成，钢缆由钢丝组成，常见的形式有六股式、螺旋股式、多股式等。同等断裂强度下，钢缆的重量仅为锚链的 20%，因此深水系泊系统为了降低系泊重量常采用钢缆系泊。此时系泊线的约束张力主要依赖于缆索的弹性拉伸变形而非悬空段自重，所搭配的锚固装置需要同时承受水平张力和较大的垂向张力。钢缆成本较钢链高，且材料呈现非线性的力学特征，系泊松弛后重新张紧时，会带来跳跃性的冲击荷载，给缆索强度和疲劳问题带来了较大的威胁。因此，

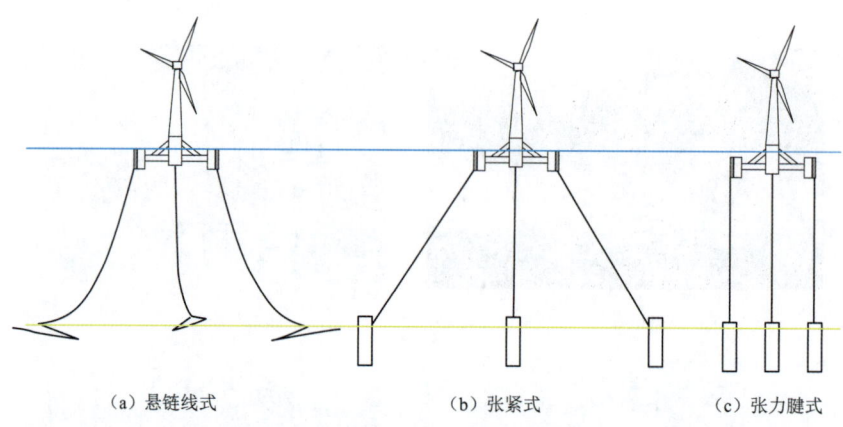

(a) 悬链线式　　　(b) 张紧式　　　(c) 张力腱式

图 2.24　常见系泊形式

在设计时可结合钢链和钢缆特性进行分段设计，以获得更优的系泊动力性能。

（3）垂向张力腱式系泊系统的系泊线常采用合成材料。合成材料在系泊系统上的使用日益频繁，合成纤维材料通常有尼龙（聚酰胺）、聚酯、聚丙烯和聚乙烯等。在同等规格下，合成材料制成的缆绳比重小，耐磨性好，有较大的回复力。但以合成纤维为主要成分的缆绳也有其弊端，如缆绳的轴向刚度随轴向张力作用时间发生变化，缆绳容易偏移，也容易打滑而产生蠕变，因此每隔几年需要重新张紧调整。该类系泊系统与海床的锚固装置需要承受较大的垂向张力。顶部预张力可通到绞盘进行微调节。由于张紧状态使得张力腱的固有频率较高，在外界高频激励如流体引起的涡激振动和二阶和频波浪力等作用下，都有可能引起张力腱发生高频弹振和颤振问题，继而发生疲劳损伤。

2. 锚固基础分类

浮体的系泊线需要通过锚固装置与海床连接。根据锚固装置的形式和力学特性，可大致将其划分为抓力锚、重力锚、桩锚和吸力锚 4 种，如图 2.25 所示。

（1）抓力锚（拖曳嵌入式锚）。抓力锚是目前使用最广泛的一种锚固结构，其部分或全部嵌入海底，主要靠锚的前部结构与土壤的摩擦力来抵抗外力，能承受较大的水平力，但垂向承受能力不强，常与悬链线式系泊的锚链搭配使用。抓力锚适用于硬度不高的黏性泥沙海床，安装较为简单，拆除后可以重复利用。

（2）重力锚。重力锚主要通过压载与海床表面的摩擦力来抵抗锚链的水平张力，通过压载重量来抵抗锚链的垂向张力。随着锚链的水平和垂向张力设计要求的提高，重力锚需要更大的压载体积，而且水平张力通常难以单纯通过压载和海床之间的摩擦力进行平

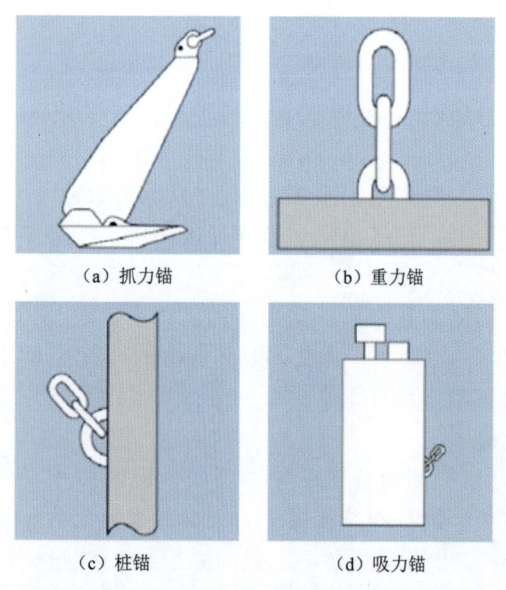

(a) 抓力锚　　　(b) 重力锚

(c) 桩锚　　　(d) 吸力锚

图 2.25　锚固装置的常见形式

衡。重力锚的性能与海床息息相关，适用于中等硬度或硬质土海床，安装较为简单，但体积和重量较大，安装和拆除对吊装设备的吨位要求较高。

（3）桩锚。桩锚是向海床打入桩基，通过桩基与土壤之间的作用力来提供锚链的水平张力和垂向张力。其在深水区域作业时施工费用较高，适用于各种海床土质条件，但安装和拆除需要专用设备。

（4）吸力锚。吸力锚类似于桩锚，但中空钢筒结构的直径要大得多。其通过安装于钢筒顶部的人工泵使钢筒内外出现压力差，当钢筒内压力小于钢筒外压力时，钢筒随即被吸入海底，然后将泵撤走，能承受系泊线的水平张力和垂向张力。吸力锚不适用于松散的沙土或硬质土海床，安装较为简单，对海床土体的扰动较小，拆除后可以重复利用。

为了改善系泊线的动力性能，有时需要增设块重和浮力器件进行调节。块重的形式有集中式和分布式。通常而言，安装集中式块重的锚泊的静态响应较佳，而安装分布式块重的锚泊的动力响应较佳。系泊线上的浮力器件有浮筒、浮球和浮箱等。在悬链线式系泊线上设置浮力器件可以有效降低系泊线的动张力，但通常会降低锚泊的水平刚度。在张力腿上设置浮力器件可抵消系泊线自重，使其成为完全的张力部件。

在进行工程设计时，漂浮式基础的系泊系统形式应根据所需系泊线张力大小、系泊线长度、漂浮式基础结构型式、水深、海床土质条件和地形等因素综合确定。不同的基础结构所匹配的系泊系统不同，产生的响应也不同。相对于张紧式和张力腱式系泊，悬链线式系泊适用范围更广泛，且材料种类丰富，安装方便，成本相对较低。

参 考 文 献

［1］ 徐彬，薛帅，高厚磊，等．海上风电场及其关键技术发展现状与趋势［J］．发电技术，2022，43（2）：227-235．

［2］ 郑崇伟，李崇银．海上风能等级区划研究：瓶颈与对策［J］．中国科学院院刊，2023，38（4）：654-665．

［3］ DiAZ H，SERNA J，NIETO J，et al. Market Needs, Opportunities and Barriers for the Floating Wind Industry［J］. Journal of Marine Science and Engineering，2022，10（7）：934．

［4］ BAGBANCI H，KARMAKAR D，GUEDES SOARES C. Review of offshore floating wind turbines concepts［M］. Maritime engineering technology. CRC Press. 2012：553-562．

［5］ ZHANG L，MICHAILIDES C，WANG Y，et al. Moderate water depth effects on the response of a floating wind turbine［J］. Structures，2020，28：1435-1448．

［6］ UTSUNOMIYA T，MATSUKUMA H，MINOURA S，et al. At Sea Experiment of a Hybrid Spar for Floating Offshore Wind Turbine Using 1/10-Scale Model［J］. Journal of Offshore Mechanics and Arctic Engineering，2013，135（3）：529-536．

［7］ MUSIAL W，BUTTERFIELD S，BOONE A. Feasibility of Floating Platform Systems for Wind Turbines［M］. 42nd AIAA Aerospace Sciences Meeting and Exhibit. American Institute of Aeronautics and Astronautics. 2004．

［8］ STRACH-SONSALLA M，MUSKULUS M. Prospects of Floating Wind Energy［J］. International Journal of Offshore and Polar Engineering，2016，26（2）：81-87．

［9］ BASHETTY S，OZCELIK S. Review on Dynamics of Offshore Floating Wind Turbine Platforms［J］. Energies，2021，14（19）：6026．

[10] ASHWILL T D, SUTHERLAND H J, BERG D E. A retrospective of VAWT technology [R]. United States, 2012.

[11] 高伟, 李春, 叶舟. 深海漂浮式风力机研究及最新进展 [J]. 中国工程科学, 2014, 16 (2): 79–87.

[12] BARLTROP N. Multiple Unit Floating Offshore Wind Farm (MUFOW) [J]. Wind Engineering, 1993, 17 (4): 183–188.

[13] BERTACCHI P, DI MONACO A, DE GERLONI M, et al. Elomar-A Moored Platform for Wind Turbines [J]. Wind Engineering, 1994, 18 (4): 189–198.

[14] HENDERSON A R, ZAAIJER M B, BULDER B, et al. Floating Windfarms For Shallow Offshore Sites [C]. The Fourteenth International Offshore and Polar Engineering Conference, 2004.

[15] LIU Y, LI S, YI Q, et al. Developments in semi-submersible floating foundations supporting wind turbines: A comprehensive review [J]. Renewable and Sustainable Energy Reviews, 2016, 60: 433–449.

[16] LEFRANC M, TORUD A. Three Wind Turbines On One Floating Unit, Feasibility, Design And Cost [C]. Offshore Technology Conference, 2011.

[17] VITA L, PAULSEN U S, PEDERSEN T F, et al. A novel floating offshore wind turbine concept [C]. 2009 European wind energy conference and exhibition, 2009.

[18] SKAARE B, NIELSEN F G, HANSON T D, et al. Analysis of measurements and simulations from the Hywind Demo floating wind turbine [J]. Wind Energy, 2015, 18 (6): 1105–1122.

[19] RODDIER D, CERMELLI C, AUBAULT A, et al. WindFloat: A floating foundation for offshore wind turbines [J]. Journal of Renewable and Sustainable Energy, 2010, 2 (3): 033104.

[20] UTSUNOMIYA T, SATO I, SHIRAISHI T. Floating Offshore Wind Turbines in Goto Islands, Nagasaki, Japan [C]. WCFS 2019, 2020.

[21] KOH J, NG E, ROBERTSON A, et al. Validation of a FAST model of the SWAY prototype floating wind turbine [R]. National Renewable Energy Lab. (NREL), Golden, CO (United States), 2016.

[22] JACOBSEN A, GODVIK M. Influence of wakes and atmospheric stability on the floater responses of the Hywind Scotland wind turbines [J]. Wind Energy, 2021, 24 (2): 149–161.

[23] DUARTE T, PRICE S, PEIFFER A, et al. WindFloat Atlantic Project: Technology Development Towards Commercial Wind Farms [C]. Offshore Technology Conference, 2022.

[24] YOSHIMOTO H, AWASHIMA Y, KITAKOJI Y, et al. Development of floating offshore substation and wind turbine for Fukushima FORWARD [C]. // Tokyo, Japan, Proceedings of the International Symposium on Marine and Offshore Renewable Energy, 2013.

[25] ALEXANDRE A, PERCHER Y, CHOISNET T, et al. Coupled Analysis and Numerical Model Verification for the 2MW Floatgen Demonstrator Project With IDEOL Platform [C]. ASME 2018 1st International Offshore Wind Technical Conference, 2018.

[26] 刘晓辉, 高人杰, 薛宇. 浮式风力发电机组现状及发展趋势综述 [J]. 分布式能源, 2020, 5 (3): 39–46.

[27] 刘小燕, 韩旭亮, 秦梦飞. 漂浮式风电技术现状及中国深远海风电开发前景展望 [J]. 中国海上油气, 2024, 36 (2): 233–242.

[28] 李小平. 我国海洋工程装备产业发展回顾及展望 [J]. 船舶, 2023, 34 (5): 1–11.

[29] NEJAD A R, BACHYNSKI E E, KVITTEM M I, et al. Stochastic dynamic load effect and fatigue damage analysis of drivetrains in land-based and TLP, spar and semi-submersible floating wind turbines [J]. Marine Structures, 2015, 42: 137–153.

[30] BASHETTY S, OZCELIK S. Design and Stability Analysis of an Offshore Floating Multi-Wind Turbine Platform [J]. Inventions, 2022, 7 (3): 184-189.

[31] FENU B, ATTANASIO V, CASALONE P, et al. Analysis of a Gyroscopic-Stabilized Floating Offshore Hybrid Wind-Wave Platform [J]. Journal of Marine Science and Engineering, 2020, 8 (6): 439.

[32] WANG C M, UTSUNOMIYA T, WEE S C, et al. Research on floating wind turbines: a literature survey [J]. The IES Journal Part A: Civil & Structural Engineering, 2010, 3 (4): 267-277.

[33] BROMMUNDT M, KRAUSE L, MERZ K, et al. Mooring System Optimization for Floating Wind Turbines using Frequency Domain Analysis [J]. Energy Procedia, 2012, 24: 289-296.

第 3 章
海上浮体的运动响应

漂浮式风电机组设计的核心在于对海上浮体的运动和内力响应进行分析，进而对漂浮式风电机组基础的水动力外形和结构体系布置进行设计和优化，通过不断进行设计迭代，完善漂浮式风电机组基础的设计，形成能够适用于特定水域的漂浮式风电机组基础设计。海洋浮体的响应中，运动响应是最为重要的。只有在明晰运动响应的前提下，才有可能确定漂浮式结构的内力响应，进而对漂浮式结构的安全性和长期工作性进行判断[1]。

本章主要讲述刚体漂浮于海中，在环境荷载作用下产生的运动响应以及响应的计算方法。一般的，在进行漂浮式风电机组基础的初步设计时，可以仅仅考虑浮体本身的运动响应不能超过预设的限制，而不必考虑其结构内力。因此，漂浮式风电机组基础在进行初步设计时，通常将其作为一个刚体加以考虑。海上浮体主要在波浪、海流和风的作用下产生六自由度的刚体位移，海洋工程中通过系泊和水动力设计对对工程有害的刚体位移进行限制，因而进行海上浮体刚体位移的计算中，需要考虑海洋环境荷载、浮体运动的六自由度描述以及运动响应的计算方法。海上漂浮式风电机组从结构响应计算角度，可以认为是一个有特定水动力外形的海上浮体，其响应计算服从海上浮体运动响应计算的主流方法。

3.1 海洋动力环境荷载

在进行漂浮式风电机组运动响应研究时，与针对一般海上浮体的运动响应研究相同，需要确定海洋动力环境荷载。一般情况下，海洋动力环境荷载包括波浪荷载、风荷载以及海流荷载[2]。

3.1.1 波浪荷载

进行波浪荷载计算的前提是了解海洋波浪的特性，从而通过数学描述得到计算波浪荷载的方法。一般地，海洋波浪的描述主要通过波高的时程反映[3]。图 3.1 给出了一个有代表性的不规则海浪的表面波高记录。现将图 3.1 中的波高记录以等时间间隔的有序点来标记，当用一条光滑曲线连接这些有序点时，就再现出记录的详细特性。需要指出的是，波浪的波高时程一般来说是无法直接用于计算波浪荷载的。考虑到海洋波浪在空间上和时间上的随机性，一般波浪荷载的计算通过波浪的统计信息进行。为了获得波浪的统计信息，需要采用合适的采样间隔记录海面波形。

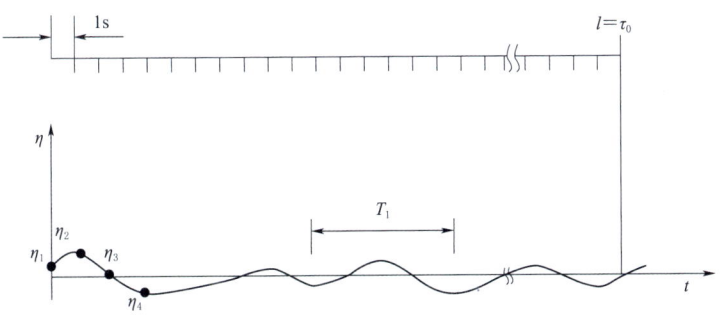

图 3.1　某一记录点的海浪波形图

一般地说，最佳采样间隔 Δt 可以按照尼奎斯特（Nyquist）方法确定采样频率，即 $f_0 = 0.5/\Delta t$。具体做法是，首先检查记录是否有最高频率，即最短跨越时间，然后用相等的时间间隔划分该记录，并标记相应的序列为 $\eta_1, \eta_2, \cdots, \eta_n$。举例来说，如果采样时间间隔为 2s，再现一个 60min 的海浪记录，得到的采样个数 $N = 3600/2 = 1800$。能够精确地再现 1800 个记录点并可近似地表达其他各点的傅里叶级数为

$$\eta(t) = 2 \sum_{n=1}^{N/2} a_n \cos \frac{2\pi nt}{\tau_0} + 2 \sum_{n=1}^{N/2} b_n \sin \frac{2\pi nt}{\tau_0} \tag{3.1}$$

式中：τ_0 为记录波浪的总时长，因此 $2\pi/\tau_0$ 代表了记录时间长度对应的圆频率。式（3.1）中的系数可根据持续时间 τ_0 的记录由下列关系式得到

$$\begin{cases} a_n = \dfrac{1}{\tau_0} \int_0^{\tau_0} \eta(t) \cos \dfrac{2\pi nt}{\tau_0} \mathrm{d}t \, (n=1,2,3,\cdots) \\ b_n = \dfrac{1}{\tau_0} \int_0^{\tau_0} \eta(t) \sin \dfrac{2\pi nt}{\tau_0} \mathrm{d}t \, (n=1,2,3,\cdots) \end{cases} \tag{3.2}$$

实际上，式（3.2）可以表示自变量为 t 的任意周期函数，而函数的平均值为 $0(a_0=0)$。在此情况下有

$$\frac{1}{\tau_0} \int_0^{\tau_0} \eta^2(t) \mathrm{d}t = 2 \sum_{n=1}^{N/2} (a_n^2 + b_n^2) = \sigma_\eta^2 \tag{3.3}$$

式中：σ_η 为随机波面的均方根。

把波浪谱密度 $S_\eta(\omega)$ 定义为

$$\int_0^{+\infty} S_\eta(\omega) \mathrm{d}\omega = \sigma_\eta^2 \tag{3.4}$$

这个谱函数就是把波高的方差转化成其组成频率分量的方法，也就是说，$S_\eta(\omega)$ 在每个离散频率 ω_n 处的值都可用傅里叶系数的和近似地表示，即

$$S_\eta(\omega_n) \approx \frac{2\pi}{\omega_n}(a_n^2 + b_n^2) \tag{3.5}$$

其中

$$\omega_n = \frac{2n\pi}{\tau_0} = n\Delta\omega \leqslant \frac{\pi}{\Delta t}, \Delta\omega = \frac{2\pi}{\tau_0} \quad (3.6)$$

实际上，为了使能量谱成为一个连续函数，经常需要对式（3.5）给出的离散值进行"光滑处理"。这需要一个非常精细的操作，以确保采样间隔足够小，使得式（3.5）能够普遍适用。当然，函数 $S_\eta(\omega)$ 的性质与表面波的波高记录密切相关。例如，对于单向涌浪，$S_\eta(\omega)$ 会集中在一个主要涌浪频率的附近，形成一个窄带函数；海浪则通常用一个宽带谱函数来表征。

用于描述海洋表面的数学模型应当尽可能地同实际海浪相一致。要达到此目的可有两个途径。其一，完全确定性方法，即用足够多数量的傅里叶级数的展开来实现对高频率记录的海面波形的复现；其二，由于波浪谱体现的是海洋波浪的统计特性而不是一个波浪的精细特征，因此可以用一个谱来描述一些具有同样统计数据的波浪波高记录。

波高、波周期等波浪特征值的统计分布与波浪谱有直接关系。因此，如何确定波浪谱是个很重要的问题。实用的海上波浪谱资料都是根据大量实测统计资料，在半经验、半理论的基础上分析得到的，其一般形式为[4]

$$S_\eta(\omega_n) = \frac{A}{\omega^p} \exp\left(-\frac{B}{\omega^q}\right) \quad (3.7)$$

式（3.7）中有 4 个可调整的系数，常取 $p = 4 \sim 6$，$q = 2 \sim 4$，A 和 B 的取值与风、波的要素相关。按照式（3.7），波浪谱的谱峰频率可以计算为

$$\omega_m = \left(\frac{Bq}{p}\right)^{1/q} \quad (3.8)$$

例如取待定系数 $p = 5$，$q = 4$，则波浪特征为：有义波高 $H_s = 2\sqrt{A/B}$；平均波高 $\overline{H} = 2\pi/\left(\frac{4B}{5}\right)^{1/4}$；平均频率 $\overline{\omega} = 1.23B^{1/4}$；平均周期 $\overline{T} = 5.13B^{-1/4}$。

在众多的波浪谱模型中，工程上广泛应用的 JONSWAP 谱模型的基本形式为[5]

$$S(f)_{\text{basic}} = \alpha g^2 (2\pi)^{-4} f^{-5} \exp\left[-\frac{5}{4} \cdot \left(\frac{f}{f_p}\right)^{-4}\right] \gamma^{\exp\left[-\frac{(f-f_p)^2}{2\sigma^2 f_p^2}\right]} \quad (3.9)$$

式中：f 为频率；f_p 为谱峰频率；α 为 Phillips 常数；γ 为谱升因子；σ 为谱宽参数。

其中，指数项用于表征谱密度随频率的变化规律。有关研究表明，该指数项在 $-6 \sim -3$ 之间变化，而非常数。式（3.9）在绝大多数情况下能够合理地给出波浪能在频域上的分布特征。也有学者基于观测资料的拟合结果提出了一种更为通用的 JONSWAP 谱形式，将指数项写成与水深和风区相关的形式。该广义形式的 JONSWAP 谱模型为

$$S(f)_{\text{general}} = \alpha g^2 (2\pi)^{-4} f^m f_p^{5+m} \exp\left[-\frac{n}{4} \cdot \left(\frac{f}{f_p}\right)^{-4}\right] \gamma^{\exp\left[-\frac{(f-f_p)^2}{2\sigma^2 f_p^2}\right]} \quad (3.10)$$

式（3.9）和式（3.10）中，Phillips 常数 α 为比例因子，决定了分配至不同频率上的波浪能大小，谱升因子 γ 决定了波浪能的峰值。因此上述两个参数通常与波浪的有义波高、谱峰周期与海表面风速相关。无量纲谱宽参数 σ 表征谱密度峰值的宽度，对整个谱形

影响较小。α 根据无量纲风区 (D) 进行估计，公式为

$$\alpha = 0.076 D^{-0.22} \tag{3.11}$$

无量纲风区 D 的定义为

$$D = \frac{gd}{U_{10}^2} \tag{3.12}$$

式中：d 为风区长度；U_{10} 为海表面10m高度风速。

γ 在 1 与 10 之间变化，在工程应用中可取均值 3.3。σ 可写作与频率相关的分段函数形式，即

$$\sigma = \begin{cases} 0.07, f < f_p \\ 0.09, f \geq f_p \end{cases} \tag{3.13}$$

有研究表明，JONSWAP 谱的关键参数对水域的风浪环境十分敏感，易受到风速、风区、有义波高和谱峰周期等影响而发生改变。若未经验证而直接使用波浪谱及其相关参数，可能导致不可信的计算结果[6]。

针对波浪荷载的计算，工程上一般从两个领域进行研究：一是从流体力学的角度出发，研究流体内部各质点的运动状态，这种研究一般包括线性波浪理论和非线性波浪理论两大类[7]；二是将海面波动看作是一个随机过程，从统计意义上描述液体内部各质点的运动状态，揭示海浪内部波动能量的分布特性，研究其对工程结构的作用。目前在实际工程中一般应用线性波浪理论作为其理论基础。

目前有两种方法将波浪的统计信息转换为海洋建筑物的设计荷载。第一种方法称为设计波法[8]。它是基于在具备给定再现期间隔的一种海况中，推定出一个设计波的波高和相应的周期，将其作为一个设想的规则波，再依据一种恰当的波浪理论来描述波浪的相应特征，诸如波浪的剖面、水质点的轨道速度和加速度等，进而利用一般流体动力学的方法推算波浪力。第二种方法称为波谱法，它是建立在海况的统计特征上[9]。将实际海面上呈现出的高低、长短不等的波浪看作是由许多具有随机相位的简单波叠加而成，各个简单波的能量在相应的波频上的分布就构成一个海浪谱。从海浪谱中可认定出描述海浪特征的统计参数，这些描述不规则海浪的稳定参数一经取得，便可以利用经典流体动力学的方法来计算波浪力。设计波法根据理想化的规则波来计算波浪荷载，它不能完全反映不规则波对建筑物的作用。但计算方法较为简便，至今仍为多数工程设计所采用。波谱法利用了描述海浪内部结构的谱的概念，比较全面地反映了海浪运动的全过程。

波浪对固定式海洋结构物的作用有以下四种效应[10]：①由于流体（海水）的黏滞性而引起的黏滞效应；②由于流体的惯性以及结构物的存在，使结构物周围的波动场的速度分布发生改变而引起的附加质量效应；③由于结构物本身对入射波浪的散射作用而产生的散射效应；④由于结构物本身的相对高度（即结构物高度与工作水深之比值）较大，结构物在海水中的存在扰动了原波动场的自由表面而产生的自由表面效应。散射效应和自由表面效应总称为绕射效应。

3.1.2 风荷载

除了波浪荷载之外，风荷载和流荷载也是作用在海洋浮体上的重要荷载。风荷载在浮

体不同高度处的作用力主要依赖于风剖线的变化。风剖线是指大气边界层内风速沿高度的变化规律。由于海上浮标、气象观测站通常只记录低空风场，海洋漂浮式风电机组工程设计者往往需要使用风剖线模型推算风电机组轮毂高度处的风速来估计海洋风电机组的发电量。此外，风剖线模型同样适用于计算漂浮式风电机组叶片、塔架和基础上分布的风荷载。一般认为指数律和对数律风剖线模型均适用于描述台风边界层中风速沿高度的变化特征；而在非台风海况下，风剖线需要考虑大气稳定度和风速的影响。

美国船级社（ABS）和挪威船级社（DNV）规范表明，中性层结下的风剖线模型可使用如下指数律形式[14]

$$U(h) = U_H \left(\frac{h}{H}\right)^n \tag{3.14}$$

式中：U_H 为参考高度 H 的平均风速；h 为距海表面高度；n 为 Hellmann 指数项，由大气稳定度、平均风速和海表面粗糙度决定。

美国船级社和国际电工技术委员会建议，在极端风况中可取 $n=0.11$，正常风况下通常可取 $n=0.14$ 或 $n=0.12$。墨西哥湾海上中性层结风剖线观测资料论证了该值的可靠性。

除了上述指数律模型，对数律模型同样用于风剖线的工程计算中。挪威船级社规范给出如下形式的对数律模型[14]

$$U(h) = \frac{u_*}{\kappa} \ln \frac{h}{z_0} \tag{3.15}$$

式中：u_* 为摩阻风速；κ 为冯卡门常数，通常取常数 0.4；z_0 为空气粗糙长度，由地形和下垫面类型决定。

当海表面的粗糙度主要由波浪引起时，z_0 可通过 Charnock 假设进行估计，即

$$z_0 = A_c \frac{u_*^2}{g} \tag{3.16}$$

式中：g 为重力加速度，在本章中取 $g=9.81\text{N/kg}$；A_c 为 Charnock 常数，可以取 $A=0.014$。

将式（3.16）代入式（3.15）中，可得

$$U(h) = \frac{u_*}{\kappa} \ln \frac{hg}{A_c u_*^2} \tag{3.17}$$

其中，u_* 是唯一变量，决定风剖线的变化规律。

上述指数律和对数律模型及其参数来源于欧洲北海和挪威海实地观测的结果，尚未有相关研究针对我国南海水域对其进行适用性和可靠性验证。

在风剖线模型的基础上，可以根据风速直接进行风荷载的计算。风荷载是指垂直于气流方向的平面所受风的压力，其大小一般通过设计风速计算。设计风速一般包括设计风速重现期和风速资料的取值，风速资料的取值又包括风速观测处距地面的标准高度、风速观测的标准次数和时距等。目前各国尚无统一的设计风速标准。例如美国对海洋工程建筑物，一般采用重现期为百年一遇的 30s 或 1min 平均最大风速值；英国采用 50 年一遇 3s 瞬时最大风速值；日本采用的风速标准，经过换算，大致相当于 50 年一遇的瞬时最大风

速值；挪威船级社给出的设计风速是重现期为100年，时距为1min的平均风速[15]。

我国颁布的《建筑结构荷载规范》（GB 50009—2012）采用比较空旷平坦的地区，距离地面10m高处，30年一遇的10min平均最大风速作为设计标准。铁道部门对于桥涵建筑采用20m高度处，100年一遇自动记录10min平均最大风速作为设计标准。《港口工程荷载规范》（JTS144-1-2010）采用港口附近的空旷平坦地面，离地10m高度处，30年一遇10min平均最大风速作为设计标准。我国《海上移动平台入级规范》（2020）规定的设计风速为海上10m处，重现期50年，时距1min或时距10min的平均最大风速，前者适用于局部构件的基本风压计算，后者适用于整体结构的基本风压计算。我国《海上移动平台入级规范》（2020）对无限作业区域的平台规定的最小设计风速是：自存状态，51.5m/s；正常作业状态，36m/s。对于有营运限制的平台则要求正常作业工况下的风速不小于25.8m/s。

平均风速（恒定风速）下的结构受力相当于静力，并且风速越大，对结构物的作用压力也越大，风速与风压之间存在着对应关系。由伯努利方程可推得单位面积的风压为

$$p_0 = \frac{1}{2}\rho v^2 \tag{3.18}$$

式中：p_0为基本风压，Pa；ρ为空气密度，通常取1.225kg/m^3；v为设计风速。

对于海洋工程中常见的柱体构件，如竖直圆柱，作用在其上的风荷载可分解为与风向一致的拖曳力和垂直于风向的横向力，如图3.2所示。前者可近似看作平均风场对结构物的静力作用，后者则是由涡流场变化引起的动态作用力[16]。

拖曳力是迎风面受到的风阻力，其计算公式为

$$F_{Dwd} = \frac{1}{2}C_D\rho_{air}v_{wd}^2 A \tag{3.19}$$

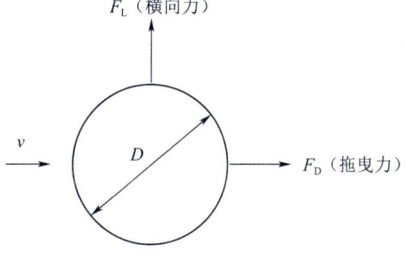

图3.2 圆柱形物体的风流场受力情况

式中：F_{Dwd}为风流动作用的拖曳力；ρ_{air}为空气密度；v_{wd}为风流动速度；A为遮挡面积；C_D为杆件的阻力系数。

横向力是由于柱体后部空气绕流与边界层分离，形成不对称的漩涡，从而引起的与空气流动方向垂直的力。对于水平构件，它表现为升力，计算公式为

$$F_{Lwd} = \frac{1}{2}C_L\rho_{air}v_{wd}^2 A \tag{3.20}$$

式中：F_{Lwd}为风流动作用的横向力；ρ_{air}为空气密度；v_{wd}为风流动速度；A为遮挡面积；C_L为杆件的升力系数。

阻力系数C_D和升力系数C_L主要与构件的形状有关，可根据构件的断面形状查表得

到。对于形状复杂且很重要的构件则需要使用风洞模型试验得到其准确的 C_D 值。不同类型构件的 C_D 值还随雷诺数的不同而变化，如图 3.3 所示。

3.1.3 海流荷载

海流是海洋中一种重要的水文现象，它是海水运动的主要形式之一，对于海洋内部物质和能量的交换起到了至关重要的作用，并深刻影响着海水的物理化学特性。海流的空间规模大小不一，时间尺度也有长有短，其表现形式呈现出多样性。引起海流的原因有很多种，但通常可以归纳为以下两种主要类型[17]。

海面上的风是引起海流的一个重要因素。风力作用下，海水会形成表层流，这是一种强大的海流系统。然

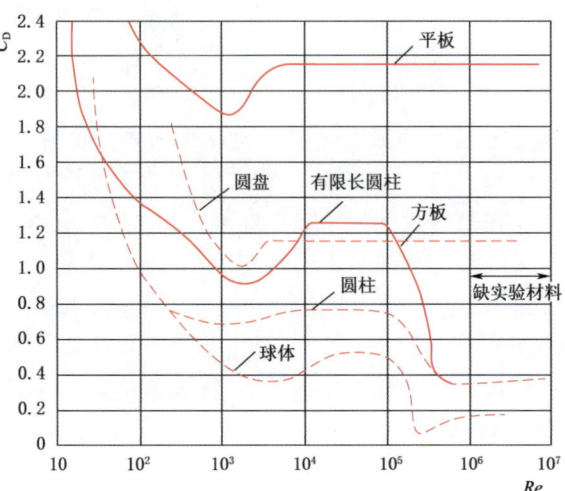

图 3.3 阻力系数随雷诺数的变化

而，受到海水黏滞力的影响，这种流动随深度的增加而逐渐减弱，直至可以忽略不计。这种流动所涉及的深度通常只有几百米，相对于深达几千米的大洋而言，就像一层薄薄的"面纱"。因此，这种表层流又被称为风海流。之所以称为"强大"，是因为它是全球性的系统，与大气环流相对应。

海水的温度和盐度变化是引起海流的另一个重要因素。当海面受热或受冷时，海水温度会发生变化，同时，蒸发或降水也会引起海水盐度的变化。这些因素都会引起海水密度的分布变化，而海水密度分布的不均匀性又会导致等压面的倾斜。在同一水平面上，这种倾斜会产生水平压强梯度力，从而导致海水发生运动。因此，由温度和盐度分布变化引起的海流被称为热盐环流，由密度分布不均引起的海流被称为密度流。

水流速度包括潮流速度、风生流速度及水波速度。潮流速度的分布与垂向坐标 z 相关，比较简单的方式是由水面流的速度 $u_t(0)$ 表示，即

$$u_t(z) = \left(1 + \frac{z}{d}\right)^{\frac{1}{7}} u_t(0) \tag{3.21}$$

式中：d 为水深；z 为水面距离海床的垂直高度，$z=0$ 对应于静止水面，z 坐标向下为负。按照式（3.21）计算，海底流速为零。

风生流速度可取线性表达式，即

$$u_w(z) = \left(1 + \frac{z}{d}\right) u_w(0) \tag{3.22}$$

水波速度为 $u_{\text{wave}}(z)$，总的水流速度应为 $u_t(z)$、$u_w(z)$、$u_{\text{wave}}(z)$ 三项之和，即

$$u(z) = \left(1 + \frac{z}{d}\right)^{\frac{1}{7}} u_t(0) + \left(1 + \frac{z}{d}\right) u_w(0) + u_{\text{wave}}(z) \tag{3.23}$$

海流对海洋工程结构物的强度和稳定性都有较大影响。由于海流（近岸主要是风海流和潮流）的流速随时间的变化很缓慢，故在工程设计中常常将海流看作是稳定的流动。因此，海流作用于结构或其基础上的力仅考虑拖曳力（阻力）。

单位长度结构物上的海流力为

$$f_D = \frac{1}{2} C_D \rho v_{cr}^2 A \tag{3.24}$$

式中：f_D 为作用在杆件单位长度上的海流阻力；C_D 为杆件的海流阻力系数；ρ 为海水密度，v_{cr} 为当地海流设计流速；A 为杆件单位长度的遮挡面积。

若构件贯穿整个海水垂向深度，则整个构件上的海流力为

$$F_{Dcr} = \int_0^h \frac{1}{2} C_D \rho v_{cr}^2 A \, dz \tag{3.25}$$

式中：h 为该构件所贯穿的海水深度。

细长构件上，单位长度结构物上的浪、流联合作用力为

$$f_D = \frac{1}{2} C_D \rho (v_{cr} + v_{wv})^2 A \tag{3.26}$$

式中：v_{cr} 为当地海流设计速度；v_{wv} 为按照某一波浪理论计算的同一地点波浪所引发的水质点运动速度[18]。

3.2 单自由度系统结构动力响应

海上浮体在海洋动力环境荷载的作用下产生运动响应，其本质还是一个六自由度刚体在外界荷载的刺激下产生运动和转动[19]，进而形成较为复杂的姿态。为了更加深入地理解海上浮体运动响应，需要就单自由度和多自由度结构体系的振动进行说明。

3.2.1 单自由度结构体系的振动

单自由度系统的振动是研究复杂系统振动的基础，理解单自由度系统的振动特性对于结构振动的了解与分析是非常重要的。单自由度系统振动的分析可以用于多种工程结构的初步分析。理解单自由度系统，首先需要了解单自由度系统的力学模型。如图3.4所示的弹簧—质量—阻尼系统由刚性质量块、弹簧以及阻尼器构成，相比于刚性质量块的质量，弹簧和阻尼器的质量可以忽略，系统的位移由质量块的位移确定。对图3.4所示的弹簧—质量—阻尼系统进行受力分析，如图3.5所示，当质量块偏离平衡位置 $x(t)$ 位移时，质量块所受到的力包括恢复力、阻尼力以及外力，质量块在这三种力的作用下运动。下面分别介绍受力分析中需要使用到的三种力。

1. 恢复力

弹簧变形会产生弹性力 $F_r(t) = -kx(t)$，这个弹性力的方向与质量块位移 $x(t)$ 方向相反，会阻止质量块产生位移，故称为恢复力。

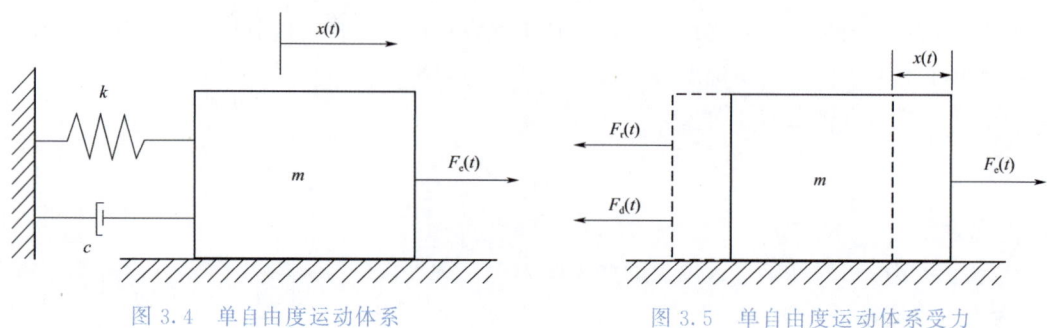

图 3.4 单自由度运动体系　　　　　图 3.5 单自由度运动体系受力

2. 阻尼力

系统振动时，会受到材料内部以及材料与构件之间的摩擦力，这些力的合力称为阻尼力，阻尼力对系统的作用称为阻尼作用。很多年来，人们为了描述结构的阻尼现象提出了很多种阻尼理论，其中黏滞阻尼模型是目前应用最为广泛的一种模型。黏滞阻尼模型假定系统振动时受到的阻尼力大小与其自身运动速度成正比，阻尼力方向与运动速度相反，即

$$R = -c\frac{\mathrm{d}x(t)}{\mathrm{d}t} = -c\dot{x}(t) \tag{3.27}$$

式中：c 为阻尼系数，表征阻尼系统吸收能量的快慢；R 为阻尼力。

3. 外力

质量块上所受到的外部的力称为外力，记作 $F_e(t)$。根据牛顿第二定律，作用在质量块上的合力可表示为

$$F = F_r + R + F_e = -kx(t) - c\dot{x}(t) + F_e(t) = m\ddot{x}(t) \tag{3.28}$$

整理式（3.28）可得

$$m\ddot{x}(t) + c\dot{x}(t) + kx(t) = F_e(t) \tag{3.29}$$

这就是单自由度系统的动力平衡方程，也称为运动方程。

3.2.2　单自由度结构体系的自由振动

系统不受除阻尼力外的外部干扰作用，并仅由初始条件（初始位移以及初始速度）所产生的振动，称为自由振动。系统因持续受到外部干扰作用而产生的振动称为强迫振动。当系统不受外力时，$F_e(t) = 0$，系统作自由振动，单自由度运动方程式（3.29）可写为

$$m\ddot{x}(t) + c\dot{x}(t) + kx(t) = 0 \tag{3.30}$$

若自由振动方程中 $c \neq 0$ 时，即考虑了系统阻尼的影响，此时振动称为有阻尼自由振动；若自由振动方程中 $c = 0$ 时，即不考虑系统阻尼的影响，此时振动称为无阻尼自由振动。无阻尼自由振动的振动方程可写为

$$m\ddot{x}(t) + kx(t) = 0 \tag{3.31}$$

令 $\omega^2 = k/m$，则式（3.31）可写为

$$\ddot{x}(t) + \omega^2 x(t) = 0 \tag{3.32}$$

式（3.32）有通解，即

$$x(t) = A_1\sin(\omega t) + A_2\cos(\omega t) = A\sin(\omega t + \varphi)$$
$$\dot{x}(t) = A_1\omega\sin(\omega t) - A_2\omega\cos(\omega t) = A\omega\cos(\omega t + \varphi) \tag{3.33}$$

$t=0$ 时刻的初始位移以及初始速度表示为

$$x(0) = x_0, \dot{x}(0) = \dot{x}_0 \tag{3.34}$$

将初始条件代入式（3.33），有

$$A_1 = \frac{\dot{x}_0}{\omega}, A_2 = \dot{x}_0 \tag{3.35}$$

则可以得到振动方程的特解为

$$x(t) = \frac{x_0}{\omega}\sin(\omega t) + x_0\cos(\omega t) \tag{3.36}$$

从无阻尼自由振动方程的解可以看出：不考虑阻尼作用时，$x(t)$ 的值随时间呈周期性变化，这种振动称作简谐振动。A 称为振动的振幅；$\omega t + \varphi$ 称为振动相位角；φ 称为初相位；ω 称为系统振动的角频率，也就是单自由度系统振动的无阻尼自振频率，单位为 rad/s。ω 可以计算为

$$\omega = \sqrt{\frac{k}{m}} \tag{3.37}$$

单自由度无阻尼系统的振动形式如图 3.6 所示。

自振频率为系统每秒内所振动的次数，也称为固有频率，单位为 Hz。自振频率表示为

$$f = \frac{\omega}{2\pi} \tag{3.38}$$

自由振动的周期通常称为固有周期，为系统振动一次所需要的实际时间，单位为 s。固有周期可表示为

$$T = \frac{2\pi}{\omega} = \frac{1}{f} \tag{3.39}$$

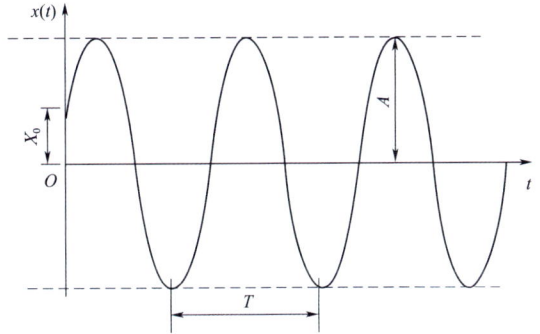

图 3.6　单自由度无阻尼系统的振动形式

上述的自由振动是在系统不受阻尼的情况下所推导的，是一种理想化的情况。在工程实际中，系统在振动过程中总会受到各种阻尼的作用，自由振动会逐渐衰减。系统阻尼作用的自由振动方程为式（3.30），其可以改写为

$$\ddot{x}(t) + 2\varepsilon\dot{x}(t) + \omega^2 x(t) = 0 \tag{3.40}$$

其中

$$\varepsilon = \frac{c}{2m}$$

上述常微分方程对应的特征方程为

式中：ε 为系统的阻尼比。

$$r^2 + 2\varepsilon r + \omega^2 = 0 \tag{3.41}$$

特征方程的根为

$$r_1 = -\varepsilon + \sqrt{\varepsilon^2 - \omega^2}; r_2 = -\varepsilon - \sqrt{\varepsilon^2 - \omega^2} \tag{3.42}$$

根据阻尼比 ε 的不同取值，有阻尼自由振动方程的解可以分为以下三种情况。

1. 超临界阻尼系统

当 $\varepsilon > \omega$ 时，称为超临界阻尼系统。此时特征方程有两个不等的实根，振动方程通解为

$$x(t) = c_1 e^{-\varepsilon + \sqrt{\varepsilon^2 - \omega^2}} + c_2 e^{-\varepsilon - \sqrt{\varepsilon^2 - \omega^2}} \tag{3.43}$$

考虑初始条件 $x(0) = x_0, \dot{x}(0) = \dot{x}_0$，得到特解为

$$x(t) = \frac{(\varepsilon + \sqrt{\varepsilon^2 - \omega^2})x_0 + \dot{x}_0}{2\sqrt{\varepsilon^2 - \omega^2}} c_1 e^{-\varepsilon + \sqrt{\varepsilon^2 - \omega^2}}$$
$$+ \frac{(-\varepsilon + \sqrt{\varepsilon^2 - \omega^2})x_0 - \dot{x}_0}{2\sqrt{\varepsilon^2 - \omega^2}} c_2 e^{-\varepsilon - \sqrt{\varepsilon^2 - \omega^2}} \tag{3.44}$$

超临界阻尼系统的振动曲线如图 3.7 所示。

2. 临界阻尼系统

当 $\varepsilon = \omega$ 时，称为临界阻尼系统。此时特征方程有两个相等的实根，振动方程通解为

$$x(t) = e^{-\varepsilon t}(c_1 + c_2 t) \tag{3.45}$$

考虑初始条件 $x(0) = x_0, \dot{x}(0) = \dot{x}_0$，得到特解为

$$x(t) = e^{-\varepsilon t}[x_0 + (\dot{x}_0 + \varepsilon x_0)t] \tag{3.46}$$

临界阻尼系统的振动曲线如图 3.8 所示。

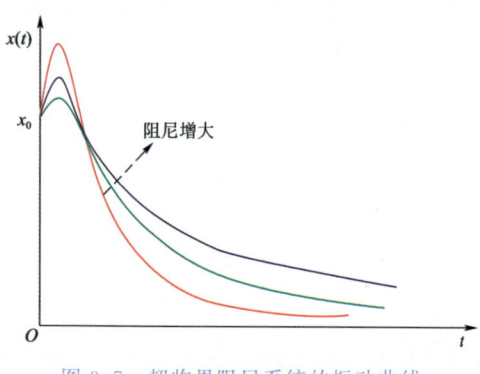

图 3.7 超临界阻尼系统的振动曲线

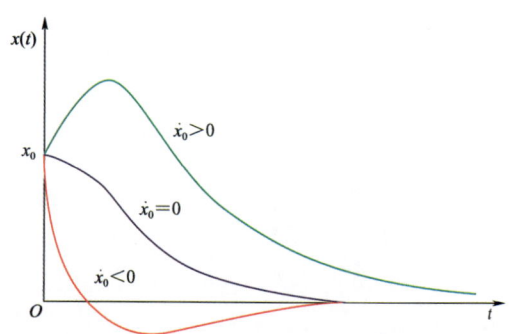

图 3.8 临界阻尼系统的振动曲线

由图 3.7 和图 3.8 可以看出：当系统处于超临界以及临界状态时，系统没有振动的特性，随着时间的增加，振动呈现单调递减，直到趋于 0。

3. 低临界阻尼系统

当 $\varepsilon < \omega$ 时，称为低临界阻尼系统。此时特征方程的根为

$$r_1 = -\varepsilon + i\omega_\varepsilon; r_2 = -\varepsilon - i\omega_\varepsilon \tag{3.47}$$

其中

$$\omega_\varepsilon = \sqrt{\omega^2 - \varepsilon^2}$$

方程的通解为

$$x(t) = e^{-\varepsilon t}[B_1 \sin(\omega_\varepsilon t) + B_2 \cos(\omega_\varepsilon t)] \tag{3.48}$$

考虑初始条件 $x(0)=x_0, \dot{x}(0)=\dot{x}_0$，得到特解为

$$x(t)=e^{-\varepsilon t}\left[\frac{\dot{x}_0+\varepsilon x_0}{\omega_\varepsilon}\sin(\omega_\varepsilon t)+x_0\cos(\omega_\varepsilon t)\right] \tag{3.49}$$

低临界阻尼系统的振动曲线如图3.9所示。

从图3.9可以看出，由于阻尼的影响，振动逐渐衰减至静止。因此，有阻尼的自由振动不是简谐振动。通常称 ω_ε 为单自由度系统有阻尼自振频率，称 $T_\varepsilon=2\pi/\omega_\varepsilon$ 为有阻尼自振周期；称 $\zeta=\varepsilon/\omega$ 为系统的阻尼比，因此 ω_ε 可以写为

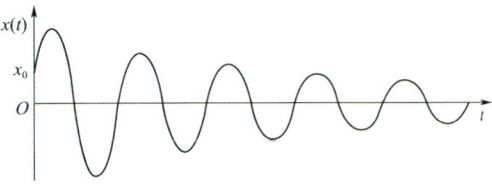

图3.9 低临界阻尼系统的振动曲线

$$\omega_\varepsilon=\sqrt{\omega^2-\varepsilon^2}=\omega\sqrt{1-\zeta^2} \tag{3.50}$$

对于一般的工程结构来说，阻尼比 ζ 的值一般在1%~10%之间，结合式（3.50）可以看出：一般在计算工程结构的自振频率时，为了简化计算，可不考虑阻尼的影响，因为计算得到的 ω 与实际的 ω_ε 非常接近。

3.2.3 单自由度结构体系的强迫振动

强迫振动是指考虑系统在外荷载作用下的振动。根据外荷载的形式不同，系统的振动响应也不同。

1. 无阻尼强迫振动

假设外荷载为简谐荷载，写为 $F_e=P\cos(\theta t)$，则无阻尼强迫振动方程可表示为

$$m\ddot{x}(t)+kx(t)=P\cos(\theta t) \tag{3.51}$$

式中：P 为外荷载幅值；θ 为外荷载频率。

对该方程进行整理，可以改写为

$$\ddot{x}(t)+\omega^2 x(t)=\frac{P}{m}\cos(\theta t) \tag{3.52}$$

方程的通解可由齐次方程的通解和非齐次方程的特解叠加得到。按照式（3.51）中 $F_e(t)$ 的形式，易得方程的一个特解为

$$x_1(t)=\frac{P}{m(\omega^2-\theta^2)}\cos(\theta t) \tag{3.53}$$

齐次方程的通解可以由无外荷载的自由振动状态给出，则式（3.51）的通解为

$$x(t)=A_1\sin(\omega t)+A_2\cos(\omega t)+\frac{P}{m(\omega^2-\theta^2)}\cos(\theta t) \tag{3.54}$$

再由初始条件 $x(0)=x_0, \dot{x}(0)=\dot{x}_0$ 得到系数为

$$A_1=\frac{\dot{x}_0}{\omega}, A_2=x_0-\frac{P}{m(\omega^2-\theta^2)} \tag{3.55}$$

因此，无阻尼强迫振动的特解可以写成

$$x(t) = \frac{\dot{x}_0}{\omega}\sin(\omega t) + \left[x_0 - \frac{P}{m(\omega^2 - \theta^2)}\right]\cos(\omega t) + \frac{P}{m(\omega^2 - \theta^2)}\cos(\theta t) \quad (3.56)$$

由式（3.56）可以看出：前两项为振动频率为 ω 的自由振动，第三项则按照外荷载频率 θ 进行振动，为纯强迫振动。式（3.56）所示振动方程的解分以下情况：

（1）当 $\theta < \omega$ 时，即荷载频率小于系统的自振频率。单自由度无阻尼强迫振动的振动形式（低频外荷载）如图 3.10 所示。

（2）当 $\theta > \omega$ 时，即荷载频率大于系统的自振频率。单自由度无阻尼强迫的振动形式（高频外荷载）如图 3.11 所示。

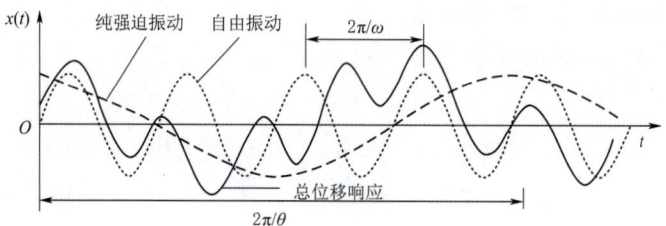

图 3.10 单自由度无阻尼强迫振动的振动形式（低频外荷载）

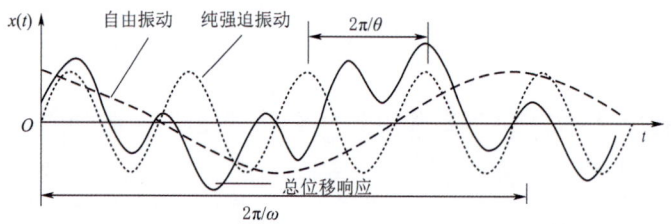

图 3.11 单自由度无阻尼强迫的振动形式（高频外荷载）

（3）当 $\theta \approx \omega$ 时，即荷载频率接近系统的自振频率。当外荷载频率接近系统固有频率时，令初始位移以及初始速度为 0，同时令 $\omega - \theta = 2\delta$（$\delta$ 为 1 个小参数），可以将式（3.56）写成

$$x(t) = \frac{P}{m(\omega^2 - \theta^2)}[\cos(\theta t) - \cos(\omega t)] = \frac{P}{2m\delta\theta}\sin(\delta t)\sin(\theta t) \quad (3.57)$$

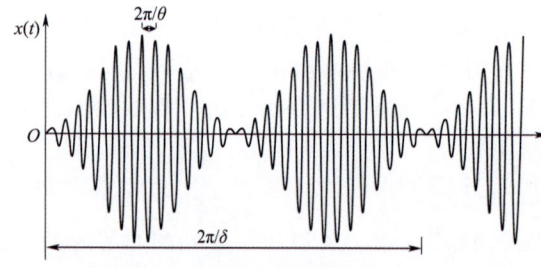

图 3.12 单自由度拍振

式（3.57）中，由于 δ 非常小，因此函数 $\sin(\delta t)$ 变化非常缓慢。式（3.57）可看作周期为 $2\pi/\theta$ 的可变幅值振动，该振动称为拍振，如图 3.12 所示。

（4）当 $\theta = \omega$ 时，即荷载频率等于系统的自振频率。当外荷载频率等于系统自振频率时，式（3.54）可改写为

$$x(t) = \frac{x_0}{\omega}\sin(\omega t) + x_0\cos(\omega t) - \lim_{\theta \to \omega}\frac{2P\sin\frac{(\theta-\omega)t}{2}\sin\frac{(\theta+\omega)t}{2}}{m(\omega+\theta)(\omega-\theta)}$$

$$= \frac{x_0}{\omega}\sin(\omega t) + x_0\cos(\omega t) + \frac{Pt\sin(\omega t)}{2m\omega} \quad (3.58)$$

式（3.58）右端最后一项随着时间 t 的增大而逐渐上升，系统运动如图 3.13 所示，这种现象称为共振现象，在工程中出现共振现象是非常危险的，必须尽量设法避免。

2. 有阻尼强迫振动

假设外荷载为 $F_e(t)$，则有阻尼强迫振动方程可写为

$$m\ddot{x}(t)+c\dot{x}(t)+kx(t)=F_e(t) \tag{3.59}$$

或者写为

$$\ddot{x}(t)+2\varepsilon\dot{x}(t)+\omega^2 x(t)=\frac{1}{m}F_e(t) \tag{3.60}$$

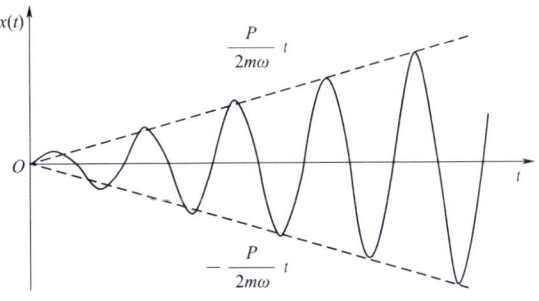

图 3.13 单自由度共振

假设外荷载为周期性荷载，则振动方程可写为

$$\ddot{x}(t)+2\varepsilon\dot{x}(t)+\omega^2 x(t)=\frac{P\sin(\theta t)}{m} \tag{3.61}$$

由待定系数法求微分方程（3.59）的特解，假设 x 可表示为

$$x(t)=A_1\cos(\theta t)+A_2\sin(\theta t) \tag{3.62}$$

则有

$$\begin{cases}\dot{x}(t)=-A_1\theta\sin(\theta t)+A_2\theta\cos(\theta t)\\ \ddot{x}(t)=-A_1\theta^2\cos(\theta t)-A_2\theta^2\sin(\theta t)\end{cases} \tag{3.63}$$

将式（3.62）和式（3.63）代入式（3.59），可以得到

$$\begin{cases}-A_1\theta^2+2\varepsilon A_2\theta+\omega^2 A_1=0\\ -A_2\theta^2+2\varepsilon A_1\theta+\omega^2 A_2=\dfrac{P}{m}\end{cases} \tag{3.64}$$

进而解出

$$\begin{cases}A_1=\dfrac{-2P\varepsilon\theta}{m\left[(\theta^2-\omega^2)+4\varepsilon^2\theta^2\right]}\\ A_2=\dfrac{P(\omega^2-\theta^2)}{m\left[(\theta^2-\omega^2)+4\varepsilon^2\theta^2\right]}\end{cases} \tag{3.65}$$

振动响应 x 也可写为

$$x(t)=A\sin(\theta t-\varphi) \tag{3.66}$$

其中

$$\begin{cases}A=A_1+A_2=\dfrac{P}{m\sqrt{(\theta^2-\omega^2)+4\varepsilon^2\theta^2}}\\ \tan\varphi=\dfrac{2\varepsilon\theta}{\omega^2-\theta^2}\end{cases} \tag{3.67}$$

由以上推导,可得式(3.59)的通解可由其对应齐次方程的通解(即有阻尼自由振动方程的解)与非齐次方程的特解叠加得到,表示为

$$x(t) = e^{-\varepsilon t}[B_1\sin(\omega_\varepsilon t) + B_2\cos(\omega_\varepsilon t)] + A\sin(\theta t - \varphi) \tag{3.68}$$

再由初始条件 $x(0) = x_0, \dot{x}(0) = \dot{x}_0$ 得到

$$\begin{aligned}x(t) = & e^{-\varepsilon t}\left[\frac{\dot{x}_0 + \varepsilon x_0}{\omega_\varepsilon}\sin(\omega_\varepsilon t) + x_0\cos(\omega_\varepsilon t)\right] \\ & + Ae^{-\varepsilon t}\left[\sin\varphi\cos(\omega_\varepsilon t) + \frac{\varepsilon\sin\varphi - \theta\cos\varphi}{\omega_\varepsilon}\sin(\omega_\varepsilon t)\right] + A\sin(\theta t - \varphi)\end{aligned} \tag{3.69}$$

式(3.69)中右边第一项为自由振动,由初始条件决定;第二项为伴生的自由振动,前两项都会因阻尼的存在而随时间衰减;第三项为纯强迫振动,是稳定的周期振动,振幅和周期不随时间发生变化。在系统振动初期,自由振动和强迫振动会同时存在,这段时间的振动称为瞬态振动;随着时间推移,自由振动的部分会很快衰减掉,只剩下纯强迫振动,这时的振动称为稳态振动。单自由度系统周期性荷载作用下强迫振动的振动曲线如图 3.14 所示。

3. 任意一般性荷载作用下的强迫振动

这里讨论任意一般性外荷载(图 3.15)作用下的系统强迫振动情况。

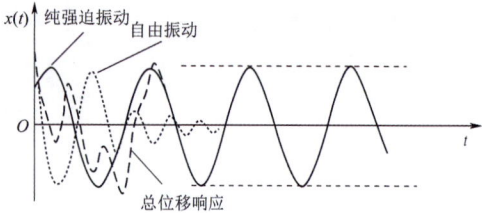

图 3.14 单自由度系统周期性荷载作用下强迫振动的振动曲线

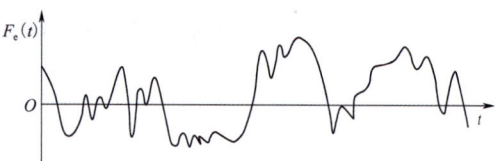

图 3.15 一般性外荷载

要求得任意荷载的响应,首先来考虑一种特殊情况:一个静止的单自由度系统,在初始时刻受到一个单位脉冲 $\delta(t)$ 的作用,求其振动规律。$\delta(t)$ 可以看作是一个极短时间间隔 μ 内作用一个常力 $1/\mu$,系统运动方程以及初始条件可写为

$$\begin{cases}m\ddot{x}(t) + c\dot{x}(t) + kx(t) = \delta(t) \\ x(0) = 0; \dot{x}(0) = 0\end{cases} \tag{3.70}$$

由动量定理 $m\Delta v = p\Delta t = 1$,可得 $\Delta v = 1/m$。由于 μ 是一个极小量,系统在 $t = \mu$ 时仍然可以被视作处于初始状态,可以将运动方程转化为

$$\begin{cases}m\ddot{x}(t) + c\dot{x}(t) + kx(t) = 0 \\ x(0) = 0; \dot{x}(0) = \dfrac{1}{m}\end{cases} \tag{3.71}$$

将脉冲荷载响应问题转化为一个初始位移为 0,初速度为 $1/m$ 的自由振动问题。记方程的解为 $x(t) = h(t)$,解方程可得

$$h(t) = \begin{cases} \dfrac{1}{m\omega_\varepsilon} e^{-\zeta\omega_0 t} \sin(\omega_\varepsilon t) & t \geqslant 0 \\ 0 & t < 0 \end{cases} \quad (3.72)$$

$h(t)$ 是单自由度系统在初始时刻受到单位脉冲荷载作用下产生的响应,称为脉冲响应函数。在 $[0, t]$ 时间内作用的任意外载 $F_e(t)$ 可以看作是在该时间间隔内的大量脉冲 $F_e(\tau)\mathrm{d}\tau$ 的叠加,系统在每一个脉冲作用下产生的响应是 $F_e(\tau)\mathrm{d}\tau \times h(t-\tau)$。因此,$F_e(t)$ 在时刻 t 的总荷载响应为

$$x(t) = \int_0^t F_e(\tau) h(t-\tau) \mathrm{d}\tau = \frac{1}{m\omega_\varepsilon} \int_0^t F_e(\tau) e^{-\zeta\omega_0 t-\tau} \sin[\omega_\varepsilon(t-\tau)] \mathrm{d}\tau \quad (3.73)$$

式(3.73)称为杜阿梅尔积分或卷积积分,是计算结构在一般荷载作用下运动的通用方法。

一般初始条件下,单自由度系统的响应可写为

$$x(t) = e^{-\zeta\omega_0 t} \left[\frac{\dot{x}_0 + \zeta\omega_0 x_0}{\omega_\varepsilon} \sin(\omega_\varepsilon t) + x_0 \cos(\omega_\varepsilon t) \right] \\ + \int_{-\infty}^{+\infty} F_e(\tau) h(t-\tau) \mathrm{d}\tau \quad (3.74)$$

若不考虑阻尼,则可以写为

$$x(t) = \frac{\dot{x}_0}{\omega_\varepsilon} \sin(\omega_\varepsilon t) + x_0 \cos(\omega_\varepsilon t) + \int_{-\infty}^{+\infty} F_e(\tau) h(t-\tau) \mathrm{d}\tau \quad (3.75)$$

由前面分析可以得到:任何外载 $F_e(t)$ 均可看作微小的短时间脉冲的叠加,使用 $h(t)$ 在时间域的积分(叠加原理)得到系统总响应,这种方法称为时域法,该方法可以用来计算任何线性单自由度系统对任意荷载的响应。然而,有时使用频域法分析更加方便。频域分析的步骤为:①将荷载展开为简谐分量;②计算每个分量作用下系统的响应;③将各简谐分量响应叠加起来得到系统总响应。

3.3 多自由度系统结构动力响应

海洋工程中单自由度系统是对浮体运动的过分简化,一般情况下无法将一个真实的海洋工程结构物简化为单自由度体系。当将海洋浮体作为一个单独刚体,需要关注该刚体各个方向上的自由度。比如对于重力式单腿平台,如果甲板和桩腿之间是柔性连接的,那么甲板和桩腿的转动就需要分别用 θ_1 和 θ_2 来表示,这样建立的动力学模型便是双自由度动力学模型。当不同运动之间产生相互影响时,需要考虑耦合效应。对于海洋漂浮式风电机组,结构设计需要分析六自由度刚体之间的相互作用和动力响应。为了解决这些问题,设计中一般采用牛顿法和拉格朗日方法推导多自由度结构模型的微分方程,并结合模态叠加法进行求解。

3.3.1 双自由度结构体系的无阻尼振动

典型双自由度的振动模型如图 3.16 所示。对图 3.16 所示的系统进行受力分析,如图 3.17 所示。

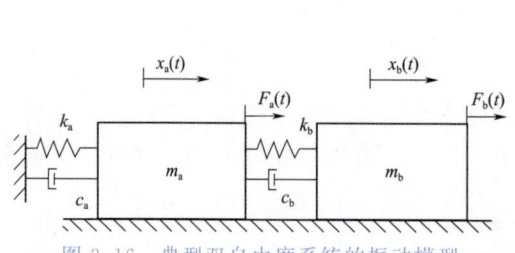
图 3.16　典型双自由度系统的振动模型

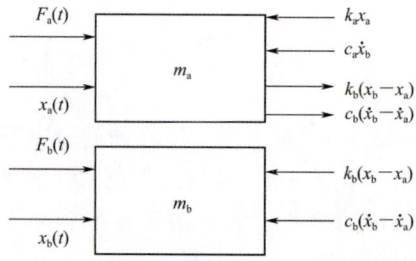
图 3.17　典型双自由度系统的受力分析

从图 3.17 可以看出，和单自由度系统类似，双自由度系统每个自由度上都作用有阻尼力、弹性力和外力三种力。分别对两个结构使用牛顿第二定律，可得

$$-c_a\dot{x}_a - k_a x_a + c_b(\dot{x}_b - \dot{x}_a) + k_b(x_b - x_a) + F_a(t) = m_a\ddot{x}_a$$
$$-c_b(\dot{x}_b - \dot{x}_a) - k_b(x_b - x_a) + F_b(t) = m_b\ddot{x}_b \tag{3.76}$$

式（3.76）可整理为如下形式

$$m_a\ddot{x}_a + (c_a + c_b)\dot{x}_a - c_b\dot{x}_b + (k_a + k_b)x_a - k_b x_b = F_a(t)$$
$$m_b\ddot{x}_b + c_b\dot{x}_b + c_b\dot{x}_b - k_b x_a + k_b x_b = F_b(t) \tag{3.77}$$

式（3.77）可以写成矩阵形式，即

$$\begin{bmatrix} m_a & 0 \\ 0 & m_b \end{bmatrix}\begin{bmatrix} \ddot{x}_a \\ \ddot{x}_b \end{bmatrix} + \begin{bmatrix} c_a + c_b & -c_b \\ -c_b & c_b \end{bmatrix}\begin{bmatrix} \dot{x}_a \\ \dot{x}_b \end{bmatrix} + \begin{bmatrix} k_a + k_b & -k_b \\ -k_b & k_b \end{bmatrix}\begin{bmatrix} x_a \\ x_b \end{bmatrix} = \begin{bmatrix} F_a(t) \\ F_b(t) \end{bmatrix} \tag{3.78}$$

也可写作

$$\boldsymbol{M}\ddot{\boldsymbol{X}} + \boldsymbol{C}\dot{\boldsymbol{X}} + \boldsymbol{K}\boldsymbol{X} = \boldsymbol{F} \tag{3.79}$$

其中

$$\boldsymbol{M} = \begin{bmatrix} m_a & 0 \\ 0 & m_b \end{bmatrix} \tag{3.80}$$

$$\boldsymbol{C} = \begin{bmatrix} c_a + c_b & -c_b \\ -c_b & c_b \end{bmatrix} \tag{3.81}$$

$$\boldsymbol{K} = \begin{bmatrix} k_a + k_b & -k_b \\ -k_b & k_b \end{bmatrix} \tag{3.82}$$

$$\boldsymbol{X} = \begin{bmatrix} x_a \\ x_b \end{bmatrix}, \dot{\boldsymbol{X}} = \begin{bmatrix} \dot{x}_a \\ \dot{x}_b \end{bmatrix}, \ddot{\boldsymbol{X}} = \begin{bmatrix} \ddot{x}_a \\ \ddot{x}_b \end{bmatrix} \tag{3.83}$$

$$\boldsymbol{F} = \begin{bmatrix} \dot{F}_a \\ F_b \end{bmatrix} \tag{3.84}$$

式中：$\boldsymbol{M}$ 为质量矩阵；$\boldsymbol{C}$ 为阻尼矩阵；$\boldsymbol{K}$ 为刚度矩阵；$\boldsymbol{X}$、$\dot{\boldsymbol{X}}$、$\ddot{\boldsymbol{X}}$ 为位移向量、速度向量和加速度向量；$\boldsymbol{F}$ 为外力向量。

不考虑阻尼项和外力项，双自由度系统无阻尼自由振动的振动方程可写成

$$\begin{bmatrix} m_a & 0 \\ 0 & m_b \end{bmatrix}\begin{bmatrix} \ddot{x}_a \\ \ddot{x}_b \end{bmatrix} + \begin{bmatrix} k_a + k_b & -k_b \\ -k_b & k_b \end{bmatrix}\begin{bmatrix} x_a \\ x_b \end{bmatrix} = \begin{bmatrix} 0 \\ 0 \end{bmatrix} \tag{3.85}$$

给定初始位移、初始速度分别为

$$\begin{bmatrix} x_a(0) \\ x_b(0) \end{bmatrix} = \begin{bmatrix} x_{a0} \\ x_{b0} \end{bmatrix}, \begin{bmatrix} \dot{x}_a(0) \\ \dot{x}_b(0) \end{bmatrix} = \begin{bmatrix} \dot{x}_{a0} \\ \dot{x}_{b0} \end{bmatrix} \quad (3.86)$$

式（3.85）的解可以写作

$$\begin{bmatrix} x_a(t) \\ x_b(t) \end{bmatrix} = A\sin(\omega t + \varphi) = \begin{bmatrix} A_a \\ A_b \end{bmatrix} \sin(\omega t + \varphi) \quad (3.87)$$

式（3.87）对时间二次求导，得到

$$\begin{bmatrix} \ddot{x}_a(t) \\ \ddot{x}_b(t) \end{bmatrix} = -\omega^2 \begin{bmatrix} A_a \\ A_b \end{bmatrix} \sin(\omega t + \varphi) \quad (3.88)$$

将式（3.87）和式（3.88）代入式（3.85），得到

$$\left\{ \begin{bmatrix} k_a + k_b & -k_b \\ -k_b & k_b \end{bmatrix} \begin{bmatrix} A_a \\ A_b \end{bmatrix} - \omega^2 \begin{bmatrix} m_a & 0 \\ 0 & m_b \end{bmatrix} \begin{bmatrix} A_a \\ A_b \end{bmatrix} \right\} \sin(\omega t + \varphi) = \begin{bmatrix} 0 \\ 0 \end{bmatrix} \quad (3.89)$$

由于 $\sin(\omega t + \varphi)$ 不恒为 0，因此需要使式（3.89）左边第一项为 0，即

$$\begin{bmatrix} k_a + k_b - \omega^2 m_a & -k_b \\ -k_b & k_b - \omega^2 m_b \end{bmatrix} \begin{bmatrix} A_a \\ A_b \end{bmatrix} = \begin{bmatrix} 0 \\ 0 \end{bmatrix} \quad (3.90)$$

或者写作

$$(\mathbf{K} - \omega^2 \mathbf{M})\mathbf{A} = \mathbf{0} \quad (3.91)$$

这是一个二元齐次线性方程组，当 $A_a = A_b = 0$ 时，满足式（3.90），但此时系统处于静止状态。如果存在振动，则 A_a 和 A_b 不恒为 0，要使方程有解，则系数行列式必须为 0，则有

$$|\mathbf{K} - \omega^2 \mathbf{M}| = \begin{vmatrix} k_a + k_b - \omega^2 m_a & -k_b \\ -k_b & k_b - \omega^2 m_b \end{vmatrix} = 0 \quad (3.92)$$

式（3.92）为双自由度保守系统自由振动的特征方程，又称为频率方程，该方程的 ω^2 有两个实根，为

$$\begin{cases} \omega_1^2 = \dfrac{(k_a + k_b)m_b + k_b m_a - \sqrt{[(k_a + k_b)m_b + k_b m_a]^2 - 4 m_a m_b k_a k_b}}{2 m_a m_b} \\ \omega_2^2 = \dfrac{(k_a + k_b)m_b + k_b m_a + \sqrt{[(k_a + k_b)m_b + k_b m_a]^2 - 4 m_a m_b k_a k_b}}{2 m_a m_b} \end{cases} \quad (3.93)$$

ω_1 和 ω_2 分别对应双自由度系统的两个自振频率，且 ω_1 和 ω_2 不能为负，显然 $\omega_1 \leqslant \omega_2$。称 ω_1 为第一频率或基频，ω_2 为第二频率。由式（3.93）可知，ω_1 和 ω_2 的值仅取决于系统的质量分布和刚度分布，是系统固有的性质，相应的固有周期可定义为

$$\begin{cases} T_1 = \dfrac{2\pi}{\omega_1} \\ T_2 = \dfrac{2\pi}{\omega_2} \end{cases} \quad (3.94)$$

式中：T_1 为基本周期；T_2 为第二周期。因为 $\omega_1 \leqslant \omega_2$，所以 $T_1 \leqslant T_2$。

定义

$$\begin{cases} q_{\mathrm{a}} = \dfrac{-m_{\mathrm{a}}\omega_{\mathrm{a}}^2 + k_{\mathrm{a}} + k_{\mathrm{b}}}{k_{\mathrm{b}}} = \dfrac{k_{\mathrm{b}}}{-m_{\mathrm{a}}\omega_{\mathrm{a}}^2 + k_{\mathrm{b}}} \\ q_{\mathrm{b}} = \dfrac{-m_{\mathrm{b}}\omega_{\mathrm{b}}^2 + k_{\mathrm{a}} + k_{\mathrm{b}}}{k_{\mathrm{b}}} = \dfrac{k_{\mathrm{b}}}{-m_{\mathrm{b}}\omega_{\mathrm{b}}^2 + k_{\mathrm{b}}} \end{cases} \quad (3.95)$$

双自由度系统自由振动经变形可表示为

$$\begin{bmatrix} x_{\mathrm{a}}(t) \\ x_{\mathrm{b}}(t) \end{bmatrix} = \begin{bmatrix} 1 \\ q_{\mathrm{a}} \end{bmatrix} \left[\dfrac{x_{\mathrm{b}0} - q_{\mathrm{b}} x_{\mathrm{a}0}}{q_{\mathrm{a}} - q_{\mathrm{b}}} \cos(\omega_1 t) + \dfrac{\dot{x}_{\mathrm{b}0} - q_{\mathrm{b}} \dot{x}_{\mathrm{a}0}}{\omega_1 (q_{\mathrm{a}} - q_{\mathrm{b}})} \sin(\omega_1 t) \right]$$

$$+ \begin{bmatrix} 1 \\ q_{\mathrm{b}} \end{bmatrix} \left[\dfrac{q_{\mathrm{b}} x_{\mathrm{a}0} - x_{\mathrm{b}0}}{q_{\mathrm{a}} - q_{\mathrm{b}}} \cos(\omega_2 t) + \dfrac{q_{\mathrm{b}} \dot{x}_{\mathrm{a}0} - \dot{x}_{\mathrm{b}0}}{\omega_2 (q_{\mathrm{a}} - q_{\mathrm{b}})} \sin(\omega_2 t) \right] \quad (3.96)$$

从数学角度来看，式 $\boldsymbol{KA} = \omega^2 \boldsymbol{MA}$ 为一个广义特征值问题，ω_1^2 和 ω_2^2 为系统特征值，用相应的特征向量 $\boldsymbol{\Phi}_1$ 和 $\boldsymbol{\Phi}_2$ 来表示为

$$\boldsymbol{\Phi}_1 = \begin{bmatrix} 1 \\ q_{\mathrm{a}} \end{bmatrix}, \boldsymbol{\Phi}_2 = \begin{bmatrix} 1 \\ q_{\mathrm{b}} \end{bmatrix} \quad (3.97)$$

$\boldsymbol{\Phi}_1$ 和 $\boldsymbol{\Phi}_2$ 称为结构的振型或模态，满足方程 $\boldsymbol{K}\boldsymbol{\Phi}_1 = \omega^2 \boldsymbol{M}\boldsymbol{\Phi}_1$，$\boldsymbol{K}\boldsymbol{\Phi}_2 = \omega^2 \boldsymbol{M}\boldsymbol{\Phi}_2$。$\boldsymbol{\Phi}_1$ 称为基本振型或第一振型，$\boldsymbol{\Phi}_2$ 称为第二振型。显然，$\boldsymbol{\Phi}_1$ 和 $\boldsymbol{\Phi}_2$ 也是完全由系统本身的刚度和质量决定的，与振动的条件无关，双自由度系统的自由振动可以表达为 $\boldsymbol{\Phi}_1$ 和 $\boldsymbol{\Phi}_2$ 的组合。

定义

$$\begin{cases} p_{\mathrm{a}}(t) = \dfrac{x_{\mathrm{b}0} - q_{\mathrm{b}} x_{\mathrm{a}0}}{q_{\mathrm{a}} - q_{\mathrm{b}}} \cos(\omega_1 t) + \dfrac{\dot{x}_{\mathrm{b}0} - q_{\mathrm{b}} \dot{x}_{\mathrm{a}0}}{\omega_1 (q_{\mathrm{a}} - q_{\mathrm{b}})} \sin(\omega_1 t) \\ p_{\mathrm{b}}(t) = \dfrac{q_{\mathrm{b}} x_{\mathrm{a}0} - x_{\mathrm{b}0}}{q_{\mathrm{a}} - q_{\mathrm{b}}} \cos(\omega_2 t) + \dfrac{q_{\mathrm{b}} \dot{x}_{\mathrm{a}0} - \dot{x}_{\mathrm{b}0}}{\omega_2 (q_{\mathrm{a}} - q_{\mathrm{b}})} \sin(\omega_2 t) \end{cases} \quad (3.98)$$

则有

$$\boldsymbol{X}(t) = \boldsymbol{\Phi}_1 p_{\mathrm{a}}(t) + \boldsymbol{\Phi}_2 p_{\mathrm{b}}(t) \quad (3.99)$$

一个 n 自由度系统的自由振动总是可以用多个振型的叠加来表示，即

$$\boldsymbol{X}(t) = k_1 \boldsymbol{\Phi}_1 \sin(\omega_1 t + \varphi_1) + k_2 \boldsymbol{\Phi}_2 \sin(\omega_2 t + \varphi_2) + \cdots + k_n \boldsymbol{\Phi}_n \sin(\omega_n t + \varphi_2)$$

$$\boldsymbol{X}(t) = \sum_{i=1}^{n} k_i \boldsymbol{\Phi}_i \sin(\omega_i t + \varphi_i) \quad (3.100)$$

式（3.100）中有 $2n$ 个待定系数，可由 $2n$ 个初始条件（n 个初始位移和 n 个初始速度）确定。因此，多自由度无阻尼系统振动计算的关键在于求解自振频率和振型。

3.3.2 固有振型特性

一个具有 p 自由度的弹性系统有 p 个固有振型，这些固有振型称为主振型。主振型具有一个非常重要的特性，即质量矩阵和刚度矩阵的正交性。设 ω_m 和 ω_n 是 p 自由度系统的两个自振频率，$\boldsymbol{\Phi}_m$ 和 $\boldsymbol{\Phi}_n$ 是这两个频率对应的固有振型，假设 $\omega_m \neq \omega_n$，则 ω_m 和 ω_n 应满足

$$\begin{cases} (\boldsymbol{K} - \omega^2 \boldsymbol{M})\boldsymbol{\Phi}_m = \boldsymbol{0} \\ (\boldsymbol{K} - \omega^2 \boldsymbol{M})\boldsymbol{\Phi}_n = \boldsymbol{0} \end{cases} \quad (3.101)$$

式（3.101）的右端为 $\boldsymbol{0}$，将式（3.101）的左右两端分别同时乘以 $\boldsymbol{\Phi}_m^{\mathrm{T}}$ 和 $\boldsymbol{\Phi}_n^{\mathrm{T}}$ 得到

$$\begin{cases} \boldsymbol{\Phi}_n^T(\boldsymbol{K}-\omega^2\boldsymbol{M})\boldsymbol{\Phi}_m = \boldsymbol{\Phi}_n^T\boldsymbol{0} = \boldsymbol{0} \\ \boldsymbol{\Phi}_m^T(\boldsymbol{K}-\omega^2\boldsymbol{M})\boldsymbol{\Phi}_n = \boldsymbol{\Phi}_m^T\boldsymbol{0} = \boldsymbol{0} \end{cases} \quad (3.102)$$

对式（3.102）中的一式进行转置，并考虑到刚度矩阵和质量矩阵是对称的，有

$$\begin{cases} \boldsymbol{M}^T = \boldsymbol{M} \\ \boldsymbol{K}^T = \boldsymbol{K} \end{cases} \quad (3.103)$$

将其和另一式相减，可以得到

$$\begin{cases} \boldsymbol{\Phi}_m^T(\omega_n^2-\omega_m^2)\boldsymbol{M}\boldsymbol{\Phi}_n = \boldsymbol{0} \\ \boldsymbol{\Phi}_n^T(\omega_m^2-\omega_n^2)\boldsymbol{M}\boldsymbol{\Phi}_m = \boldsymbol{0} \end{cases} \quad (3.104)$$

由 $\omega_m \neq \omega_n$，可得

$$\begin{cases} \boldsymbol{\Phi}_m^T\boldsymbol{M}\boldsymbol{\Phi}_n = \boldsymbol{0} \\ \boldsymbol{\Phi}_n^T\boldsymbol{M}\boldsymbol{\Phi}_m = \boldsymbol{0} \end{cases} \quad (3.105)$$

同理，有

$$\begin{cases} \boldsymbol{\Phi}_m^T\boldsymbol{K}\boldsymbol{\Phi}_n = \boldsymbol{0} \\ \boldsymbol{\Phi}_n^T\boldsymbol{K}\boldsymbol{\Phi}_m = \boldsymbol{0} \end{cases} \quad (3.106)$$

式（3.105）和式（3.106）表明固有振型对于质量矩阵和刚度矩阵具有正交性，即对于任意两个不相等的自振频率对应的振型，振型向量对质量矩阵和刚度矩阵正交。

振型正交性非常重要，下面将其展开进一步讨论。对于一个 p 自由度系统来说，如果将其各阶振型自左至右按列依次进行展开，便可得到振型矩阵，用符号 $\boldsymbol{\Phi}$ 表示，可写为

$$\boldsymbol{\Phi} = [\boldsymbol{\Phi}_1 \boldsymbol{\Phi}_2 \cdots \boldsymbol{\Phi}_n] = \begin{bmatrix} \Phi_{11} & \cdots & \Phi_{n1} \\ \vdots & \ddots & \vdots \\ \Phi_{1n} & \cdots & \Phi_{nn} \end{bmatrix} \quad (3.107)$$

式（3.107）中，第 i 列表示系统的第 i 阶振型。振型矩阵和质量矩阵以及刚度矩阵存在如下关系

$$\begin{cases} \boldsymbol{K}\boldsymbol{\Phi}_1 = \omega_1^2\boldsymbol{M}\boldsymbol{\Phi}_1 \\ \boldsymbol{K}\boldsymbol{\Phi}_2 = \omega_2^2\boldsymbol{M}\boldsymbol{\Phi}_2 \\ \vdots \\ \boldsymbol{K}\boldsymbol{\Phi}_n = \omega_n^2\boldsymbol{M}\boldsymbol{\Phi}_n \end{cases} \quad (3.108)$$

或者以矩阵形式，写作

$$\boldsymbol{K}\boldsymbol{\Phi} = \boldsymbol{\Omega}^2\boldsymbol{M}\boldsymbol{\Phi} \quad (3.109)$$

其中，频率矩阵为

$$\boldsymbol{\Omega}^2 = \begin{bmatrix} \omega_1^2 & & \\ & \ddots & \\ & & \omega_n^2 \end{bmatrix} \quad (3.110)$$

频率矩阵也是整个多自由度振动体系的特征值矩阵。式（3.109）等式两边左乘 $\boldsymbol{\Phi}^T$，得到

$$\boldsymbol{\Phi}^T\boldsymbol{K}\boldsymbol{\Phi} = \boldsymbol{\Phi}^T\boldsymbol{M}\boldsymbol{\Phi}\boldsymbol{\Omega}^2 \quad (3.111)$$

定义主坐标刚度矩阵和主坐标质量矩阵为

$$\check{K} = \boldsymbol{\Phi}^T \boldsymbol{K} \boldsymbol{\Phi}$$

$$\check{M} = \boldsymbol{\Phi}^T \boldsymbol{M} \boldsymbol{\Phi} \tag{3.112}$$

由于振型矩阵每阶振型和频率均满足关于质量矩阵的正交性特性，所以主坐标刚度矩阵和主坐标质量矩阵为对角阵。

3.3.3 多自由度结构体系的强迫振动

多自由度系统考虑阻尼和外力情况下的运动方程为

$$\boldsymbol{M}\ddot{\boldsymbol{X}}(t) + \boldsymbol{C}\dot{\boldsymbol{X}}(t) + \boldsymbol{K}\boldsymbol{X}(t) = \boldsymbol{F}_e(t) \tag{3.113}$$

求解多自由度结构体系运动方程通常有两种方法：第一种方法为直接积分法，即逐步积分法，按时间历程对上述微分方程直接进行数值积分；第二种方法为模态（振型）叠加法，也称为振型分解法。下面依次介绍多自由度系统无阻尼和有阻尼强迫振动的振型分解法。

1. 无阻尼强迫振动

多自由度无阻尼强迫振动的运动方程可写为

$$\boldsymbol{M}\ddot{\boldsymbol{X}}(t) + \boldsymbol{K}\boldsymbol{X}(t) = \boldsymbol{F}_e(t) \tag{3.114}$$

通常情况下，能被外力激起的是一部分对应频率较低的振型，大部分高阶振型被激起的分量很少，可以忽略不计。对于 n 阶运动方程，有主要影响的通常是其前 q 阶振型，且 $q \ll n$。将 $\boldsymbol{X}(t)$ 用前 q 阶振型的组合可表示为

$$\boldsymbol{X}(t) = u_1(t)\boldsymbol{\Phi}_1 + u_2(t)\boldsymbol{\Phi}_2 + \cdots + u_q(t)\boldsymbol{\Phi}_q = \boldsymbol{\Phi}\boldsymbol{U}(t) \tag{3.115}$$

其中

$$\boldsymbol{\Phi} = \begin{bmatrix} \Phi_{11} & \Phi_{12} & \cdots & \Phi_{1q} \\ \Phi_{12} & \Phi_{22} & \cdots & \Phi_{2q} \\ \vdots & \vdots & & \vdots \\ \Phi_{n1} & \Phi_{n2} & \cdots & \Phi_{nq} \end{bmatrix}$$

$$\boldsymbol{U}(t) = [u_1(t) \, u_2(t) \cdots u_q(t)]^T \tag{3.116}$$

式中：$\boldsymbol{\Phi}$ 为振型矩阵；$\boldsymbol{U}(t)$ 为广义位移向量。

将式（3.115）代入式（3.114），得

$$\boldsymbol{M}\boldsymbol{\Phi}\ddot{\boldsymbol{U}}(t) + \boldsymbol{K}\boldsymbol{\Phi}\boldsymbol{U}(t) = \boldsymbol{F}_e(t) \tag{3.117}$$

等式两边左乘矩阵 $\boldsymbol{\Phi}^T$，得到

$$\boldsymbol{\Phi}^T\boldsymbol{M}\boldsymbol{\Phi}\ddot{\boldsymbol{U}}(t) + \boldsymbol{\Phi}^T\boldsymbol{K}\boldsymbol{\Phi}\boldsymbol{U}(t) = \boldsymbol{\Phi}^T\boldsymbol{F}_e(t) \tag{3.118}$$

由振型的正交性可得

$$\begin{bmatrix} \check{m}_{11} & & \\ & \ddots & \\ & & \check{m}_{qq} \end{bmatrix}\ddot{\boldsymbol{U}}(t) + \begin{bmatrix} \check{k}_{11} & & \\ & \ddots & \\ & & \check{k}_{qq} \end{bmatrix}\boldsymbol{U}(t) = \boldsymbol{\Phi}^T\boldsymbol{F}_e(t) \tag{3.119}$$

可以将式（3.119）展开成为 q 个独立的方程进行求解，即

$$\ddot{u}_i(t) + \frac{\tilde{k}_{ii}}{\tilde{m}_{ii}} u_i(t) = \ddot{u}_i(t) + \omega_i^2 u_i(t) = \sum_{j=1}^n \frac{\phi_{ji} F_{ej}(t)}{\tilde{m}_{ii}} \tag{3.120}$$

式（3.120）实质上是 q 个独立的常微分方程，假设广义位移时程的解有如下形式

$$u_i(t) = A_i \cos(\omega_i t) + B_i \sin(\omega_i t) + u_{ip}(t) \tag{3.121}$$

将式（3.121）代入式（3.120），得到

$$\boldsymbol{X}(t) = \sum_{i=1}^q [A_i \cos(\omega_i t) + B_i \sin(\omega_i t)] \boldsymbol{\Phi}_i + \sum_{i=1}^q u_{ip}(t) \boldsymbol{\Phi}_i \tag{3.122}$$

式（3.122）右端第一项为运动方程的通解，第二项为运动方程的特解。待定系数 A_i 和 B_i 可由初始条件 $\boldsymbol{X}(0)$ 和 $\dot{\boldsymbol{X}}(0)$ 决定。将式（3.115）两端左乘 $\boldsymbol{\Phi}_i^{\mathrm{T}} \boldsymbol{M}$，得到

$$\boldsymbol{\Phi}_i^{\mathrm{T}} \boldsymbol{M} \boldsymbol{X}(t) = u_1(t) \boldsymbol{\Phi}_i^{\mathrm{T}} \boldsymbol{M} \boldsymbol{\Phi}_1 + u_2(t) \boldsymbol{\Phi}_i^{\mathrm{T}} \boldsymbol{M} \boldsymbol{\Phi}_2 + \cdots + u_q(t) \boldsymbol{\Phi}_i^{\mathrm{T}} \boldsymbol{M} \boldsymbol{\Phi}_q \tag{3.123}$$

由振型关于质量矩阵的正交性，式（3.123）可变换为

$$\boldsymbol{\Phi}_i^{\mathrm{T}} \boldsymbol{M} \boldsymbol{X}(t) = u_i(t) \boldsymbol{\Phi}_i^{\mathrm{T}} \boldsymbol{M} \boldsymbol{\Phi}_i = u_i(t) \tilde{m}_{ii}$$

$$u_i(t) = \frac{\boldsymbol{\Phi}_i^{\mathrm{T}} \boldsymbol{M} \boldsymbol{X}(t)}{\tilde{m}_{ii}} \tag{3.124}$$

考虑广义位移向量的形式，有

$$A_i \cos(\omega_i t) + B_i \sin(\omega_i t) + u_{ip}(t) = \frac{\boldsymbol{\Phi}_i^{\mathrm{T}} \boldsymbol{M} \boldsymbol{X}(t)}{\tilde{m}_{ii}} \tag{3.125}$$

广义速度向量为

$$-A_i \omega_i \cos(\omega_i t) + B_i \omega_i \sin(\omega_i t) + \dot{u}_{ip}(t) = \frac{\boldsymbol{\Phi}_i^{\mathrm{T}} \boldsymbol{M} \dot{\boldsymbol{X}}(t)}{\tilde{m}_{ii}} \tag{3.126}$$

将初始条件 $\boldsymbol{X}(0)$ 和 $\dot{\boldsymbol{X}}(0)$ 代入式（3.125）和式（3.126），整理得到

$$\begin{cases} A_i = \dfrac{\boldsymbol{\Phi}_i^{\mathrm{T}} \boldsymbol{M} \boldsymbol{X}(0)}{\tilde{m}_{ii}} - u_{ip}(0) \\ B_i = \dfrac{\boldsymbol{\Phi}_i^{\mathrm{T}} \boldsymbol{M} \dot{\boldsymbol{X}}(0)}{\tilde{m}_{ii}} - \dfrac{u_{ip}(0)}{\omega_i} \end{cases} \tag{3.127}$$

2. 有阻尼强迫振动

有阻尼多自由度系统（假设自由度数为 n）的运动方程为式（3.113），假设其位移向量 $\boldsymbol{X}(t)$ 可用前 q 阶无阻尼的振型表示为

$$\boldsymbol{X}(t) = u_1(t) \boldsymbol{\Phi}_1 + u_2(t) \boldsymbol{\Phi}_2 + \cdots + u_q(t) \boldsymbol{\Phi}_q = \sum_{i=1}^q u_i(t) \boldsymbol{\Phi}_i \tag{3.128}$$

将式（3.128）代入式（3.113），得到

$$\boldsymbol{M} \boldsymbol{\Phi} \ddot{\boldsymbol{U}}(t) + \boldsymbol{C} \boldsymbol{\Phi} \dot{\boldsymbol{U}}(t) + \boldsymbol{K} \boldsymbol{\Phi} \boldsymbol{U}(t) = \boldsymbol{F}_e(t) \tag{3.129}$$

式（3.129）等号左右两边同时左乘 $\boldsymbol{\Phi}^{\mathrm{T}}$，得到

$$\boldsymbol{\Phi}^{\mathrm{T}} \boldsymbol{M} \boldsymbol{\Phi} \ddot{\boldsymbol{U}}(t) + \boldsymbol{\Phi}^{\mathrm{T}} \boldsymbol{C} \boldsymbol{\Phi} \dot{\boldsymbol{U}}(t) + \boldsymbol{\Phi}^{\mathrm{T}} \boldsymbol{K} \boldsymbol{\Phi} \boldsymbol{U}(t) = \boldsymbol{\Phi}^{\mathrm{T}} \boldsymbol{F}_e(t)$$

可写作

$$\check{M}\ddot{U}(t) + \check{C}\dot{U}(t) + \check{K}U(t) = \boldsymbol{\Phi}^{\mathrm{T}} F_e(t) \tag{3.130}$$

由于振型向量的正交性,$\check{M}$ 和 $\check{K}$ 为对角阵,而 $\check{C}$ 可表示为

$$\check{C} = \boldsymbol{\Phi}^{\mathrm{T}} C \boldsymbol{\Phi} \tag{3.131}$$

通常直接计算阻尼矩阵 $\check{C}$ 中各元素是非常困难的。如果将阻尼矩阵 $\check{C}$ 变化为类似于刚度矩阵 $\check{K}$ 和质量矩阵 $\check{M}$ 的对角阵,那么运动方程便不再是互相耦合的方程,解起来非常方便。工程中通常有以下方法处理阻尼矩阵。

(1) 瑞利阻尼系统。假设阻尼矩阵为

$$C = \alpha M + \beta K \tag{3.132}$$

式 (3.132) 中,α 和 β 认为是常数,称为瑞利阻尼系数,因而有

$$\check{C} = \alpha \check{M} + \beta \check{K}$$

$$\begin{bmatrix} \check{c}_{11} & & \\ & \ddots & \\ & & \check{c}_{qq} \end{bmatrix} = \alpha \begin{bmatrix} \check{m}_{11} & & \\ & \ddots & \\ & & \check{m}_{qq} \end{bmatrix} + \beta \begin{bmatrix} \check{k}_{11} & & \\ & \ddots & \\ & & \check{k}_{qq} \end{bmatrix} \tag{3.133}$$

因此,不同自由度的阻尼系数可以计算为

$$\check{c}_{ii} = \alpha \check{m}_{ii} + \beta \check{k}_{ii} = (\alpha + \omega_i^2 \beta) \check{m}_{ii} \tag{3.134}$$

在此条件下,原方程可以分解为 q 个独立的方程,即

$$\ddot{u}_i(t) + \frac{\check{c}_{ii}}{\check{m}_{ii}} \dot{u}_i(t) + \frac{\check{k}_{ii}}{\check{m}_{ii}} u_i(t) = \sum_{j=1}^{n} \frac{\Phi_{ji} F_{ej}(t)}{\check{m}_{ii}}$$

$$\ddot{u}_i(t) + (\alpha + \omega_i^2 \beta) \dot{u}_i(t) + \omega_i^2 u_i(t) = \sum_{j=1}^{n} \frac{\Phi_{ji} F_{ej}(t)}{\check{m}_{ii}} \tag{3.135}$$

式 (3.135) 是一组互不耦合的常微分方程组,通过假设解为待定系数的周期函数 (三角函数形式),可以获得解析解。

(2) 比例阻尼系统。由给定振型阻尼比来确定阻尼矩阵

$$\check{C} = \check{\boldsymbol{\Phi}}^{\mathrm{T}} C \check{\boldsymbol{\Phi}} = \begin{bmatrix} 2\zeta_1 \omega_1 & & & \\ & 2\zeta_2 \omega_2 & & \\ & & \ddots & \\ & & & 2\zeta_q \omega_q \end{bmatrix} \tag{3.136}$$

其中 $\check{\boldsymbol{\Phi}}$ 为质量归一化振型矩阵,满足

$$\check{\boldsymbol{\Phi}}^{\mathrm{T}} M \check{\boldsymbol{\Phi}} = I \tag{3.137}$$

原阻尼系数矩阵可以写作

$$C = M \check{\boldsymbol{\Phi}} \check{C} \check{\boldsymbol{\Phi}}^{\mathrm{T}} M \tag{3.138}$$

显然,在比例阻尼系数的系统中,运动方程同样可以写成 q 个独立的方程,即

$$\ddot{u}_i(t) + 2\zeta_i \omega_i \dot{u}_i(t) + \omega_i^2 u_i(t) = \sum_{j=1}^{n} \check{\Phi}_{ji} F_{ej}(t) \tag{3.139}$$

式 (3.139) 为 q 个互不耦合的二阶线性常微分方程,即求解 q 个单自由度线性系统

微分方程，可采用杜哈梅积分计算得到，表示为

$$u_i(t) = \int_0^t \frac{\boldsymbol{\Phi}^{\mathrm{T}} \boldsymbol{F}_e(\tau)}{\omega_i} e^{-\zeta_i \omega_i (t-\tau)} \sin[\omega_i(t-\tau)] \mathrm{d}\tau \tag{3.140}$$

求得 $u_i(t)$，便可得到系数矩阵 $\boldsymbol{U}(t)$，再结合振型矩阵 $\boldsymbol{\Phi}$，根据式（3.128）便可得到位移响应 $\boldsymbol{X}(t)$。

3.4 结构动力随机响应

海洋工程结构物所处的海洋环境包括波浪、风、地震等因素，这些因素具有明显的随机性质[20]。因此，严格说来，波浪、风、地震等因素引起的海洋结构振动属于随机振动。所谓随机振动，是指随时间非规则变化的荷载引起的振动。

3.4.1 平稳各态历程假定

工程实际中会遇到很多随机过程。研究这些随机过程可以发现，它们的现在状态和过去状态都会对将来状态产生很强的影响。这些过程中最重要的一类就是平稳随机过程[21]。假定海面高度 $\eta(t)$、波浪荷载 $p(t)$ 和结构位移 $v(t)$ 或转角 $\theta(t)$ 等都具有一般形式的时间历程，统一用随机变量 y 表示，该随机变量的采样记录如图 3.18 所示。

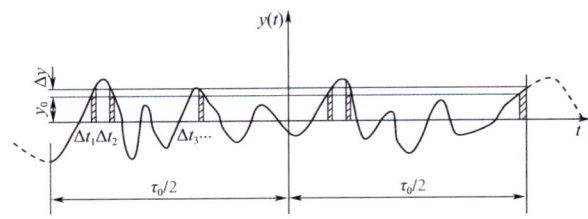

图 3.18 随机变量的采样记录

将采样记录 $y(t)$ 分割成 n 个相等的小段，每个小段称为一个实现，或者样本。将 n 个实现，记为 $y^{(1)}$，$y^{(2)}$，$y^{(3)}$，…，$y^{(n)}$，形成一个由多个实现组成的集合。图 3.19 给出了这一集合中的 3 条典型曲线，每条时间历程曲线都从零时刻开始。两条虚线表示任意时刻 t_1 和 t_2 处穿过此集合，τ 表示时间间隔。

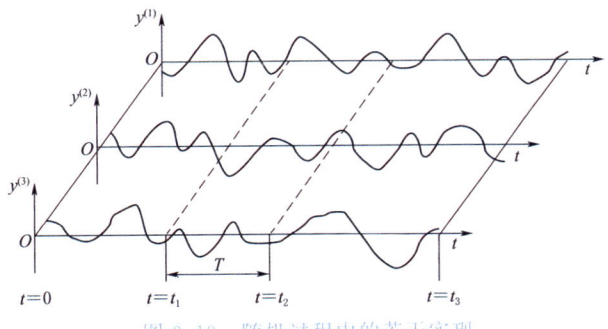

图 3.19 随机过程中的若干实现

如果 $y(t)$ 满足平稳假设，必须完全符合下面两个判据。

(1) 在某一个固定时刻 t_1，测量集合中的每个实现 $y^{(i)}(t)$，并取它们的平均值，即

$$\overline{y} = \frac{1}{n}\sum_{i=1}^{n} y^{(i)}(t_1) \tag{3.141}$$

在求取平均值的样本数 n 较大的情况下，所得到的结果相差应该不大。

(2) 取一个固定时间间隔 T，对某一特定时刻 t_1 和另一个时刻 t_2，如假定 $T=t_2-t_1$，在集合每一个实现上测量并计算 $y^{(i)}(t_1)y^{(i)}(t_2)$，求和有

$$\overline{y} = \frac{1}{n}\sum_{i=1}^{n} y^{(i)}(t_1)y^{(i)}(t_2) \tag{3.142}$$

只要满足 $t_2-t_1=T$，以及足够数量的样本（n 较大），计算所得的平均数相差不大。

各态历经假设分为两部分，第一部分的含义是：对于任意一个时刻 t，由式（3.141）给出的实现曲线集合中所有曲线在 t 的平均值，等于某一条典型曲线的 y 对时间的平均值，即这条典型曲线能代表所有曲线集合的数字特征，将其记作 $y^{(k)}(t)$。

假设 $y^{(k)}(t)$ 选取的时间间隔足够长，从而能很好地描述集合中所有 y 的性质，那么近似地给出集合中 y 对时间的平均值为

$$\overline{y} = \frac{1}{n}\sum_{i=1}^{n} y^{(k)}(t_i) \tag{3.143}$$

式中：$y^{(k)}(t_i)$ 为时间间隔 τ_0 内的时刻 t_i 上的迹线值。

t_i 的值是等间隔采样的，而总测量次数为 n。如果式（3.141）和式（3.143）几乎相等，则近似地满足各态历经假设的第一部分。即在同一时刻跨越很多条曲线的 $y^{(i)}(t)$ 的集合平均值等于根据一条典型曲线在不同时刻的 $y^{(k)}(t_i)$ 对时间的平均。

各态历经假设第二部分的含义是定义样本相互作用平均值为

$$\overline{y} = \frac{1}{n}\sum_{i=1}^{n} y^{(k)}(t_i)y^{(k)}(t_i+\tau) \tag{3.144}$$

式中：$y^{(k)}(t_i)$ 和 $y^{(k)}(t_i+\tau)$ 是沿一条典型的曲线上 n 个离散时间点和对应时间间隔点。

如果式（3.144）和式（3.142）近似相等，则说明所考察的随机过程 $y(t)$ 近似地满足各态历经假设的第二部分。

平稳随机过程和各态历经过程之间的关系为：如果式（3.141）和式（3.142）的值是常数，就定义随机过程 $y(t)$ 是平稳过程；如果式（3.141）和式（3.143），式（3.142）和式（3.144）计算的过程均值比较接近，就定义随机过程 $y(t)$ 是各态历经过程。可以看出，如果 $y(t)$ 是各态历经的，那么它也一定是平稳的；但是如果 $y(t)$ 是随机过程平稳的，却不一定是各态历经的。

3.4.2 均值和概率

一个随机过程 $y(t)$ 展现时间历程如图 3.18 所示，若将该过程定义为随机的零均值平稳过程，则对于任意时间间隔 τ_0（τ_0 应足够长，以体现随机过程 $y(t)$ 的实质特性，并且 $y(t)$ 不存在剧烈的变化），随机平稳过程看上去实质是相同的[21]。一个随机过程满足零均值的条件为

$$\overline{y} = \frac{1}{\tau_0}\int_{-\frac{\tau_0}{2}}^{\frac{\tau_0}{2}} y(t)\mathrm{d}t \tag{3.145}$$

3.4 结构动力随机响应

从结构动力学观点看，式（3.145）意味结构响应脉动的平均值为零。在这种情况下，常用 $y(t)$ 的方差 σ_y 来度量这些脉动，即

$$\sigma_y = \frac{1}{\tau_0}\int_{-\frac{\tau_0}{2}}^{\frac{\tau_0}{2}} y^2(t)\mathrm{d}t \tag{3.146}$$

计算出 σ_y 后，需要从统计意义上对其进行解释。例如，如果挠度的均方根值为 2m，那么实际的问题是挠度小于或大于 2m 的概率是多少？此外，如果 $y > 5$m，从统计角度看结构会发生破坏，那么 $2.5\sigma_y = 5$m 的超越概率又是多少？一般说来，为了回答这些重要的问题，就要确定由 σ_y 表达的概率分布函数 $P(y)$ 和概率密度函数 $p(y)$。

当 $y = y_0$ 时，概率分布函数的增量 ΔP 可以定义为

$$\Delta P = P[y_0 \leqslant y \leqslant y_0 + \Delta y] \tag{3.147}$$

式（3.147）就是随机变量 y 在固定值 y_0 和 $y_0 + \Delta y$ 之间的概率。图 3.18 中画阴影线的矩形表示在宽带内的典型时间增量，因此有

$$\Delta P = \frac{1}{\tau_0}(\Delta t_1 + \Delta t_2 + \Delta t_3 + \cdots) \tag{3.148}$$

将概率密度函数定义为概率增长的极限过程，即

$$p(y) = \lim_{\Delta y \to 0} \frac{\Delta P}{\Delta y} = \frac{\mathrm{d}P}{\mathrm{d}y} \tag{3.149}$$

为了一般化，由 y 代替式（3.147）中的 y_0 并代入式（3.149），可画出一条 $P(y)$ 关于 y 变化的曲线。方法是将时间 τ_0 内的采样迹线 y 分成多个不同的高度 $y = y_0$，测出每个时间带内每个高度上所耗费的时间，计算 $p(y) = \Delta P / \Delta y$ 的值，其中 ΔP 由式（3.148）给出。

在结构的统计响应计算中，一般假设函数 $p(y)$ 有高斯或正态零均值分布，由方差 σ_y 来表示其统计特征。正态或者高斯分布的概率密度函数为

$$p(y) = \frac{1}{\sqrt{2\pi\sigma_y^2}} \mathrm{e}^{-\frac{y}{2\sigma_y^2}} \tag{3.150}$$

概率密度函数波形如图 3.20 所示。

根据正态概率密度函数，对于幅值为 a 的 $y(t)$ 峰值，其概率密度函数为

$$p(a) = \frac{a}{\sigma_y^2} \mathrm{e}^{-\frac{a}{2\sigma_y^2}} \tag{3.151}$$

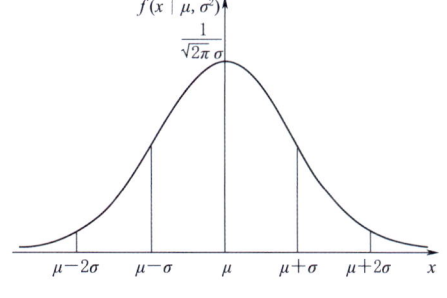

图 3.20　概率密度函数波形

当 a 的值在 $[0, +\infty]$ 区间变化时，式（3.151）称为瑞雷概率密度函数。很显然，对于任意随机过程，在确定了概率密度函数和方差时，就可以计算该过程变量 $y(t)$ 或其幅值 a 在指定范围内发生的概率。

3.4.3　伪随机波生成

在海洋结构动力分析中，经常要求在时域中求解，这需要知道波浪荷载在时域中的分

布。通用方法是通过频谱到时域的变化模拟方法实现。由该方法借助设计波谱，可形成伪随机波，进而得到波浪荷载的时域分布。

将波面高度 $\eta_t(t)$ 写成

$$\eta(x,t) = \int_0^\infty \sin(kx - \omega t + \varphi) \sqrt{A^2(\omega) d\omega} \tag{3.152}$$

式（3.152）中，$A^2(\omega)$ 为振动幅值谱，φ 为随机相位角，是 $(0, 2\pi]$ 区间均匀分布的随机数。把振动幅值谱划分成多个面积相等的部分（不用频率轴上的等间隔点，这样可避免在得到的时间历程中出现周期性），将式（3.152）中的积分离散化。

考虑如下划分

$$\omega_0 < \omega_1 < \omega_2 < \cdots < \omega_n = F \tag{3.153}$$

式中：ω_0 为一个小正数；F 为一个较大的正数。

实际运用中，超出上述范围频率对应的谱值认为是零。令

$$\begin{aligned} \Delta\omega &= \omega_n - \omega_{n-1} \\ \overline{\omega_n} &= \frac{\omega_n + \omega_{n-1}}{2} \end{aligned} \tag{3.154}$$

在此条件下，式（3.152）中的积分计算可以用有限项的和代替

$$\eta(x,t) = \sum_{i=0}^n \sin(k_i x - \overline{\omega_i} t + \varphi) \sqrt{A^2(\overline{\omega_i}) \Delta\omega} \tag{3.155}$$

令 $S(\omega_n)$ 表示概率密度曲线下方的累积面积，即

$$S(\omega_n) = \sum_{i=0}^n A^2(\overline{\omega_i}) \Delta\omega \tag{3.156}$$

于是有

$$A^2(\overline{\omega_i}) \Delta\omega \approx S(\omega_n) - S(\omega_{n-1}) = a^2 \tag{3.157}$$

式中：a^2 为常数。

因此有

$$\eta(x,t) = \sum_{i=0}^n \sin(k_i x - \overline{\omega_i} t + \varphi) \sqrt{S(\omega_n) - S(\omega_{n-1})} \tag{3.158}$$

波浪密度谱可以分解为

$$Na^2 = S(\omega_n) \approx S(\infty) = \int_0^\infty A^2(\omega) d\omega \tag{3.159}$$

任意地选取坐标 x 等于零，即能得到一阶伪随机波模拟，式（3.158）变成

$$\eta(x,t) = a \sum_{i=0}^n \sin(\overline{\omega_i} t + \varphi) \tag{3.160}$$

参 考 文 献

[1] 桑松，徐学军. 海洋浮体结构非线性运动响应研究综述 [J]. 武汉大学学报：工学版，2010，43（5）：608－612.

[2] 崔维成，吴有生，李润培. 超大型海洋浮式结构物动力特性研究综述 [J]. 船舶力学，2001，5（1）：73－81.

[3] SEIWELL H. The principles of time series analyses applied to ocean wave data [J]. Proceedings of the National Academy of Sciences, 1949, 35 (9): 518-528.

[4] RYABKOVA M, KARAEV V, GUO J, et al. A review of wave spectrum models as applied to the problem of radar probing of the sea surface [J]. Journal of Geophysical Research: Oceans, 2019, 124 (10): 7104-7134.

[5] HASSELMANN D E, DUNCKEL M, EWING J. Directional wave spectra observed during JONSWAP 1973 [J]. Journal of physical oceanography, 1980, 10 (8): 1264-1280.

[6] RUEDA-BAYONA J G, GUZMáN A, SILVA R. Genetic algorithms to determine JONSWAP spectra parameters [J]. Ocean Dynamics, 2020, 70 (4): 561-571.

[7] FALTINSEN O. Wave loads on offshore structures [J]. Annual review of fluid mechanics, 1990, 22 (1): 35-56.

[8] 张朝阳, 刘俊, 白艳彬. 深水半潜平台波浪荷载计算的设计波方法研究 [J]. 中国海洋平台, 2012, (5): 34-40.

[9] 李玉成. 不规则波作用下的船舶撞击作用 [J]. 海洋学报, 1980, 2 (3): 123-136.

[10] 贺五洲, 耿进柱. 求解三维物体波浪荷载的边界元模型 [J]. 工程力学, 2005, 22 (2): 11-15.

[11] 张健, 刘海冬. 导管架平台在随机波浪荷载作用下的结构响应 [J]. 中国海洋平台, 2018, 33 (2): 36-42.

[12] MACCAMY R, FUCHS R A. Wave forces on piles: a diffraction theory [M]. US Beach Erosion Board, 1954.

[13] GIORGI G, RINGWOOD J V. Nonlinear Froude-Krylov and viscous drag representations for wave energy converters in the computation/fidelity continuum [J]. Ocean Engineering, 2017, 141: 164-175.

[14] OBHRAI C, KALVIG S, GUDMESTAD O T. A review of current guidelines and research on wind modelling for the design of offshore wind turbines [C]. proceedings of the ISOPE International Ocean and Polar Engineering Conference, F. ISOPE, 2012.

[15] KOZMAR H, HADŽIĆ N, ĆATIPOVIĆ I, et al. Wind load assessment in marine and offshore engineering standards [J]. Ocean Engineering, 2022, 252: 110872.

[16] PURDY D M, MAHER F J, FREDERICK D. Model studies of wind loads on flat-top cylinders [J]. Journal of the Structural Division, 1967, 93 (2): 379-398.

[17] SKLIRIS N, MARSH R, SROKOSZ M, et al. Assessing extreme environmental loads on offshore structures in the North Sea from high-resolution ocean currents, waves and wind forecasting [J]. Journal of Marine Science and Engineering, 2021, 9 (10): 1052.

[18] HAYES J G. Ocean current wave interaction study [J]. Journal of Geophysical Research: Oceans, 1980, 85 (C9): 5025-5031.

[19] 肖越, 王言英. 系泊系统运动响应计算研究 [J]. 中国海洋平台, 2005, 20 (6): 37-42.

[20] 王迎光, 谭家华. 随机激励下非线性海洋结构物响应分析方法研究进展 [J]. 海洋工程, 2007, 25 (4): 112-119.

[21] 张波, 张景肖. 应用随机过程 [M]. 北京: 清华大学出版社, 2004.

第4章
海上浮体运动响应的频域计算方法

根据浮体所在的海洋动力环境，可以计算浮体所遭受的波浪荷载、风荷载和流荷载。计算得到的荷载直接作用在浮体上，进而根据浮体简化得到单自由度体系和多自由度体系模型，根据单自由度和多自由度弹簧—阻尼—质量体系受到随机外加力作用的响应可以计算浮体的运动响应。在实际工程应用中，浮体运动响应的计算受到荷载随机性的影响，与上述经典的方法有一定的区别。实际上，海上浮体的运动响应一般可以按照频域计算和时域计算方法进行。考虑到时域计算所需要的大量计算资源和较长的模拟时间，一般海洋工程中浮体运动响应的计算主要以频域计算方法为主[1]。

4.1 波浪荷载的周期性和频域特征

真实海洋中的波浪是随机的、不规则的，即某个点、某个时刻对应的波浪是任意的，不可能预先加以确定。从数学角度来说，波浪的出现具有随机特性，因此对于这一随机现象必须使用随机统计的方法进行处理[2]。以海面的波高为例，在某一点测得的波高是随时间发生变化的，如果有足够多的数据记录，便可依据这些样本记录估算出波高出现的概率密度以及累积分布函数。

4.1.1 波浪的概率密度

海面上的某点在某一时刻 t 的波高 η 通常被视为一个随机变量。由于波高的大小是随机的，可以用其可能出现的数值以及与该数值对应的概率分布密度函数来表示。假设 t_1 时刻出现的波高用 η_1 来表示，t_2 时刻在同一地点出现的波高同样也是一个随机变量，但是这些不同时刻出现的数值 η_1，η_2，η_3，…，η_i 之间是相互关联的，形成一个随机过程。在研究波浪时，通常把波浪视为具有各态历经性的平稳随机过程。平稳随机过程的特点是其统计特性不会随时间和位置的变化而发生变化。在分析某一海域的波浪特性时，只需在海域内的某处使用浪高仪测量一定时间的数据，对该点进行分析得到的波浪统计特性可以表征整个海域在长时间内的统计特性。各态历经性是指过程中每一变量的期望值与其沿时间的平均值相等。在分析波浪的各态历经性时，需要对不同时刻的波高数据进行统计分析，计算其均值和方差等统计特性，并判断其是否符合平稳随机过程的特性。

若某一个随机过程是由大量的相互独立的随机因素的综合影响所导致的，而其中单个因素在总的影响里所产生的作用均是微小的，那么此随机过程便服从正态分布。风作用下生成的海浪的波面升高基本满足上述条件，因此波面升高的瞬时值基本服从正态分布[3]（图 4.1），可表示为

$$f(x) = \frac{1}{\sqrt{2\pi}\sigma_x} e^{-\frac{(x-\mu_x)^2}{2\sigma_x^2}} \tag{4.1}$$

根据正态分布的特点可以得出：若认为波面升高的瞬时值服从正态分布，那么由波浪引起的海洋结构物的振荡瞬时值也满足正态分布；若波浪的瞬时值服从正态分布（图 4.2 中实线），那么其幅值包络线（图 4.2 中虚线）则服从瑞利分布[4]。

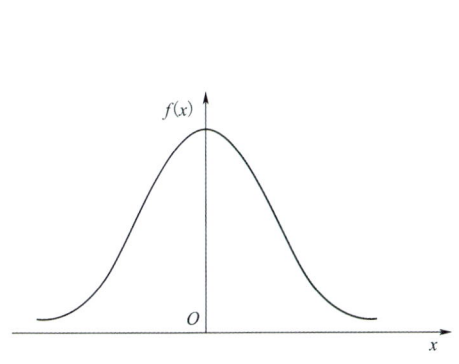
图 4.1　正态分布概率密度函数图

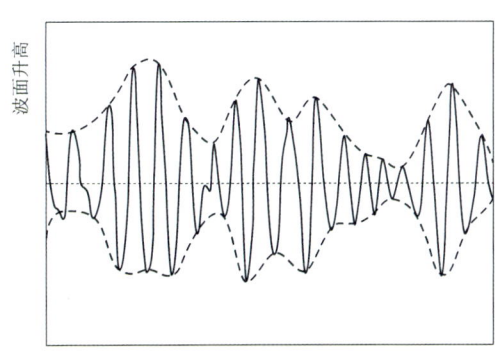
图 4.2　波面升高的瞬时值和幅值包络线

因此，一般采用瑞利分布来计算波浪振幅，当波浪比较规则时，可近似地将波高分布与波幅分布视为相同，也服从瑞利分布。那么波高的概率密度函数 $p(H)$ 可表示为

$$p(H) = \frac{2H}{H_{\text{rms}}^2} e^{-\frac{H^2}{H_{\text{rms}}^2}} \tag{4.2}$$

其中

$$H_{\text{rms}} = \sqrt{\frac{H_1^2 + H_2^2 + H_3^2 + \cdots + H_n^2}{n}} = \int_0^\infty H^2 p(H) \mathrm{d}H \tag{4.3}$$

式中：H_{rms} 为一定记录时间内波高 H 的均方根值。

若波高的幅值服从瑞利分布，那么波浪引起的结构物的振动幅值也同样服从瑞利分布。

4.1.2　波浪的特征波高

首先介绍平均波高概念，平均波高 H_0 可定义为

$$H_0 = \int_0^\infty H p(H) \mathrm{d}H = 0.87 H_{\text{rms}} \tag{4.4}$$

一般在描述随机波浪时，最常用的是使用有义波高（1/3 波高），也就是在波高分布函数中取最大的前 1/3 波高对它们进行平均而得到。有时也采用 1/10 或更高的统计平均值。如果选取某一特征波高 H'，在 H' 以上包含了全体 $1/n$ 的大波，即

$$\int_{H'}^{\infty} Hp(H) \mathrm{d}H = \frac{1}{n} \tag{4.5}$$

那么对此 $1/n$ 的大波进行平均计算得到的波高值称为 $1/n$ 波高。这 $1/n$ 最大波的平均值可表示为

$$H_{\frac{1}{n}} = \frac{\int_{H'}^{\infty} Hp(H) \mathrm{d}H}{\int_{H'}^{\infty} p(H) \mathrm{d}H} = n \int_{H'}^{\infty} Hp(H) \mathrm{d}H \tag{4.6}$$

将瑞利分布 $p(H)$ 的表达式代入式（4.6）中进行整理，可以得到有义波高（1/3 波高）、1/10 波高、1/100 波高的表达式为

$$\begin{cases} H_s = H_{1/3} = 1.42 H_{\mathrm{rms}} \\ H_{1/10} = 1.8 H_{\mathrm{rms}} \\ H_{1/100} = 2.34 H_{\mathrm{rms}} \end{cases} \tag{4.7}$$

常见波高统计值对比如图 4.3 所示。

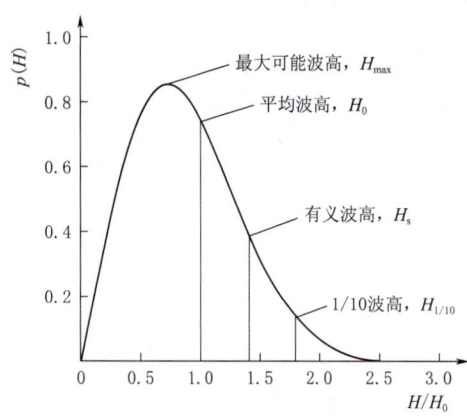

图 4.3 常见波高统计值对比

在波浪的统计描述中，特别是极端海况时，如图 4.3 所示，通常还会出现最大可能波高的定义，最大可能波高一般可近似地写成

$$H_{\max} = 1.77 H_s \tag{4.8}$$

已有研究通过试验或理论方法得到的 H_0，H_s，$H_{1/10}$ 以及 $H_{\max}$ 与有义波高之间的关系。由前面基于瑞利分布的概率分布特性，主要统计特征波高的关系有

$$\begin{cases} \dfrac{H_s}{H_0} = 1.63 \\ \dfrac{H_{1/10}}{H_s} = 1.27 \end{cases} \tag{4.9}$$

从图 4.3 可以看出，平均波高、1/10 波高与有义波高之间的关系基本与式（4.9）吻合，再次证实了瑞利分布模型可以用来描述波高的统计特性。在波浪的统计分析中，与有义波高对应的是有义周期 T_s，有义周期通常定义为前 1/3 大波的平均周期，因此又可表示为 $T_{1/3}$。对于平均周期分布在 4～10s 的波浪，一般可以认为有义周期近似等于波浪的平均周期；若波浪的平均周期大于 10s，一般有义周期大约是平均周期的 1.2～1.3 倍。

4.1.3 波浪的能量谱

经过观测直接得到的是波浪的时历曲线，它反映了特定地点的波高随时间的变化关系。但在大多数工程问题中，频域分析更为方便。因此，海洋工程设计需要将波浪的时历

转化为波能谱密度。考虑到海浪环境中存在的不确定性，使用确定性的研究方法难以描述瞬息万变的波浪条件。通过对大量海洋波浪环境观测资料的统计分析，发现波浪可以视为一种随机现象，运用概率统计的相关原理可以对其相关统计特性进行研究。这种使用概率统计理论来研究波浪的理论即为随机波浪理论。

随机波浪理论中通常将波浪视为由无数不同振幅、频率和初相位的简单单元规则波叠加的产物，由此其波面方程可以表示为

$$\eta(x,y,t)=\sum_{n=1}^{\infty}a_n\cos(k_nx\cos\theta_n+k_ny\sin\theta_n-\omega_nt-\varphi_n) \tag{4.10}$$

式中：a_n 为第 n 个单元规则波的振幅；k_n 为第 n 个单元规则波的波数；ω_n 为第 n 个单元规则波的圆频率；φ_n 为第 n 个单元规则波的相位角。

式 (4.10) 表明随机过程海浪可以认为是具有不同单频的规则过程以随机相位叠加构成的，如图 4.4 所示即为某固定点 5 个简谐波叠加得到的合成海面波动结果。

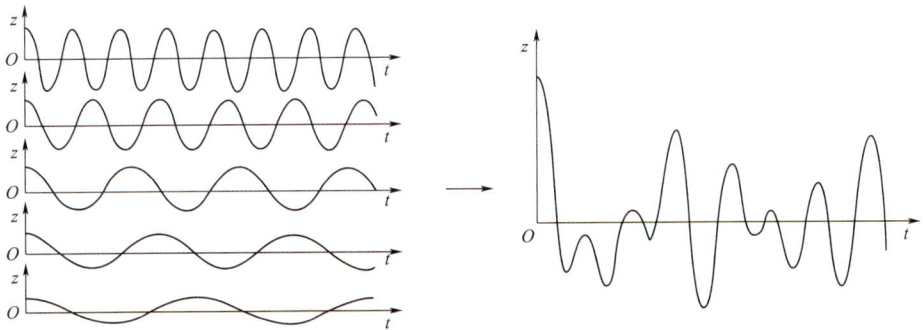

图 4.4　随机波高的单频波分解示意图

波浪可视作由无限多个振幅不同、频率不同、方向不同、相位杂乱的组成波组成，这些组成波便构成海浪谱。结合 Airy 线性波理论，可以得知其单个单元规则波所具有的平均能量为

$$E_n=\frac{1}{2}\rho g a_n^2 \tag{4.11}$$

而基于假设波浪由无数个简单余弦波组成，可知其波浪频率将在 $[0,+\infty)$ 之间连续分布，因此可定义随机波浪的能量密度函数 $S(\omega)$ 为

$$S(\omega)=\frac{1}{\Delta\omega}\sum_{\omega}^{\omega+\Delta\omega}\frac{1}{2}a_n^2 \tag{4.12}$$

由式 (4.12) 可以发现当 $\Delta\omega$ 趋近于 0 时，$S(\omega)$ 便成为随机波浪能量在频域上的分布函数，简称为谱密度。

波浪谱是对海浪进行理论研究的一种有效手段，并在实际工作中得到应用。比如描述海浪的内部组成结构、研究海浪的生成机制及进行海浪的观测与分析、进行海浪预报等方面都主要借助谱的概念和方法进行，围绕波浪谱对海浪进行研究。利用上述波浪谱对波浪进行统计描述是目前海工领域较为普遍常用的做法，而就目前而言，国际上常用的波浪谱主要为 Pierson - Moskowitz 谱（P - M 谱）和 JONSWAP 谱[5]。

众所周知,波浪谱与海区位置和环境密切相关。事实上,对于波浪谱,尝试去找到一个通用的表达式是不可能也是没有必要的。海洋科学工作者依据对海洋环境大数据的处理,总结得到下列几个常见的波浪谱。海洋工程设计当中通常取其中的每一个波浪谱模型计算波浪荷载。

1. 波浪谱的一般形式

大量研究表明,大部分波浪谱具有纽曼于1953年提出的一般形式

$$S(\omega) = \frac{A}{\omega^a} e^{-\frac{B}{\omega^b}} \tag{4.13}$$

式中,指数 a 一般取 $4\sim6$;b 一般取 $2\sim4$;a,b,A,B 由研究海区的风要素(风速、风时、风区)或波浪要素(波高、周期)实测资料确定。

2. P-M 谱

P-M 谱是由 Pierson 与 Moskowitz 根据大量北海海域长期观测数据提出的波浪谱模型,其依据为 1955—1960 年间观测的波高数据,其中包括 460 个波浪谱的谱分析。该模型适用于已完全成型的海域波浪,即波浪本身不受风区的限制,其波浪谱形式为

$$S(\omega) = \frac{\alpha g^2}{\omega^5} \exp\left[-\beta\left(\frac{\omega}{\omega_p}\right)^{-4}\right] \tag{4.14}$$

其中

$$\omega_p = 0.877 \frac{g}{V} \tag{4.15}$$

式中:α 为广义 Philips 常数,取值为 8.10×10^{-3};β 为形状参数,一般取 1.25;ω_p 为谱峰频率;V 为海平面高度以上 19.5m 处的平均风速,m/s。

符合 P-M 谱的波浪有义波高为

$$H_s = 2.14 \times 10^{-2} V^2 \tag{4.16}$$

3. JONSWAP 谱

20 世纪 60 年代,由美、英、德、荷等国家相关单位合作的北海联合海浪计划对深入北海 160km 的波浪进行长达 10 周的观测,对其大量观测数据进行分析总结后得到 JONSWAP 谱,其基本形式为

$$S(\omega) = \alpha g^2 \omega^{-5} \exp\left[-\beta\left(\frac{\omega}{\omega_p}\right)^{-4}\right] \gamma^{\exp\left[-\frac{(\omega-\omega_p)^2}{2\sigma^2\omega_p^2}\right]} \tag{4.17}$$

式中:γ 为峰形参数;σ 为无量纲谱宽参数。

与 P-M 谱相比,JONSWAP 谱的优点在于其包含了有限风区及水深对波浪的影响,故可以将其视为 P-M 谱的修正,适用于受风区限制、正在形成的海况波浪条件。

在对波浪谱进行拟合的过程中,有学者提出了一种改进的 JONSWAP 波浪谱通用形式,其能够更好地拟合高频波浪组分的衰减

$$S(\omega) = \alpha g^2 \omega_p^{-5-n} \omega^n \exp\left[\frac{n}{4}\left(\frac{\omega}{\omega_p}\right)^{-4}\right] \gamma^{\exp\left[-\frac{(\omega-\omega_p)^2}{2\sigma^2\omega_p^2}\right]} \tag{4.18}$$

式中:n 为高频衰减参数。

在以上通用形式的基础上，针对南海潜在风电场海域可能的海况条件，根据不同风况条件下的波浪数据拟合研究，发现南海海域的波浪谱参数可以通过如下的计算公式得到：

台风条件下：

Philips 常数 α 为

$$\alpha = 4.5 H_s^2 \left(\frac{\omega_p}{2\pi}\right)^4 \tag{4.19}$$

峰形参数 γ 为

$$\gamma = 1.46 \alpha^{-0.12} \tag{4.20}$$

无量纲谱宽参数 σ 为

$$\sigma = 0.06 \tag{4.21}$$

高频衰减参数 n 为

$$n = -6.9 \tag{4.22}$$

非台风条件下：

Philips 常数 α 为

$$\alpha = 0.012 \left(\frac{U_{10}}{g T_p}\right)^{0.62} \tag{4.23}$$

峰形参数 γ 为

$$\gamma = \begin{cases} 7.7218 + 6.3624 \ln \dfrac{U_{10}}{g T_p}, & \dfrac{U_{10}}{g T_p} \geqslant 0.159 \\ 2.2661, & \dfrac{U_{10}}{g T_p} < 0.159 \end{cases} \tag{4.24}$$

无量纲谱宽参数 σ 为

$$\sigma = 0.12 \tag{4.25}$$

高频衰减参数 n 为

$$n = -3.9 \tag{4.26}$$

式中：H_s 为有义波高；T_p 为谱峰周期；U_{10} 为 10m 高度处平均风速。

4.1.4 海浪谱和海浪要素的转换

谱的方法是从波动的内部结构上研究海浪谱的特征，统计方法是从波面外观上研究海浪的统计特性，两者之间具有内在的联系。频谱可根据波面记录借助于谱分析等方法得到，由其谱矩就可计算得到波高、周期等海浪特征值[6]。

波浪的平均波高为

$$\overline{H} = 2.507 \sqrt{m_0} \tag{4.27}$$

平均周期为

$$\overline{T} = \frac{2\pi m_0}{m_1} \tag{4.28}$$

平均频率为

$$\overline{\omega} = \frac{m_1}{m_0} \tag{4.29}$$

式中：m_0 和 m_1 为海浪谱的零阶矩和一阶矩。

按照波浪谱模型和谱矩的定义，m_0 和 m_1 的计算公式为

$$\begin{cases} m_0 = \int_{-\infty}^{+\infty} S(\omega) \mathrm{d}\omega \\ m_1 = \int_{-\infty}^{+\infty} \omega S(\omega) \mathrm{d}\omega \end{cases} \qquad (4.30)$$

其他特征波高可利用波高分布函数得到

$$\begin{cases} H_{1/3} = 4.005 \sqrt{m_0} \\ H_{1/10} = 5.091 \sqrt{m_0} \\ H_{1/3} = 6.672 \sqrt{m_0} \end{cases} \qquad (4.31)$$

4.2 波浪荷载的计算

波浪作用是海岸工程、海洋工程等的主要荷载，目前有几种计算方法。在西方国家，这些方法通常被分为确定性方法和随机性方法两类。

确定性方法被广泛应用于海岸工程和近海结构的设计中，可用于静力分析和动力分析。确定性方法包括前述的代表波法和波浪模拟法。代表波法在不规则波列中选择某一特征波（有效波或最大波等大波）作为单一的规则波进行计算，因此易于考虑波浪的非线性影响。波浪荷载通常表示为准静力荷载，用作静力分析的输入。波浪模拟法模拟波浪作用的历时过程，可进行动力反响分析，包括数值模拟和物理模拟。

随机性方法也称为谱分析法，它将不规则波浪及其对工程的作用都视为平稳随机过程。这些方法之间的变换可以简化为谱密度的变换。此方法易于考虑结构对波浪作用的动力反响，但仅适用于线性系统的分析计算，是在频域进行的。此外，还有概率计算法，对不规则波浪的作用进行概率分析，并把它们与波高或波面的分布联系起来。

以海洋平台为例，设计时需要考虑两类波浪作用力。一类是最大力，是由平台生存期内可能遇到的极少数重现期很长（十几年到几十年）的大浪所产生的，此时非线性影响常起控制作用，通常采用可以考虑这些非线性作用的确定性方法。另一类是正常工作情况下的波浪力，在平台生存期内能遇到成千上万（$10^5 \sim 10^6$）次这种作用，它是结构疲劳分析的主要荷载。此时非线性影响很小，因为频域分析可以计及水动力能量在宽广的频域范围内输送给结构，成为基本的分析方法。

波浪周期和受力情况关系如图 4.5 所示，包括在海洋中发现的不同周期和频率的波浪。该图也显示了主要的产生波浪的力（风、暴雨、地震、月球、太阳）和回复力（重力、科氏力、表面张力），以及这些力在波谱上的周期及频率范围。在工程设计中，风力所产生的，周期为 1～30s 不等的波最为重要，这些波浪又可分为受风力影响较大的风浪和受风力影响很小的涌浪。涌浪是一种由海底地震、火山喷发、海啸等局部海面运动所激发的波动。与风浪相比，涌浪的传播速度较慢但周期较长。涌浪在传播过程中其波形基本保持不变，这使得涌浪在跨海传播时能够保持较高的能量。此外涌浪的波动周期较长且传播距离较远，因此涌浪在跨海工程中具有重要意义。

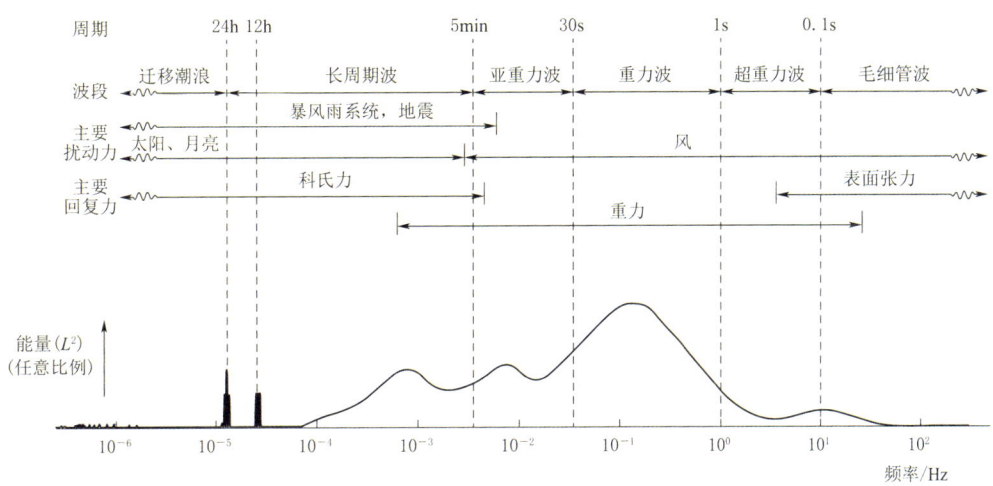

图 4.5 波浪周期和受力情况关系

海浪是非常复杂的，在某一给定的时间、地点可能存在很多复杂的波浪周期。短波通常重叠在长波上。另外，波浪在各个方向上相互作用，很难用数学模型来表达。对于与入射波的波长相比尺度较小（一般定义为 $D/\lambda \leqslant 0.2$，其中 D 为物体的特征尺度，λ 为波长）的结构物，如孤立桩柱、水下输油管道等，对波浪运动无显著影响，波浪对结构物的作用主要为黏滞效应和附加质量效应。这种情况下可采用 1950 年莫里森等提出的莫里森方程计算波浪力，其关键在于选定一种适宜的波浪理论和相应的拖曳力系数与惯性力系数。然而，随着结构物尺度相对于波长比值的增大，例如平台的大型基础沉垫、大型石油储罐等，此类尺度较大（$D/\lambda > 0.2$）的结构物本身的存在对波浪运动有显著影响。波浪对大尺度结构物的作用主要是附加质量效应和绕射效应，而黏滞效应是微不足道的，通常可以略去不计。由于小尺度和大尺度两类结构物的波浪力计算采用不同的方法，下面将分别介绍。

4.2.1 小尺度结构物上的波浪力

波浪对小尺度结构物的作用力是与流体绕固体流动时所产生的绕流现象紧密联系的。为此，首先对绕流力进行简单的剖析。在海洋工程的宏大领域中，细长圆柱体是一种常见的结构型式，广泛应用于各种设施和设备。由于定常水流可以看作是周期无限大的振荡水流，因此研究这种最简单的定常水流绕过圆柱体时所产生的对圆柱体的作用力，有助于更深入地理解非定常振荡水流对圆柱体的作用力。

当定常均匀水流灵巧地绕过圆柱体时，它沿流动方向作用在圆柱体上的力称为绕流拖曳力。这个力主要由摩擦拖曳力和压差拖曳力两部分组成。其中，摩擦拖曳力源于流体的黏滞性，这种黏滞性在柱体表面形成了一个边界层。在这个边界层内，流体的速度梯度显著且摩擦效应卓越，从而产生了一个强大的摩擦切应力。因此，流体作用在柱体表面各点的摩擦切应力在流动方向上的总和，就形成了作用在圆柱体上的摩擦拖曳力。这个力与柱体表面附近边界层内流体的流态以及柱体表面的粗糙度息息相关。

压差拖曳力则源于边界层在圆柱体表面某点处的分离。在分离点下游，即柱体后部，形成了强烈的漩涡尾流，导致柱体后部的压强大大低于前部，于是在柱体前后部之间形成了一个压力差。这个压力差在流动方向上产生了一个显著的力。因此，流体作用在柱体表面各点的法向压应力在流动方向上的总和，就形成了作用在圆柱体上的压差拖曳力。绕流拖曳力的产生和变化与边界层在柱体表面的形成、发展及分离密切相关。对单位长度柱体上的拖曳力 f_D 可计算为

$$f_D = \frac{1}{2} C_D \rho A u^2 \tag{4.32}$$

式中：C_D 为拖曳力系数，它集中反映了由流体的黏滞性而引起的黏滞效应，与雷诺数 Re 和柱面粗糙度 δ 有关；ρ 为流体密度；A 为单位长度柱体垂直于流动方向的投影面积；u 为未受绕流影响垂直于圆柱体轴线的流体速度分量。根据实测资料，一些具有不同形状的光滑圆柱的拖曳力系数与雷诺数的关系如图 4.6 所示。

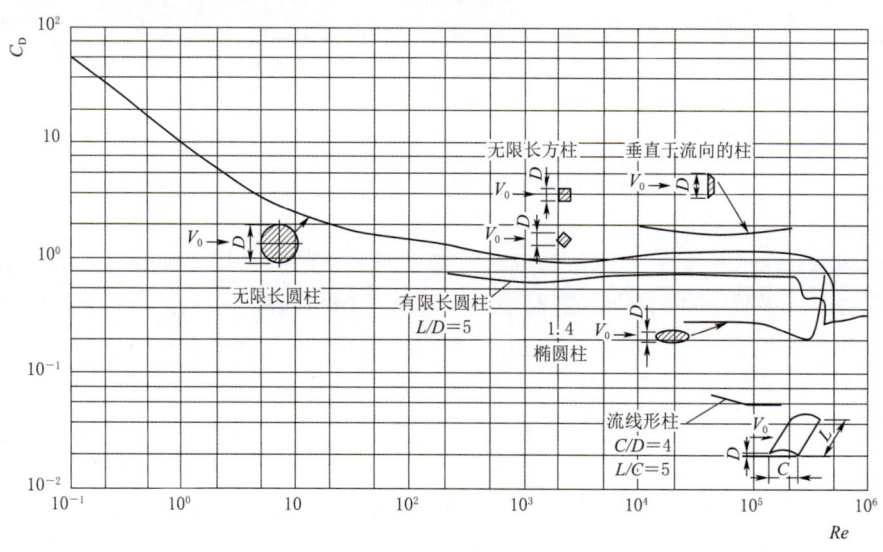

图 4.6　光滑圆柱的拖曳力系数与雷诺数的关系

在非定常绕流的环境中，绕流流体对圆柱体产生的作用力除了拖曳力外，还包含流体加速度所引起的惯性力。为了更深入地探究这个问题，可以设想一个固定在流场中的排水体积为 V 的圆柱体。分析该圆柱体的水动力时，暂时不考虑这个圆柱体对流场的影响。也就是说，假设流场中的压力分布不会因为圆柱体的存在而改变。在这种情况下，可以将圆柱体的边界看作是流体边界的一部分，也就是被圆柱体所置换的那部分体积内的水体。由于流场中的速度和加速度都在不断变化，这部分水体本来应该以与流场相应速度运动的。然而，由于圆柱体的存在，这部分水体被减速至静止不动。因此，绕流流体将沿着流动方向对排水体积为 V 的圆柱体施加一个惯性力。这个惯性力就是未受圆柱体存在影响的流体压强对圆柱体沿流动方向的作用力，将其称为弗劳德-克雷洛夫力。根据相关公式，这个力的大小等于圆柱体的排水质量 M_0 和所排开水体（假设未受扰动）的加速度的乘积，即

$$f_k = \rho V \left(\frac{du}{dt}\right)_{\bar{a}} = M_0 \left(\frac{du}{dt}\right)_{\bar{a}} \tag{4.33}$$

式中：f_k 为弗劳德－克雷洛夫力；ρ 为流体密度；u 为流体速度；角标 a 表示在排开水体积中求平均。

圆柱体周围的流体质点受到扰动引起速度的变化，从而改变了原来流场内的压强分布。这种变化在柱体表面附近最大，随着距柱体距离的增加而逐渐减小，衰减规律取决于圆柱体截面形状和流体的流动方向。所以，圆柱体的扰动使圆柱体周围的附加流体沿流体流动方向对圆柱体产生一个附加惯性力，又称附加质量力。因此加速的流体沿流动方向真正作用在圆柱体上的绕流惯性力 f_i 可表示为

$$f_i = (1+C_m)M_0 \frac{du}{dt} = C_M M_0 \frac{du}{dt} \tag{4.34}$$

式中：C_m 为附加质量系数；C_M 为质量系数或惯性力系数。

质量系数集中反映了由于流体的惯性以及圆柱体的存在，使圆柱体周围流场的速度改变而引起的附加质量效应，少数几种规则形状物体的附加质量可以采用势流理论从理论上来推求，而大多数其他形状物体的附加质量需要通过实验来确定。表 4.1 给出了几种常见形状物体的惯性力系数。

表 4.1　几种常见形状物体的惯性力系数

物体的形状	示意图	基准体积	惯性力系数
圆柱	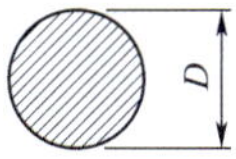 圆形截面，直径 D	$\frac{\pi}{4}D^2$	$2.0(L>D)$
方柱	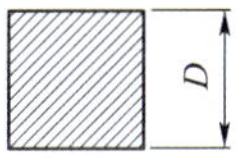 方形截面，边长 D	D^2	$2.19(L>D)$
圆板	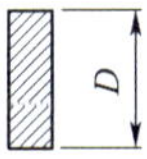 矩形截面，高 D	$\frac{\pi}{4}D^2$	$1.0(L>D)$
球	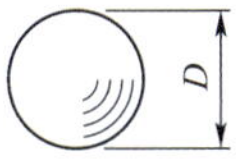 球形，直径 D	$\frac{\pi}{6}D^3$	1.5
立方体	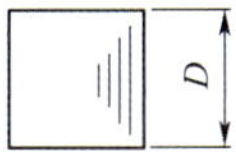 立方体，边长 D	D^3	1.67

因此，总的绕流力可以表示为

$$f = \frac{1}{2}C_D \rho A u^2 + C_M M_0 \frac{du}{dt} \tag{4.35}$$

需要指出的是，式（4.35）对于拖曳力的表示，只有将物体置于具有瞬时均匀速度场

的情况下才是正确的。然而，实际的波浪运动，其速度场不仅是不恒定的，而且也是不均匀的。只有物体的尺度较之波长很微小的情况下，才可以近似地将所考虑的绕流的范围内流场视为均匀。这个比值一般定为 $D/\lambda \leqslant 0.2$，其中 D 为物体的特征长度，如圆柱体 D 为其直径，λ 为波长。$D/\lambda \leqslant 0.2$ 的圆柱体，一般称为小尺度的孤立柱体。

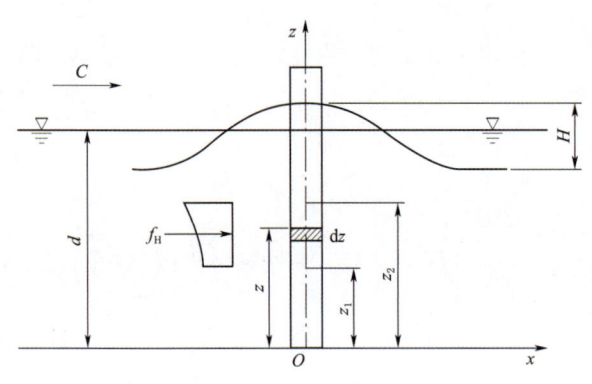

图 4.7　小尺度圆柱体受波浪荷载作用

目前，与波长相比尺度较小的细长圆柱体（如圆柱体 $D/\lambda \leqslant 0.2$）的波浪力计算，在工程设计中仍广泛采用莫里森方程，它是以绕流理论为基础的半理论半经验公式。该理论假定，圆柱体的存在对波浪运动无显著影响，认为波浪对圆柱体的作用主要是黏滞效应和附加质量效应。设有一圆柱体，直立在水深为 d 的海底上，波高为 H 的入射波沿 x 正方向传播，圆柱体中心轴线与海底线的交点为坐标系 (x, z) 的原点，如图 4.7 所示。

莫里森方程认为作用于圆柱体任意高度 z（离海底以上高度 z）处的水平波力 f_H 包括两个分量，一个是波浪水质点运动的水平速度 u 引起对圆柱体的作用力——水平拖曳力 f_D；另一个是波浪水质点运动的水平加速度 du/dt 引起对柱体的作用力——水平惯性力 f_i。莫里森方程又认为波浪作用在柱体上的拖曳力的模式与单向定常水流作用在柱体上的拖曳力的模式相同，具体的，波浪作用的拖曳力与水质点的水平速度的平方以及单位柱高垂直于波向的投影面积成正比。不同的是波浪水质点做周期性往复的振荡运动，水平速度 u 时正时负，因而对圆柱体的拖曳力也是时正时负，故在式（4.32）中，取 $u|u|$ 代替 u^2 以保持拖曳力的正负方向性。作用于直立柱体任意高度 z 处单位柱高上的水平波力为

$$f_H = \frac{1}{2}C_D \rho A u|u| + C_M M_0 \frac{du}{dt} \tag{4.36}$$

必须指出，莫里森方程在理论上是有缺陷的。方程中的拖曳力是按真实黏性流体的定常均匀水流绕过柱体时，对柱体的作用力的分析得到的，可惯性力是按理想流体的有势非定常流理论分析得到的，两者没有共同的理论基础。因此，将它们叠加是缺乏根据的。虽然存在上述缺陷，但目前还没有找到一个更好的方法取代它。几十年来在工程上应用的经验表明，其尚能给出满意的结果，因此莫里森方程，至今仍是小尺度结构物上波浪力计算的主要方法。

由式（4.36）可以看出，莫里森方程中的 u 和 du/dt 都是随选取的波浪理论不同而异。因此正确计算作用在直立柱体上的水平波力 f_H 和水平波力矩 M_H 的关键问题，一是针对所在海域的水深和设计波的波高 H、周期 T 等条件选用一种适宜的波浪理论来计算波浪 u 和 du/dt；二是选取合理的拖曳力系数 C_D 和质量系数 C_M。

各国有关规范中，对拖曳力系数 C_D、质量系数 C_M 的建议值见表 4.2。

表 4.2　　各国规范对拖曳力系数和质量力系数取值的建议

规 范 名 称	美国船级社规范（1980）	挪威船级社环境荷载规范（1974）	英国贸工部规范	中国船级社《海上固定平台入级与建造规范》（1982）
采用的波浪理论	斯托克斯五阶波或者流函数方法	斯托克斯五阶波	采用与水深相适应的波浪理论	采用与水深相适应的波浪理论
C_D	0.6~1.0	0.5~1.2	采用可靠的试验结果	1.2
C_M	1.5~2.0	2.0		2.0
注意事项	需要考虑取值与水深的匹配性	需要考虑波浪理论和水动力系数取值的匹配性，高雷诺数情况下，C_D 应大于 0.7		

4.2.2　大尺度结构物上的波浪力

在海洋工程领域，大尺度海工结构物的设计和稳定性分析是至关重要的。由于这些结构物对周围海域的波动场有显著影响，因此必须考虑入射波的散射效应和自由表面效应，这需要使用更为精确的计算方法来评估波浪与结构物之间的相互作用。传统的莫里森方程在处理小尺度结构物时是有效的，但不适用于大尺度结构物。因此，需要采用更为复杂的模型和方法来计算大尺度结构物所受到的波浪力。对于大尺度结构物，波浪对其的作用主要通过附加质量效应和绕射效应来体现。附加质量效应是指波浪水质点在结构物表面附近移动时，对结构物产生的惯性力。绕射效应是指波浪在遇到结构物时，部分波前绕过障碍物继续传播的现象。这些效应在大尺度结构物上都会产生显著的作用力。

黏滞效应在大尺度结构物上通常可以忽略不计。这是因为黏滞效应的大小主要取决于波浪水质点运动轨道的大小与结构物的特征尺度 L（如对于直立圆柱，L 取柱径 D；对于矩形的基础沉垫，L 取矩形沉垫沿波向的长度）的比值，即 H/L。当 H/L 较小时，意味着波浪水质点的相对位移值较小，此时结构物附近的流体仍贴在结构物表面上，不会形成绕流脱体现象，因此黏滞效应可以忽略不计。在这种情况下，作用在大尺度结构物上的波浪力主要是惯性波力。为了计算这种波浪力，可以采用以绕射理论为基础的波浪力计算方法。这种方法考虑了波浪在遇到结构物时的反射、折射和衍射等现象，能够更准确地预测结构物所受到的波浪力。

综上所述，对于大尺度海工结构物，必须考虑其存在对波动场的影响以及入射波的散射效应和自由表面效应。传统的莫里森方程不再适用，而需要采用更为精确的计算方法和模型来评估波浪与结构物之间的相互作用。同时，需要考虑惯性波浪力和绕射效应等因素对大尺度结构物设计和稳定性的影响。

以绕射理论为基础的波浪力计算方法一般适用于全部 H/L 值，当 $H/L\leqslant 0.2$ 时，绕射效应可以略去。当 $H/L\leqslant 1.0$，$L/\lambda\leqslant 0.2$ 时，两种计算方法都适用。在这一范围内，$C_D\rightarrow 0$，只需要计算惯性波力。当 $H/L>1.0$，$L/\lambda>0.2$ 时，黏滞效应和绕射效应都较大，因此这两种方法都不适用。但从波浪理论可知，一般深水波的极限波陡 $(H/\lambda)_{max}$ 不超过 1/7，否则波浪将破碎，而浅水波的极限波陡更小。波浪力计算方法的适用范围如图

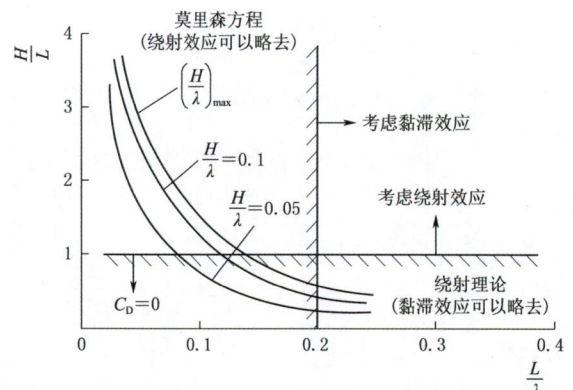

图 4.8 波浪力计算方法的适用范围

4.8 所示,在 $H/L>1.0$,$L/\lambda>0.2$ 的范围内,波陡 H/λ 均大于 $(H/\lambda)_{max}$,因此在实际计算中,基本上不会同时出现 $H/L>1.0$ 和 $L/\lambda>0.2$ 的情况。

对于大尺度海洋石油建筑物上波浪力的理论分析和试验研究,一般采用两种方法来分析。第一种方法是将建筑物作为波动着的流体边界的一部分,先找出建筑物边界所散射的波浪的势函数,和入射波浪的势函数叠加后,利用线性化的柯西积分公式推求出建筑物周界上的压强分布,从而求出所需要的波浪力。然而,这一方法由于数学上的困难,至今只在直立圆柱等少数情况下取得了精确解答。对于任意形状建筑物上的波浪力,只能用计算机求其数值解。第二种方法采用了弗劳德—克雷洛夫假定,即假定波浪原有的压强分布不因结构物的存在而改变。这一方法先算出由未扰动的入射波在结构物边界上的作用力,称为弗劳德—克雷洛夫力,再乘以反映附加质量效应和绕射效应的系数进行修正,此系数称为绕射系数,需要通过模型试验加以确定。

在实践中,这两种方法各有其优缺点。第一种方法虽然可以获得精确的解答,但只适用于少数几种特定的情况,对于复杂形状的建筑物则无法进行有效的计算。第二种方法虽然适用于任意形状的建筑物,但由于需要依靠模型试验来确定绕射系数,因此可能会受到实验条件和模型尺寸等因素的影响,导致结果存在一定的误差。因此,在实际应用中需要根据具体情况选择合适的方法进行分析和研究。

在海洋工程中,涉及的结构物往往具有极大的几何尺度。这些大型结构物的存在会对入射的波浪产生深远的影响,使得波浪发生绕射和辐射等现象。这些复杂的波动现象对于结构物的稳定性和安全性至关重要,因此精确计算这些结构物所受到的波浪荷载是必不可少的。在计算此类大型结构物所受到的波浪荷载时,通常会采用三维势流理论。这是因为三维势流理论能够分别考虑波浪的辐射和绕射效应,从而更加精确地解决规则波作用下自由浮体的运动问题。通过应用三维势流理论,可以更加准确地预测结构物在波浪作用下的响应,从而为海洋工程的设计和安全提供有力的支持。

三维势流理论的计算基于以下假设:①浮体为刚性结构,不在与波浪发生相互作用的过程中发生弹性形变;②浮体在水体中的运动为微幅运动;③流体为不可压缩、无黏无旋的理想流体;④入射波浪为一阶规则波,忽略其非线性部分效应;⑤不考虑空气与水之间的二相耦合作用。

依据理想流体假设,无旋流体在流场中必然有势,流场中的速度分布可以通过求解速度势得到,再利用拉格朗日积分即可获得流场的压力分布,进而基于浮体的湿表面求解得到其在流场中所受的波浪力。

一般假设浮体在海洋工程中进行无航速漂浮运动,故可忽略其定常行波势对浮体受力的影响。由此当浮体在平衡位置附近做简谐受迫运动时,一般采用非定常速度势对流场中的流体进行描述,其非定常速度势 Φ 的定解边界条件为

$$\begin{cases} \nabla^2 \Phi = 0, & \text{在域中} \\ \dfrac{\partial \Phi^2}{\partial t^2} + g \dfrac{\partial \Phi}{\partial z} + 2 \dfrac{\partial U}{\partial t} + \dfrac{1}{2} U \ \nabla U^2 = 0, & z = 0 \\ \dfrac{\partial \Phi}{\partial z} = 0, & z = -d \\ \dfrac{\partial \Phi}{\partial n_0} = \boldsymbol{n}_i U_i, i = 1, 2, \cdots, 6 & \text{物体表面上} \\ \text{辐射条件}, & \text{无穷远处} \end{cases} \quad (4.37)$$

式中:U_i 为浮体湿表面相对运动速度;g 为重力加速度;z 为竖向坐标,取向下为负;d 为水深;n_i 为浮体湿表面单位内法线矢量。

当入射波浪与浮体产生相互作用时,流场中的波浪速度势可以分为三部分,分别是入射波势 Φ_I、辐射波势 Φ_R 和绕射波势 Φ_D。其中辐射波势是由于浮体在水体中运动产生的速度势,绕射波势是流体对浮体作用产生的扰动速度势。于是,单色波入射下的一阶速度势可以表示为

$$\Phi = \Phi_I + \Phi_D + \Phi_R = \text{Re}\{[\phi_I(x,y,z) + \phi_D(x,y,z) + \phi_R(x,y,z)]e^{i\omega t}\} \quad (4.38)$$

根据线性假设,分别对以上各速度势进行求解,然后线性叠加即得到流场中的总速度势。其中,由线性波浪理论利用变量分离法可得其一阶线性入射波势为

$$\phi_I = \text{Re}\left[\dfrac{-igA}{\omega} \dfrac{\cosh[k(z+d)]}{\cosh(kd)} e^{i(kx-\omega t+\varepsilon)}\right] \quad (4.39)$$

辐射波势的定解边界条件为

$$\begin{cases} \nabla^2 \phi_R = 0, & \text{在域中} \\ \left(-\omega^2 + g \dfrac{\partial}{\partial z}\right) \phi_R = 0, & z = 0 \\ \dfrac{\partial \phi_R}{\partial z} = 0, & z = -d \\ \dfrac{\partial \phi_R}{\partial \boldsymbol{n}} = -i\omega(\boldsymbol{\xi}^{(1)} + \boldsymbol{a}^{(1)} \boldsymbol{r}), & \text{物体表面上} \\ \lim_{r \to \infty} \sqrt{\boldsymbol{r}} \left(\dfrac{\partial}{\partial \boldsymbol{r}} + ik\right) \phi_R = 0, & \text{无穷远处} \end{cases} \quad (4.40)$$

式中:r 为物体表面的位置向量;n 为物体表面的单位法向向量,方向朝外。

绕射波势的定解边界条件为

$$\begin{cases} \nabla^2 \phi_D = 0, & \text{在域中} \\ \left(-\omega^2 + g \dfrac{\partial}{\partial z}\right) \phi_D = 0, & z = 0 \\ \dfrac{\partial \phi_D}{\partial z} = 0, & z = -d \\ \dfrac{\partial \phi_D}{\partial \boldsymbol{n}} = -\dfrac{\partial \phi_I}{\partial \boldsymbol{n}}, & \text{物体表面上} \\ \lim_{r \to \infty} \sqrt{\boldsymbol{r}} \left(\dfrac{\partial}{\partial \boldsymbol{r}} + ik\right) \phi_D = 0, & \text{无穷远处} \end{cases} \quad (4.41)$$

通常使用格林函数法求解以上各类速度势的具有边界条件的拉普拉斯方程。求解其辐射波势与绕射波势后，可以得到一阶的水动压强和自由表面高程分别为

$$p = -\rho \frac{\partial \Phi}{\partial t} = \mathrm{Re}\left\{ \mathrm{i}\rho\omega \left(\phi_\mathrm{I} + \phi_\mathrm{D} + \sum_{j=1}^{6} u_j \phi_j \right) \mathrm{e}^{-\mathrm{i}\omega t} \right\} \tag{4.42}$$

$$\eta = -\frac{1}{g} \frac{\partial \Phi}{\partial t} \tag{4.43}$$

浮体在水体中受到的总波浪力即可基于上式在其湿表面进行积分得到

$$F_k = \iint_S p n_n \mathrm{d}S = \mathrm{Re}\left[\left(f_k^\mathrm{I} + f_k^\mathrm{D} + \sum_{j=1}^{6} T_{kj} u_j \right) \mathrm{e}^{-\mathrm{i}\omega t} \right] \tag{4.44}$$

$$f_k^\mathrm{I} = -\mathrm{i}\rho\omega \iint_S \phi_\mathrm{I} n_k \mathrm{d}S \tag{4.45}$$

其中

$$f_k^\mathrm{D} = -\mathrm{i}\rho\omega \iint_S \phi_\mathrm{D} n_k \mathrm{d}S \tag{4.46}$$

$$f_k^\mathrm{R} = -\mathrm{i}\rho\omega \iint_S \phi_\mathrm{R} n_k \mathrm{d}S \tag{4.47}$$

式中：S 为浮体湿表面面积；k 为浮体运动的 6 个不同自由度。

由上可见，浮体在水中受到的波浪作用力根据势源的不同分为三部分，其中 f_k^I 为由入射速度势引起的作用力，一般称为弗劳德—克雷洛夫力；f_k^D 为由辐射速度势引起的作用力，一般称为辐射力；f_k^R 为由绕射势引起的作用力，一般称为绕射力，以上各力的综合即为海洋浮体在水体中所受的波浪激励力。

4.3 海上浮体运动响应预测的频域转换

漂浮式结构的运动可分为波频运动、高频运动、慢漂移和平均漂移[7]。波频运动指有义波能频率范围内的线性激励运动[8]。高频运动主要针对张力腿式平台，它的恢复力是由筋腱张力和平台的质量力产生的，固有周期通常为 2~4s，低于绝大多数波浪周期[9]。运动是由非线性波浪激励的，经常涉及瞬态振荡（Ringing）和稳态振荡（Springing）。同样，波浪、流和风的非线性影响也产生慢漂移和平均漂移[10]。慢漂移是一种由谐振引起的简谐振荡运动。被系泊的结构物慢漂移有 3 个自由度，即纵荡、横荡和艏摇。恢复力产生于系泊系统的特性和结构的质量力。常规系泊系统谐振周期为 60~120s。半潜式平台设计须避免谐振升沉运动[11]。

4.3.1 浮体一阶波频运动

海上浮体 6 个自由度的运动如图 4.9 所示。通常在海洋工程设计中，将重心作为纵摇、横摇和艏摇的回转中心。

船体，作为一个重要的刚体，在复杂多变的风浪环境中会产生 6 个自由度的运动，

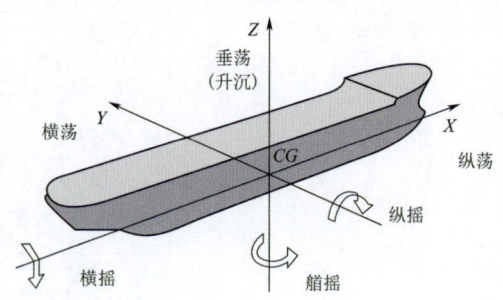

图 4.9　浮体的 6 个自由度的运动示意图

包括位移、速度和加速度。这些运动的预报是基于线性叠加原理进行的,即认为系统(船体)、输入(波浪)和输出(运动响应)都是呈现线性关系的。在许多船舶动力学的研究和实际应用中,这种线性模型的应用都得到了广泛的认可。在求解流体动力响应时,研究人员通常会将船体的水下部分模拟成一个三维的流体动力模型。在这个模型中,绕射理论和频域法被用来进行分析。当船体的结构尺度远大于波长时,结构的存在会使得附近较大范围内的入射波的形态发生明显改变。在这种情况下,水质点基本上会以附着状态绕着结构表面流动。这种流动情况可以用势流理论来准确描述。如果已知入射波势,那么有多种数学方法(例如流体有限元法)可以用来描述结构附近生成的势函数。

边界元法是现在最常用的数值方法之一,对于许多工程问题,特别是第一阶和第二阶问题,都可以使用边界元法进行数值分析。许多通用的计算软件也是基于这种方法开发的。目前,最常用的是低阶边界元法,即板格单元为平面(高阶边界元法中,板格单元为曲面)。每个板格单元则用角隅节点的局部坐标来定义。高阶边界元法的优点是沿着结构表面,用少量的曲面板格就能逼真地模拟出结构外形,精度很高。但是,这种方法的缺点是需要更完善的预处理器和高技能的人员来完成这项工作。

应用这些软件的核心技术是用板格单元来描述结构的几何形状,浮体三维边界元模型如图 4.10 所示。

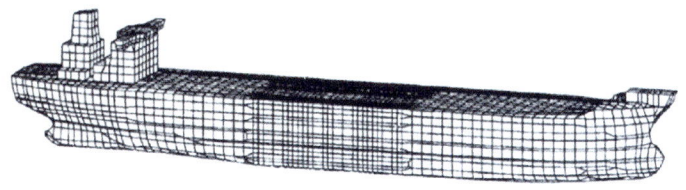

图 4.10 浮体三维边界元模型

为了使形状复杂的海洋结构模拟具有足够的精度,必须有足够数量的低阶边界元法板格单元。对于半潜式油气钻采和生产平台、漂浮式生产和储油系统,以及张力腿式平台等大型海洋工程结构,通常需要 2000～3000 个水下板格单元才能满足工程精度要求。根据工程需要,有时也用二维切片理论或时域法进行分析。通常,切片理论用于细长体($L/B \geqslant 3$)的动力分析。频域法用于线性问题求解,而时域法则用来对非线性影响不可忽略的问题进行求解。

4.3.2 波浪漂移力

对于较陡的波浪,绕射理论在生成一阶波浪力的同时,还生成二阶波浪力。大小和方向不随时间变化的部分,称为定常波浪漂移力。在波浪漂移力的表达式中,包含所有的二阶项,即定常项和变化项。势流能生成定常二阶项,黏性流(与结构表面分离)也能生成定常二阶项。

线性绕射理论依据伯努利方程中的线性压力项公式,计算处于平衡状态的结构静水线以下部分所受到的波浪力。结构运动、波浪自由表面和伯努利方程中的非线性压力项将在结构上产生非线性力。这些项为二阶量,产生二阶定常力和振荡力分量,分量的大小与波幅的平方成正比。定常漂移力是一个周期内的平均值。上述二阶包含以下 4 种情况（图 4.11）。

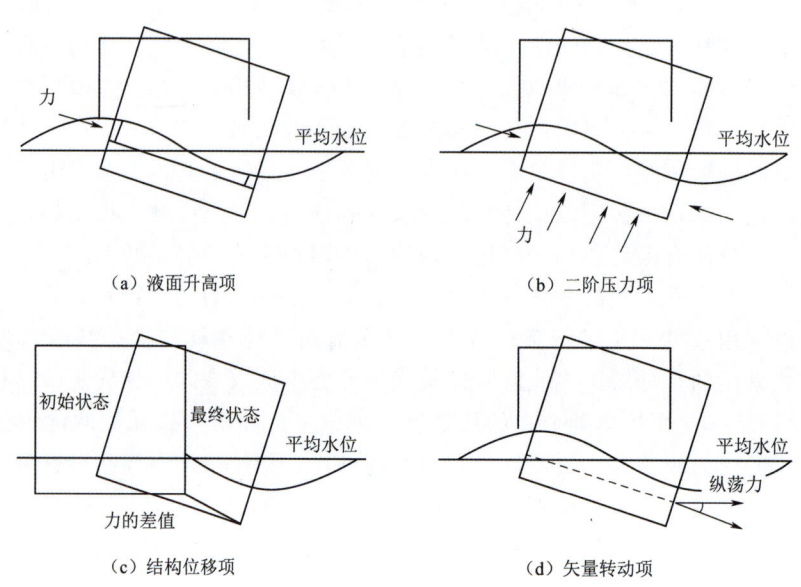

图 4.11 定常漂移力的定义

（1）液面升高项。处于波浪中的结构，自由液面相对结构不断变化，结构的水下部分相对水线也不断地变化。结构的角运动具有类似的效果。这两项将在结构上产生一个高阶力。

（2）二阶压力项。在伯努利方程中，一阶力仅考虑线性压力项。如果在伯努利方程中引入速度平方项，它将在结构上产生高阶力。

（3）结构位移项。结构上的一阶力都是在其平衡位置计算得出的，然而，结构在波浪中的运动会使其偏离平衡位置。如果考虑结构的位置偏离，结构表面上的压力分布就会发生变化。因此，偏离和一阶压力分布将产生二阶力。

（4）矢量转动项。作用在结构上的一阶力都是在结构处于平衡状态下沿着轴线计算得出的。然而，结构的角运动改变了 x, y, z 力的方向，当从转动方向把这个力分解出来时，就产生了二阶力。

由上述讨论可见，浮体的运动引发了二阶和更高阶的水动力贡献项。随着阶数增大，贡献项的幅度减小。因此，定常漂移力仅考虑二阶。由于结构有 6 个自由度，因此有 6 个定常漂移力/力矩。二阶定常漂移力是由上述 4 项不随时间变化的分量部分组成的。根据二阶的定义，定常漂移力的幅值是很小的，一般为一阶力的 5% 左右。既然如此，为什么二阶定常漂移力在海工设计中特别重要呢？

通常，对于常规海上漂浮式装置，二阶力并不重要。但是，处于系泊状态的漂浮式装置则不然，如果某个自由度的刚度比较小，即使很小的定常力也能导致很大的位移，因为这类系泊系统的初始刚度是很低的。例如，悬链系泊的漂浮式生产系统或半潜式平台的纵荡和升沉，张力腿平台的纵荡等。在定常力作用下，装置会产生较大位移，使得立管具有较大的初始角，可能成为实际操作的限制条件。随机波中的定常漂移力可以用规则波的定常漂移力来确定。传递函数是由规则波对应随机波的不同频率对定常力进行归一化处理，即定常力 F_D 除以波幅的平方求得的

$$\overline{F_D(\omega)} = \frac{F_D(\omega)}{a^2(\omega)} \tag{4.48}$$

于是，随机波的定常漂移力变为

$$F_2 = 2\int_0^\infty \overline{F_D(\omega)} S(\omega) d\omega \tag{4.49}$$

定常漂移力的液面升高、一阶压力、结构位移和力矢量转动 4 种贡献中也存在二阶振荡贡献。二阶速度势将生成振荡分量。振荡分量的频率是波浪频率的 2 倍。这可以用简单的、表达波浪引起的动压力公式予以说明。伯努利方程给出的压力包含速度平方项，形式为 $1/2\rho(u^2+v^2)$。对于线性波浪，水平速度分量是根据速度的幅值确定的，即

$$u = u_0 \cos(\omega t) \tag{4.50}$$

于是有

$$u^2 = u_0^2 \cos^2(\omega t) = \frac{1}{2} u_0^2 [1 + \cos(2\omega t)] \tag{4.51}$$

显然，式（4.51）第一项为二阶定常力，第二项为二阶振荡力，其频率为波浪频率的 2 倍。通常，海洋工程结构设计不考虑这些力的影响。但是，当波浪很陡或结构的固有频率很高，例如张力腿式基础的升沉运动，则必须考虑它们的影响。此外，当波浪有多个频率时（随机波），频率的组合将产生附加的二阶振荡项，它们也通过伯努利方程的速度平方项来表示。这些高阶分量可以通过简单的推导获得。例如，具有两个频率 ω_1 和 ω_2 的波群，水平波浪质点速度分量可以表示为

$$u = u_1 \cos(\omega_1 t) + u_2 \cos(\omega_2 t) \tag{4.52}$$

于是，如同式（4.51）那样考虑二阶分量为

$$p_2 = \frac{1}{2}\rho\{u_1\cos(\omega_1 t) + u_2\cos(\omega_2 t)^2 + [v_1\sin(\omega_1 t) + v_2\sin(\omega_2 t)]^2\} \tag{4.53}$$

通过拓展三角函数来考虑高阶谐波，二阶分量变为

$$p_2 = \frac{1}{2}\rho\left\{\frac{1}{2}(u_1^2 + u_2^2 + v_1^2 + v_2^2) + (u_1^2 - v_1^2)\cos(2\omega_1 t) \right.$$
$$+ (u_1^2 - v_1^2)\cos(2\omega_1 t) + (u_1 u_2 - v_1 v_2)\cos[(\omega_1 + \omega_2)t]$$
$$\left. + (u_1 u_2 + v_1 v_2)\cos[(\omega_1 - \omega_2)t]\right\} \tag{4.54}$$

因此，当有多个波浪分量存在时，结构将承受构成随机波的各个分量分别产生的定常力和双频力，以及随机波中每对频率的和频力和差频力。这仅是低频（$\omega_1-\omega_2$）力与高频（$\omega_1+\omega_2$）力的来源之一。另外，两个不同频率的二阶速度势将产生低频慢漂移分量和高频分量。当系统固有频率接近和频或差频之一时，这些贡献的影响就变得十分重要。对于振荡势漂移力（差频与和频），利用线性绕射理论软件进行近似计算。这种计算可能是不准确的，因此需要利用二阶双色绕射理论。双色是指势漂移力是针对"一对频率"计算的，这对频率是从随机波的频率分布中选择出来的。

很明显，对于随机波浪而言，如果计算把所有成对频率的组合都考虑进去，这个表格

数据将是非常庞大的。应当强调指出,只有当低频力、高频力与结构的固有频率相近时,它们才具有重要性。因此,选择成对频率的数量要充分,以保证所选择的差频或和频与某个结构的固有频率相近。通常情况下,成对频率的阶数最高为 5 或 6。在进行计算时,应生成一个 5×5 的矩阵,并限制二次传递函数计算的数量。一旦得到了这个矩阵,就可以生成二阶力的时间历程。

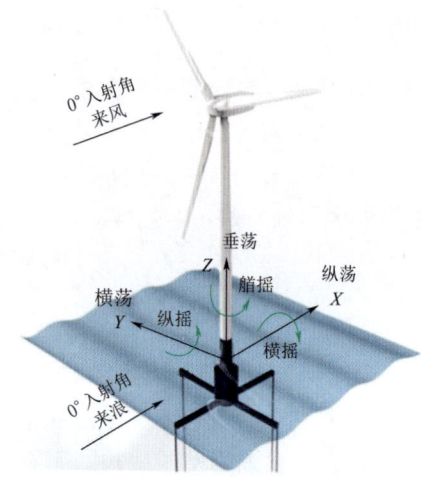

图 4.12 漂浮式风电机组的六自由度运动空间参考坐标系

漂浮式风电机组在相应海域作业时,会受到风浪等环境荷载的作用,从而产生相应的运动响应。根据海洋工程的相应分析方法,整个系统在海洋环境中的运动响应主要发生在 6 个运动自由度上。因此,为了更好地描述整体系统在环境荷载作用下发生的运动,需要建立一个相应的空间参考坐标系,如图 4.12 所示。这个坐标系可以更好地描述整体系统在环境荷载作用下的运动情况,从而更好地理解和分析漂浮式风电机组的运动响应。

在海洋工程的设计过程中通常使用频域分析来考察漂浮式结构在水体中的运动响应。基于规则波假设,可以对漂浮式结构在不同频率的规则波下的运动响应分别进行计算,从而得到漂浮式结构在不同频率规则波作用下的水动力表现。

4.3.3 频域运动方程及幅值响应算子

为建立物体在波浪作用下的频域运动方程,首先对其做出如下假设条件:
(1) 漂浮式结构为刚性,不会在运动过程中发生弹性变形。
(2) 入射波浪为规则波,忽略其非线性效应。
(3) 漂浮式结构在波浪作用下的运动为微幅的简谐运动。
通过以上线性化假设,建立漂浮式结构在规则波作用下的频域运动方程为

$$[M+A(\omega)]\ddot{\xi}+[C(\omega)+C_E]\dot{\xi}+(K_h+K_{moor}+K_E)\xi=F_{wave}(\omega) \quad (4.55)$$

式中:M 为漂浮式结构的 6×6 质量矩阵;$A(\omega)$ 为漂浮式结构在对应频率 ω 的规则波作用下的 6×6 附加质量矩阵;$C(\omega)$ 为漂浮式结构在对应频率 ω 的规则波作用下的线性波浪阻尼矩阵;C_E 为漂浮式结构的 6×6 附加阻尼矩阵;K_h,K_{moor},K_E 分别为漂浮式结构的 6×6 静水恢复刚度矩阵、锚泊刚度矩阵和系统附加刚度矩阵;$F_{wave}(\omega)$ 为漂浮式结构在频率为 ω 的单位规则波作用下受到的波浪激励力向量。

式 (4.55) 运动方程有如下形式的解

$$\xi=H(\omega)F_{wave}(\omega) \quad (4.56)$$

其中

$$H(\omega)=\{-\omega^2[M+A(\omega)]-i\omega[C(\omega)+C_E]+(K_h+K_{moor}+K_E)\}^{-1} \quad (4.57)$$

$H(\omega)$ 被称为传递函数,将 $H(\omega)$ 与规则波浪力的线性传递函数 $L(\omega)$ 相乘后即可得

到漂浮式结构的幅值响应算子

$$RAO(\omega) = H(\omega)L(\omega) \tag{4.58}$$

RAO 的物理意义为在单位波高的特定频率规则波作用下漂浮式结构的一阶运动响应幅值,由于其能够良好地反映漂浮式结构在规则波作用下运动响应随波浪频率的变化,故被广泛运用在漂浮式海上平台的结构设计中。

4.3.4 响应谱分析

基于计算得到的 RAO ,根据给定的输入波浪谱 $S_w(\omega)$,可求得漂浮式结构在给定波浪条件下的响应谱 $S_R(\omega)$ 为

$$S_R(\omega) = S_w(\omega) RAO(\omega)^2 \tag{4.59}$$

在给定不规则波作用下,漂浮式结构的最大响应可以依据以下公式进行计算

$$R = \max(\sqrt{m_0} \sqrt{2\ln N}) \tag{4.60}$$

其中

$$m_n = \int_0^\infty \omega^n S_R(\omega) \, d\omega \tag{4.61}$$

$$N = \frac{D}{T_a} \tag{4.62}$$

$$T_a = 2\pi \sqrt{\frac{m_0}{m_2}} \tag{4.63}$$

式中:m_0 为响应谱 $S_R(\omega)$ 的零阶矩;N 为风况条件持续时间内的循环次数;D 为持续时间,一般取 10800s;T_a 为响应的平均跨零周期。

参 考 文 献

[1] 黄祥鹿,陈小红,范菊. 锚泊浮式结构波浪上运动的频域算法[J]. 上海交通大学学报,2001, 35(10):1470-1476.

[2] 徐亚洲,李杰. 近海风力发电高塔波浪随机动力响应分析[J]. 振动工程学报,2011,24(3): 315-322.

[3] 侯一筠. 非线性海浪波面与波高的统计分布[J]. 海洋与湖沼,1990,21(5):425-432.

[4] 侯一筠,宋贵霆,宋金宝,等. 非线性随机海浪的波高分布[J]. 中国科学:D辑,2006,36 (5):481-485.

[5] GODA Y. A comparative review on the functional forms of directional wave spectrum[J]. Coastal Engineering Journal,1999,41(1):1-20.

[6] VINCENT C L. Depth-controlled wave height[J]. Journal of Waterway, Port, Coastal, and Ocean Engineering,1985,111(3):459-475.

[7] ZHANG R,TANG Y,HU J,et al. Dynamic response in frequency and time domains of a floating foundation for offshore wind turbines[J]. Ocean Engineering,2013,60:115-123.

[8] PINKSTER J A. Mean and low frequency wave drifting forces on floating structures[J]. Ocean Engineering,1979,6(6):593-615.

[9] NATVIG B J,VOGEL H. Sum-frequency excitations in TLP design[C]. proceedings of the

ISOPE International Ocean and Polar Engineering Conference,ISOPE,1991.
[10] BROMMUNDT M,KRAUSE L,MERZ K,et al. Mooring system optimization for floating wind turbines using frequency domain analysis [J]. Energy Procedia,2012,24:289-296.
[11] EMAMI A,GHARABAGHI A R M. Application of poroelastic layers in a semi-submersible platform: Devising an efficient heave motion response reduction method [J]. Ocean engineering, 2020,201:107148.

第5章
海上浮体运动响应的时域计算方法

海上浮体的计算通常按照所使用的工具分为频域计算和时域计算两种方式[1],考虑到海洋工程中最为重要的波浪荷载的随机性和统计特征以及时域计算的计算资源消耗量,一般海洋工程中的浮体运动响应计算通常使用频域计算工具完成,获取的是浮体运动的频域响应特征。然而,在进行漂浮式风电机组基础的运动响应研究中,时域分析是必要的[2]。一是因为漂浮式风电机组的运动相比于其他体型较大的海洋浮体具有更强烈的非线性,一般使用频率分析的方式容易造成二阶效应分析不准确;二是因为漂浮式风电机组与一般海洋浮体不同,受到风荷载影响下的叶轮转动作用,会产生与浮体运动频率不同的激励的影响,而一般在海洋浮体的频域分析中,浮体所受风荷载都处理为拟静力荷载,会造成分析的失真。为此,研究海洋漂浮式风电机组的运动响应方法中,时域的分析方法是必不可少的。

5.1 海洋动力荷载的时间序列

在进行海洋工程结构的运动或者动力响应的时域方法计算时,首先需要确定海洋动力荷载的时域表达。这个过程至关重要,因为准确的荷载时域表达能够真实地反映出海洋工程结构在自然环境中的受力情况。通常情况下,作用在海洋工程结构物上的外荷载的时域表达是荷载关键变量的时间序列。这些关键变量可能包括波浪的高度、波峰到波谷的周期、波浪的方向等[3]。根据对海洋动力环境荷载的分析可知,能够用时间序列的方法对外荷载关键参数进行时域表达的主要荷载是波浪荷载和风荷载。波浪荷载是指由海浪引起的对海洋工程结构物的压力,这种压力随着海浪的大小、周期和方向的变化而变化。风荷载是指由大气的流动引起的对海洋工程结构物的压力,这种压力随着风速、风向和结构物表面的形状变化而变化。

为了准确地模拟海洋工程结构在自然环境中的运动和动力响应,需要对这些外荷载进行精确的时域表达。这需要使用专业的海洋工程软件和数学模型来模拟海浪和风的动力学过程,并生成相应的荷载时间序列[4]。这些时间序列可以作为输入参数,用于计算海洋工程结构的运动和动力响应。因此，准确的海洋动力荷载的时域表达是进行海洋工程结构设计和安全评估的关键之一。

5.1.1 波浪的确定性时域描述

波浪的产生原因有很多，主要可分为由风引起的波浪、由月球引力产生的潮汐波浪、由地震产生的海啸波浪以及由海洋结构物运动所产生的行波等[5]。但在海洋中分布最为广泛、出现频率最高、对海洋结构物影响最大的波浪是由风引起的波浪，又称为重力波。波浪荷载是一个随时间发生变化的随机过程，因此它的计算方法比前面介绍的几种荷载的计算方法复杂很多。在介绍波浪荷载的计算方法之前，首先要学会对波浪进行描述。统计波浪时间特性的方法可分为两大类：第一大类为短时标，一般用 min 或 s 作为单位来进行计量，这类方法适用于描述波浪的详细特征，又称为确定性描述方法；第二大类为长时标，一般用 h 或 d 作为单位来进行计量，这类方法适用于描述波浪的统计特性，又称为统计性描述方法。确定性描述方法又可分为解析方法和数值方法，解析方法中又可分为使用线性理论和非线性理论两种分析方法；统计性描述方法一般是指概率中的波谱分析方法。本节着重介绍波浪的确定性描述方法。

假设海底上存在一个沿 x 方向传播的简谐波浪，如图 5.1 所示，波幅为 A，波长为 λ，并假设 $t=0$ 时刻波面方程为

$$\eta(t=0) = A\cos(kx) \tag{5.1}$$

其中

$$k = 2\pi/\lambda$$

式中：k 为波数，可以通过波浪频率进行计算。

假设波浪沿 x 轴正向传播，且传播速度为 c，那么在任意时刻 t、任意位置 x 处的波面方程可表示为

$$\eta(x,t) = A\cos[k(x-ct)] \tag{5.2}$$

令 $x=0$，可以得到 $x=0$ 这个特定点随时间的变化关系，如图 5.2 所示。

$$\eta(x=0) = A\cos(-kct) = A\cos(kct) \tag{5.3}$$

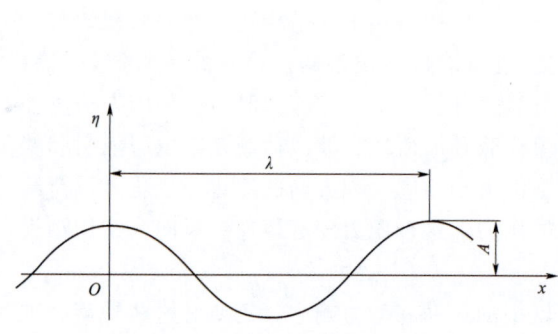

图 5.1 海浪的简谐波波形

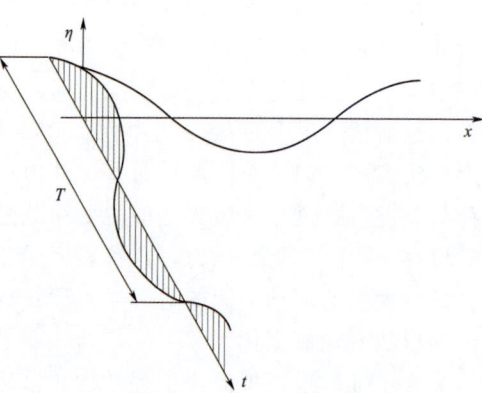

图 5.2 简谐波浪某一点的时间变化序列

应用波数与波长之间的关系可以得到

$$kct = \frac{2\pi}{\lambda}ct = \frac{2\pi}{\lambda/c}t = \frac{2\pi}{T}t \tag{5.4}$$

式中：T 为波浪周期。

定义波浪圆频率为 ω（单位为 rad/s），可得

$$kc = \frac{2\pi}{T} = \omega \tag{5.5}$$

将式（5.4）代入式（5.2）并结合式（5.5），可得

$$\eta(x,t) = A\cos(kx - \omega t) \tag{5.6}$$

式（5.6）表示的是三维的时间—空间波面方程（图5.3）。

海浪中波的传播如图 5.4 所示，假设海底平坦、光滑，静水深度为 d 的海域存在一向前传播的波浪，该波浪可由波高 H（即 2 倍波幅）、波长 λ、周期 T 确定。这里仅考虑平面波，与 y 方向没有关系。

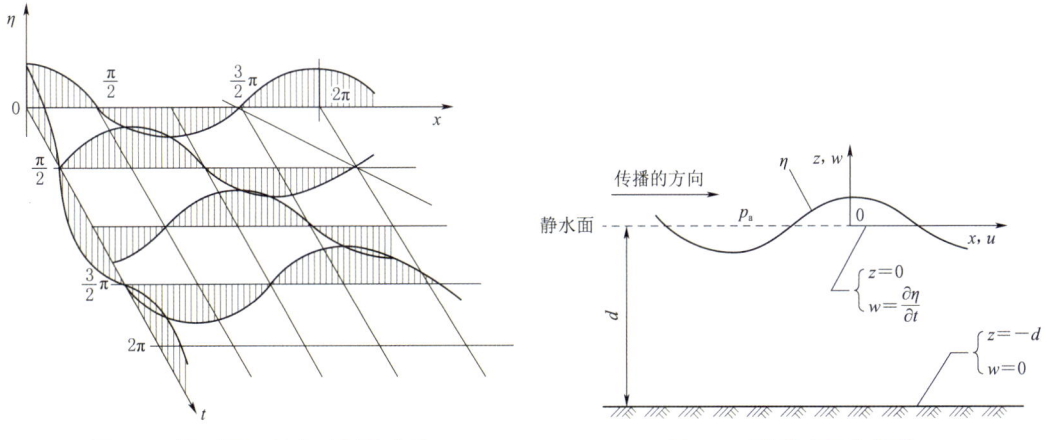

图 5.3　波面随空间和时间的变化　　　　图 5.4　海浪中波的传播

图 5.4 中给出了波浪引发的水质点流速，u 和 w 分别为波浪水质点在 x 和 z 方向的运动速度。假设理想流体的速度势为 $\phi(x,z,t)$，根据不可压缩流体的连续性条件，速度势 ϕ 满足拉普拉斯方程，有

$$\nabla^2 \phi = \frac{\partial u}{\partial x} + \frac{\partial w}{\partial z} = \frac{\partial^2 \phi}{\partial x^2} + \frac{\partial^2 \phi}{\partial y^2} = 0 \tag{5.7}$$

波浪传播在满足拉普拉斯方程的同时也应满足以下边界条件：

（1）海底边界条件。海底上的流体质点不能越过固体边界，只能沿着边界的切线方向运动，即在 $z=-d$ 处垂直于海底边界的法向速度为零，即

$$w\Big|_{z=-d} = \frac{\partial \phi}{\partial z}\Big|_{z=-d} = 0 \tag{5.8}$$

（2）自由表面边界条件。海自由表面边界条件可分为自由表面运动学边界条件和自由表面动力学边界条件，定义自由面的方程为

$$z = \eta(x,t) \tag{5.9}$$

式中：η 为波面升高函数。

在波面升高函数基础上，再定义函数

$$F(x,z,t) = z - \eta(x,t) = 0 \tag{5.10}$$

自由表面运动学边界条件就是自由表面的流体质点必须在自由表面上，因此水质点的运动需要满足式（5.10）且 $\mathrm{d}F/\mathrm{d}t = 0$。结合随体导数关系可得到

$$\frac{\partial \eta}{\partial t} + \frac{\partial \phi}{\partial x} \cdot \frac{\partial \eta}{\partial x} = \frac{\partial \phi}{\partial z} \tag{5.11}$$

若不计表面张力，则自由表面上的压强恒定等于大气压强，波表面的大气压力应为常数。将伯努利方程应用到自由表面处，得到自由表面的动力边界条件为

$$\frac{\partial \phi}{\partial t} + \frac{1}{2}(\nabla \phi \cdot \nabla \phi) + g\eta = \frac{\partial \phi}{\partial t} + \frac{1}{2}\left[\left(\frac{\partial \phi}{\partial x}\right)^2 + \left(\frac{\partial \phi}{\partial z}\right)^2\right] + g\eta = 0 \tag{5.12}$$

（3）远方辐射边界条件。远方辐射边界条件是无穷远处波浪只能外传，可表示为

$$\frac{\partial \varphi}{\partial x} = -\mathrm{i}k\phi(x \to \infty) \tag{5.13}$$

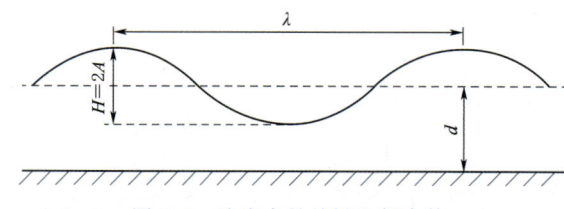

图 5.5 波浪中的关键几何参数

鉴于上述边界条件的复杂性，需要作进一步的假设来简化这些关系式。根据不同的假设便形成了适用于不同情况的确定性波浪理论。波浪理论的分类与 3 个几何参数的相对大小有关，即波高（$H = 2A$）、波长（$\lambda = 2\pi/k$）、水深（d）（图 5.5）。

浅水理论与深水（或中等水深）理论的划分与厄塞尔数（Ursell）的取值有关，即

$$U_r = \frac{H\lambda^2}{8\pi^2 d^3} \tag{5.14}$$

当 $U_r < 1$ 时，意味着色散效应较非线性效应占优势。用小参数 $\varepsilon = H/\lambda$（波高与波长的比值）对势函数 ϕ 进行摄动展开，这种方法就是斯托克斯方法，它可以得到斯托克斯规则波模型，它的 N 阶模型就是指其展开式在这一阶被截断，后面项被忽略。当 $U_r > 1$ 时，需要使用小参数 $\varepsilon = d/\lambda$（水深与波长的比值）对速度势进行摄动展开，从而得到椭圆余弦波模型和孤立波模型。

5.1.2 线性波浪理论

线性平面波浪称为 Airy 线性波浪（或称为小振幅波、一阶波），是由 Airy 和 Laplace 提出的[6]，这种波浪在波浪的确定性描述方法和统计描述方法中均占有重要地位。线性波浪理论存在以下假设：

（1）与波长 λ 和水深 d 相比，波高 H 为小量。

（2）海底平坦且水深均匀，即水深 d 为常量。

（3）海水无黏、无旋且不可压缩。

（4）海水的表面张力可以忽略。

（5）大气压力均匀分布。

由假设（1）可以看出，波幅（规则波中可以认为是 2 倍波高）为小量，可忽略自由表面的非线性因素，即略去乘积项和平方项，同时假设波高 H 足够小。那么对波面运动控制方程进行摄动展开，便可得到线性化以后的自由表面运动学边界条件为

$$\frac{\partial \phi}{\partial z} - \frac{\partial \eta}{\partial t} = 0 \, (z=0) \tag{5.15}$$

同理，对自由表面的动力方程进行摄动展开，便可得到线性化以后的自由表面的动力学边界条件为

$$\frac{\partial \phi}{\partial t} + g\eta = 0 \, (z=0) \tag{5.16}$$

由式（5.15）和式（5.16）联立，并对式（5.16）取对时间的导数，从而消去中间变量 η，可得

$$\frac{\partial^2 \phi}{\partial t^2} + g \frac{\partial \phi}{\partial z} = 0 \, (z=0) \tag{5.17}$$

对式（5.17）使用分离变量法，并结合色散关系式 $\omega^2 = gk\tanh(kd)$，得出有限水深的线性波速度势为

$$\phi = \frac{gH}{2\omega} \cdot \frac{\cosh[k(z+d)]}{\cosh(kd)} \sin(kx - \omega t) \tag{5.18}$$

在速度势的基础上，基于速度的定义，可以得到水质点的速度为

$$u = \frac{\partial \phi}{\partial x} = \frac{\pi H}{T} \frac{\cosh[k(z+d)]}{\sinh(kd)} \cos(kx - \omega t)$$

$$w = \frac{\partial \phi}{\partial z} = \frac{\pi H}{T} \frac{\sinh[k(z+d)]}{\sinh(kd)} \sin(kx - \omega t) \tag{5.19}$$

进而可以求出水质点的加速度为

$$\frac{\mathrm{d}u}{\mathrm{d}t} = \frac{2\pi H^2}{T^2} \frac{\cosh[k(z+d)]}{\sinh(kd)} \sin(kx - \omega t)$$

$$\frac{\mathrm{d}w}{\mathrm{d}t} = -\frac{2\pi H^2}{T^2} \frac{\sinh[k(z+d)]}{\sinh(kd)} \cos(kx - \omega t) \tag{5.20}$$

在求得速度 u 和 w 后，可依据欧拉运动方程求解得到动压力 p，由于波浪为线性小幅波，对于 Airy 线性波，欧拉运动方程可简化为

$$\frac{\partial u}{\partial t} = -\frac{1}{\rho} \frac{\partial p}{\partial x}$$

$$\frac{\partial w}{\partial t} = -\frac{1}{\rho} \frac{\partial p}{\partial z} - g \tag{5.21}$$

5.1.3 非线性波浪理论

线性波浪理论是波浪基本方程的一阶近似解，就是将自由面的运动学边界条件和动力学边界条件进行线性化，此时波高和波长的比值（H/λ）、波高和水深的比值（H/d）均

假设为无限小。因此线性波浪理论只能用于描述海洋中一些波高较小的波浪运动。当波高和水深足够大时，必须考虑非线性（即高阶项）带来的影响，为此引入非线性波浪理论[7]。非线性波浪理论可以分为斯托克斯波理论、椭圆余弦波理论和孤立波理论等。

1. 斯托克斯波理论

根据波面升高函数[式（5.9）]的泰勒展开式中所保留的截断阶数可分为斯托克斯一阶波、二阶波、三阶波以及四阶波等[8]。斯托克斯一阶波就是前面所分析的 Airy 线性波。将速度势和波面升高的泰勒展开式代入自由面边界条件方程。速度势和波面方程中的每一个泰勒展开项均是拉普拉斯方程的独立解，且满足海底条件。使各阶小参数 $\varepsilon_i (i=1, 2, 3, \cdots)$ 每项的系数为 0，便可求得各阶速度势。图 5.6 是根据 Airy 线性波和斯托克斯二阶波（$kA=0.1\pi$，$kd=1.5$）得到的规则波自由面形状（横坐标以距离和波长 L 进行无量纲化，纵坐标以波面升高函数和波高进行无量纲化）。

2. 椭圆余弦波理论

椭圆余弦波是指水深较浅条件下的有限振幅、长周期波[9]。椭圆余弦波的波面高度可由雅可比椭圆余弦函数来表示，椭圆余弦波波形如图 5.7 所示。椭圆余弦波具有如下特点：①水表面呈周期性起伏；②波陡 H/λ 和相对波高 H/d 是决定波动特性的主要参数；③波面在波峰附近变得很陡，而两波峰之间却相隔一段很长、较平坦的水面；④椭圆余弦波的波长区域无限时，它就接近于孤立波（后文会加以介绍），当波高与水深之比无限小时，它又接近于小振幅线性波（即 Airy 线性波），这意味着孤立波和 Airy 线性波均是椭圆余弦波的极限形式。

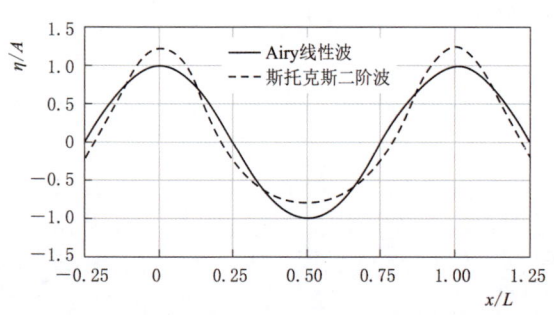

图 5.6 Airy 线性波和斯托克斯二阶波的对比

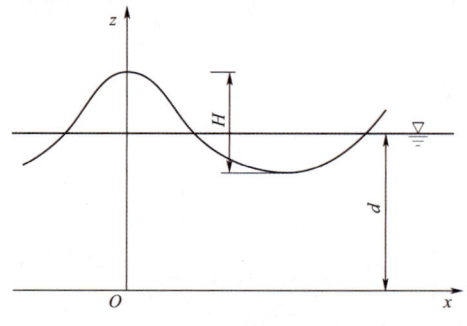

图 5.7 椭圆余弦波波形图

椭圆余弦波的波场速可表示为

$$c = \sqrt{gd}\left\{1 + \frac{H}{d}\frac{1}{k^2}\left[\frac{1}{2} - \frac{E(k)}{K(k)}\right]\right\} \tag{5.22}$$

椭圆余弦波的波剖面形状可表示为

$$\frac{\eta}{H} = \frac{16d^2}{3\lambda^2 H}\{K(k)[K(k) - E(k)]\} - 1 + cn^2\left[2K(k)\left(\frac{x}{\lambda} - \frac{t}{T}\right), k\right] \tag{5.23}$$

其中

$$K(k) = \int_0^{2\pi} \frac{d\theta}{\sqrt{1-k^2\sin^2\theta}}$$
$$E(k) = \int_0^{2\pi} \sqrt{1-k^2\sin^2\theta}\, d\theta \qquad (5.24)$$

式（5.23）中的 $cn^2\left[2K(k)\left(\dfrac{x}{\lambda}-\dfrac{t}{T}\right),k\right]$ 称为雅可比椭圆余弦函数。

式中：k 为椭圆积分的模数；$K(k)$ 为 k 的第一类完全椭圆积分；$E(k)$ 为 k 的第二类完全椭圆积分。

3. 孤立波理论

由前文可知，孤立波是椭圆余弦波的特殊形式[10]，此时 $k=1$，那么孤立波的波速和波剖面方程可表示为

$$c = \sqrt{gd}\left(1+\frac{H}{2d}\right)$$
$$\eta = H\,\mathrm{sech}^2\left[\sqrt{\frac{3H}{4d}}(x-ct)\right] \qquad (5.25)$$

孤立波波形如图 5.8 所示。孤立波具有如下特点：①只有一个波峰，是非周期性的波动；②相对波高 H/λ 增加到一定数值时孤立波波峰附近的波面将出现破碎现象；③孤立波在传播过程中保持固定的波形，理论上波长为无限大。

图 5.9 依次给出了线性波、斯托克斯波、椭圆余弦波和孤立波的波形对比图。

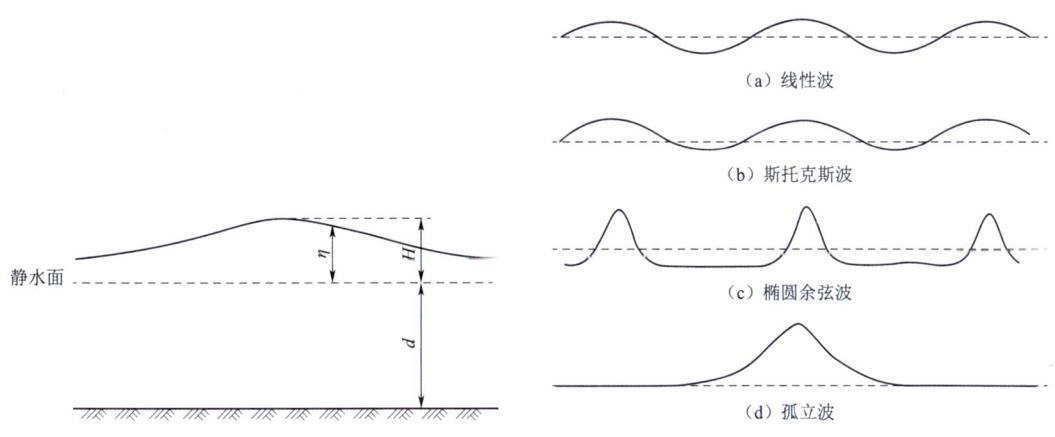

图 5.8　孤立波波形图　　　　图 5.9　各类主流波浪理论波形对比图

5.2　计算流体动力学模拟

波浪的时序描述奠定了海洋浮体运动响应时域模拟的基础。事实上，基于海浪的时间序列描述，以及海洋中水流场和空气流场的控制方程，就得到了作用于海洋浮体的流体描述，进而通过数值模拟能够得到浮体运动响应的时间历程进行进一步分析。在海洋工程

中，一般使用计算流体动力学模拟的方式获取流场和处于流场中的浮体的运动状态，通过提取浮体的运动状态计算浮体速度和加速度，得到海洋浮体在不同自由度上的运动响应[11]。因此，海洋工程中的时域模拟一般指浮体的计算流体动力学模拟或者基于流体动力学模拟结果的简化模型模拟。

计算流体动力学模拟是一种基于流体控制方程和N-S方程的数值方法，通过计算偏微分方程来获取流场信息[12]。这种方法涉及将流体中的运动速度和动力压强作为未知数，并需要对流场的描述方法进行定义。在计算流体动力学中，描述流体运动的方法主要有拉格朗日法和欧拉法两种。相应地，数值模拟将流体分析对象分为系统和控制体两种。流体力学中的系统是指由确定的流体质点所组成的流体团。系统内为研究的对象，系统外统称为外界。系统与外界之间存在真实或假想的界面。然而，对于实际的流体力学问题，系统边界的变化不易捕捉和跟踪，很难基于拉格朗日观点研究流体的流动。而且，人们实际感兴趣的往往是流体通过某一固定坐标位置的情况，如通过阀门时的压降、通过管道出口的射流、通过泵或水轮机出口的压强等。因此，在处理流体力学问题时，常采用欧拉的观点。

欧拉观点是针对固定空间位置来研究流体力学问题的。其研究的对象为控制体，即相对于某个坐标系来说，控制体是在空间中固定的，但是可以任由流体流过的一个三维区域。控制体边界是固定不变的。控制体边界上有流体流入和流出，既存在质量的交换，又存在能量的交换。在欧拉观点下，流体的运动被视为连续的介质运动，适用于研究大范围流动和内部流动。通过欧拉观点，可以更好地理解和预测流体通过特定坐标位置时的行为和性能。

5.2.1 随体导数

流体力学研究是建立在连续介质模型上的，采用欧拉观点研究连续的流体质点运动是一个关于三维空间和时间的四维问题，即 $f(x, y, z, t)$。欧拉观点下的随体导数如图 5.10 所示，流体微团从 1 处运动到 2 处。

以标量函数密度 $\rho(x, y, z, t)$ 为例，在 1 处时，流体微团的密度 $\rho_1 = \rho(x_1, y_1, z_1, t_1)$；运动到 2 处时，其密度变为 $\rho_2 = \rho(x_2, y_2, z_2, t_2)$。利用泰勒级数可以用 ρ_1 来表示 ρ_2，即

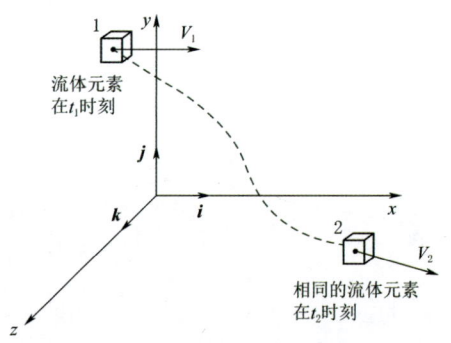

图 5.10 欧拉观点下的随体导数

$$\rho_2 = \rho_1 + \left(\frac{\partial \rho}{\partial t}\right)_1 \Delta t + \left(\frac{\partial \rho}{\partial x}\right)_1 \Delta x + \left(\frac{\partial \rho}{\partial y}\right)_1 \Delta y + \left(\frac{\partial \rho}{\partial z}\right)_1 \Delta z + O(\Delta t^2, \Delta x^2, \Delta y^2, \Delta z^2) \tag{5.26}$$

式中：角标 1、2 为求导的具体地点，即在图 5.10 中的点 1 和点 2。

将式（5.26）的高阶小项忽略，只保留一阶偏导数项，同时除以 Δt，可得

$$\frac{\rho_2 - \rho_1}{\Delta t} = \left(\frac{\partial \rho}{\partial t}\right)_1 + \left(\frac{\partial \rho}{\partial x}\right)_1 \frac{\Delta x}{\Delta t} + \left(\frac{\partial \rho}{\partial y}\right)_1 \frac{\Delta y}{\Delta t} + \left(\frac{\partial \rho}{\partial z}\right)_1 \frac{\Delta z}{\Delta t} \tag{5.27}$$

若 t_2 趋向于 t_1，对式（5.27）两边求极限，则等式左边为 $\mathrm{d}\rho/\mathrm{d}t$ 表示跟随流体微团运动所观察到的流体密度变化，它是关于空间和时间的函数，考虑到

$$\lim_{\Delta t \to 0} \frac{\Delta x}{\Delta t} = u$$

$$\lim_{\Delta t \to 0} \frac{\Delta y}{\Delta t} = v$$

$$\lim_{\Delta t \to 0} \frac{\Delta z}{\Delta t} = w \tag{5.28}$$

则，$\mathrm{d}\rho/\mathrm{d}t$ 可以计算为

$$\frac{\mathrm{d}\rho}{\mathrm{d}t} = \frac{\partial \rho}{\partial t} + u\frac{\partial \rho}{\partial x} + v\frac{\partial \rho}{\partial y} + w\frac{\partial \rho}{\partial z} \tag{5.29}$$

由于 $\mathrm{d}\rho/\mathrm{d}t$ 体现了跟踪一个运动的流体微团的密度随时间的变化率，因此 $\mathrm{d}/\mathrm{d}t$ 就表示跟踪一个运动的流体微团的时间变化率，将其称为随体导数或物质导数，可以表示为

$$\frac{\mathrm{d}}{\mathrm{d}t} = \frac{\partial}{\partial t} + u\frac{\partial}{\partial x} + v\frac{\partial}{\partial y} + w\frac{\partial}{\partial z} \tag{5.30}$$

或者

$$\frac{\mathrm{d}}{\mathrm{d}t} = \frac{\partial}{\partial t} + \boldsymbol{U} \cdot \nabla \tag{5.31}$$

5.2.2 连续性方程

针对控制体进行分析。连续性方程的控制体如图 5.11 所示，通过边界 $\mathrm{d}A$ 的质量流量可表示为 $\rho \boldsymbol{U} \cdot \boldsymbol{n} \mathrm{d}A$，$\boldsymbol{U} \cdot \boldsymbol{n}$ 在流出时为正、流入时为负，因而整个控制体流出的净质量流量可表示为 $\oiint_A \rho \boldsymbol{U} \cdot \boldsymbol{n} \mathrm{d}A$。经过 Δt 时间后，由于流体流入和流出，造成总质量变为 $\oiiint \rho \mathrm{d}V + \frac{\partial}{\partial t}\oiiint \rho \mathrm{d}V \Delta t$，因此，流出的净质量流量对应为单位时间控制体内质量的减少量，即

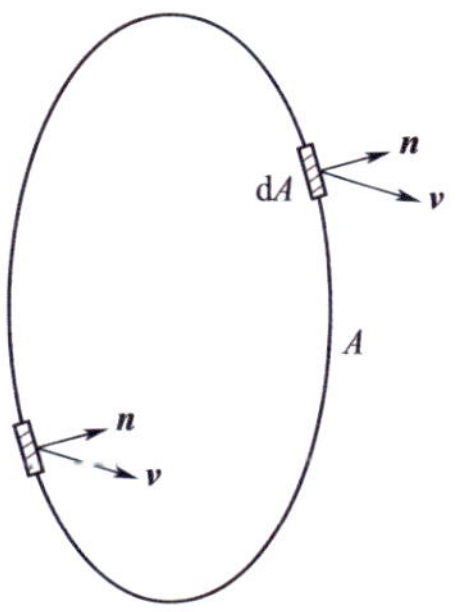

$$\oiint_A \rho \boldsymbol{U} \cdot \boldsymbol{n} \mathrm{d}A = -\frac{\partial}{\partial t}\oiiint \rho \mathrm{d}V$$

$$\oiint_A \rho \boldsymbol{U} \cdot \boldsymbol{n} \mathrm{d}A + \frac{\partial}{\partial t}\oiiint \rho \mathrm{d}V = 0 \tag{5.32}$$

图 5.11 连续性方程的控制体

根据高斯积分定理，可以将控制体表面的面积分换算为体积分，写作

$$\oiiint \rho \nabla \cdot \boldsymbol{U} \mathrm{d}V + \frac{\partial}{\partial t}\oiiint \rho \mathrm{d}V = 0 \tag{5.33}$$

当控制体微元的体积趋近于 0 时，该方程微分形式为

$$\nabla \cdot \boldsymbol{U} + \frac{\partial \rho}{\partial t} = 0 \tag{5.34}$$

式（5.34）称为计算流体动力学的连续性方程。

5.2.3 动量守恒方程

动量守恒定律是指一个不受外部力或所受外部力之和为零的系统，其总动量保持不变。动量守恒定律是自然界中最为重要、最普遍的守恒定律之一，无论内力的性质如何，只要满足守恒条件，动量守恒定律总是适用。流体运动同样满足动量守恒定律，可以通过牛顿第二定律来表述，即作用于流体系统上的合外力等于单位时间动量的变化。

对于控制体 V，其质量为 $\oiiint \rho \mathrm{d}V$，动量为 $\oiiint \rho \boldsymbol{U} \mathrm{d}V$，其单位时间的变化应为随体导数 $\dfrac{\mathrm{d}}{\mathrm{d}t}\oiiint \rho \boldsymbol{U} \mathrm{d}V$，因此得到

$$\frac{\mathrm{d}}{\mathrm{d}t}\oiiint \rho \boldsymbol{U}\mathrm{d}V = \oiiint \rho \boldsymbol{f} \mathrm{d}V + \oiint_A \boldsymbol{p}_n \mathrm{d}A \tag{5.35}$$

式中：$\boldsymbol{f}$ 为作用在控制体上的单位质量力；$\boldsymbol{p}_n$ 为作用在控制体边界 A 上的表面应力。

式（5.35）中，将随体导数展开，并引入连续性方程之后，方程左边展开为

$$\oiiint \rho \frac{\mathrm{d}\boldsymbol{U}}{\mathrm{d}t}\mathrm{d}V \tag{5.36}$$

方程右边利用高斯积分定理换算为体积分后有

$$\oiiint \rho \boldsymbol{f}\mathrm{d}V + \oiiint \nabla \cdot \boldsymbol{p}\,\mathrm{d}V \tag{5.37}$$

因此，动量守恒方程的微分形式为

$$\frac{\mathrm{d}\boldsymbol{U}}{\mathrm{d}t} = \boldsymbol{f} - \frac{1}{\rho}\nabla \cdot \boldsymbol{p} \tag{5.38}$$

黏性流体不仅受到法向应力的作用，还受到切应力的作用，其黏性应力如何表示是动量守恒方程建立的前提。

在介绍黏性流体动量守恒方程之前，先要明确几个压力的概念。平均压力 p_m 是指球形流体微团表面所承受的法向应力平均值的负值。平均压力 p_m 与静压力 p（静止平衡时的压力）的差别反映了速度场的不均匀所造成的流体质点的状态对于平衡态的偏离，因而把这种差别称为平均压力偏量。应力张量由 9 个分量组成，引入平均压力 p_m，可将其改写成

$$\boldsymbol{p} = \begin{bmatrix} p_{xx} & p_{xy} & p_{xz} \\ p_{yx} & p_{yy} & p_{yz} \\ p_{zx} & p_{zy} & p_{zz} \end{bmatrix} = \begin{bmatrix} p_{xx}+p_m & p_{xy} & p_{xz} \\ p_{yx} & p_{yy}+p_m & p_{yz} \\ p_{zx} & p_{zy} & p_{zz}+p_m \end{bmatrix} - p_m \begin{bmatrix} 1 & 0 & 0 \\ 0 & 1 & 0 \\ 0 & 0 & 1 \end{bmatrix} \tag{5.39}$$

即

$$\boldsymbol{p} = \boldsymbol{D} - p_m \boldsymbol{\delta}$$

式中：$\boldsymbol{D}$ 为偏应力张量。

由于应力张量有 6 个未知数（对称张量），在控制方程组中会导致未知数个数大于方程组个数，因此斯托克斯提出了 3 个假设条件，称为斯托克斯三假定：①应力与变形速率呈线性关系；②应力与变形速率的关系在流体中各向同性；③在静止流体中，切应力为零，正应力的数值即为静压力 p，换言之，在静止流体中，压力矩阵 $\boldsymbol{p}$ 退化为标量 p。

利用牛顿切应力公式 $p_{yx} = \mu\,\partial u/\partial y$，黏性流体的广义牛顿黏性应力

$$p_{ij} = \left[-p + \left(\mu' - \frac{2}{3}\mu\right)\nabla \cdot \boldsymbol{U}\right]\delta_{ij} + 2\mu\varepsilon_{ij} \tag{5.40}$$

式中：μ 为牛顿流体黏性系数；μ' 为牛顿流体的第二黏性系数。

将广义黏性应力代入微分形式的动量守恒方程［式（5.38）］有

$$\frac{\mathrm{d}\boldsymbol{U}}{\mathrm{d}t} = \boldsymbol{f} - \frac{1}{\rho}\nabla p + \frac{\mu}{\rho}\nabla^2\boldsymbol{U} \tag{5.41}$$

将式（5.41）中的随体导数展开，得到黏性流体的动量守恒方程为

$$\frac{\partial \boldsymbol{U}}{\partial t} + \boldsymbol{U}\nabla \cdot \boldsymbol{U} = \boldsymbol{f} - \frac{1}{\rho}\nabla p + \frac{\mu}{\rho}\nabla^2\boldsymbol{U} \tag{5.42}$$

式（5.42）即为微分形式的黏性流体动量守恒方程。

5.2.4 计算流体动力学模拟流程

无论是流动问题、传热问题，还是污染物的运移问题，无论是稳态问题，还是瞬态问题，其求解过程如图5.12所示。如果所求解的问题是瞬态问题，则可将图5.12的过程理解为一个时间步长的计算过程，循环这一过程求解下一个时间步长的解[13]。

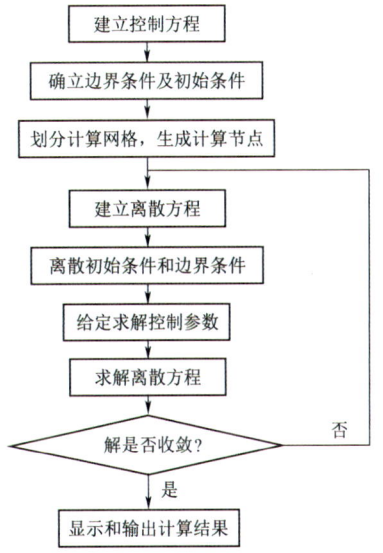

图5.12 计算流体动力学模拟流程图

1. 建立控制方程

在求解任何问题之前，建立控制方程是一项必不可少的步骤，这一步比较简单。对于一般的流体流动，可以通过本节上述部分的分析直接写出其控制方程。例如，在海洋工程中，对于自然流动，可以直接将连续方程与动量方程作为控制方程来使用。当然，由于海洋中的自然流动大多处于湍流范围，因此在一般情况下，需要增加湍流方程来更准确地描述这种流动。湍流方程描述了湍流变量的时间演变和空间分布，它们可以用来预测流体的详细行为。具体来说，控制方程是描述流体流动的基本方程，它们可以用来描述流体在时间和空间上的变化。这些方程通常由连续方程、动量方程和能量方程等组成。

2. 确定边界条件与初始条件

初始条件与边界条件是确保控制方程获得确定解的基础。控制方程与相应的初始条件、边界条件共同构建了某一物理过程完整的数学描述。初始条件所描述的是在过程开始时刻，各个求解变量的空间分布状况。针对瞬态问题，初始条件是必要的；对于稳态问题，则无须提供初始条件。边界条件则是在求解区域的边界上，随地点和时间的变化，所求解的变量或其导数的规律性变化。任何问题的求解，都需要给出相应的边界条件。比如在锥管内的流动问题，可以在锥管进口断面上给出速度、压力沿半径方向的分布；而在管壁上，对速度取无滑移边界条件。对初始条件和边界条件的处理方式会直接影响计算结果

的精度。

3. 划分计算网格，生成计算节点

在求解控制方程的数值方法中，通常将控制方程在空间域上进行离散，并由此得到离散方程组。要实现这一过程需要使用网格，将计算域划分为多个相互连接的空间子域，在每个子域（网格细胞）中进行求解。目前已经发展出了多种针对不同区域进行离散以生成网格的方法，这些方法统称为网格生成技术。网格生成的核心是生成网格节点。因为网格节点一旦生成，只需要根据一定的几何规则相互链接就能够形成网格。根据所采用的数值解法不同，需要的网格形式也会有所区别，进而网格节点的生成和网格节点连接的算法也有所区别。但是，生成网格节点和网格划分的基本方法是一致的。目前，网格主要分为结构网格和非结构网格两类。结构网格在空间上比较规范，例如对于一个四边形区域，网格往往是成行成列分布的，行线和列线比较明显。而非结构网格在空间分布上则没有明显的行线和列线。对于二维问题，常用的网格单元有三角形和四边形等形式；对于三维问题，常用的网格单元有四面体、六面体、三棱体等形式。在整个计算域上，网格通过节点相互联系。

4. 建立离散方程

在求解域内建立的偏微分方程，理论上存在真实解（或称为精确解或解析解）。然而，由于所处理问题自身的复杂性，一般很难获得方程的真实解。因此，首先应通过数值方法将计算域内有限数量位置（网格节点或网格中心点）上的因变量值视为基本未知量来处理，从而建立一组关于这些未知量的代数方程组。然后，通过求解代数方程组来得到这些节点上未知量的值，计算域内其他位置上的值则根据节点位置上的值来确定。根据所引入的应变量在节点之间的分布假设及推导离散化方程的方法不同，形成了不同类型的离散化方法，如有限差分法、有限元法、有限元体积法等。在同一种离散化方法中，如在有限体积法中，对式（5.42）中的对流项所采用的离散格式不同，也将导致最终有不同形式的离散方程。对于瞬态问题，除了在空间域上的离散外，还涉及在时间域上的离散；离散后，将要涉及使用何种时间积分方案的问题。

5. 离散初始条件和边界条件

在先前的阐述中提到了初始条件和边界条件的连续性，这意味着这些条件在整体计算范围内都是平滑且连续的。比如，在静止的壁面上，速度被设定为 0，这是一个连续的边界条件。然而，为了将连续的条件应用于离散化的控制方程的求解，需要将这些条件转化为特定节点上的值。具体而言，假设在静止壁面上设置了 90 个节点，那么可以将这 90 个节点的速度值都设定为 0，从而将连续的边界条件转化为特定节点上的值。随后，可以在这些节点处建立离散的控制方程，进而对方程组进行求解。这种转化过程是不可或缺的，因为在实际情况下的计算过程中通常无法直接求解方程，而是需要将其离散化，即将方程建立在特定的节点上，然后对这些方程进行求解。因此，将连续的条件转化为特定节点上的值是离散化求解过程中的重要环节。

6. 给定求解控制参数

在离散空间上建立离散化的代数方程组。这个方程组反映了流体的物理性质和运动规律。在给定离散化的初始条件和边界条件后，方程组的解将描述流体的时空演化过程。为

了获得准确的解，需要给定流体的物理参数，这些参数包括密度、黏性、压力等。此外，湍流模型的经验系数也是必须给定的参数，因为湍流模型的准确性和可靠性对计算结果有着至关重要的影响。除了上述参数外，迭代计算的控制精度、瞬态问题的时间步长以及输出频率等也是必须考虑的因素。这些参数对计算效率和精度有着重要的影响。在计算流体动力学模拟的理论中，这些参数并不值得去探讨和研究。然而，在实际计算中，它们对计算的精度和效率有着重要的影响。例如，控制精度的高低将直接决定计算结果的准确性和可信度；时间步长的选择将影响计算的稳定性和精度；输出频率的大小则会影响计算的实时性和可视化效果。因此，在建立离散化的代数方程组并进行计算时，必须充分考虑这些因素，以确保计算结果的准确性和可靠性。

7. 求解离散方程

在完成上述设定后，计算流体动力学模拟成功地构建了一组具有固定解条件的代数方程组。对于这样的方程组，数学界已经发展出了许多有效的求解方法。例如，对于线性方程组，可以采用高斯消去法或者高斯—赛德尔迭代法来寻找精确解。对于非线性方程组，则可以使用牛顿迭代法来找到其解。在商业化软件中，通常会提供多种不同的解法来适应不同类型的问题。这些商用软件提供的解法种类繁多，比如有限差分法、有限元法、有限体积法等。在选择合适的解法时，需要考虑问题的具体性质和要求。比如，对于要求精度较高的模拟，可能需要采用有限元法或有限体积法；对于需要处理大规模问题的模拟，则可能需要使用有限差分法或并行计算技术。此外，解法的选择也需要考虑计算资源和时间限制等因素。

8. 判断解的收敛性

对于稳态问题的解决方案，或在瞬态问题中某个特定时间步骤上的解决方案，往往需要通过多次迭代才能得到。这些迭代过程通常是必要的，因为求解稳态问题或瞬态问题在某个时间步长上的解通常需要精确的数值近似。然而，由于网格的形状和大小、对流项的离散插值格式以及其他因素的影响，有时可能导致解的发散。这意味着随着迭代的进行，解的误差会越来越大，直到无法容忍的程度。对于瞬态问题的解决，如果采用显式格式进行时间域上的积分，当时间步长过大时也可能造成解的振荡或发散。这是因为显式格式在时间步长过大时可能会失去精度，导致解的误差累积得无法控制。因此，在迭代求解过程中，需要密切监视解的收敛性，即随着迭代的进行，解的误差是否逐渐减小。如果发现解的误差不再减小，而是开始逐渐增大，那么就需要及时停止迭代，以免浪费计算资源。为了确保求解的准确性，通常需要在系统达到指定精度后结束迭代过程。这个精度可以根据问题的性质和计算资源的情况来确定。一般来说，希望得到的解越精确，所需的迭代次数就越多，计算时间也会相应增加。因此，在精度和计算效率之间需要进行权衡。不过，通过合理选择离散方法和迭代方法，以及适当调整计算参数，可以尽可能地提高计算效率和求解精度。

9. 显示和输出计算结果

经过上述求解过程得到了各计算节点上的解。接下来，需要采用适当的方式将整个计算域上的结果表示出来。具体来说，可以采用线值图、矢量图、等值线图、流线图、云图等方式对计算结果进行可视化。在线值图中，首先将二维或三维空间上的横坐标取为空间长度或时间历程,将纵坐标取为某一物理量,然后用光滑曲线或曲面在坐标系内绘制出某一物理量沿空间或时间的变化情况。在矢量图中,直接给出二维或三维空间里的矢量(如速度)的方向及大小,一般用不同颜色和长度的箭头表示速度矢量。矢量图可以比较容易地让用户发现其中存在的旋涡区。在等值线图中,用不同颜色的线条表示相等物理量(如温度)的一条线。在流线图中,用不同颜色线条表示质点运动轨迹。在云图中,使用渲染的方式将流场某个截面上的物理量(如压力或温度)用连续变化的颜色块表示其分布。

5.3 湍流模型

湍流流动是自然界和工程应用中非常普遍且重要的流动现象。在许多工程问题中,如建筑、航空航天等领域,流体的流动往往处于湍流状态,因此准确描述和预测湍流流动的结构和相关物理量,如摩擦阻力、热流等,是至关重要的。这使得湍流成为一个备受关注且困难的研究课题[14]。湍流之所以重要,是因为它的高度复杂性。湍流在空间上具有多重尺度性,从小尺度到大尺度,每个尺度都有其独有的特征和影响[15]。同时,湍流在时间上也具有高频脉动性,这些脉动使得湍流模拟变得异常困难。

为了解决湍流难题,研究者们不断探索新的理论模型、数值方法和实验手段来理解湍流的本质和规律,虽然取得了一定的进展,但湍流研究仍然是一个充满挑战的领域,需要更多的探索和研究[16]。尽管湍流研究困难重重,但它的应用前景是非常广阔的。通过更深入地了解和掌握湍流规律,可以更好地预测和控制流体流动,从而优化工程设计、提高能源利用效率、保障交通安全等。因此,对湍流的研究不仅具有科学价值,也具有巨大的实用价值。

5.3.1 湍流的数学描述

流体实验表明,在临界雷诺数以下时,流动是平滑的,相邻的流体层彼此有序地流动,如果施加的边界条件不随时间变化,流动是定常的,这种流动称为层流。在临界雷诺数以上时会发生一系列复杂的变化,并导致流动特征的急剧变化,流动呈无序的混乱状态;这时,即使施加定常的边界条件,流动也是非定常的,速度等流动特性都随机变化,这种状态称为湍流[17]。在湍流状态下在某一点测得的速度随时间的变化情况如图5.13所示。可以看出,速度值的脉动性很强。湍流中的脉动现象对工程设计有直接影响,压力的脉动增大了建筑物上承受的风载的瞬时荷载,有可能引起建筑物的有害振动;对于水轮机而言,脉动压力最大的负波峰则增加了发生空化的可能性。

实验研究表明,湍流带有旋涡流动结构,即湍流涡(简称涡)。从物理结构上看,可以把湍流看成是由各种不同尺度的

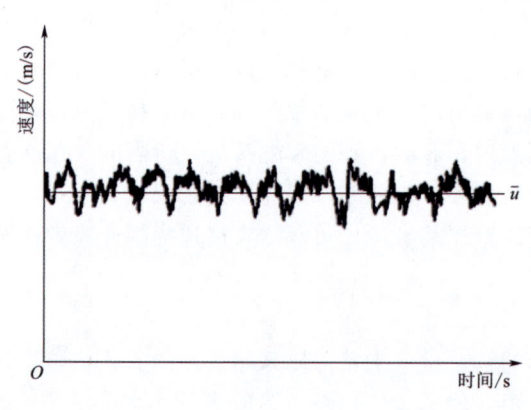

图5.13 湍流状态下的流速时程

涡叠合而成的流动，这些涡的大小及旋转轴的方向分布是随机的[18]。大尺度的涡主要由流动的边界条件所决定，其尺寸可以与流场的大小相比拟，它主要受惯性影响而存在，是引起低频脉动的原因；小尺度的涡主要是由黏性力所决定，其尺寸可能只有流场尺度的千分之一的量级，是引起高频脉动的原因。大尺度的涡破裂后形成小尺度的涡，较小尺度的涡破裂后形成更小尺度的涡。在充分发展的湍流区域内，流体涡的尺寸可在相当宽的范围内连续变化。大尺度的涡不断地从主流获得能量，通过涡间的相互作用，能量逐渐向小尺寸的涡传递。最后由于流体黏性的作用，小尺度的涡不断消失，机械能就转化（或称耗散）为流体的热能。同时由于边界的作用、扰动及速度梯度的作用，新的涡旋又不断产生，这就构成了湍流运动。流体内不同尺度的涡的随机运动造成了湍流的一个重要特点——物理量的脉动（图5.13）。

一般认为，无论湍流运动多么复杂，非稳态的连续方程和动量守恒方程对于湍流的瞬时运动仍然是适用的。在此，考虑不可压流动，使用笛卡尔坐标系，速度矢量 U 在 x，y 和 z 方向的分量为 u，v 和 w，可以写出湍流瞬时控制方程

$$\begin{cases} \nabla \cdot \boldsymbol{U} = \boldsymbol{0} \\ \dfrac{\partial \boldsymbol{U}}{\partial t} + \boldsymbol{U} \nabla \cdot \boldsymbol{U} = \dfrac{1}{\rho} \nabla p + \dfrac{\mu}{\rho} \nabla^2 \boldsymbol{U} \end{cases} \tag{5.43}$$

为了考察脉动的影响，目前广泛采用的方法是时间平均法，即把湍流运动看作由两种流动叠加而成：一是时间平均流动；二是瞬时脉动流动。这样，将脉动分离出来，便于处理和进一步探讨。现引入雷诺平均法，任意变量 ϕ 的时间平均值（时均值）定义为

$$\overline{\phi} = \frac{1}{\Delta t} \int_{t}^{t+\Delta t} \phi(t) \mathrm{d}t \tag{5.44}$$

式（5.44）中，$\overline{\phi}$ 代表变量的雷诺平均值。因此，物理量的瞬时值 ϕ、时均值 $\overline{\phi}$ 及脉动值 ϕ' 之间的关系为

$$\phi = \overline{\phi} + \phi' \tag{5.45}$$

将式（5.45）代入瞬时状态下的连续方程式（5.34）和动量方程式（5.42），并对时间取平均，得到湍流时均流动的控制方程

$$\frac{\partial \overline{u}}{\partial x} + \frac{\partial \overline{v}}{\partial y} + \frac{\partial \overline{w}}{\partial z} = 0 \tag{5.46}$$

$$\begin{cases} \dfrac{\partial \overline{u}}{\partial t} + \overline{u}\dfrac{\partial \overline{u}}{\partial x} + \overline{v}\dfrac{\partial \overline{u}}{\partial y} + \overline{w}\dfrac{\partial \overline{u}}{\partial z} = -\dfrac{1}{\rho}\dfrac{\partial \overline{p}}{\partial x} + \dfrac{\mu}{\rho}\left(\dfrac{\partial^2 \overline{u}}{\partial x^2} + \dfrac{\partial^2 \overline{u}}{\partial y^2} + \dfrac{\partial^2 \overline{u}}{\partial z^2}\right) + \left(-\dfrac{\partial \overline{u'^2}}{\partial x} - \dfrac{\partial \overline{u'v'}}{\partial y} - \dfrac{\partial \overline{u'w'}}{\partial z}\right) \\ \dfrac{\partial \overline{v}}{\partial t} + \overline{u}\dfrac{\partial \overline{v}}{\partial x} + \overline{v}\dfrac{\partial \overline{v}}{\partial y} + \overline{w}\dfrac{\partial \overline{v}}{\partial z} = -\dfrac{1}{\rho}\dfrac{\partial \overline{p}}{\partial y} + \dfrac{\mu}{\rho}\left(\dfrac{\partial^2 \overline{v}}{\partial x^2} + \dfrac{\partial^2 \overline{v}}{\partial y^2} + \dfrac{\partial^2 \overline{v}}{\partial z^2}\right) + \left(-\dfrac{\partial \overline{u'v'}}{\partial x} - \dfrac{\partial \overline{v'^2}}{\partial y} - \dfrac{\partial \overline{v'w'}}{\partial z}\right) \\ \dfrac{\partial \overline{w}}{\partial t} + \overline{u}\dfrac{\partial \overline{w}}{\partial x} + \overline{v}\dfrac{\partial \overline{w}}{\partial y} + \overline{w}\dfrac{\partial \overline{w}}{\partial z} = -\dfrac{1}{\rho}\dfrac{\partial \overline{p}}{\partial z} + \dfrac{\mu}{\rho}\left(\dfrac{\partial^2 \overline{w}}{\partial x^2} + \dfrac{\partial^2 \overline{w}}{\partial y^2} + \dfrac{\partial^2 \overline{w}}{\partial z^2}\right) + \left(-\dfrac{\partial \overline{u'w'}}{\partial x} - \dfrac{\partial \overline{v'w'}}{\partial y} - \dfrac{\partial \overline{w'^2}}{\partial z}\right) \end{cases} \tag{5.47}$$

式（5.47）里多出与 $-\rho \overline{u_i' u_j'}$ 有关的项为雷诺应力项，即

$$\tau_{ij} = -\rho \overline{u_i' u_j'} \tag{5.48}$$

式中：τ_{ij} 实际对应 6 个不同的雷诺应力项，即 3 个正应力和 3 个切应力。

由式（5.46）和式（5.47）构成的方程组共有 4 个方程，新增了 6 个雷诺应力，再加上原来的 4 个时均未知量（u,v,w 和 p），共有 10 个未知量，因此，方程组不封闭，必须引入新的湍流模型（方程）才能使方程组封闭。

5.3.2 湍流的数值模拟

总体而言，目前的湍流数值模拟方法可以分为直接数值模拟法和非直接数值模拟法[19]。直接数值模拟法是指直接求解瞬时湍流控制方程式（5.43）；非直接数值模拟法就是不直接计算湍流的脉动特性，而是设法对湍流作某种程度的近似和简化处理，例如，采用时均性质的雷诺方程就是其中一种典型做法[20]。根据所采用的近似和简化方法不同，非直接数值模拟法分为大涡模拟法、统计平均法和雷诺平均法。湍流数值模拟法分类如图 5.14 所示。

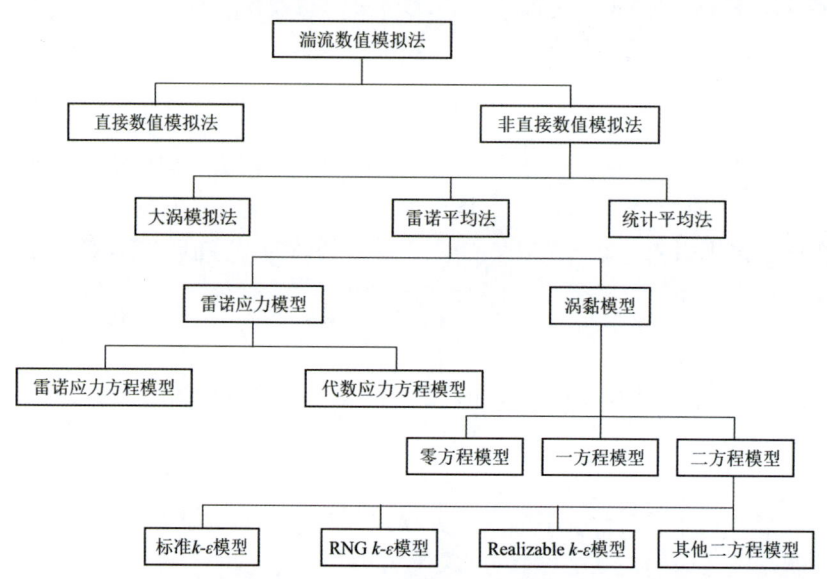

图 5.14　湍流数值模拟法分类

统计平均法是基于湍流相关函数的统计理论，主要用相关函数及谱分析的方法来研究湍流结构，统计理论主要涉及小尺度涡的运动，这种方法在工程上应用不广泛。下面简要介绍直接数值模拟法、大涡模拟法、直接数值模拟平均法。

1. 直接数值模拟法

直接数值模拟法就是直接用瞬时 N-S 方程［式（5.43）］对湍流进行计算[19]。直接数值模拟法的最大优点是无需对湍流流动作任何简化或近似，理论上可以得到相对准确的计算结果。但是，实验研究表明，在一个 0.1m×0.1m 的流动区域内，在大雷诺数的湍流中可能包含尺度 10～100μm 的涡，一般需要高达 $10^9 \sim 10^{12}$ 个计算网格节点数来描述所有尺度的涡。同时，湍流脉动的频率约为 10kHz，因此，必须将时间的离散步长取为 100μs 以下。在如此微小的空间和时间步长下，才能分辨出湍流中详细的空间结构及变化剧烈的时间特性。对于这样的计算要求，现有的计算机能力还是难以达到的。直接数值模拟法对内存空间及计算速度的要求非常高，目前还无法用于真正意义上的工程计算，但大量的探索性工作正在进行中。随着计算机技术，特别是并行计算技术的飞速发展，有可能在不远的将来将这种方法用于实际工程计算。

2. 大涡模拟法

为了模拟湍流流动，一方面要求计算区域的尺寸应大到足以包含湍流运动中出现的最大涡，另一方面要求计算网格的尺度应小到足以分辨最小涡的运动[21]。然而，就目前的计算机能力来讲，能够采用的计算网格的最小尺度仍比最小涡的尺度大许多。因此，目前只能放弃对全尺度范围上涡的运动的模拟，只将比网格尺度大的湍流运动通过 N-S 方程直接计算出来，对于小尺度的涡对大尺度运动的影响则通过建立模型来模拟，从而形成了目前的大涡模拟法。大涡模拟法的基本思想：用瞬时 N-S 方程［式（5.43）］直接模拟湍流中的大尺度涡，不直接模拟小尺度涡，而小涡对大涡的影响通过近似的模型来考虑。总体而言，大涡模拟法对计算机内存及中央处理器（CPU）速度的要求仍比较高，但低于大涡模拟法。目前，在工作站和高档个人计算机上已经可以开展大涡模拟工作。大涡模拟法是目前计算流体动力学研究和应用的热点之一。

3. 雷诺平均法

多数观点认为，虽然瞬时 N-S 方程可以用于描述湍流，但 N-S 方程的非线性使得采用解析方法精确描写三维瞬态问题的全部细节极端困难，即使能真正得到这些细节，对于解决实际问题也没有太大的意义。因为从工程应用的观点上看，湍流所引起的平均流场的变化是一个整体的效果。因此，人们很自然地想到求解时均化的 N-S 方程，而将瞬态的脉动量通过某种模型在时均化的方程中体现出来，由此产生了雷诺平均法。雷诺平均法的核心是不直接求解瞬时 N-S 方程，而是想办法求解时均化的雷诺平均状态下的 N-S 方程［式（5.46)和式（5.47）］。这样，不仅可以避免直接数值模拟法计算量大的问题，而且对工程实际应用可以取得很好的效果。雷诺平均法是目前使用最为广泛的湍流数值模拟方法[20]。

5.4 控制方程的离散化

在实施计算流体动力学模拟过程中，直接求解 N-S 方程是一项艰巨的任务。尽管一个多世纪以来，世界各国的数学家们不断努力寻找简便易算的 N-S 方程的解析解，但直至如今，数学界尚无法证明上述解析解是否存在，更勿论求取其表达形式了。由于 N-S 方程在工程领域得到广泛应用，不同领域针对该方程采用了各种不同的求解方法。在计算流体动力学领域，通常采用离散化的方法将偏微分方程组离散为代数方程组，进而获取空间点上的流场信息。

5.4.1 离散思想概述

在对指定问题进行计算流体动力学模拟之前，需要先将计算区域进行离散化处理，即将空间上连续的计算区域划分为许多个子区域，并确定每个区域中的节点，从而生成网格。随后，将控制方程在网格上进行离散化处理，即将偏微分格式的控制方程转化为各个节点上的代数方程组。对于瞬态问题，还需要涉及时间域的离散化。

在求解域内所建立的偏微分方程理论上是有真解（或称精确解或解析解）的。但是由于处理的问题本身的复杂性，如复杂的边界条件或者方程本身的复杂性等，导致很难获得方程的真解。因此，需要通过数值的方法把计算域内有限数量位置（网格节点）上的因变量值当作基本未知量来处理，从而建立一组关于这些未知量的代数方程。然后通过求解代数方程组来得到这些节点值，而计算域内其他位置上的值则根据节点位置上的值来确定。这样，偏微分方程定解问题的数值解法可以分为两个阶段。首先，用网格线将连续的计算域划分为有限离散点（网格节点）集，并选取适当的途径将微分方程及其定解条件转化为网格节点上相应的代数方程组，即建立离散方程组；然后，在计算机上求解离散方程组，得到节点上的解。节点之间的近似解，一般认为光滑变化原则上可以应用插值方法确定，从而得到定解问题在整个计算域上的近似解。这样，用变量的离散分布近似解代替了定解问题精确解的连续数据，这种方法称为离散近似。可以预料，当网格节点很密时，离散方程的解将趋近于相应微分方程的精确解。

网格是离散化的基础，网格节点是离散化的物理量的存储位置，网格在离散化过程中起着关键的作用。网格的形式和密度等对数值计算结果有着重要的影响。一般情况下，在二维问题中，有三角形和四边形单元；在三维问题中，有四面体、六面体、棱锥体和楔形体等单元。不同的离散方法对网格的要求和使用方式不同。表面上看起来一样的网格布局，当采用不同的离散化方法时网格和节点具有不同的含义和作用。例如，下面将要介绍的有限元法将物理量存储在真实的网格节点上，将单元看成是由周边节点及形函数构成的统一体；而有限体积法将物理量存储在网格单元的中心点上，把单元看成是围绕中心点的控制体积，或者在真实网格节点定义和存储物理量，而在节点周围构造控制体积。

5.4.2 离散化方法

由于因变量在节点之间的分布假设及推导离散方程的方法不同，求解流体流动和传热方程的数值计算方法较多，如有限差分法、有限元法和有限体积法等不同类型的离散化方法。

1. 有限差分法

有限差分法（Finite Difference Method，FDM）是数值解法中一种比较古老的算法，曾经是最主要的数值计算方法[22]。它是将求解域划分为差分网格，用有限个网格节点代替连续的求解域，然后将偏微分方程（控制方程）的所有微分项用相应的差商代替，推导出含有离散点上有限个未知数的差分方程组。求差分方程组（代数方程组）的解，就是微分方程定解问题的数值近似解，这是一种直接将微分问题变为代数问题的近似数值解法。这种方法发展较早，比较成熟，广为人知。对任意复杂的偏微分方程都可写出其对应的差分方程，但在差分方程中无法体现微分方程中各项的物理意义和所反映的物理定律，计算结果有可能表现出某些不合理现象。其较多用于求解双曲型和抛物型问题。用它求解边界条件复杂，尤其是椭圆形问题不如有限元法或有限体积法方便。

2. 有限元法

有限元法（Finite Element Method，FEM）是 20 世纪 60 年代出现的一种数值计算方法。有限元法是将一个连续的求解域任意分成适当形状的许多微小单元，并于各小单元分片构造插值函数，然后根据极值原理（变分或加权余量法），将问题的控制方程转化为所有单元上的有限元方程，把总体的极值作为各单元极值之和，即将局部单元总体合成[23]，形成嵌入了指定边界条件的代数方程组，求解该方程组就得到各节点上待求的函数值。有限元法的基础是极值原理和划分插值，它吸收了有限差分法中离散处理的内核，又采用了变分计算中选择逼近函数并对区域进行积分的合理方法，是这两类方法相互结合、取长补短发展的结果。其优点是解题能力强，可比较精确地模拟各种复杂的曲线或曲面边界，网格的划分比较随意，可统一处理多种边界条件，离散方程形式规范，便于编制通用的计算机程序。但有限元离散方程中各项还无法给出合理的物理解释，对计算中出现的一些误差也难以改进，而且求解速度较有限差分法和有限体积法慢，因此在商用计算流体动力学软件中应用并不普遍。

3. 有限体积法

有限体积法（Finite Volume Method，FVM），又称控制体积法，是在有限差分法的基础上发展起来的一种离散化方法，是目前计算流体动力学领域广泛使用的离散化方法[24]，其特点不仅表现在对控制方程的离散结果上，还表现在所使用的网格上，因此本节除了介绍有限体积法的基本原理之外，还将讨论有限体积法所使用的网格系统。

有限体积法遵循的基本思路是：将计算区域划分为网格，确保每个网格点周围存在一个不重复的控制体积。对待解微分方程（控制方程）进行积分，针对每一个控制体积，推出一组离散方程。这些方程中的未知数是网格点上的特征变量。为求得控制体积的积分，需要假设特征变量值在网格点间的变化规律。从积分区域的选取方法看，有限体积法属于加权余量法中的子域法；从未知解的近似方法看，它又属于采用局部近似的离散方法。简单来说，子域法加离散就是有限体积法的基本策略。其基本思想容易理解，并能得出直接的物理解释。离散方程中各项的物理意义是，特征变量在有限大小的控制体积中保持守恒，与微分方程表示因变量在无限小的控制体积中的守恒原理类似；有限体积法得出的离散方程，确保特征变量的积分守恒对任意一组控制体积都得到满足，自然也满足整个计算区域。这是有限体积法的最大优势。对于有限差分法，仅当网格极其细密时离散方程才满足积分守恒，而对于有限体积法，即使在粗网格情况下也显示出准确的积分守恒。就离散方法而言，有限体积法可视作有限元法和有限差分法的中间物。有限元法必须假定特征变量值在网格节点之间的变化规律（插值函数），并将其作为近似解。有限差分法只考虑网格点上的特征变量值而不考虑特征变量值在网格节点之间如何变化。有限体积法只寻求特征变量的节点值，这与有限差分法类似；但有限体积法在寻求控制体积的积分时，必须假定特征变量值在网格点之间的分布，这又与有限元法类似。在有限体积法中，插值函数仅用于计算控制体积的积分，得出离散方程之后便可忘掉插值函数；如果需要，可以对微分方程中不同的项采取不同的插值函数。

有限体积法的核心体现在区域离散方式上。区域离散的实质就是用有限个离散点来代替原来的连续空间，即生成计算网格。有限体积法的区域离散实施过程为：把所计算的区域划分成多个互不重叠的子区域，即计算网格，然后确定每个子区域中的节点位置及该节点所代表的控制体积。区域离散化过程结束后可以得到以下几何要素：①节点，需要求解的未知物理量的几何位置；②控制体积，应用控制方程或守恒定律的最小几何单位；③界面，规定了与各节点相对应的控制体积的分界面位置；④网格线，联结相邻两节点而形成的曲线簇。通常把节点看成是控制体积的代表。在离散过程中，将一个控制体积上的物理量定义并存储在该节点处。图 5.15 所示为一维问题的有限体积法计算网格，图中标出了节点、控制体积、界面、网格线。图中 P 表示所研究的节点，其周围的控制体积也用 P 表示，东侧相邻的节点及相应的控制体积均用 E 表示，西侧相邻的节点及相应的控制体积均用 W 表示。控制体积 P 的东西两个界面分别用 e 和 w 表示，两个界面之间距离用 Δx 表示。

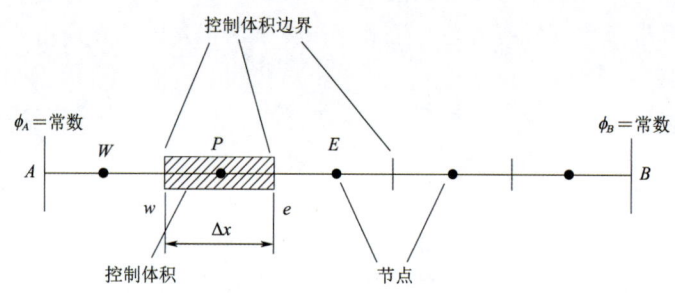

图 5.15　一维问题的有限体积法计算网格

图 5.16 所示为二维问题的有限体积法计算网格，图中阴影区域为节点 P 的控制体积。与一维问题不同，节点 P 除了有西侧邻点 W 和东侧邻点 E 外，还有北侧邻点 N 和南侧邻点 S。控制体积 P 的 4 个界面分别用 e、w、s 和 n 表示，在东西和南北两个方向上的控制体积宽度分别用 Δx 和 Δy 表示，Δx 可以不等于 Δy。

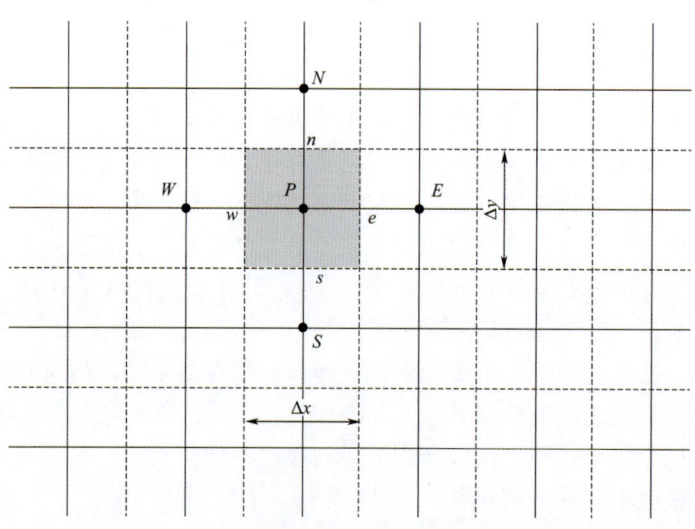

图 5.16　二维问题的有限体积法计算网格

对于三维问题,增加上、下方向的两个控制体积,分别用 T 和 B 表示,控制体积的上、下界面分别用 t 和 b 表示。在图 5.15 和图 5.16 中,节点有序排列,即当给出了一个节点的编号后立即可以得出其相邻节点的编号。这种网格称为结构网格。结构网格是一种传统的网格形式,网格自身利用了几何体的规则形状。近年来,还出现了非结构网格(Unstructured Grid)。非结构网格的节点以一种不规则的方式布置在流场中。这种网格虽然生成过程比较复杂,却有着极大的适应性,尤其对具有复杂边界的流场计算问题特别有效。非结构网格一般通过专门的程序或软件来生成。

5.5 流场数值计算

经过离散化处理,基于 N-S 方程组的代数方程组被形成,但其中并未包含压力梯度项。然而,在实际中,压力梯度项是促使流体流动最为直接且最为重要的动力。在对流扩散问题进行探讨时,压力项被巧妙地归纳至源项中进行处理。但在流场分析中,压力场是必须求解的关键部分,它与速度分布密切相关,并展现出压力与速度相互耦合、相互影响的特性。在工程应用领域,最为广泛应用的流场计算方法为压力速度耦合流场的求解方法,简称 SIMPLE 算法(Semi-Implicit Method for Pressure-Linked Equation,SIMPLE)。此算法在海洋工程中具有举足轻重的地位,是流场计算的主要模拟方法[25]。SIMPLE 算法以其高效且精确的计算能力,广泛应用于各种复杂的流场分析中。无论是在航空航天领域,还是船舶、汽车等交通工具的设计,甚至是水利工程和气候模型的构建,SIMPLE 算法都能发挥出其强大的作用。

SIMPLE 算法的核心思想在于将压力场和速度场之间的耦合关系进行数学建模,通过迭代计算的方式求解出压力场和速度场的分布。这种方法不仅考虑了流体的动力学特性,还充分考虑了流体的物理特性,因此在实际应用中具有很高的精度和可靠性。

5.5.1 常规数值解法存在的问题

考察如下二维稳态压力速度耦合问题的基本控制方程

$$\begin{cases} \dfrac{\partial u}{\partial t} + u\,\dfrac{\partial u}{\partial x} + v\,\dfrac{\partial u}{\partial y} = -\dfrac{1}{\rho}\dfrac{\partial p}{\partial x} + \dfrac{\mu}{\rho}\left(\dfrac{\partial^2 u}{\partial x^2} + \dfrac{\partial^2 u}{\partial y^2}\right) + S_u \\ \dfrac{\partial u}{\partial t} + u\,\dfrac{\partial v}{\partial x} + v\,\dfrac{\partial v}{\partial y} = -\dfrac{1}{\rho}\dfrac{\partial p}{\partial y} + \dfrac{\mu}{\rho}\left(\dfrac{\partial^2 v}{\partial x^2} + \dfrac{\partial^2 v}{\partial y^2}\right) + S_v \\ \dfrac{\partial u}{\partial x} + \dfrac{\partial v}{\partial y} = 0 \end{cases} \quad (5.49)$$

在式(5.49)中,压力梯度也应该在源项中,但由于其在动量方程中占有重要位置,为了讨论方便,压力梯度项从源项中分离出来而单独写出。若采用数值方法直接求解由式(5.49)所组成的控制方程组,将会出现如下两个主要问题:①动量方程中的对流项包含非线性量,即动量守恒方程中的第二项 $u\partial u/\partial x + v\partial u/\partial y$;②由于每个速度分量既出现在动量方程中,又出现在连续方程中,这样导致各方程错综复杂地耦合在一起;同时,更为复杂的是压力项的处理,它出现在两个动量方程中,但却没有可用以直接求解压力的方程。

对于第一个问题，可通过迭代的办法加以解决。迭代法是处理非线性问题经常采用的方法。从一个估计的速度场开始，可以迭代求解动量方程，从而得到速度分量的收敛解。对于第二个问题，如果压力梯度已知，可按标准过程依据动量方程生成速度分量的离散方程，求解离散方程即可。但在一般情况下，在求解速度场之前压力场也是待求的未知量。考虑到压力场间接地满足连续方程规定，因此，最直接的想法是求解由动量方程与连续方程所构成的离散方程组，这种方法就是耦合求解法。这一离散方程组在形式上是关于 (u, v, p) 的复杂方程组。这种方法虽然是可行的，但即便是单个因变量的离散化方程组，也需要大量的内存及时间，因此，解如此大且复杂的方程组只有对小规模问题才可以使用。

为了解决因压力与速度耦合所带来的流场求解难题，人们提出了若干从控制方程中消去压力的方法。这类方法称为非原始变量法，这是因为求解未知量中不再包括原始未知量 (u, v, p) 中的压力项 p。例如，涡量和流函数方法针对二维问题，通过交叉微分，从两个动量方程中可消去压力，然后可取涡量和流函数作为变量来求解流场。该方法成功地解决了直接求解压力所带来的问题，且在某些边界上可较容易地给定边界条件；但它也存在一些明显不足之处，如壁面上的涡量边界条件很难给定，同时该方法计算量及存储空间需求也很大。对于三维问题，自变量为 6 个，其复杂性可能超过上述直接求解 (u, v, p) 的方程组。因此，这类方法在目前工程中使用并不普遍，而使用最广泛的是求解原始变量 (u, v, p) 的分离求解法。

5.5.2 流场数值计算的主要方法

流场计算的基本过程是在空间上用有限体积法或其他类似方法将计算域离散成许多小的体积单元，在每个体积单元上对离散后的控制方程组进行求解。流场计算方法的本质就是对离散后的控制方程组的求解。根据前面的分析，对离散后的控制方程组的求解可分为耦合式解法和分离式解法，详细分类如图 5.17 所示。

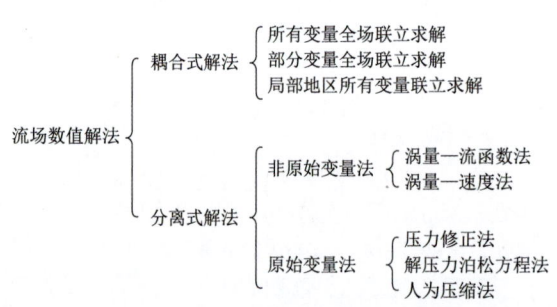

图 5.17　数值计算的主要方法分类

1. 耦合式解法

耦合式解法为同时求解离散化的控制方程组，联立求解出各变量，其求解过程如下：①假设初始压力和速度等变量，确定离散方程的系数及常数项等；②联立求解连续方程、动量方程、能量方程；③求解湍流方程及其他标量方程；④判断当前时间步长上计算是否收敛，若不收敛，返回第②步，迭代计算；若收敛，重复上述步骤，计算下一时间步长的物理量。耦合式解法可以分为所有变量全场联立求解（隐式解法）、部分变量全场联立求解（显隐式解法）、局部地区（如一个单元上）所有变量联立求解（显式解法）。对于显式求解方法，是在某一个单元上求解所有变量后，逐一地在其他单元上求解所有的未知量。这种方法在求解某个单元时要求相邻单元的变量都是已知的。当计算中流体的密度、能量、动量等参数存在相互依赖关系时，采用耦合式解法具有很大优势，其主要应用包括高速可压流动、有限速率反应模型等。耦合式解法中隐式解法应用较普遍，而显式解法仅用于动态性极强的场合，如激波捕捉。总之，耦合式解法计算效率较低、内存消耗大。

2. 分离式解法

分离式解法不直接联立方程组，而是顺序地、逐个地求解各变量代数方程组。根据是否直接求解原始变量（u，v，w，p）将分离式解法分为原始变量法和非原始变量法。

（1）原始变量法。原始变量法包含的解法比较多，常用的有解压力泊松方程法、人为压缩法和压力修正法。

1）解压力泊松方程法。解压力泊松方程法需要采用对方程取散度等方法将动量方程转变为泊松方程，然后对泊松方程进行求解。与这种方法对应的是著名的 MAC（Marker and Cetter）方法和分布法。

2）人为压缩法。人为压缩法主要是受可压的气体可以通过联立求解速度分量与密度的方法来求解的启发，引入人为压缩性和人为状态方程，以此对不可压缩流体的连续方程进行修正，引入人为密度项，将连续方程转化为求解人为密度的基本方程。但这种方法要求时间步长必须很小，从而限制了它的广泛应用。

3）压力修正法。目前工程上使用最为广泛的流场数值计算方法是压力修正法。压力修正法的实质是迭代法。在每个时间步长的运算中，先给出压力场的初始值，据此求出速度场。再求解根据连续方程导出的压力修正方程，对假设的压力场和速度场进行修正。如此循环往复，可得出压力场和速度场的收敛解。

（2）非原始变量法。涡量—速度法和涡量—流函数法是两种典型的非原始变量法。涡量—流函数法不直接求解原始变量（u，v，w，p），而是求解旋度 ω 和流函数 ψ。涡量—速度法不直接求解流场的原始变量 p，而是求解旋度 ω 和速度（u，v，w）。这两种方法的本质、求解过程和特点基本一致，共同的优点是：方程中不出现压力项，因而可避免因求压力带来的问题。另外，涡量—流函数法在某些条件下容易给定旋度值，比给定速度值要容易。这类非原始变量法的缺点如下：

（1）不易扩展到三维情况，因为三维水流不存在流函数。

（2）要得到压力场时，需要额外的计算。

（3）对于固体壁面边界，其上的旋度极难确定，没有适宜的固体壁面上的边界条件，往往使涡量方程的数值解发散或不合理。

因此，尽管非原始变量的解法巧妙地消去了压力梯度项，且在二维情况下涡量—流函数法要少解一个方程，却未得到广泛应用。

参 考 文 献

[1] KIM H，KIM K，PAEK I，et al. Development of a time-domain simulation tool for offshore wind farms [J]. Journal of power electronics，2015，15（4）：1047-1053.

[2] PHILIPPE M，BABARIT A L，FERRANT P. Comparison of time and frequency domain simula-

tions of an offshore floating wind turbine [C]. proceedings of the International Conference on Offshore Mechanics and Arctic Engineering, F, 2011.

[3] TØRUM A, GUDMESTAD O T. Water wave kinematics [M]. Springer Science & Business Media, 2012.

[4] DUNKERTON T J. Stochastic parameterization of gravity wave stresses [J]. Journal of Atmospheric Sciences, 1982, 39 (8): 1711-1725.

[5] TEMAREL P, BAI W, BRUNS A, et al. Prediction of wave-induced loads on ships: Progress and challenges [J]. Ocean Engineering, 2016, 119: 274-308.

[6] CRAIK A D. The origins of water wave theory [J]. Annu Rev Fluid Mech, 2004, 36: 1-28.

[7] FENTON J D. Nonlinear wave theories [J]. the Sea, 1990, 9 (1): 3-25.

[8] DE S. Contributions to the theory of Stokes waves; proceedings of the Mathematical Proceedings of the Cambridge Philosophical Society, F [C]. Cambridge University Press, 1955.

[9] 沈先荣. 椭圆余弦波理论研究工作的进展 [J]. 海洋工程, 1990 (4): 77-87.

[10] 张桂戌, 李志斌, 段一士. 非线性波方程的精确孤立波解 [J]. 中国科学: A 辑, 2000, 30 (12): 1103-1108.

[11] LIU Y, XIAO Q, INCECIK A, et al. Establishing a fully coupled CFD analysis tool for floating offshore wind turbines [J]. Renewable Energy, 2017, 112: 280-301.

[12] 王福军. 计算流体动力学分析: CFD 软件原理与应用 [M]. 北京: 清华大学出版社, 2004.

[13] BHASKARAN R, COLLINS L. Introduction to CFD basics [M]. New York: Cornell University, Sibley School of Mechanical and Aerospace Engineering, 2002: 1-21.

[14] WILCOX D C. Turbulence modeling for CFD [M]. DCW industries La Canada, CA, 1998.

[15] REYNOLDS W C, LANGER C A, KASSINOS S C. Structure and scales in turbulence modeling [J]. Physics of Fluids, 2002, 14 (7): 2485-2492.

[16] SPALART P R. Strategies for turbulence modelling and simulations [J]. International journal of heat and fluid flow, 2000, 21 (3): 252-263.

[17] DAVIDSON P A. Turbulence: an introduction for scientists and engineers [M]. Oxford university press, 2015.

[18] CATRAKIS H J. Distribution of scales in turbulence [J]. Physical Review E, 2000, 62 (1): 564.

[19] MOIN P, MAHESH K. Direct numerical simulation: a tool in turbulence research [J]. Annual review of fluid mechanics, 1998, 30 (1): 539-578.

[20] GRIEBEL M, DORNSEIFER T, NEUNHOEFFER T. Numerical simulation in fluid dynamics: a practical introduction [M]. SIAM, 1998.

[21] FRöHLICH J, RODI W. Introduction to large eddy simulation of turbulent flows [Z]. Karlsruhe, 2002.

[22] PERRONE N, KAO R. A general finite difference method for arbitrary meshes [J]. Computers & Structures, 1975, 5 (1): 45-57.

[23] ZIENKIEWICZ O C, TAYLOR R L, ZHU J Z. The finite element method: its basis and fundamentals [M]. Elsevier, 2005.

[24] ACHARYA S, BALIGA B, KARKI K, et al. Pressure-based finite-volume methods in computational fluid dynamics [J]. ASME Journal of Heat and Mass Transfer, 2007, 129 (4): 407-424.

[25] STERN F, WANG Z, YANG J, et al. Recent progress in CFD for naval architecture and ocean engineering [J]. Journal of Hydrodynamics, 2015, 27 (1): 1-23.

第6章
南海风能资源开发水域的风浪环境

在海洋环境动力荷载研究和海洋浮体水动力学和运动响应计算的基础上，可以通过数值模拟的方式深入剖析位于我国主要潜在海上风电场水域的漂浮式风电机组的运动响应。这种分析方法有助于评价各类型基础型式漂浮式风电机组在不同风浪环境中的安全性和长期稳定性。从数值模拟的过程来看，进行漂浮式风电机组基础的运动响应模拟的首要条件是：根据预设的海上漂浮式风电机组工作水域，明确该水域内的风浪环境。这需要深入研究海洋气候、风浪形成机制以及风能资源分布规律等多个领域，以便得到合适的风浪荷载模型。该模型将作为漂浮式风电机组在各种风浪环境中运动响应计算的依据，从而精确评估其在不同风浪环境中的安全性和长期稳定性。

我国南海拥有丰富的海洋风能资源，是适合海上风能开发的主要水域[1]。经过一系列大规模海上风能资源密度的调查和长周期的气象模拟，我国沿海的风能资源主要集中在台湾海峡附近，福建省海域的平均海上风能资源是最为丰富的[2]。沿着台湾海峡向南和向北，海上风能资源的密度逐渐降低。但在广东北部和浙江、江苏海域，海上风能资源的开发条件仍然较好。南海作为连接广东北部海区的重要海域，其风能资源密度较广东北部水域稍弱，但是由于海域面积大，航线稀疏，能够依托已经在南海若干地区服役的海上油气开发装置，这使其成为我国较为理想的海上风能开发海域。南海平均水深超过了1000m，在现有技术条件下，使用漂浮式风电机组进行南海海域的风能开发是较为合适的[3]。

在数值模拟框架内，本章进一步针对特定水域的风浪环境和漂浮式风电机组动力学展开更为细致的研究工作，有助于业内人士针对特定水域的漂浮式风电机组设计提出优化方案，提高结构可靠性，降低开发和维护成本。本章选择南海两处特定水域，基于耦合数值模拟研究其典型的风浪环境，并验证工程上广泛应用的风剖线模型和波浪谱模型的适用性与可靠性；针对台风/非台风海况提出一系列经验公式修正上述工程模型的关键参数。具体模拟流程如图6.1所示。

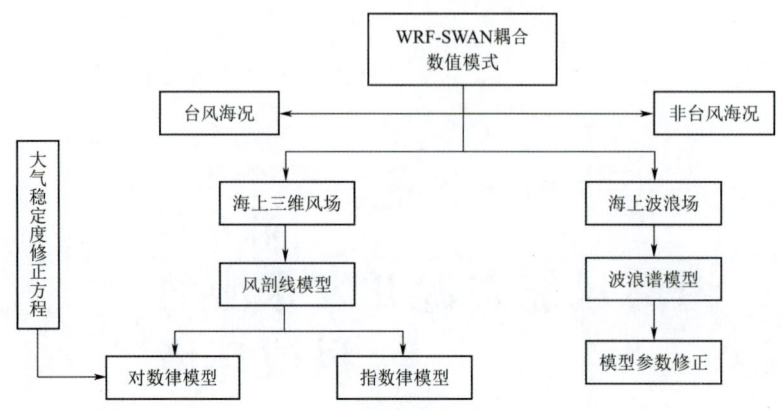

图 6.1 风电场风浪环境数值模拟流程图

6.1 理论模型

根据前述的海洋风浪环境荷载确定方法,可以知道海洋动力环境中最为重要的荷载就是风荷载以及波浪荷载,从而进行漂浮式风电机组基础水动力响应和结构动力学响应计算。海洋风浪环境荷载确定方法的基础条件是按照规范明确风剖线和波浪谱。在进行联合数值模拟过程中,研究人员主要关注海洋浮体的风剖线模型和波浪谱模型,通过对基础的、通用的风剖线模型和波浪谱模型进行修正,获取适用于形容我国南海风浪动力环境的风剖线模型和波浪谱模型[4]。为保证南海风浪动力环境描述的完整性,本书将以风剖线和波浪谱的常规理论模型为基础,结合数值模拟得到的结果,完成适用于南海的风剖线模型和波浪谱模型推导。

6.1.1 风剖线模型

风剖线模型是指大气边界层内风速沿高度的变化规律。由于海上浮标、气象观测站通常只记录低空风场,工程设计者往往需要使用风剖线模型推算风电机组轮毂高度的风速来估计海上风电机组的实际发电量。此外,风剖线模型同样适用于计算漂浮式风电机组叶片、塔架和基础上分布的风荷载。已有研究认为指数律和对数律风剖线模型均适用于描述台风边界层中风速沿高度的变化特征[5];而在非台风海况下,风剖线模型需要考虑大气稳定度的影响[6]。

美国船级社和挪威船级社规范表明,中性层结下的风剖线模型可使用的指数律形式为

$$U(h) = U_H \cdot \left(\frac{h}{H}\right)^n \tag{6.1}$$

式中:U_H 为参考高度 H 的平均风速;h 为距海表面高度;n 为 Hellmann 指数项,由大气稳定度、平均风速和海表面粗糙度决定[7]。

美国船级社和国际电工技术委员会建议,n 在极端风况中可取常数 0.11。墨西哥湾海上中性层结风剖线观测资料论证了该值的可靠性。正常风况下,n 通常可取 0.14 或 0.12。

参考高度 H 如果取 10m，U_H 对应距海表面 10m 高度处的 1h 平均风速。

除了上述指数律模型，对数律模型同样用于风剖线的工程计算中。挪威船级社规范给出的对数律模型为

$$U(h) = \frac{u_*}{\kappa} \ln \frac{h}{z_0} \tag{6.2}$$

式中：u_* 为摩阻风速；κ 为冯卡门常数，通常取常数 0.4；z_0 为空气粗糙度长度，由地形和下垫面类型决定。

当海表面的粗糙度主要由波浪引起时，z_0 可通过 Charnock 假设[9]进行估计，即

$$z_0 = A_c \cdot \frac{u_*^2}{g} \tag{6.3}$$

式中：g 为重力加速度，在本章中取 9.81N/kg；A_c 为 Charnock 常数[8]，在模拟中取 0.014。

将式 (6.3) 代入式 (6.2) 中，可得

$$U(h) = \frac{u_*}{\kappa} \ln \frac{hg}{A_c u_*^2} \tag{6.4}$$

在式 (6.4) 中，u_* 是唯一变量，决定了风剖线的变化规律。

上述指数律和对数律模型及其参数来源于欧洲北海和挪威海实地观测的结果，尚未有相关研究针对我国南海水域对其进行适用性和可靠性验证。因此，在我国海上漂浮式风电机组动力学模拟输入参数之前，有必要优先确定上述风剖线模型在南海潜在风能资源开发水域的适用性和可靠性。这样的验证过程是严谨而必要的，以确保模型的有效性和准确性。

6.1.2 波浪谱

波浪谱通常用于描述海洋中随机波浪的成长与演化。其中，工程上广泛应用的 JONSWAP 谱模型[9][式 (3.9)] 已有研究论述了上述 Phillips 高频形式 [$S(f) \propto f^{-5}$] 的可行性[10]。其中，指数项用于表征谱密度随频率的变化规律，有关研究表明，该指数项在 $-6 \sim -3$ 之间变化，而非常数[11]。为此，Donelan 等人于 1985 年提出一种修正的高频形式 [$S(f) \propto f^{-4}$][10]，即

$$S(f)_{\text{Donelan}} = \alpha g^2 (2\pi)^{-4} f^{-4} f_p \exp\left[-\left(\frac{f}{f_p}\right)^{-4}\right] \gamma^{\exp\left[-\frac{(f-f_p)^2}{2\sigma^2 f_p^2}\right]} \tag{6.5}$$

现有研究表明上述公式在绝大多数情况下能够合理地给出波浪能在频域上的分布特征。延续已有工作，Young 和 Verhagen 基于观测资料的拟合结果提出了一种更为通用的 JONSWAP 谱形式[14]，将指数项写成与水深和风区相关的形式。该广义形式的 JONSWAP 谱模型为

$$S(f)_{\text{general}} = \alpha g^2 (2\pi)^{-4} f^m f_p^{5+m} \exp\left[-\frac{n}{4} \cdot \left(\frac{f}{f_p}\right)^{-4}\right] \gamma^{\exp\left[-\frac{(f-f_p)^2}{2\sigma^2 f_p^2}\right]} \tag{6.6}$$

上述式 (6.5) ~ 式 (6.7) 中，Phillips 常数 α 是比例因子，决定了分配至不同频率上的波浪能大小，谱升因子 γ 决定了波浪能的峰值。因此上述两个参数通常与波浪的有

义波高、谱峰周期与海表面风速相关。无量纲谱宽参数 σ 表征谱密度峰值的宽度,对整个谱形影响较小。在 Hasselmann 的研究中,α 根据无量纲风区(D)进行估计,为

$$\alpha = 0.076 D^{-0.22} \tag{6.7}$$

其中

$$D = gd/U_{10}^2 \tag{6.8}$$

式中:d 为风区长度;U_{10} 为海表面 10m 高度风速。

γ 在 1 与 10 之间变化,在工程应用中可取均值 3.3。σ 可写作与频率相关的分段函数形式,为

$$\sigma = \begin{cases} 0.07, & f < f_p \\ 0.09, & f \geq f_p \end{cases} \tag{6.9}$$

不同学者讨论了 JONSWAP 谱的关键参数 α、γ 和 σ 在不同水域中的取值,相关的研究结果总结见表 6.1。

表 6.1 已有研究结果总结

学 者	Phillips 常数 α	谱升因子 γ	无量纲谱宽参数 σ
Hasselmann(1973)[9]	$\alpha = 0.076 D^{-0.22}$	3.3	$\sigma = \begin{cases} 0.07, & f < f_p \\ 0.09, & f \geq f_p \end{cases}$
Ochi 和 Hubble(1976)[12]	0.0023	2.2	—
Donelan 等人(1985)[10]	$0.006 \left(\dfrac{U_{10}}{C_p}\right)^{0.55}$	$\begin{cases} 1.7 + 6\lg\dfrac{U_{10}}{C_p}, & \dfrac{U_{10}}{C_p} \geq 0.159 \\ 1.7, & \dfrac{U_{10}}{C_p} < 0.159 \end{cases}$	—
Ochi 等人(1993)[13]	$4.5 H_s^2 f_p^4$	$9.5 H_s^{0.34} f_p$	—
Young 和 Verhagen(1996)[14]	—	—	0.12
Young(1998)[11]	$0.008 \left(\dfrac{U_{10}}{C_p}\right)^{0.73}$	1.9	0.1
Chakrabarti(2005)[15]	$5.058 \left(\dfrac{H_s}{T_p^2}\right)^2 (1 - 0.287\ln\gamma)$	$\begin{cases} \gamma = 5, & \dfrac{T_p}{\sqrt{H_s}} \leq 3.6 \\ \gamma = \exp\left(5.75 - \dfrac{1.15 T_p}{\sqrt{H_s}}\right), & \dfrac{T_p}{\sqrt{H_s}} > 3.6 \end{cases}$	—
Kumar 等人(2008)[16]	$0.18 H_s^{1.52} T_p^{-3.53} T_{02}^{1.34}$	$8.38 H_s^{0.57} T_p^{-1.26} T_{02}^{0.41}$	—
Feng 等人(2012)[17]	$4.069 H_s^{2.06} T_p^{-4.24}$	$6.236 H_s^{0.12} T_p^{-0.34}$	—

在风能资源开发水域中，波浪谱的成长与演化规律受到多种因素的影响，其中最为重要的是风能环境。风能环境包括风速、风区、有义波高和谱峰周期等因素，这些因素对波浪谱的形状和大小产生显著影响。JONSWAP 谱是一种常用的波浪谱模型，它能够描述不同风浪环境下的波浪分布情况。然而，由于不同水域的风浪环境存在差异，因此在使用 JONSWAP 谱时需要对其关键参数进行验证，以确保计算结果的可靠性。为了解决这个问题，本章采用了 WRF - SWAN 联合数值模拟方法，针对南海风能资源开发水域进行了波浪谱的成长与演化规律研究。WRF - SWAN 是一种气象海洋模型，它可以模拟风浪生成、传播和演化的全过程。通过 WRF - SWAN 模型，可以获取不同风浪环境下的波浪分布情况，从而对 JONSWAP 谱的适用性和可靠性进行论证。

具体而言，首先利用 WRF - SWAN 模型模拟南海风能资源开发水域在不同风浪环境下的波浪分布情况。然后对模拟结果进行统计分析，并计算 JONSWAP 谱的关键参数。通过对比分析模拟结果和实际观测数据，发现 JONSWAP 谱能够较好地描述该水域的波浪分布情况。此外，还发现 JONSWAP 谱的关键参数对风浪环境十分敏感，它们会随着风速、风区、有义波高和谱峰周期等的变化而发生改变。因此，在使用 JONSWAP 谱时，需要根据实际情况对其关键参数进行验证，以确保计算结果的可靠性。

6.2 WRF - SWAN 联合数值模拟

本章使用工程上广泛应用的 WRF 模式和 SWAN 模式联合建立南海特定水域不同海况下的风浪环境。WRF 模式是第三代中尺度气象数值预报模式[18]。SWAN 模式是第三代浅水海浪数值模式[19]，在科学研究与工程模拟上应用广泛。

6.2.1 计算域

为了捕捉 WRF 模式模拟三维风场和 SWAN 模式模拟的波浪场局地细节，WRF 模式和 SWAN 模式均采用了三层嵌套配置的计算域。

其中，最外层计算域（D01）覆盖南海和东海主要水域，水平分辨率和网格数分别为 30km 和 98×98；第二层计算域（D02）主要覆盖南海水域，水平分辨率和网格数分别为 10km 和 222×219；第三层计算域包含两块区域，覆盖了潜在风能资源开发水域（D03A 和 D03B），水平分辨率和网格数分别为 3.3km 和 165×165。沿高度方向上，WRF 模式将 10~1000hPa 之间的大气层划分为 40 层网格，且对近海/地面网格加密，确保模型能够捕捉到高精度的风剖线和边界层流动细节。

6.2.2 初始和边界条件

本章使用美国环境预报中心（National Centers for Environmental Prediction, NCEP）提供的历史再分析资料作为 WRF 模式的初始和边界条件。该 FNL 数据由全球数据同化系统生成，可提供一日 4 个时刻的气象变量（00 时、06 时、12 时和 18 时世界时），包含 27 个气压层和 1 个表面层，水平分辨率为 1°×1°。

为了深入探究南海特定水域在台风与非台风情况下的风浪环境，本章借助 WRF -

SWAN 模式，对 2014 年发生的 3 个台风（Rammasun、Matmo 和 Kalmaegi）以及 1999—2013 年间的正常海况进行了模拟。具体时间区段见表 6.2 和表 6.3。

表 6.2　　　　　　　　　台风海况的风场模拟起始与终止时刻

起始时刻	终止时刻	海　　况
2014 年 7 月 16 日	2014 年 7 月 20 日	台风 Rammasun
2014 年 7 月 20 日	2014 年 7 月 25 日	台风 Matmo
2014 年 9 月 13 日	2014 年 9 月 18 日	台风 Kalmaegi

表 6.3　　　　　　　　　非台风海况的风场模拟起始与终止日期

起始日期	终止日期	年　　份	海　　况
4 月 1 日	4 月 7 日	2014 年	正常海况
8 月 29 日	9 月 5 日		
4 月 1 日	4 月 3 日	1999—2013 年	正常海况
6 月 1 日	6 月 3 日		
9 月 12 日	9 月 15 日		
12 月 17 日	12 月 20 日		

上述严谨的模拟和分析，能够更加准确地了解南海特定水域在台风与非台风情况下的风浪环境，为相关的海上漂浮式风电机组的结构设计提供科学依据。

由于历史再分析资料的水平分辨率较低，因此无法保证上述后处理过程生成的初始条件具备台风生长的初始扰动。为了保证台风的顺利生成，WRF 模式的技术文件指出，在台风模拟之前，需要在初始条件中人为加入台风成长所需的初始扰动[20]。具体做法如下：首先判断历史再分析资料中是否包含台风的初始扰动，若存在初始扰动，则将其移除；然后，将一个预先定义台风关键参数的兰金涡模型植入初始边界条件中。

WRF 模式产生了距海面 10m 高度风速 U_{10} 并且提供地形/水深数据，上述数据可以作为 SWAN 模式波浪场模拟的初始和边界条件。在波浪场的模拟过程中，U_{10} 转化为 u_* 来表征空气向海面动量的传递过程，即

$$u_* = \sqrt{C_d} U_{10} \tag{6.10}$$

其中

$$C_d(U_{10}) = 0.255 + 2.97\overline{U} - 1.49\overline{U}^2$$

$$\overline{U} = \frac{U_{10}}{\widehat{U}_{10}} \tag{6.11}$$

式中：C_d 为阻力系数。

式（6.11）中，当 $\widehat{U}_{10}$ 等于 C_d 最大值时对应的 10m 高度风速，在 SWAN 模式中，为了简化计算，取 $\widehat{U}_{10} = 31.5 \text{m/s}$。地形/水深数据来自美国大气和海洋管理局。

6.2.3　模型配置

WRF 模式在 3 个计算域内的时间步长分别设定为 36s、12s 和 4s，其具体参数化配置

总结如下：表面层使用基于稳定度方程的 MM5 格式计算摩阻风速和交换系数；边界层过程使用 YSU（Yonsei University）格式；陆地表面层使用 Noah（LSM）格式，该格式基于表面层、辐射、微物理和对流过程提供的大气信息计算陆地和海上冰面的热通量和湿度通量；积云参数化配置使用 Kain-Fritsch 格式；短波辐射使用 WSM3 格式；长波辐射使用 RRTM 格式。WRF 模式的相关配置见表 6.4 所示。

表 6.4   WRF 模式参数化配置

计算域	D01	D02	D03
配置		3 层嵌套计算域，墨卡托投影	
网格数	98×98	222×219	165×165
时间步长	36s	12s	4s
物理模型		表面层：MM5 格式[20] 边界层：YSU 格式[22] 陆地表面层：Noah 格式[23] 累计参数化：Kain-Fritsch 格式[24] 短波辐射：WSM3 格式[25] 长波辐射：RRTM 格式[26]	

在 SWAN 模式模拟的波浪场中，模拟的波浪频率设定为 0.0418～0.85Hz，因此模型能够捕捉的波浪周期在 1.2s 和 24s 之间，覆盖了南海水域典型的风浪周期。D01、D02 和 D03 计算域内的时间步长分别为 30min、30min 和 10min。其余相关配置见表 6.5。

表 6.5   SWAN 模式参数化配置

基本配置		D01	D02	D03A 和 D03B
网格数		98×98	222×219	165×165
频率个数		100	100	100
方向个数		36	36	36
时间步长		30min	30min	10min
线性波浪增长			Cavaleri[27] 和 Tolman 等[28] 方法	
指数律波浪增长			Komen 方法[29]	
物理模型	白冠破碎		Komen 方法[29]	
	底部摩阻		JONSWAP 格式	
	水深引起的波浪破碎		Bore-based 模型[30]	
	三幅波相互作用		Lumped Triad Approximation（LTA）方法[31]	
	四幅波相互作用		Hasselmann 方法[32]	

基于上述模型配置，本章通过 WRF-SWAN 联合数值模式建立了南海特定水域台风/非台风（表 6.4）海况下的风场和波浪场。为了综合地评估南海风场的流动特征，本章采用平均化方法对 WRF 模拟的瞬时风场进行后处理，得到 870 条台风海况下的平均风剖线和 8040 条非台风海况下的平均风剖线。

6.2.4 验证和误差统计

在进一步研究上述模拟的风剖线和波浪谱之前，有必要验证 WRF-SWAN 联合模拟结果的可靠性。为此，本章使用深圳市海洋观测与预报中心的 4 个海上浮标观测资料对 3 个台风海况和 2014 年非台风海况下局地风场的可靠性进行了验证。此外，中国中央气象台台风网提供的历史路径用于验证台风的大尺度特征，例如台风中心位置、中心气压和可持续风速的可靠性。

1. 大尺度特征

基于详尽的观测数据，图 6.2 展示了 10min 平均最大可持续风速与台风中心气压的验证结果。在此，模拟结果与观测结果的标准差分别为 5.08m/s 和 10.21hPa。值得注意的是，当将这些结果与各种热带气旋路径资料进行比较时，发现最大可持续风速的标准差通常在 10kn（~5.14m/s）的量级。因此，图 6.2 所展示的台风大尺度特征具有相当高的可靠性。

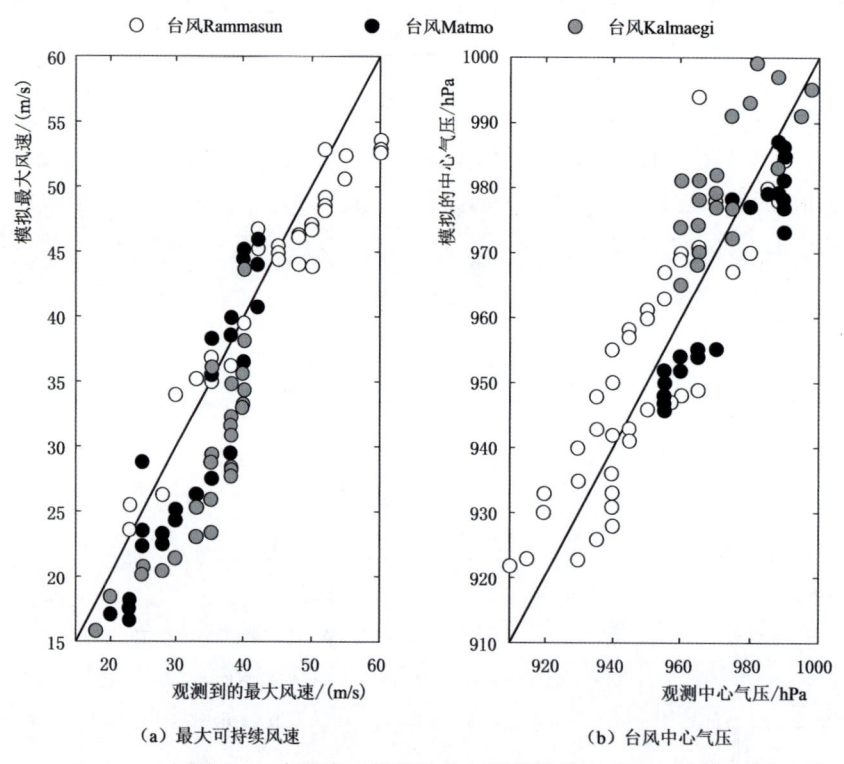

图 6.2　台风中心气压和最大可持续风速对比

除了上述最大可持续风速和台风中心气压，验证也包括了台风的路径，通过对比可以发现模拟的台风路径与观测结果在整体上较为接近。然而，在台风 Matmo 靠近海岸线的位置出现了较为明显的偏差，与观测路径的偏离程度接近 2°。

2. 局地流动特征

除了上述大尺度特征，浮标观测的风速、风向、有义波高和平均周期也可用于验证局地风浪环境的可靠性。图 6.3 和图 6.4 分别给出台风和非台风海况下东涌浮标位置的风速和风向对比结果。

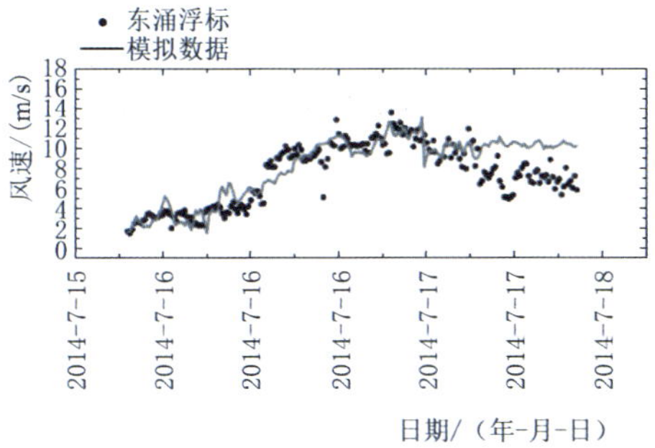

(a) 台风Rammasun风速
(b) 台风Rammasun风向 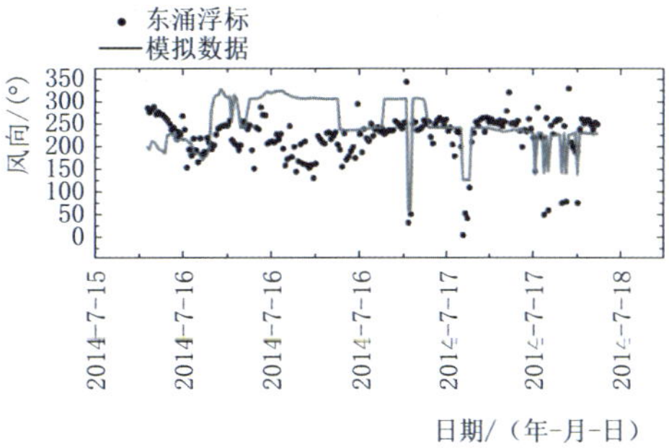
(c) 台风Matmo风速 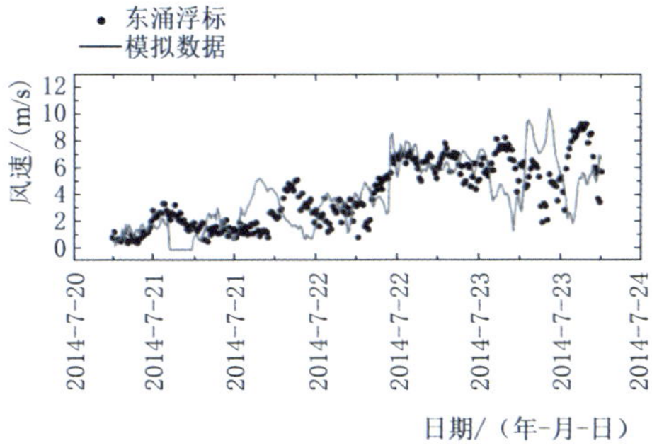
(d) 台风Matmo风向 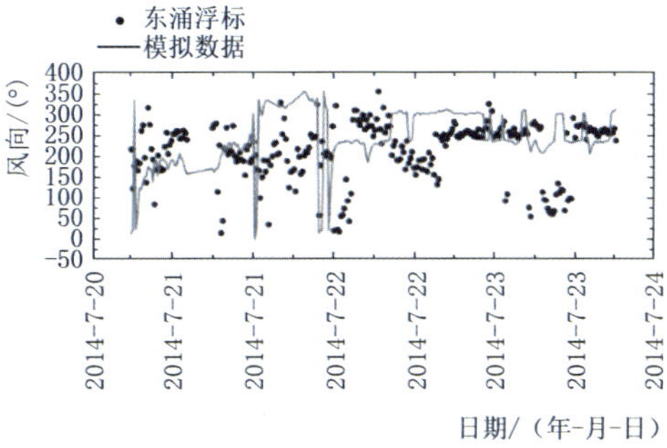
(e) 台风Kalmaegi风速 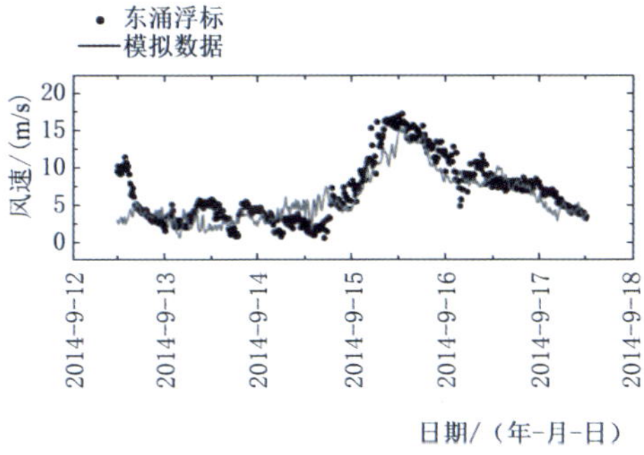
(f) 台风Kalmaegi风向 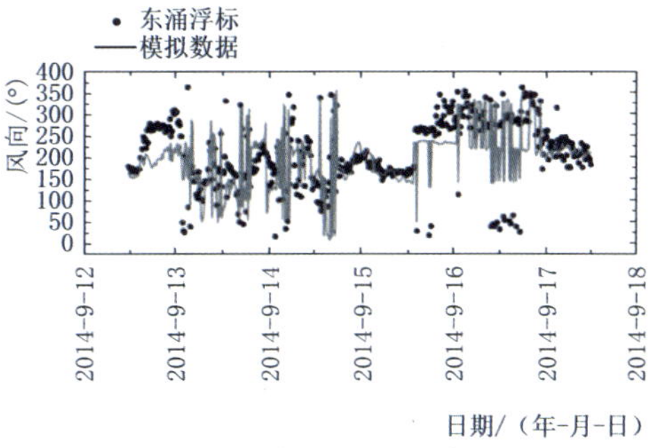

图 6.3 台风海况下模拟与观测风速和风向对比

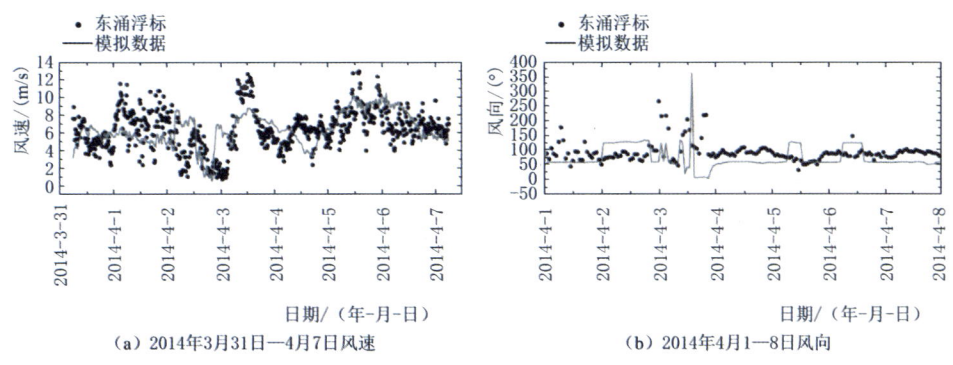

(a) 2014年3月31日—4月7日风速
(b) 2014年4月1—8日风向

图 6.4（一） 非台风海况下模拟与观测风速和风向对比

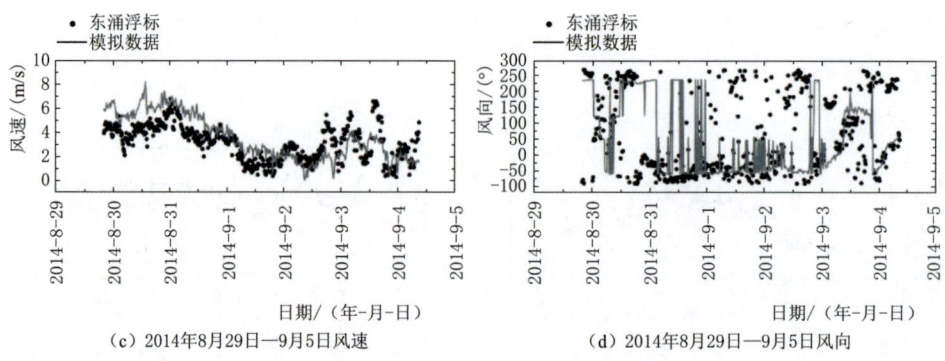

(c) 2014年8月29日—9月5日风速　　(d) 2014年8月29日—9月5日风向

图 6.4（二）　非台风海况下模拟与观测风速和风向对比

图 6.3 和图 6.4 分别给出台风和非台风海况下模拟与观测的对比结果。上述验证表明，模拟的风速和风向与实际观测数据较为接近。模拟的风速和风向与观测值基本上具有一致的变化趋势，由此可以推测，风场的局地流场特征和实际情况相吻合，可用于后续的讨论与研究。其余浮标的对比具有相似的结论，为了行文简洁不再赘述。

除了上述风场的可靠性验证，台风/非台风海况下波浪场的对比如图 6.5 和图 6.6 所示。

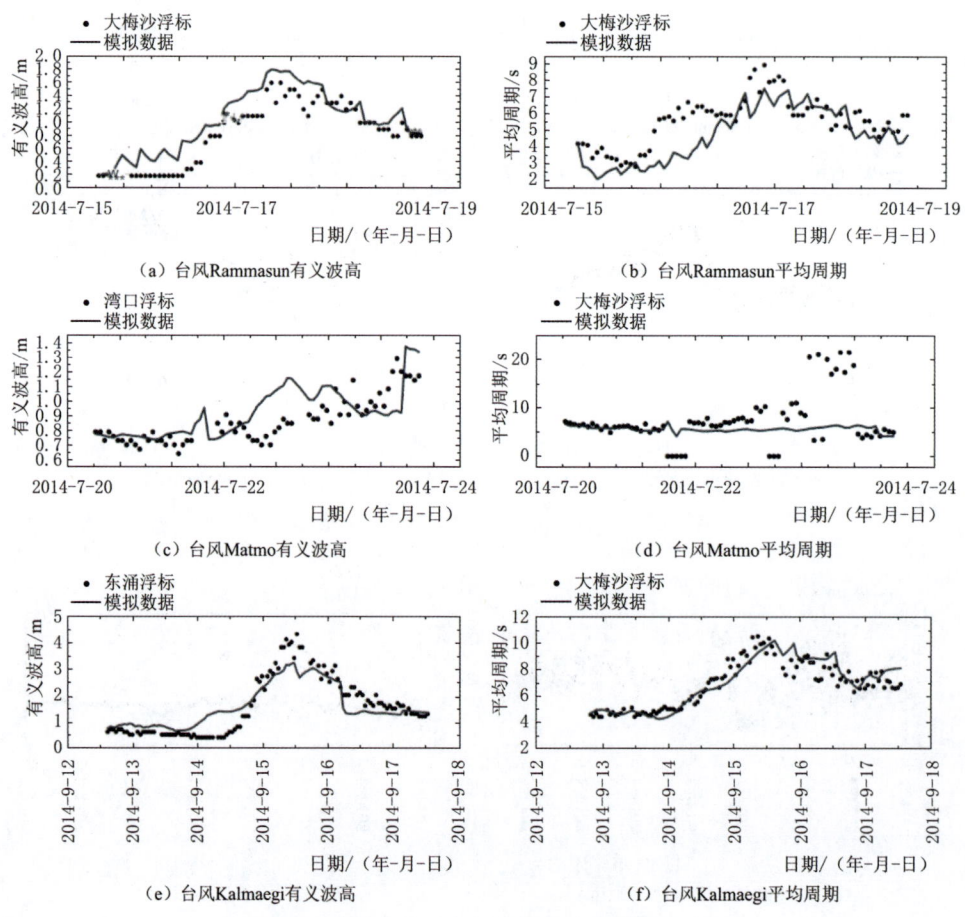

(a) 台风Rammasun有义波高　　(b) 台风Rammasun平均周期

(c) 台风Matmo有义波高　　(d) 台风Matmo平均周期

(e) 台风Kalmaegi有义波高　　(f) 台风Kalmaegi平均周期

图 6.5　台风海况下有义波高和平均周期的对比

6.2 WRF-SWAN 联合数值模拟

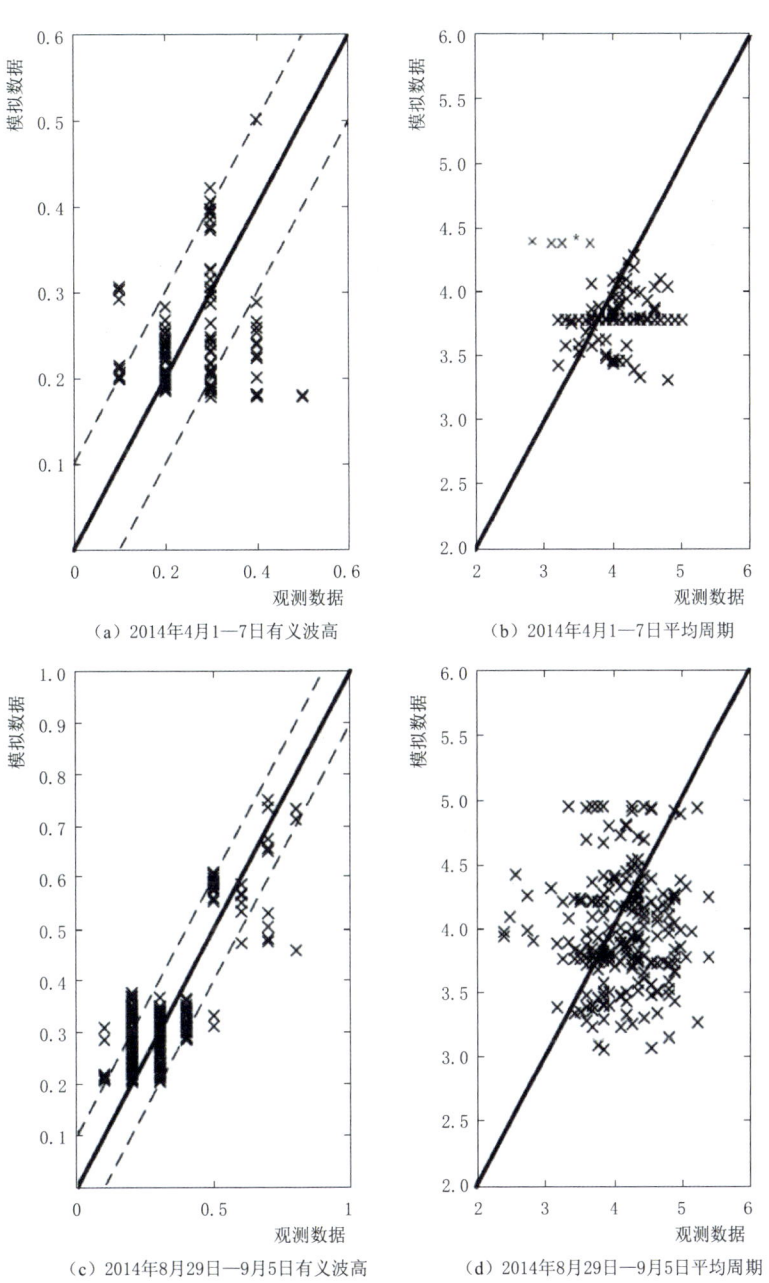

(a) 2014年4月1—7日有义波高　　(b) 2014年4月1—7日平均周期

(c) 2014年8月29日—9月5日有义波高　　(d) 2014年8月29日—9月5日平均周期

图 6.6　非台风海况下有义波高和平均周期的对比

图 6.7 和图 6.8 展示了台风海况下有义波高和平均周期的对比，黑色线代表最佳匹配曲线，间断线代表浮标观测的可信区间±0.1m。从图中可以清晰地看到，模拟的波浪场在整体上与观测结果非常接近，这表明其可信度较高。相比之下，尽管平均周期的模拟结果与观测结果也有一定的相似性，但有义波高的模拟结果与观测结果的一致性更高。以湾口浮标位置为例，观测结果显示存在一个上升的平均周期，但模拟的波浪场并未捕捉到这

一明显的突变。经过深入分析，发现这种误差可能源于 SWAN 模式在计算容量参数的过程中，通过降低波浪能的方式产生了一定的偏差。

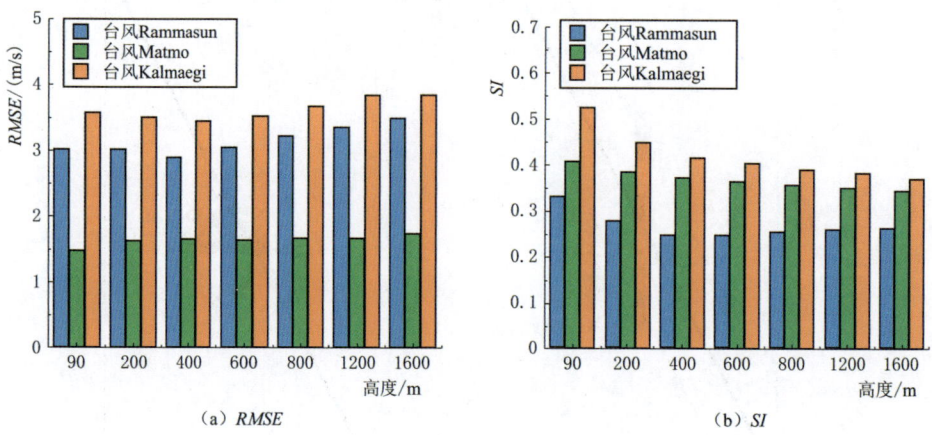

（a）RMSE

（b）SI

图 6.7　三个台风模拟的误差统计

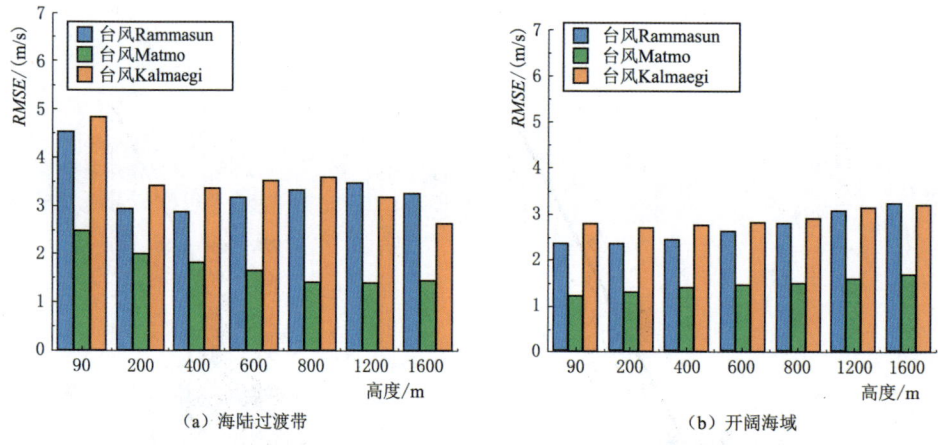

（a）海陆过渡带

（b）开阔海域

图 6.8　三个台风模拟过程海陆过渡带和开阔海域的平均风速偏差

此外，当波高低于 1m 时，SWAN 模式往往过高地估计了有义波高，同时过低地估计了平均周期。值得注意的是，这种误差可能不仅源于 SWAN 模式本身的物理模型，还可能受到 WRF 模式提供的风场输入条件的影响，这可能会略微地放大波浪场模拟的误差。考虑到正常海况下浮标记录的波浪场观测资料精度较低（±0.1m），采用散点图验证的方式来直观地展示模拟结果与观测资料的对比情况，具体验证结果如图 6.5 所示。

从散点图中可以清晰地看到，离散的数据点集中在最佳匹配曲线附近，这表明正常海况下模拟的波浪场与观测资料较为接近。综上所述，通过 WRF–SWAN 联合数值模拟，能够建立相对可靠的风场和波浪场。然而，SWAN 模式在预报长周期的波浪场上仍存在一定的缺陷。因此，在后续的研究中，将排除 SWAN 模拟结果中平均周期超过 10s 的波浪场。

3. 误差分析

为了定量地描述模拟结果与实际情况的偏离程度，本章使用均方根误差（RMSE）、离散程度（SI）、偏离程度（Bias）和标准偏差（SD）4 个误差指标表征模拟结果的

误差大小。上述 4 个指标的定义为

$$RMSE = \sqrt{\frac{\sum_{i=1}^{N}(S_i - O_i)^2}{N}} \quad (6.12)$$

$$Bias = \frac{\sum_{i=1}^{N}(S_i - O_i)}{N} \quad (6.13)$$

$$SD = RMSE^2 - Bias^2 \quad (6.14)$$

$$SI = \frac{RMSE}{\overline{O}} \quad (6.15)$$

式中：S_i 为第 i 个时刻的模拟值；O_i 为第 i 个时刻的观测值；N 为样本总数；$\overline{O}$ 为观测结果的均值。

此外有研究成果表明，由于风向是一个周期性的变量，因此模拟与观测风向之差可写作

$$S_i - O_i = \theta_s - \theta_o [(1-360)/|\theta_s - \theta_o|], \quad |\theta_s - \theta_o| > 180° \quad (6.16)$$

根据误差的定义，$RMSE$ 通常用于衡量模拟结果与观测值之间的偏离程度，并且对时间序列中的极端值非常敏感。$Bias$ 用于评估偏差的整体趋势。如果 $Bias$ 为正值，那么模拟结果高于观测值；反之亦然。SD 用于描述偏差的稳定性。如果 SD 值较小，意味着误差具有较高的稳定性。在这种情况下，系统误差通常占据主导地位，因此可以通过一个简单的线性模型来消除。更重要的是，较低的 SD 意味着模型能够捕捉到与实际相符的风浪特征，因此 WRF－SWAN 模式中的物理过程是可信的。SI 描述了误差的离散程度。

基于上述 4 个广泛应用的误差指标，台风/非台风海况下风场误差统计见表 6.6~表 6.10。

表 6.6　　　　　　　　　　台风 Rammasun 风场的误差统计

数据		RMSE	Bias	SD	SI
东涌浮标	U_{10}	2.4673	1.4396	2.0037	0.3744
	Θ	66.2257	29.7893	59.1476	0.3059
大梅沙浮标	U_{10}	3.5856	3.0389	1.9030	0.7978
湾口浮标	U_{10}	3.3802	2.6128	2.1445	0.5398
	Θ	44.5392	17.8909	40.7879	0.4815

注　U_{10} 的误差指标 $RMSE$、$Bias$、SD、SI 的单位分别为 m/s、m/s、m^2/s^2、无单位；Θ 的误差指标 $RMSE$、$Bias$、SD、SI 的单位分别为（°）、（°）、（°）^{2}、无单位。

表 6.7　　　　　　　　　　台风 Matmo 风场的误差统计

数据		RMSE	Bias	SD	SI
东涌浮标	U_{10}	2.2162	－0.0055	2.2162	0.5362
	Θ	124.0050	49.2884	113.7889	0.5781
大梅沙浮标	U_{10}	2.0923	0.7071	1.9692	0.6927
湾口浮标	U_{10}	2.7150	0.5553	2.6576	0.7422
	Θ	80.8182	25.4020	76.7223	0.3376

注　U_{10} 的误差指标 $RMSE$、$Bias$、SD、SI 的单位分别为 m/s、m/s、m^2/s^2、无单位；Θ 的误差指标 $RMSE$、$Bias$、SD、SI 的单位分别为（°）、（°）、（°）^{2}、无单位。

表 6.8 台风 Kalmaegi 风场的误差统计

数据		RMSE	Bias	SD	SI
东涌浮标	U_{10}	2.3481	−0.7849	2.2130	0.3489
	Θ	55.9161	−9.5200	55.0997	0.2718
大梅沙浮标	U_{10}	2.3735	0.5253	2.3147	0.4273
湾口浮标	U_{10}	2.7535	1.0735	2.5356	0.6547
	Θ	82.8695	30.0231	77.2397	0.9545

注 U_{10} 的误差指标 RMSE、Bias、SD、SI 的单位分别为 m/s、m/s、m^2/s^2、无单位；Θ 的误差指标 RMSE、Bias、SD、SI 的单位分别为 (°)、(°)、(°)^2、无单位。

表 6.9 2014 年 4 月 1—8 日风场的误差统计

数据		RMSE	Bias	SD	SI
东涌浮标	U_{10}	2.3959	0.1236	2.3927	0.3770
	Θ	62.0364	−11.0630	61.0420	0.6883
大梅沙浮标	U_{10}	2.4047	1.0788	2.1491	0.7551
	Θ	80.4156	28.5225	75.1873	0.8923
湾口浮标	U_{10}	3.4768	2.8724	1.9589	1.7093
	Θ	84.3856	−47.1123	69.3263	0.6774

注 U_{10} 的误差指标 RMSE、Bias、SD、SI 的单位分别为 m/s、m/s、m^2/s^2、无单位；Θ 的误差指标 RMSE、Bias、SD、SI 的单位分别为 (°)、(°)、(°)^2、无单位。

表 6.10 2014 年 8 月 29 日—9 月 5 日风场的误差统计

数据		RMSE	Bias	SD	SI
东涌浮标	U_{10}	1.4658	0.4717	1.3879	0.4584
	Θ	122.7804	24.2954	130.3526	0.5447
大梅沙浮标	U_{10}	1.1662	0.0342	1.1657	0.4431
	Θ	122.6387	37.5044	116.7633	1.1158
湾口浮标	U_{10}	2.7860	1.1100	2.5554	0.8653
	Θ	83.9581	17.8758	82.0330	0.5021

注 U_{10} 的误差指标 RMSE、Bias、SD、SI 的单位分别为 m/s、m/s、m^2/s^2、无单位；Θ 的误差指标 RMSE、Bias、SD、SI 的单位分别为 (°)、(°)、(°)^2、无单位。

如果 RMSE 低于 5.0，SI 低于 1.0，则可认为模拟的风场具有较高的可靠性。上述误差统计结果表明，除了表 6.9 中下沙浮标出现较大的 SI（1.7093）以外，其余误差具有相对较低的值，其平均 RMSE 和 SI 分别约为 2.66m/s 和 0.52，远低于上述标准。RMSE 低于 3m/s 时通常可认为模型结果具有较高的可靠性。由此推测，本章模拟的近海面风速和实际情况相符。与此同时，除了台风 Rammasun 以外，绝大多数情况下 Bias 均在 −1~1m/s 之间，SD 均在 $2m^2/s^2$ 左右。相比于风速的模拟结果，风向的模拟结果明显不如风速精确。WRF 模式较低的分辨率是导致风向上出现明显偏差的主要原因。由于浮标观测位置均处于海岸线附近，因此海陆过渡带引发的风场流动明显对模拟结果有影响，且对风向的影响甚为明显。由于本章使用的地形分辨率仅为 30km×30km，因此 WRF 模式难以捕捉到地形对近地面风场流动的影响。

除了上述风场的误差统计以外，本章同样使用上述 4 个误差指标衡量波浪场的可靠程度，见表 6.11~表 6.15。

6.2 WRF-SWAN 联合数值模拟

表 6.11 台风 Rammasun 波浪场的误差统计

数 据		RMSE	Bias	SD	SI
东涌浮标	H_s	0.3750	−0.0168	0.3746	0.2424
	T_{01}	1.3168	−1.1200	0.6925	0.2021
大梅沙浮标	H_s	0.2721	0.2337	0.1394	0.3741
	T_{01}	1.4670	−1.1059	0.9639	0.2708
下沙浮标	H_s	0.3657	0.2583	0.2589	0.5099
	T_{01}	1.3774	−0.8334	1.0968	0.2470
湾口浮标	H_s	0.3736	−0.1381	0.3471	0.2042
	T_{01}	1.2112	−0.6747	1.0058	0.1472

注 H_s 的误差指标 RMSE、Bias、SD、SI 的单位分别为 m、m、m^2、无单位；T_{01} 的误差指标 RMSE、Bias、SD、SI 的单位分别为 s、s、s^2、无单位。

表 6.12 台风 Matmo 波浪场的误差统计

数 据		RMSE	Bias	SD	SI
东涌浮标	H_s	0.1686	0.0160	0.1679	0.2673
	T_{01}	1.3939	0.9065	1.0589	0.2747
大梅沙浮标	H_s	0.0856	−0.0415	0.0749	0.3293
	T_{01}	0.8539	−0.3856	0.7619	0.1443
下沙浮标	H_s	0.1475	0.0572	0.1360	0.4575
	T_{01}	1.1682	0.6402	0.9772	0.2423
湾口浮标	H_s	0.0605	0.0224	0.0562	0.0800
	T_{01}	0.9703	−0.6116	0.7532	0.1551

注 H_s 的误差指标 RMSE、Bias、SD、SI 的单位分别为 m、m、m^2、无单位；T_{01} 的误差指标 RMSE、Bias、SD、SI 的单位分别为 s、s、s^2、无单位。

表 6.13 台风 Kalmaegi 波浪场的误差统计

数 据		RMSE	Bias	SD	SI
东涌浮标	H_s	0.5055	0.0844	0.2484	0.3372
	T_{01}	0.7767	0.1156	0.5898	0.1135
大梅沙浮标	H_s	0.1105	0.0799	0.0058	0.2483
	T_{01}	0.3711	−0.0885	0.1299	0.0904
下沙浮标	H_s	0.0542	0.0355	0.0017	0.1819
	T_{01}	0.5446	0.3297	0.1879	0.1231

注 H_s 的误差指标 RMSE、Bias、SD、SI 的单位分别为 m、m、m^2、无单位；T_{01} 的误差指标 RMSE、Bias、SD、SI 的单位分别为 s、s、s^2、无单位。

表 6.14 2014 年 4 月 1—8 日波浪场的误差统计

数 据		RMSE	Bias	SD	SI
大梅沙浮标	H_s	0.1277	−0.0489	0.0139	0.4307
	T_{01}	1.0090	−0.7408	0.4693	0.2543
下沙浮标	H_s	0.0631	0.0340	0.0028	0.3656
	T_{01}	0.4783	−0.2325	0.1748	0.1181

注 H_s 的误差指标 RMSE、Bias、SD、SI 的单位分别为 m、m、m^2、无单位；T_{01} 的误差指标 RMSE、Bias、SD、SI 的单位分别为 s、s、s^2、无单位。

表 6.15　　　　　　2014 年 8 月 29 日—9 月 5 日波浪场的误差统计

数　据		RMSE	Bias	SD	SI
大梅沙浮标	H_s	0.0831	0.0277	0.0061	0.3200
	T_{01}	0.8410	−0.4278	0.5243	0.2039
下沙浮标	H_s	0.0631	0.0340	0.0028	0.3656
	T_{01}	0.4783	−0.2325	0.1748	0.1181

注　H_s 的误差指标 RMSE、Bias、SD、SI 的单位分别为 m、m、m^2、无单位；T_{01} 的误差指标 RMSE、Bias、SD、SI 的单位分别为 s、s、s^2、无单位。

表 6.11～表 6.15 显示，台风海况中大梅沙、下沙浮标位置以及大多数非台风海况的有义波高 SD 误差均在 0.001m^2 量级，Bias 在大多数情况下接近 0。由此说明，模拟与观测波浪场之间具有较小的系统偏差。最小的 Bias 发生在台风 Rammasun 海况下的平均波周期出现明显的 Bias（约为−1.12s），说明模型低估了实际的平均波周期。究其原因，一种可能的解释是在近岸水域，SWAN 模式中海底地形精度（1.85km×1.85km）尚不足以捕捉低频的波浪能。由此推测，随着离岸距离增加、水位升高，上述误差将会随之减小。

上述误差分析表明，本章通过 WRF-SWAN 模式联合建立的近海面风场和波浪场均具有较高的可靠性。

4. 模型可信度

上述误差分析存在两个主要不足：①误差统计结果显示模型在低空高度处的风场与实际情况相符，然而模型在高空风场的可靠性尚未得到验证；②由于缺乏海上观测资料，模型模拟结果受到的季节性变动影响尚未得到确认。

为了解决这些问题，本章利用欧洲中尺度天气预报中心提供的历史再分析资料（分辨率为 27km×27km），构建了上述模型的综合性可信度体系。通过研究不同海拔、不同地形（如海陆过渡带和开阔海域）以及不同季节等因素对模型的影响程度，对模型的可靠性进行了补充验证。

历史再分析资料包含 26 个气压层和 1 个表面层的气象变量，一天预报 4 次（0 时、6 时、12 时和 18 时）。该资料由全球性/区域性气象数值模型产生，并经过全球一系列观测资料数据同化，因此具有较高的可信度。具体验证过程如下：

（1）从历史再分析资料中提取和本章数值模拟相同时间和经纬度的片段（包括台风和非台风海况）进行比较。模拟的风速通过三次样条插值法投影至历史再分析资料对应的气压层。

（2）计算每一层高度模拟风速与历史再分析资料风速之间的误差（RMSE 和 SI），并对其取平均值。

需要强调的是，D03A 的计算域内存在明显的海陆过渡带，然而历史再分析资料的精度（27km×27km）尚不足以完全捕捉这种海陆转变对风场的影响。相比之下，WRF 模式更能充分考虑海陆过渡带对局地风场的影响。因此，可以推测 D03A 海岸线附近区域可能因历史再分析资料精度不足而产生较大的偏差。这种偏差应从整个可信度指标中剔除。为解决这一问题，从 WRF 模式的静态变量中提取了表征海陆地形的变量。假设在 2×2 的计算网格中，当同时包含水面和陆地变量时，该计算网格便被认为位于海陆过渡带。在此基础上，以 2×2 矩阵为搜索半径来寻找海陆过渡带对应的计算网格，并提取相应的风场信息与历史再分析资料进行对比。

图 6.7 表征的是台风海况下不同高度模拟风速与历史再分析资料的偏差。除了台风 Kalmaegi 中出现较大的 RMSE（～3.61m/s）和 SI（～0.42）以外，其余台风海况下高空风场满足 Wang 和 Jin[33] 建立的误差标准，具备较高的可信度。

此外，海陆过渡带与开阔海域风场的误差对比结果证实了上述猜想，如图 6.8 所示。海陆过渡带风场的平均 RMSE（约为 2.87m/s）明显大于开阔海域的风场（～2.34m/s）。其中，最大 RMSE 出现在 90m 高度的台风 Kalmaegi 风场中，约为 4.52m/s。由于海陆过渡带的风速受到海陆气流的影响，因此模拟结果的可靠性明显与地理模型的精度相关，因此这种偏差符合预期。

图 6.9 给出的是 2015 年正常海况下不同季节的模拟风场与历史再分析资料的偏差。最大偏差出现在冬季，尤其是在 1600m 高空出现了 6m/s 左右的 RMSE 和 0.6 左右的 SI。相似的结论同样出现在其余不同年份的模拟过程中。Li 等人[46]证实，季节对风场的模拟具有不可忽略的影响；由于冬季往往具有更为复杂的海气动力学过程，从而导致物理模型往往无法捕捉风场的局地细节。

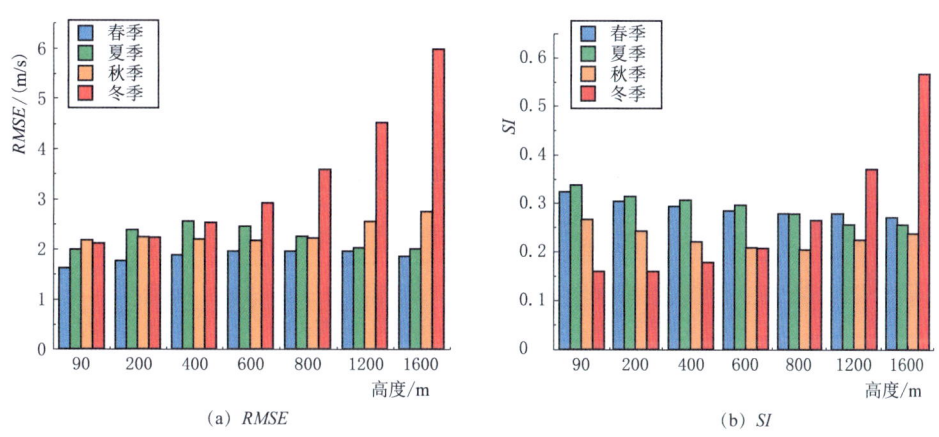

图 6.9 正常海况下季节变化对风场的影响

除了冬季以外，其余季节的风场具有相似的误差特征，RMSE 和 SI 的变化相对稳定（分别约为 2.5m/s 和 0.3）。此外，还发现误差沿高度呈现增长的趋势。有研究表明，由于大气边界层以上的高空观测资料相对缺乏，因此现有的第三代中尺度数值模式尚不足以捕捉高空风场的流动特性。

图 6.10 给出了海陆过渡带与开阔海域在不同季节下的误差变化。和台风海况相类似，海陆过渡带风场误差明显高于开阔海域的风场，这种误差由历史再分析资料本身的缺陷所致。去除上述误差后，误差随季节和高度的变化趋势如下图 6.10（b）所示。最大偏差出现在冬季 1600m 高度，RMSE 约为 6.17m/s，与上述讨论结果相类似。

除了上述风场的对比，历史再分析资料提供的有义波高变量可用于检验 SWAN 模式模拟结果的可信度。需要指出，有义波高是整个波浪场最关键的参数，与模型的可靠性直

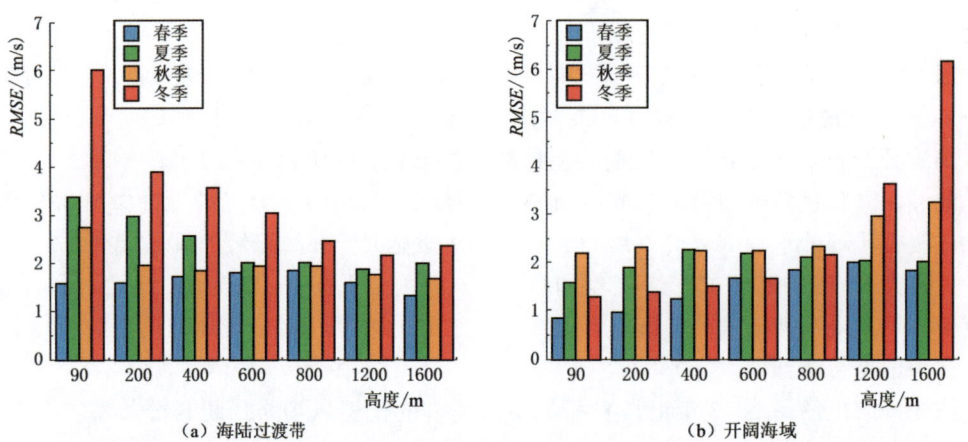

图 6.10 正常海况下海陆过渡带与开阔海域不同季节下的 RMSE

接相关。图 6.11 显示的是 1999—2013 年波浪有义波高的误差统计。最大误差出现在 2007 年，RMSE 和 Bias 分别达到 0.4094m 和 −0.3925m。除了 2007 年以外，其余年份整体误差相对较小，4 个误差指标的均值分别约为 0.2238m，0.0293m，0.0119m^2 和 0.1811。尽管 2007 年的模拟结果具有相对较大的 RMSE 和 Bias，然而较小的 SD 值（0.0065m^2）表明上述误差较为稳定，因此波浪场的模拟结果具有可信的物理意义。

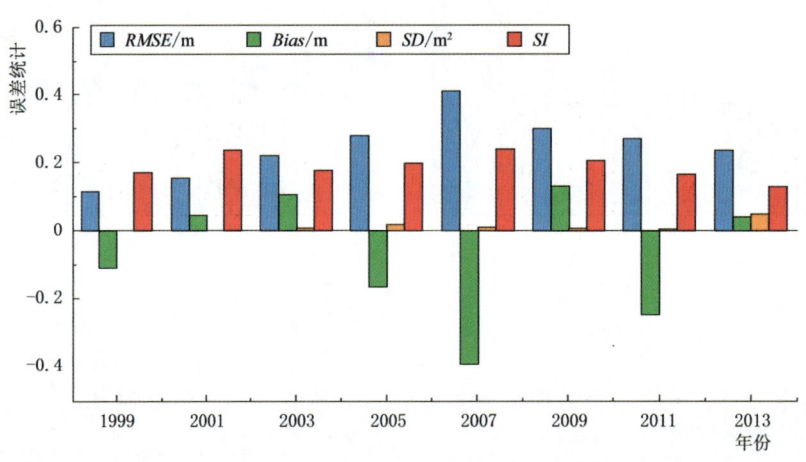

图 6.11 1999—2013 年波浪有义波高的误差统计

综上所述，可得以下结论：①风场最大偏差通常出现在冬季，且沿高度呈现升高的趋势；②历史再分析资料本身存在一定的缺陷，从而导致海陆过渡带出现明显的偏差；③1999—2013 年模拟的波浪场整体上具有较高的可信度。基于上述可信度分析，本章通过 WRF-SWAN 联合建立的南海特定水域风场和波浪场具有较高的可信度。考虑到高空风场通常具有较低的可信度，本章后续内容仅针对 400m 高度以内的风场和波浪场展开研究。

6.3 工程模型

从模拟结果中提取了一系列平均风剖线和波浪谱,用于评估和论证指数律、对数律风剖线模型和JONSWAP谱模型在我国南海特定水域的适用性和可靠性。

6.3.1 风剖线模型

台风边界层下,大气稳定度可近似为中性层结,这意味着大气中的湍流过程由动力学机制主导。为了研究台风海况中的风剖线模型,非台风影响下的风剖线需要从模拟结果中剔除。Tse等人揭示了层平均理查德(Bulk Richardson)数和平均边界层(MBL)风速之间的关系并指出[34],当U_{10}超过12m/s时,可认为此时的大气稳定度呈中性。基于上述理论,从后处理结果中仅选取$U_{10} > 12$m/s的风剖线,并将其分为4个区间(12~16m/s,16~20m/s,20~24m/s和24~29m/s)。每个区间内包含的风剖线个数分别为345,74,28和15。上述提取的风剖线使用4m高度(模拟的最低风速)风速进行标准化后,即可用于论证6.1节风剖线理论模型在我国南海特定水域的适用性与可靠性。

图6.12给出了本章模拟的风剖线与工程模型的对比结果。其中,指数律模型的指数项n采用规范推荐的0.11;针对对数律模型,摩阻风速u^*根据海面粗糙长度进行计算。图6.12表明,当$U_{10} < 20$m/s时,指数律和对数律模型均过高地估计了不同高度的风速值。随着风速上升,工程模型和模拟结果之间的偏差逐渐减小。

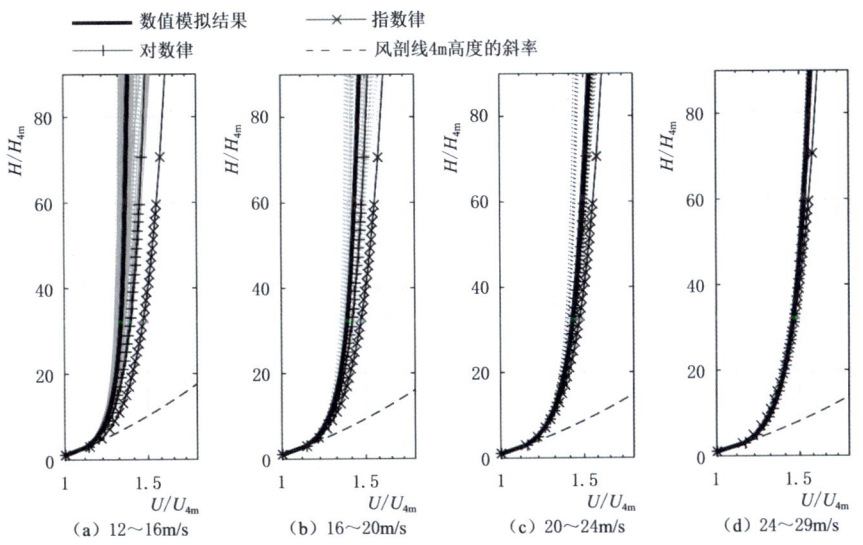

图6.12 4个区间内模拟风剖线与工程模型对比

上述研究表明,通过调整模型的关键参数,指数律模型和对数律模型可用于预报南海风能资源开发水域的风剖线。

实际上,模型的关键参数,例如在指数律模型中指数项n与风场强度直接相关。在图6.12中,4m高度的斜率(间断线)同样揭示了模型的参数随风场强度增大而出现明显变化。以 10m 高度风速为指标，工程模型与模拟风剖线之间的误差如图 6.13 所示。

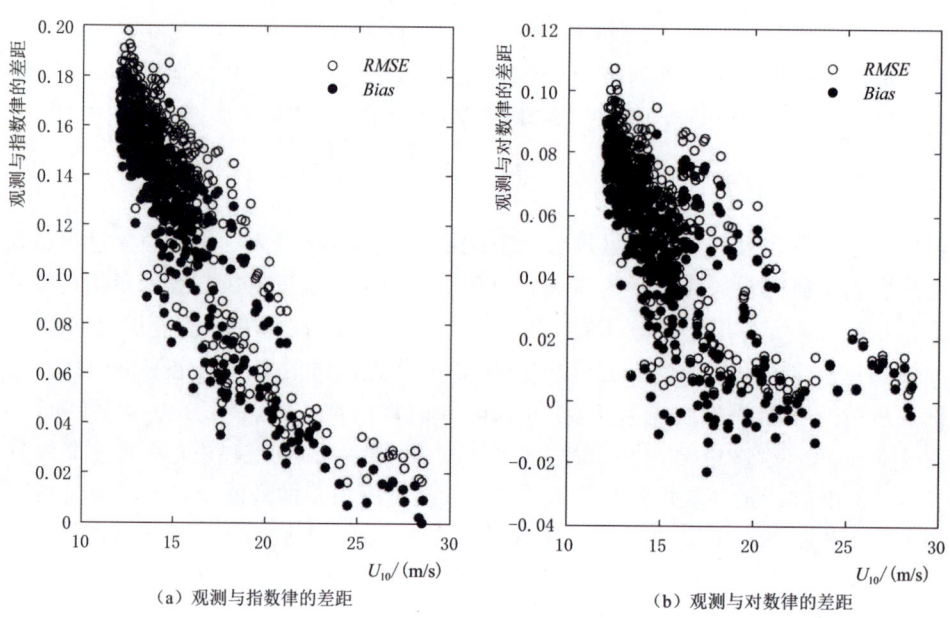

图 6.13　工程模型与模拟风剖线之间的误差

由图 6.13 可以推测，如果工程模型的参数改写为随 U_{10} 变化的函数形式，则能够提高上述两类工程模型的预报精度。基于线性回归分析，图 6.14 给出风剖线模型的关键参数与 U_{10} 之间的关系。

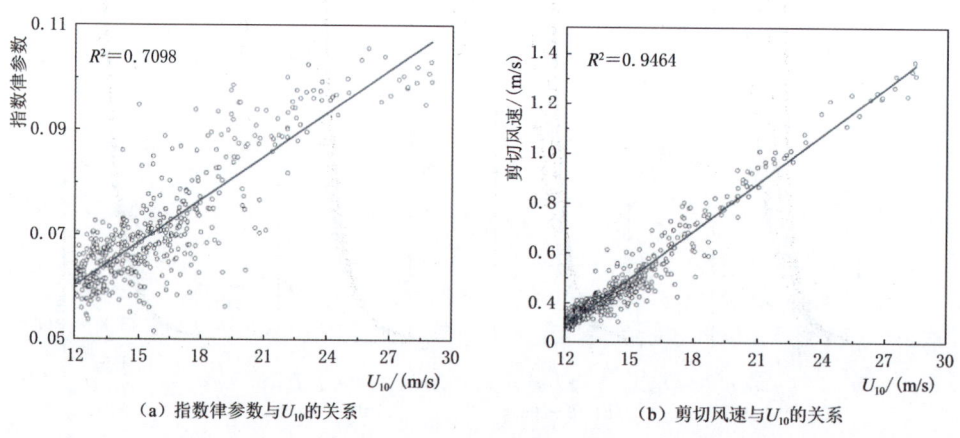

图 6.14　风剖线指数律参数、剪切风速与 U_{10} 的关系

图 6.14 表明，指数项 n 和 u^* 可分别写成和 U_{10} 相关的对数律、线性形式

$$n = -0.0808 + 0.0556\ln(0.5946 + U_{10}) \tag{6.17}$$

$$u_* = 0.0636 U_{10} - 0.4630 \tag{6.18}$$

将式（6.17）、式（6.18）代入式（6.1）和式（6.2）中，即可得到修正后的指数律和对数律模型，可用于预报风能资源开发相关水域的风剖线。

与台风海况中的风剖线不同，非台风海况中平均风剖线并不完全和 U_{10} 相关。因此，本书引入用于描述大气稳定度的奥布霍夫（Obukhov）长度对正常海况下的风剖线进行分类。Obukhov 长度定义为

$$L = -\frac{T u_*^3}{g \kappa \langle \overline{wT} \rangle} \tag{6.19}$$

式中：T 为平均位势温度；w 为垂向风速；κ 为冯卡门常数，一般取为 0.4；u_* 为剪切速度。

因此，$\langle \overline{wT} \rangle$ 代表垂直湍流热通量。在实际应用中，通常使用 L^{-1} 来表征大气稳定度。基于 Drew 等人给出的分类标准[35]，正常海况中的风剖线根据 L^{-1} 分为 $-10 \sim -0.1/\mathrm{m}$，$-0.1 \sim 0.1/\mathrm{m}$ 和 $0.1 \sim 10/\mathrm{m}$，分别代表不稳定、中性和稳定大气层结的风剖线。基于上述分类结果，图 6.15 给出非台风海况下中性层结的风剖线变化趋势。图 6.16 给出了稳定和不稳定层结的风剖线。图 6.15 和图 6.16 表明，随着大气稳定度从不稳定层结向稳定层结变化，低空（<100m）风剖线斜率在逐渐增大。

在中性层结下，上述指数律和对数律模型通常可直接用于描述风剖线的变化趋势。为此，通过调整

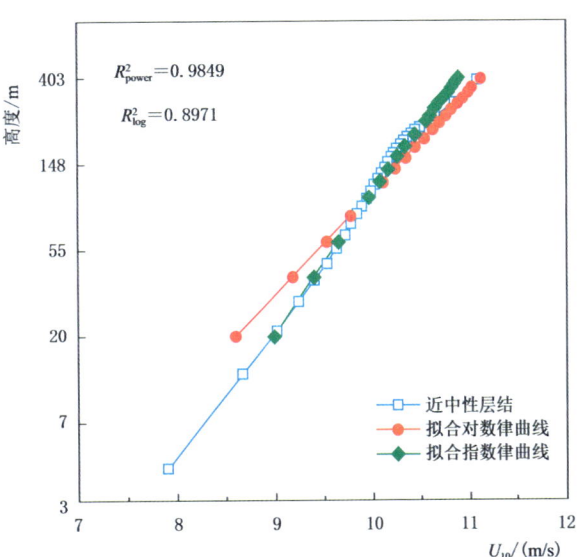

图 6.15　中性层结风剖线和指数律、对数律模型拟合结果对比

指数律、对数律模型的关键参数 n 和 u_*，即可用于表征风剖线的变化趋势。通过回归分析可知，在图 6.17 描述的中性层结下，取 $n = 0.064$，$u_* = 0.4186 \mathrm{m/s}$。

此外，在 300m 高度以下，指数律模型具有更优的表现，对数律模型则出现一定的偏差，这种差异随着高度增加而减小。整体上看，在 90m 高度以下，对数律模型的预报精度基本符合工程应用的要求。

在非中性层结下，通常需要考虑海面波浪引起的粗糙度变化对风剖线的影响。当大气稳定度是稳定和不稳定时，上述指数律和对数律模型可能不足以描述风速的垂向变化。为此，完整形式的对数律模型通常用于描述稳定和不稳定层结的风剖线，即

$$U(h) = \frac{u_*}{\kappa} \left(\ln \frac{h}{z_0} - \Psi_\mathrm{m} \frac{h}{L} \right) \tag{6.20}$$

式中：Ψ_m 表征大气稳定度对风剖线的影响；z_0 为海面或者地面的粗糙长度。

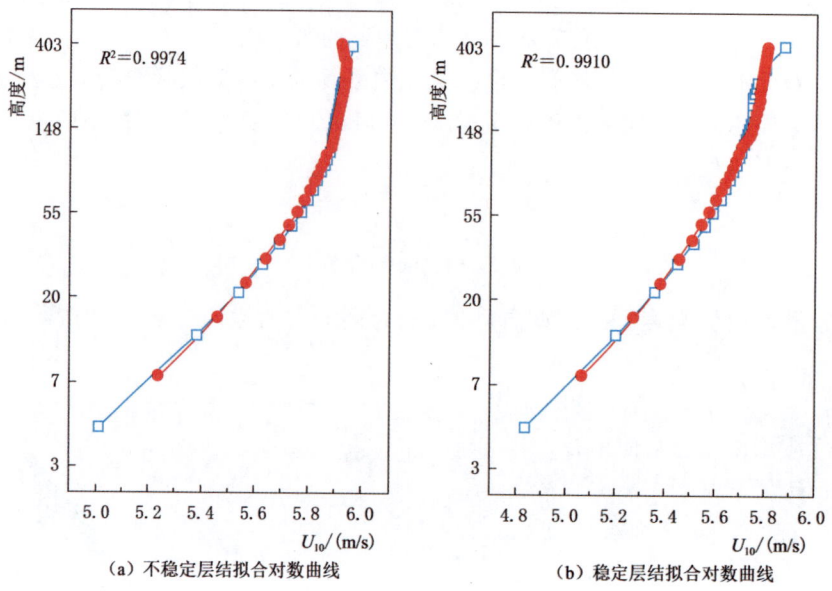

(a) 不稳定层结拟合对数曲线 (b) 稳定层结拟合对数曲线

图 6.16 稳定和不稳定大气层结下的风剖线

基于一系列尝试,发现 Ψ_m 可写作指数形式的修正项,即

$$\Psi_m = a \cdot \left| \frac{h}{L} \right|^b \tag{6.21}$$

式中:a,b 为经验参数,用于表征大气稳定度对风剖线的影响程度。联立式(6.20)和式(6.21),则对数律模型可改写为

$$U(h) = \frac{u_*}{\kappa} \left(\ln \frac{h}{z_0} + a \cdot \left| \frac{h}{L} \right|^b \right) \tag{6.22}$$

将式(6.22)拟合正常海况中稳定和不稳定层结的风剖线,即可得到 a,b 和 z_0。在本章中,Levenberg-Marquardt 算法用于实现该非线性拟合过程。拟合结果显示,在稳定层结下,$a=-0.8196$,$b=0.2269$,$u_*=0.3635\text{m/s}$;在不稳定层结下,$a=-5210$,$b=0.2753$,$u_*=0.2005\text{m/s}$。

由图 6.15 可知,添加指数型修正项的对数律模型能够给出较好的预报结果(4~300m)。超过 300m 高度时,该修正形式[式(6.22)]出现一定的偏差,低估了 300m 以上的风速值。一种可能的解释是,超过 300m 高度时,湍流的动量交换过于复杂,式(6.22)难以捕捉湍流动量交换对风剖线的影响,从而导致修正后的对数律模型和模拟的结果存在明显的差异。

综上所述,通过调整模型的关键参数,指数律和对数律模型可用于描述南海风能资源开发水域台风海况和正常海况下中性层结的风剖线;添加指数型修正项的对数律模型可用于推算正常海况下稳定与不稳定层结的风剖线。

6.3.2 波浪谱模型

除了上述风剖线模型，联合数值模拟结果对工程上广泛应用的 JONSWAP 谱进行适用性和可靠性分析。为了更好地显示出波浪谱的形状，后续讨论中波浪谱将以无量纲频率作为自变量。因此，谱峰值频率（T_p）可以无量纲化为 $\nu = U_{10}/gT_p$。为了和不同学者提出的研究成果进行对比，根据不同海况可以将不同学者提出的公式分为台风海况和非台风海况两类。

（1）台风海况。

Ochi 等（1993）[13]提出的公式为

$$\alpha = 0.049\nu^{0.97} \tag{6.23}$$

$$\gamma = 9.1 U_{10}^{-0.32} \nu^{0.48} \tag{6.24}$$

Young（1998）[11]提出的公式为

$$\alpha = 0.0306\nu^{0.73} \tag{6.25}$$

$$\gamma = 1.9 \tag{6.26}$$

Kumar 等（2008）[16]提出的公式为

$$\alpha = 5.086 \times 10^{-4} U_{10}^{0.85} \nu^{-0.1128} \tag{6.27}$$

$$\gamma = 1.0254 U_{10}^{0.29} \nu^{-0.01355} \tag{6.28}$$

（2）非台风海况。

Donelan 等（1985）[10]提出的公式为

$$\alpha = 0.0165\nu^{0.55} \tag{6.29}$$

$$\gamma = \begin{cases} 6.489 + 6\log\nu, & \nu \geqslant 0.159 \\ 1.7, & \nu < 0.159 \end{cases} \tag{6.30}$$

Feng 等（2012）[17]提出的公式为

$$\alpha = 0.0513 U_{10}^{-0.012} \nu^{1.1191} \tag{6.31}$$

$$\gamma = 5.9773 U_{10}^{-0.1} \nu^{0.1582} \tag{6.32}$$

由上述式可知，JONSWAP 谱的 Phillips 常数 α 和谱升因子 γ 通常与 U_{10} 相关。这是因为，在绝大多数情况下，波浪场的能量输入来源于近海面风场。U_{10} 可用于表征近海面风速对整个波浪谱的影响。此外，为了考虑水深对波浪谱的影响，在进行后续讨论之前，有必要以水深为指标对模拟结果中提取的波浪谱进行分类。具体做法是，以 50m 水深为间隔，将波浪谱分为五类（50～100m，100～150m，150～200m，200～250m 和 250～300m），从而分析波浪谱不同参数随水深的变化趋势。

其后，对分类的波浪谱进行非线性拟合，即可得到 JONSWAP 谱的不同参数。图 6.17 给出了部分拟合结果。图 6.17 表明，通过调整 JONSWAP 谱的 4 个关键参数（α，γ，σ 和 n），JONSWAP 谱可用于描述南海风能资源开发水域中台风/非台风海况下的波浪谱特征。

在全面验证 JONSWAP 谱相关参数的可靠性之前，有必要确定在台风海况中波浪谱的演化形式。以湾口浮标位置为例，图 6.18 给出了台风 Matmo 海况中波浪谱的演化过程。从该图中可以清楚地看到，随着台风 Matmo 逐渐接近浮标位置，谱密度逐渐增大。

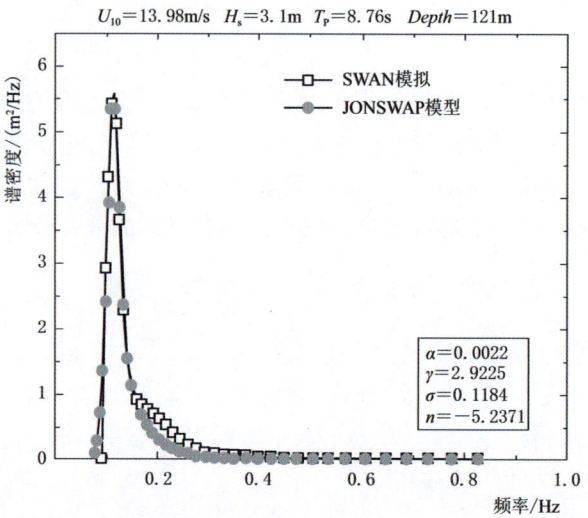

图 6.17 JONSWAP 谱拟合结果

在 7 月 23 日 2 时（世界时）谱密度达到峰值，此时对应的有义波高、平均波周期和谱密度分别为 1.80m、5.55s 和 1.69m²/Hz。随后，台风 Matmo 向北移动并离开湾口浮标位置，这导致了波浪谱密度的下降。在 7 月 23 日 7 时（世界时），波浪谱密度已经降至正常值。综上所述，波浪谱的整个演化过程本质上代表着在台风作用下整个波浪场内部能量的变化过程。在其他台风海况下，波浪谱具有类似的变化特征。这种变化特征是台风海况下的普遍现象，对于理解和预测台风海况下的波浪场演化具有重要意义；同时，也为进一步研究台风作用下波浪场的变化提供了可靠的依据。

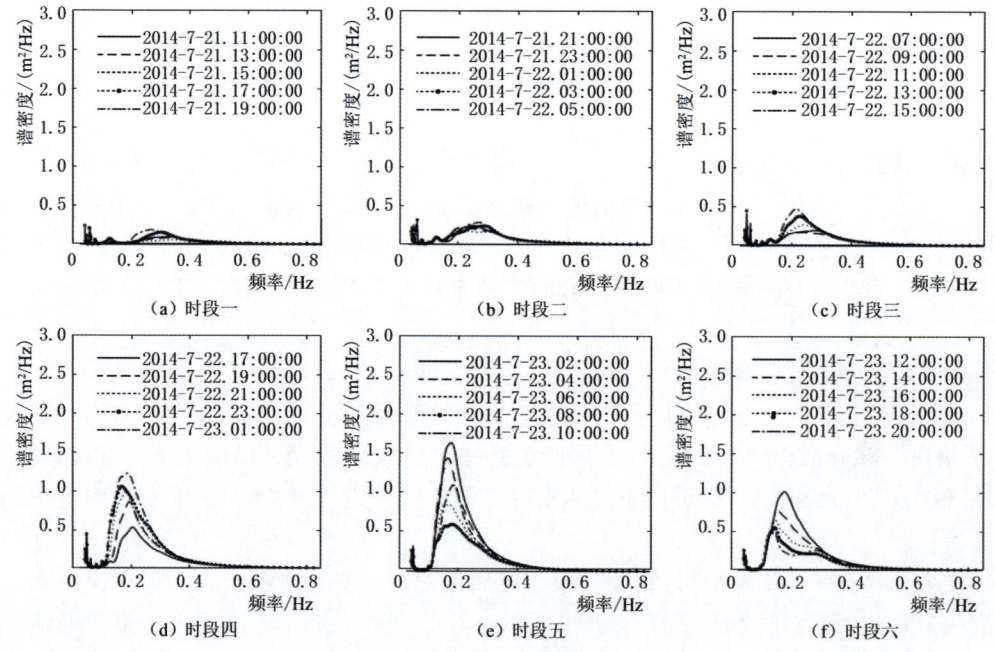

图 6.18 湾口浮标位置台风 Matmo 风场中的波浪谱演化过程（2014 年 7 月 21—23 日）

需要指出的是，在图 6.18 显示的波浪谱变化过程中，谱形出现两个明显的峰值，这进一步揭示了波浪和涌浪共存的情况。当台风 Matmo 接近湾口浮标时（7月23日2时），风浪占据主导地位，此时涌浪高度为 0.2m，只占据总波浪能量的 9.82%。相关研究表明，台风影响范围内的波浪谱本质上属于单峰谱，且有义波高通常在 2~5m 之间变化[16]，当风速超过 9.3m/s，均方根波高通常超过 0.5m[17]。本章模拟结果表明，当有义波高超过 2m/s 时，波浪谱主要以单峰谱形式出现。考虑到本章研究的（世界时）谱为单峰谱模型，且足以描述台风过程中的风浪演化，因此作者以有义波高作为指标对模拟的谱型进行筛选。在 4796 个波浪谱中，作者共筛选出有义波高超过 2.5m 的 1524 个单峰谱。通过分析上述 1524 个单峰谱的有义波高和谱峰周期，可以发现水深对波浪场具有明显的影响，即随着水位升高，有义波高和谱峰周期均增加。造成这种变化的主要原因是底部摩阻和波浪破碎引起的波浪能耗散随着水深增加而减小。为了更系统地研究水深对波浪谱的影响，作者给出 JONSWAP 谱参数的均值，见表 6.16。

表 6.16　　　台风海况中不同水深区间内的 JONSWAP 谱参数均值

水深/m	均值			
	α	γ	σ	m
50~100	0.0118	2.7303	0.0716	−6.9987
100~150	0.0113	2.7225	0.0637	−7.1959
150~200	0.0108	2.8232	0.0675	−7.0593
200~250	0.0097	2.6412	0.0598	−6.8065
250~300	0.0096	2.7331	0.0578	−6.4990
均值	0.0107	2.7162	0.0638	−6.8777

表 6.16 表明，台风海况下 α 随水深增加而减小。此外，相较于前人研究认为 m 应该在区间 −3~−6 内变化，表 6.16 说明在台风海况下，m 应当具有更低的值（约为 −6.9），且 m 对水深的变化并不敏感。Kumar 等认为[16]，在水深 12~70m 之间时，m 受水深的影响很小。本章的模拟结果进一步证实了 Kumar 等人的结论。此外，γ 和 σ 对水深的影响并不敏感，这说明在台风环境下，水深对波浪谱的关键参数影响较小。综上所述，表征整体波浪能大小的参数 α 对水深的变化较为敏感；其余参数对水深变化不敏感。

图 6.19 给出 α 和 γ 与 ν 的关系（垂线代表 ν=0.13），并与不同学者提出的公式进行比较。其中，ν 低于 0.13 代表谱峰频率的波浪传播速度大于局地风速。此时，波浪的能量不仅仅由风引起，而主要来源于涌浪，反之亦然。因此，图 6.19 中垂向的分隔线左侧和右侧分别代表涌浪和风浪主导的水域中波浪谱参数的变化趋势。从图 6.19 中可知，除了 Kumar 等人提出的公式以外，其他研究人员提出的经验公式均能够较好地估计 α。而 γ 随 ν 的变化趋势存在较明显的离散。这种离散特征同样出现在前人的研究中，由此表明 γ 和 ν 之间存在较弱的相关性。

相比较图 6.19 显示的 γ 与 ν 之间的关系，α 与 $\ln\gamma$ 之间存在更为明显的线性关系，即 $\ln\gamma$ 随 α 升高而下降，如图 6.20 所示。

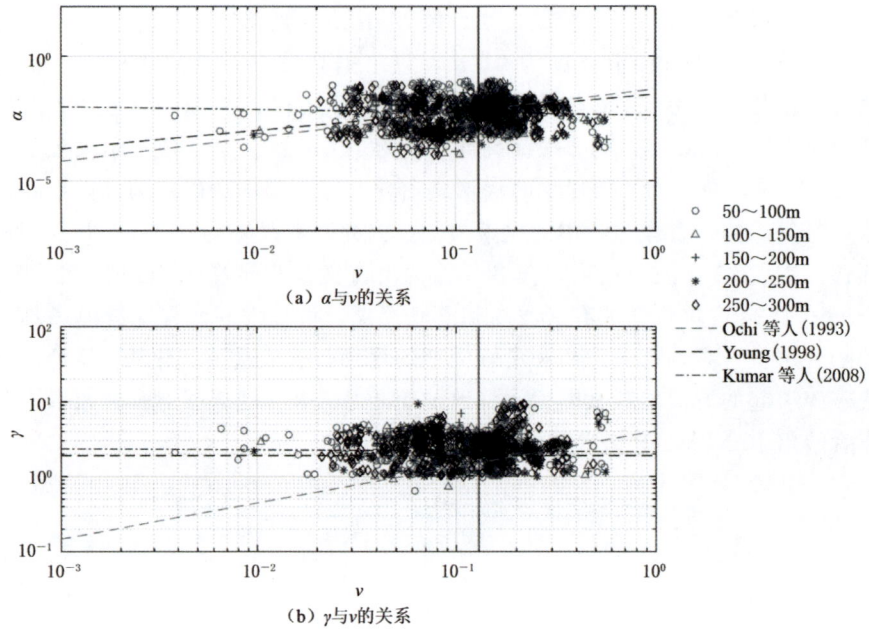

图 6.19 三个台风模拟中 α 和 γ 与 ν 的关系

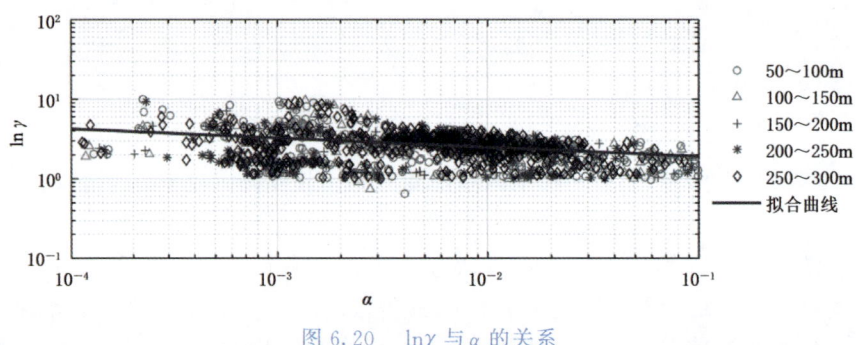

图 6.20 $\ln\gamma$ 与 α 的关系

对图 6.20 显示的趋势进行线性拟合，可得

$$\gamma = 1.46\alpha^{-0.12} \tag{6.33}$$

对比图 6.19 和图 6.20 可知，将 γ 写成 α 的指数律形式似乎更符合数值模拟结果。在工程应用中，设计者也可通过查阅表 6.16 对 JONSWAP 谱在不同水深中的参数进行粗略估计。另外，γ 可根据本章提出的式（6.33）进行估计。考虑到 σ 和 m 整体变化较小，因此基于本章研究结果，可取两个常数 $\sigma = 0.05$ 和 $m = -6.9$。

为了进一步评估上述经验公式/参数的可靠性，本章基于不同学者提出的经验公式/参数，计算了 JONSWAP 谱与模拟结果之间的偏差。通过评估波浪谱的两个参数，最大谱能量和谱的零阶距的误差，来衡量不同经验公式/参数的可靠性。具体对比结果见表 6.17。

表 6.17　台风海况中基于不同经验公式/参数计算的波浪能误差统计

经验公式/参数	最大谱能量		谱的零阶距	
	RMSE	Bias	RMSE	Bias
Ochi 等（1993）[13]	10.1819	0.0655	294.5736	114.5927
Young（1998）[11]	10.0266	3.8791	307.5289	139.2901
Kumar 等（2008）[16]	10.4659	2.4565	251.7333	104.7745
本书研究成果	10.6562	1.2101	166.5468	17.8185

由表 6.17 可知，各类经验公式/参数均能够给出较为合理的最大谱能量；本章提出的经验公式/参数在描述最大谱能量和谱的零阶距上均能够给出较为理想的结论。

JONSWAP 谱模型，这一海洋学中的经典工具只适用于描绘单峰谱。因此，必须从模拟结果中剔除那些双峰谱，以精细地应用它。当比较台风与非台风情况下的波浪场时，可以发现非台风状况下的有义波高变化相对较小，通常在 0～4.5m 的范围内波动。然而，这并不意味着可以直接通过有义波高来筛选谱形。相反，一种有效的方法是通过谱峰个数来区分不同的谱形。通过精确地确定每个波浪谱的谱峰个数，可以从 17980 个原始波浪谱中筛选出 14306 个单峰谱。随后，对这些筛选出的单峰谱进行非线性拟合，从而获取到 JONSWAP 谱模型的关键参数。这些参数代表着海洋波浪的核心特性，对于理解和预测海况至关重要。

非台风海况下不同水深的 JONSWAP 谱模型关键参数均值见表 6.18。

表 6.18　非台风海况中不同水深的 JONSWAP 谱模型关键参数均值

水深/m	均值			
	α	γ	σ	m
50～100	0.0034	2.4992	0.1195	−3.8890
100～150	0.0034	2.6128	0.1238	−3.8192
150～200	0.0034	2.5452	0.1222	−3.8327
200～250	0.0034	2.4574	0.1191	−3.9297
250～300	0.0033	2.4502	0.1180	−3.8783
均值	0.0034	2.4941	0.1196	−3.8800

相较于表 6.16，表 6.18 中 α 近似为常数 0.0034，说明非台风海况波浪能的增加与耗散处于一个动态平衡的状态。因此，取 $\alpha=0.0034$ 足以描述 JONSWAP 谱在非台风海况中的变化。实际上，相比于台风海况，其余参数（γ，σ 和 m）随水深的变化也相对较小，其均值约分别为 2.5，0.12 和 −3.90。由此说明，水深对非台风海况中的波浪谱影响不明显。这种稳定的谱形揭示了风能的输入项与水深、底部摩阻引起的耗散项相平衡。相比于台风海况，正常海况下 σ 具有更大的取值（0.12），由此可知波浪谱具有相对较宽的谱形。

实际上，本书模拟给出的公式以及前人针对非台风海况下波浪谱 Phillips 常数的计算公式均可写作

$$\alpha = k\nu^c \tag{6.34}$$

式（6.34）中，参数 k 和 c 决定了 α 随 ν 的变化形式。基于式（6.42）和模拟的波浪场，本章拟合的 $k=0.012, c=0.62$。将上述写作有量纲的形式后，可得

$$\alpha = 0.012 \left(\frac{U_{10}}{gT_p}\right)^{0.62} \tag{6.35}$$

此外，γ 随 ν 的增加而略有增大。Donelan 等人提出一种分段函数的形式来描述 γ 的变化趋势[10]。相比于其他学者提出的公式，上述分段函数的形式可能更适合描述南海特定水域的 γ 变化。借鉴 Donelan 等人提出的分段函数形式，作者对模拟的波浪场进行拟合，得到

$$\gamma = \begin{cases} 7.7218 + 6.3624\log\nu, & \nu \geqslant 0.159 \\ 2.2661, & \nu < 0.159 \end{cases} \tag{6.36}$$

相比于前人提出的经验公式，本章提出的式（6.35）和式（6.36）更符合波浪谱关键参数的变化趋势。除了上述 α 和 γ，正常海况下可取 $\sigma=0.12$ 和 $m=-3.9$。

综上所述，非台风海况下，本章提出的式（6.35）和式（6.36）用于估计 JONSWAP 谱的关键参数 α 和 γ，则建议取均值 $\sigma=0.12$ 和 $m=-3.9$。为了进一步评估上述经验公式/参数的可靠性，本章基于不同学者提出的经验公式/参数，计算了 JONSWAP 谱与模拟结果之间的偏差。通过评估波浪谱的两个参数最大谱能量和谱的零阶距的误差，可以衡量不同经验公式/参数的可靠性，具体对比结果见表 6.19。

表 6.19　非台风海况中基于不同经验公式/参数计算的波浪能误差统计

JONSWAP 谱经验公式	最大谱能量		谱的零阶距	
	RMSE	Bias	RMSE	Bias
Hasselmann 等（1973）[36]	4.7475	2.7254	64.1001	23.9587
Donelan 等（1985）[10]	1.6178	0.6719	27.5946	2.2154
Feng 等（2012）[17]	1.6043	0.5835	43.0873	11.0258
本书研究成果	1.4067	0.4128	34.1102	5.7088

表 6.19 表明，相比于前人提出的经验公式，本章提出的公式能够给出与模拟的波浪场更为接近的计算结果。因此，可用于计算南海风能资源开发水域非台风海况中的波浪谱。

参 考 文 献

[1] LIU Y, LI S, YI Q, et al. Developments in semi-submersible floating foundations supporting wind turbines: A comprehensive review [J]. Renewable and Sustainable Energy Reviews, 2016, 60: 433-449.

[2] COSTOYA X, DECASTRO M, CARVALHO D, et al. Climate change impacts on the future offshore wind energy resource in China [J]. Renewable Energy, 2021, 175: 731-747.

[3] DECASTRO M, SALVADOR S, GóMEZ-GESTEIRA M, et al. Europe, China and the United States: Three different approaches to the development of offshore wind energy [J]. Renewable and

Sustainable Energy Reviews,2019,109:55-70.

[4] LIU Y, CHEN D, YI Q, et al. Wind profiles and wave spectra for potential wind farms in South China Sea. Part I: Wind speed profile model [J]. Energies,2017,10 (1):125.

[5] HSU S. Verifying wind profile equations under hurricane conditions [J]. The Open Ocean Engineering Journal,2011,4 (1):60-64.

[6] AMES D P, QUINN N W, RIZZOLIA A. Relationship between Von Karman and Reynolds number: A critical analysis using the wind profile method [C] //Proceedings of the 7th International Congress on Environmental Modelling and Software: Bold Visions for Environmental Modeling (iEMSs 2014), San Diego, CA, USA. 2014:15-19.

[7] BAnUELOS-RUEDAS F, ANGELES-CAMACHO C, RIOS-MARCUELLO S. Analysis and validation of the methodology used in the extrapolation of wind speed data at different heights [J]. Renewable and Sustainable Energy Reviews,2010,14 (8):2383-2391.

[8] MICHALAKES J, DUDHIA J, GILL D, et al. Design of a nextgeneration regional weather research and forecast model [C] //Towards Teracomputing: Proceedings of the Eighth ECMWF Workshop on the Use of Parallel Processors in Meteorology. World Sci, Hackensack, NJ,1998:117-124.

[9] HASSELMANN K, BARNETT T P, BOUWS E, et al. Measurements of wind-wave growth and swell decay during the Joint North Sea Wave Project (JONSWAP) [J]. Ergaenzungsheft zur Deutschen Hydrographischen Zeitschrift, Reihe A,1973.

[10] DONELAN M A, HAMILTON J, HUI W H. Directional spectra of wind-generated ocean waves [J]. Philosophical Transactions of the Royal Society of London Series A, Mathematical and Physical Sciences,1985,315 (1534):509-562.

[11] YOUNG I R. Observations of the spectra of hurricane generated waves [J]. Ocean Engineering,1998,25 (4-5):261-276.

[12] OCHI M K, HUBBLE E N. Six-parameter wave spectra [M]. Coastal Engineering.1976:301-328.

[13] OCHI M K. On hurricane-generated seas: proceedings of the Ocean wave measurement and analysis, F [C]. ASCE,1993.

[14] YOUNG I, VERHAGEN L. Fetch limited spectral evolution in finite depth water [M]. Coastal Engineering,1996:516-526.

[15] CHAKRABARTI S. Handbook of Offshore Engineering (2-volume set) [M]. Elsevier,2005.

[16] KUMAR V S, KUMAR K A. Spectral characteristics of high shallow water waves [J]. Ocean Engineering,2008,35 (8-9):900-911.

[17] FENG W B, YANG B, CAO H J, et al. Study on wave spectra in south coastal waters of Jiangsu [J]. Applied Mechanics and Materials,2012,212:193-200.

[18] DONE J, DAVIS C A, WEISMAN M. The next generation of NWP: Explicit forecasts of convection using the Weather Research and Forecasting (WRF) model [J]. Atmospheric Science Letters,2004,5 (6):110-117.

[19] BOOIJ N, HOLTHUIJSEN L, RIS R. The "SWAN" wave model for shallow water [M]. Coastal Engineering,1996:668-676.

[20] SKAMAROCK W C, KLEMP J B, DUDHIA J, et al.. A Description of the Advanced Research WRF Model Version 4: National Center for Atmospheric Research [M] Boulder, CO, USA,2019,145.

[21] TAKAGI H, WU W. Maximum wind radius estimated by the 50 kt radius: improvement of storm

surge forecasting over the western North Pacific [J]. Natural Hazards and Earth System Sciences, 2016, 16 (3): 705 – 717.

[22] HONG S-Y, PAN H-L. Nonlocal boundary layer vertical diffusion in a medium-range forecast model [J]. Monthly weather review, 1996, 124 (10): 2322 – 2339.

[23] HONG S, LAKSHMI V, SMALL E E, et al. Effects of vegetation and soil moisture on the simulated land surface processes from the coupled WRF/Noah model [J]. Journal of Geophysical Research: Atmospheres, 2009, 114 (D18118) . doi: 10.1029/2008JD011249.

[24] KAIN J S. The Kain-Fritsch convective parameterization: an update [J]. Journal of applied meteorology, 2004, 43 (1): 170 – 181.

[25] HONG S-Y, DUDHIA J, CHEN S-H. A revised approach to ice microphysical processes for the bulk parameterization of clouds and precipitation [J]. Monthly weather review, 2004, 132 (1): 103 – 120.

[26] MLAWER E J, TAUBMAN S J, BROWN P D, et al. Radiative transfer for inhomogeneous atmospheres: RRTM, a validated correlated-k model for the longwave [J]. Journal of Geophysical Research: Atmospheres, 1997, 102 (D14): 16663 – 16682.

[27] CAVALERI L, RIZZOLI P M. Wind wave prediction in shallow water: Theory and applications [J]. Journal of Geophysical Research: Oceans, 1981, 86 (C11): 10961 – 10973.

[28] TOLMAN H, ACCENSI M, ALVESl H, et al. User manual and system documentation of Wavewatch Ⅲ version 4.18 [M]. 2014. National Oceanic and Atmospheric Administration, MD, United States.

[29] KOMEN G, HASSELMANN S, HASSELMANN K. On the existence of a fully developed windsea spectrum [J]. Journal of physical oceanography, 1984, 14 (8): 1271 – 1285.

[30] BATTJES J A, JANSSEN J. Energy loss and set-up due to breaking of random waves [M]. Coastal engineering, 1978: 569 – 587.

[31] ELDEBERKY Y, BATTJES J A. Spectral modeling of wave breaking: Application to Boussinesq equations [J]. Journal of Geophysical Research: Oceans, 1996, 101 (C1): 1253 – 1264.

[32] HASSELMANN S, HASSELMANN K, ALLENDER J, et al. Computations and parameterizations of the nonlinear energy transfer in a gravity-wave specturm. Part Ⅱ: Parameterizations of the nonlinear energy transfer for application in wave models [J]. Journal of Physical Oceanography, 1985, 15 (11): 1378 – 1391.

[33] WANG C, JIN S. Error features and their possible causes in simulated low-level winds by WRF at a wind farm [J]. Wind Energy, 2013, 17 (9): 1315 – 1325.

[34] TSE K T, LI S W, CHAN P, et al. Wind profile observations in tropical cyclone events using wind-profilers and doppler SODARs [J]. Journal of Wind Engineering and industrial aerodynamics, 2013, 115: 93 – 103.

[35] DREW D R, BARLOW J F, LANE S E. Observations of wind speed profiles over Greater London, UK, using a Doppler lidar [J]. Journal of Wind Engineering and Industrial Aerodynamics, 2013, 121: 98 – 105.

[36] HASSELMANN D E, DUNCKEL M, EWING J. Directional wave spectra observed during JONSWAP 1973 [J]. Journal of physical oceanography, 1980, 10 (8): 1264 – 1280.

第 7 章
海上浮体运动的初始条件

在漂浮式风电机组基础新型设计的工作中,一方面需要从设计理念出发,提出新型浮体结构的设计方案;另一方面,需要在已有设计方案的基础上对漂浮式结构的安全性和水动力学进行系统的研究,进而评价某一特殊类型的漂浮式风电机组基础结构的优缺点。已有的安全评估方法中,频域计算方法是其中的一个重要组成部分[1]。频域计算方法效率较高,计算结果对结构安全分析的说明较为清晰,是进行漂浮式风电机组基础结构安全计算的重要方法。但是,频域计算无法考虑风电机组基础运动存在初始条件的情况[2]。考虑到频域计算方法的广泛运用和优越性能,本章集中利用频域计算方法对在存在初始位移、初始速度的条件下漂浮式风电机组基础结构的运动响应进行研究,提出了一系列能够考虑初始位移、初始速度的漂浮式风电机组基础结构的运动响应频域计算方法。

首先,在仅包含初始位移时,本章通过理论推导得到初始位移在常规浮体运动方程中体现为一个阶跃函数,可以作为一个阶跃荷载代入运动方程的傅里叶变换当中。经过傅里叶变换之后,初始位移就作为一个在某一个时刻突然加载的常值荷载作用于整个系统当中。对于初始速度,本章的理论分析发现,一个海上浮体在某一个自由度上的初始速度可以变化为一个 Delta 函数添加在整个运动方程当中。也就是,浮体的初始速度能够通过等效为一个冲击荷载的形式纳入常规浮体运动方程当中[3]。在傅里叶变换之后,作为一个常规的冲击荷载,浮体在某一个自由度上的初始速度可等效为相应的冲击荷载进行浮体的频域计算。

在上述研究的基础上,本章研究了通常既存在初始位移也存在初始速度的复杂系统的频域计算方法,即:首先分解存在的各个非零初始条件,将其转变为各个自由度上的初始位移和初始速度;其次,将初始位移变换为一个频域上的阶跃荷载,将初始速度变换为一个频域上的冲击荷载;最后,上述等效荷载以及通过波浪谱确定的波浪荷载联合作用在浮体上,对其进行频域计算以获得浮体在非零初始条件下的运动响应估计。

7.1 初始条件对海上浮体的运动响应的影响

漂浮式海上风电机组基础的动力分析遵循运动控制方程[4],即

$$M\ddot{u} + C\dot{u} + Ku = f(t) \tag{7.1}$$

式中：M 为系统质量矩阵；C 为系统阻尼矩阵；K 为系统刚度矩阵；u 为系统的响应运动（位移）；f 为系统所受到的外力。

该微分方程的解析解由两部分组成，即瞬态部分和稳态部分。基于常微分方程的瞬态解主要由初始条件决定这一特性，本书认为其与它与外力无关，不计入。在不考虑瞬态解的情况下，基于外力的稳态解可利用谐波力函数表示，即

$$f(\omega) = e^{i\omega t} \tag{7.2}$$

则解的形式为

$$u_s = A e^{i(\omega t + \varphi)} \tag{7.3}$$

这意味着解的稳态部分继承了外力的确定频率。对于系统阻尼，解的瞬态部分随时间衰减，因此在传统的频域分析方法中忽略了这一点。在进行海上漂浮式风电机组基础结构动力分析中，由于海上风速条件的湍流变化，情况变得比较复杂。最为常见的情况是，海上漂浮式风电机组基础的初始条件不为零。上述利用频域常微分方程进行漂浮式风电机组基础的运动响应求解过程中，计算并没有考虑到初始条件不为零的状态，而认为初始条件对后续运动的影响不大，不需要单独进行考虑[5]。如果初始条件（初始位移和初始速度）对后续的运动响应太大而不能满足频域分析的基本稳态原理，则必须加以考虑。因此需要一种能考虑任意初始条件的频域分析方法。由于运动方程的线性特性，可以分别考虑由位移和初速度组成的初始条件[6]，从而更准确地预测漂浮式风电机组基础的运动响应，并且更好地分析其动力特性。在海上漂浮式风电机组基础结构的设计和分析中，需要考虑许多复杂的因素，包括风速、水流、海浪、地震等，这些因素都会对漂浮式风电机组基础的结构安全和稳定性产生影响。因此需要开发更加精确和可靠的频域分析方法，以更好地模拟和预测漂浮式风电机组基础结构的动力行为。

7.2 频域和时域解算中的初始条件处理

7.2.1 初始位移

一个线性系统的强迫振动可由式（7.1）表示[7]。在此基础上，浮体受到外力和初始条件的影响。在进行初始条件影响的分析时，考虑到浮式系统在频域解算中存在线性特性，所以初始条件可以分解为初始位移和初始速度的叠加。在计算漂浮式风电机组基础的运动响应时，先单独考虑初始位移的影响。初始位移可以根据初始条件的统一确认方法，表示为

$$\begin{cases} u(0) = u_0 \\ \dot{u}(0) = 0 \end{cases} \tag{7.4}$$

假设运动方程的解为

$$\begin{cases} u(t) = \Delta u(t) + u_0 \\ \Delta \dot{u}(t) = \dot{u}(t) \end{cases} \tag{7.5}$$

将式（7.5）代入式（7.1）中有

$$M\Delta\ddot{u} + C\Delta\dot{u} + K(\Delta u + u_0) = f(t) \tag{7.6}$$

把关于初始位移的项移到方程的右边，有

$$M\Delta\ddot{u} + C\Delta\dot{u} + K\Delta u = f(t) - Ku_0 H(t-0) \tag{7.7}$$

其中 $H(t-0)$ 表示单位阶跃函数，$K\Delta u$ 在零时刻之前保持为零，因此，具有初始位移条件的系统在外力 $f(t)$ 作用下变成了常规的频率问题，其外力可以表示为 $f(t) - Ku_0 H(t-0)$。

7.2.2 初始速度

参照初始位移影响的分析方法，初始速度不为零的情况基于初始条件的统一表达，可以表示为

$$\begin{cases} u(0) = 0 \\ \dot{u}(0) = \dot{u}_0 \end{cases} \tag{7.8}$$

根据动量守恒定律，冲量或动量变化可以通过积分表达为一段时间内的力[8]。考虑到初始速度的影响与动量变化直接相关，而冲量和动量通过时间积分相联系，所以初始速度的影响通过施加一个冲量来衡量。该冲量的值由产生影响的初始速度表示为

$$I = \int_0^{\Delta t} f(t)\,dt = m\int_0^{\Delta t} \frac{dv}{dt}\,dt \tag{7.9}$$

在系统的初始速度通过初始动量条件定义的基础上，初始速度的影响可以表示为一个人为假定冲力的影响，而浮体的运动方程可以简化为

$$M\Delta\ddot{u} + C\Delta\dot{u} + K\Delta u = f(t) + M\dot{u}_0 \delta(t) \tag{7.10}$$

7.2.3 一般情况

考虑一个受到外力和任意初始条件的线性系统，其初始位移非零，初始速度非零。假设式（7.10）的解

$$u(t) = \Delta u(t) + u_0 \tag{7.11}$$

根据微分方程的线性特征，任意初始条件可以看作是前几小节中引入的条件的叠加，然后可以将式（7.1）转换为

$$M\Delta\ddot{u} + C\Delta\dot{u} + K\Delta u = f(t) - f_{U_0}H(t-0) + f_{V_0}\delta(t-0) \tag{7.12}$$

其中

$$\begin{aligned} f_{U_0} &= Ku_0 \\ f_{V_0} &= M\dot{u}_0 \end{aligned} \tag{7.13}$$

式中：f_{U_0} 和 f_{V_0} 为本书引入的虚拟变量，用以代表初始位移和初始速度的外力效应。

因此，可以观察到，应用虚拟力法已经考虑了初始条件的完全贡献。在进行漂浮式系统的整体计算过程中，通过施加式（7.13）确定的初始虚拟力能够在频域计算中引入初始位移和初始速度以及他们的任意组合的影响，从而在频域分析中得到初始位移和初始速度影响的完全解。

7.2.4 谱分析

通过虚拟力反映初始位移和初始速度的影响，即形成浮体运动控制方程。针对该方

程，首先进行傅里叶变换，得到频域解，然后进行逆傅里叶变换得到时域解，从而节省计算资料，提升计算效率。因此，通过虚拟力法能够在频域计算非零初始条件下的浮体运动解。

首先，根据傅里叶变换的定义，有

$$\widehat{F}(\omega) = \int_{-\infty}^{\infty} F(t) e^{-i\omega t} dt \tag{7.14}$$

解谱的每个分量由式（7.14）的傅里叶变换计算，即

$$\widehat{\Delta u}(\omega) = \bm{H}(\omega) \widehat{F}(\omega) = \bm{H}(\omega) [\widehat{f}(\omega) - f_{U_0} \widehat{H}(t-0) + f_{V_0} \widehat{\delta}(t-0)] \tag{7.15}$$

式（7.15）中，$\widehat{\Delta u}(\omega)$ 和 $\widehat{f}(\omega)$ 分别是 $\Delta u(t)$ 和 $f(t)$ 的傅里叶变换，$\bm{H}(\omega)$ 称为传递函数或频率响应传递矩阵，其将输入力与输出响应相关联。$\bm{H}(\omega)$ 从阻抗矩阵 $\bm{I}(\omega)$ 的逆得到，即

$$\bm{H}(\omega) = \bm{I}^{-1}(\omega) = (\bm{K} + \mathrm{i}\bm{C}\omega - \bm{M}\omega^2)^{-1} \tag{7.16}$$

根据初始条件的贡献，首先讨论了初始速度部分。需要注意的是，狄拉克（阶跃）函数的傅里叶变换可以表示为

$$\begin{cases} H(t-0) = \dfrac{1}{2} + \dfrac{1}{2}\mathrm{sgn}(t) \\ \widehat{H}(t-0) = \dfrac{\widehat{1}}{2} + \dfrac{1}{2}\mathrm{sgn}(\widehat{t}) = \pi\delta(\omega) + \dfrac{1}{\mathrm{j}\omega} \end{cases} \tag{7.17}$$

因此狄拉克函数在频域上保持不变。然后计算初始位移场的贡献，通过以下步骤得到单位阶跃函数的傅里叶变换。考虑符号函数表示为 $\mathrm{sgn}(t)$，因此有

$$|\widehat{H}(t-0)| = \sqrt{\pi^2 \delta^2(\omega) + \dfrac{1}{\omega^2}} \tag{7.18}$$

将式（7.17）和式（7.18）代入式（7.15），得到

$$\widehat{\Delta u}(\omega) = \bm{H}(\omega) \widehat{F}(\omega) = \bm{H}(\omega) \left\{ \widehat{f}(\omega) - f_{U_0} \left[\pi\delta(\omega) + \dfrac{1}{\mathrm{j}\omega} \right] + f_{V_0} \right\} \tag{7.19}$$

利用上文提出的虚拟力方法，将浮体的初始位移和初始速度通过虚拟力的方式整合到漂浮式风电机组基础的运动响应模拟当中，就能够得到漂浮式风电机组基础在非零初始条件影响下的，在特定风浪环境中的运动响应。通过对各类型漂浮式风电机组运动响应的研究，一方面验证了本项研究所提出的包含初始条件的海上浮体的运动响应研究方法；另一方面也根据前期工作中南海风浪环境的研究成果，分析了漂浮式风电机组基础在南海中的运动响应特征。

为了更深入地探讨虚拟力，需要进行以下研究：

（1）理解虚拟力的概念。虚拟力方法是一种在物理模拟中常用的方法，它能够将物体在初始状态下的受力情况考虑在内，从而更准确地预测物体在后续运动中的表现。在本书的研究中，虚拟力方法被用来整合浮体的初始位移和初始速度。整合过程中考虑了浮体的质量、阻尼、恢复力等关键物理参数，以及风、浪等环境因素对浮体运动的影响。这种方法能够更准确地模拟浮体在风浪环境中的动态响应。而且，这种方法不仅可以用于漂浮式

风电机组基础的模拟，也可以广泛应用于其他海上浮体，如风力发电机塔、石油钻井平台等。

（2）关注南海的风浪环境。南海是一个具有丰富海洋资源和复杂海况的地区，其风浪环境对海上设施的安全和稳定运行具有重要影响。前期工作中对南海的风浪环境进行了深入研究，得到了丰富的统计数据和实证研究结果。这些结果为分析漂浮式风电机组基础在南海中的运动响应特征提供了宝贵的数据支持。

通过对比不同类型漂浮式风电机组在南海中的运动响应，发现风浪环境对漂浮式风电机组基础的动态响应有着显著影响。具体来说，风浪强度越大，漂浮式风电机组基础的位移和速度变化越明显。此外，还发现漂浮式风电机组基础的响应特征与风浪的周期和方向密切相关。这些发现对于评估和预测南海漂浮式风电场的性能具有重要意义。为了更好地理解和应用这些研究成果，需要对海上浮体的动力学模型进行深入研究。海上浮体动力学是一个涵盖多个领域的复杂系统，它需要考虑流体力学、结构力学、气象学等多个因素。在这个领域中还需要进一步开展大量的研究工作，以完善理论模型和预测方法。

（3）加强海洋观测和监测技术。对于漂浮式风电场这样的海上设施，实时监测和数据分析是非常重要的。通过先进的传感器和数据处理技术，可以获取更准确、更实时的海洋环境数据，以便更好地评估和预测海上设施的运动响应。海上浮体动力学是一个跨学科的领域，需要气象学家、物理学家、数学家、工程师等不同领域的专家共同合作。因此通过加强跨学科的合作，可以共享资源，优势互补，从而推动海上浮体动力学的发展。

7.3 FAST 风电机组模拟软件

FAST 是美国国家可再生能源实验室（NREL）开发的一款用于模拟分析风电机组在多种荷载耦合作用下动力响应的 CAE 软件[9]。FAST 本身具有两种分析模式，一种是考虑非线性运动方程的时程模拟，另一种是线性化分析模式，可以将在 FAST 中建模的完整非线性气动风电机组以线性化的方式表达。本章将主要利用 FAST 的线性化模块进行分析[10]。

在为漂浮式风电机组结构建模时，FAST 将叶片、塔筒和系泊线视为弹性体，这种处理方式充分考虑了这些部件在受到风、水等自然力作用时的形变。而对于结构变形量较小的轮毂、机舱、平台等部件，FAST 将其视为刚性体，以简化模型并突出主要影响因素。对于三叶片漂浮式风电机组的模拟仿真，FAST 提供了极大的灵活性。根据用户需求，最多可考虑 24 个自由度的响应。这包括漂浮式基础的六自由度运动、塔架的前后方向二阶振动、左右方向的二阶振动、每个叶片的挥舞方向二阶振动、每个叶片的摆振方向一阶振动、转子的转动自由度、机舱的偏航自由度，以及机舱内传动系统运动的 3 个自由度。

目前，FAST 可以调用共计 15 个子模块以应对不同的计算需求。这些子模块包括空气动力计算模块 AeroDyn、水动力计算模块 HydroDyn、锚泊系统计算模块 MoorDyn、MAP++、FEAMoroing、OrcaFlex，以及结构动力学计算模块 ElastroDyn、BeamDyn。此外，FAST 代码还包含控制系统模块 ServoDyn 和风场数据读取模块 InflowWind 等。

在 FAST 程序中，主要计算模块的耦合计算过程十分重要。首先，模块 TurbSim 产生合理的湍流风场，然后传递给空气动力计算模块 AeroDyn 进行空气动力学的计算。同时，海洋动力环境（主要是波浪和海流）信息传递给水动力计算模块 HydroDyn 进行水动力学的计算。在这个过程中，锚泊系统计算模块 MoorDyn 也会参与到计算中，对锚泊系统进行建模和计算。在完成空气动力学和水动力学的计算后，结果将传递给结构动力学计算模块 ElastroDyn 和 BeamDyn，对风电机组的结构动力学特性进行模拟和计算，主要关注漂浮式基础（Platform），塔筒（Tower）以及机头（Nacelle）的动力学。同时，控制系统模块 ServoDyn 也会对控制系统进行建模和计算，并对轮机（Rotor），发电机（Drivi-entrain）和实时发电量进行预测和控制。

通过这些子模块的耦合计算，FAST 程序能够全面模拟风电机组的运行状态，包括空气动力学、水动力学、锚泊系统、结构动力学以及控制系统等方面的特性。这种全面的模拟能力使得 FAST 代码成为风电机组设计、优化和调试的重要工具。

漂浮式风电机组是海上风电领域的重要设备，其漂浮式基础运动响应的计算对于风电机组的稳定性和安全性至关重要。HydroDyn 模块是用于计算漂浮式基础运动响应的软件，它应用势流方法和莫里森公式进行计算[16]。然而，HydroDyn 模块内部并不能直接计算漂浮式基础的水动力，需要进行前处理，得到基础的静水刚度和附加质量附加阻尼等参数。为了解决这个问题，可以使用 WAMIT 或 Sesam[17] 等软件进行前处理，得到这些参数，然后将它们输入 HydroDyn 模块，以计算平台的六自由度运动。一般的，水动力计算软件通过几何方法计算浮体的静水刚度恢复矩阵，并通过边界元方法计算水动力影响系数和水动力荷载。边界元方法将浮体分解为若干小的面元，并计算每个面元上的水动力并进行组合。这种处理方式可以更准确地模拟漂浮式风电机组在水中的运动响应，为风电机组的设计和运行提供更可靠的数据支持。

除了漂浮式风电机组运动响应的计算，系泊系统也是漂浮式风电机组的重要组成部分。本书中选取的系泊系统计算模块为 MoorDyn 程序[18]。MoorDyn 模块采用集中质量法对系泊系统做出动响应计算，该模型考虑了系泊线内部轴向刚度和阻尼力、重量和浮力、莫里森方程中的水动力以及与海床接触产生的垂向阻尼力。通过与 HydroDyn 模块相结合，MoorDyn 程序可以接收 HydroDyn 传递过来的平台运动信息，以此计算系泊线的张力。然后将系泊系统的张力回传至 HydroDyn 模块作为回复力限制平台运动。这种联合计算的方式可以更全面地考虑漂浮式风电机组在水中的运动情况，为风电机组的稳定性和安全性提供更可靠的保障。

7.4　WAMIT 水动力计算软件

WAMIT（Wave Analysis MIT）是由美国麻省理工学院研究开发的一款计算海上波浪与漂浮式结构或者水下结构相互作用的水动力数值分析软件，软件本身基于线性势流理论以及三维面元分析方法进行分析计算，目前主要用于计算频域范围内离岸建筑在水体中受到的波浪荷载力以及相应的运动响应。

WAMIT 中的浮体由自由浮动的、受限制的或固定位置的物体组成。除了传统的刚体情况，物体以刚体运动的 6 种模式运动外，WAMIT 还允许分析"一般模式"以表示结构挠曲、铰接容器、波能转换装置等的运动。部分或全部边界表面可定义为自由表面，其具有振荡压力，如气垫车或振荡水柱的情况。在理想和时间调和的流动假设下，自由表面条件被线性化，将此称为"线性"或"第一阶"分析。在此分析中包含了平均第二阶力，因为它们可以从线性解严格计算得出。体浸湿表面上的辐射和衍射速度势由使用格林定理和自由表面源势作为格林函数的积分方程的解来确定。

WAMIT 的最初版本（直到版本 5）完全基于低阶面板方法。在此方法中，浸没体表面的几何形状由平坦的四边形元素（低阶面板）定义，速度势和/或源强度的解在每个面板上假定为常数。这种方法对于一些简单的问题是有效的，但对于更复杂的问题，如涉及非线性或高速流动的情况，则需要更精确的方法。从版本 6 开始，WAMIT 被扩展为包括一个基于连续 B 样条表示的速度势的高阶面板方法[19]。这种方法使用高阶多项式（如 B 样条）来描述速度势的分布，提供了更高的精度和灵活性。这种方法可以更好地处理非线性问题，并且对于高速流动和复杂几何形状的问题有更好的适应性，图 7.1 显示了 WAMIT 水动力计算的湿表面模型和边界元计算坐标系。

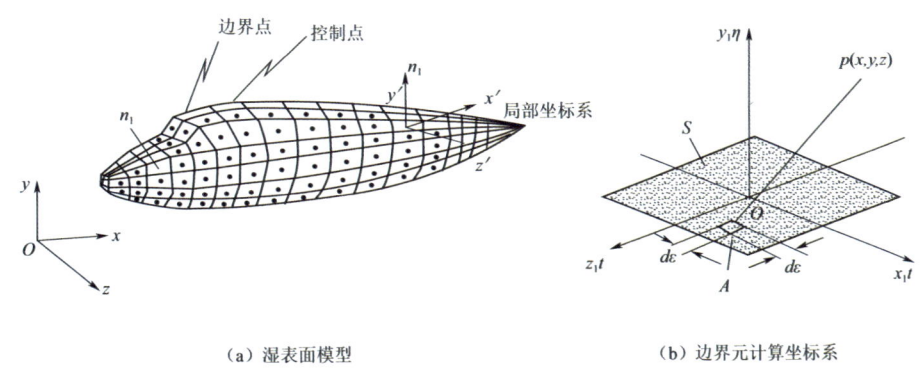

(a) 湿表面模型　　　　　　　　(b) 边界元计算坐标系

图 7.1　WAMIT 水动力计算的湿表面模型和边界元计算坐标系示意图

WAMIT 包括 POTEN 和 FORCE 两个主要子程序。这两个子程序通常是按顺序运行的，以完成一系列复杂的计算任务。POTEN 子程序主要负责解决主体表面的辐射和衍射速度势（以及源强度）的问题。这个过程是在指定的模式、频率和波头下进行的。POTEN 的输出数据是中间结果，保存在特定文件中，以供后续的 FORCE 子程序使用。FORCE 子程序负责计算全局量，包括流体动力系数，一阶、二阶力水动力以及计算二阶力所必需的浮体运动响应等。通过 FORCE 子程序，可以评估主体表面的速度和压力。此外，FORCE 子程序还可以评估其他现场数据，如流体域中指定位置的速度和压力以及自由表面的波高。

由于主要的计算负担在 POTEN 子程序中，因此在对 FORCE 子程序进行多次运行时，无须每次都重新运行 POTEN 子程序，只需要改变要输出的参数即可。在使用控制表面评估漂移力时，FORCE 子程序的计算负担可能会大于 POTEN 子程序。这是因为控制表面的计算需要更复杂的物理模型和算法。图 7.2 展示了 WAMIT 的两个子程序和主要输入/输出文件的架构。这个架构清晰地展示了各个部分之间的关系和数据流动。在完成一系列复杂的计算任务后，WAMIT 会生成一个输出文件，其中包含计算结果和评估结果。这个输出文件可以用于后续的分析和评估，以更好地理解和预测海洋工程中的各种现象。

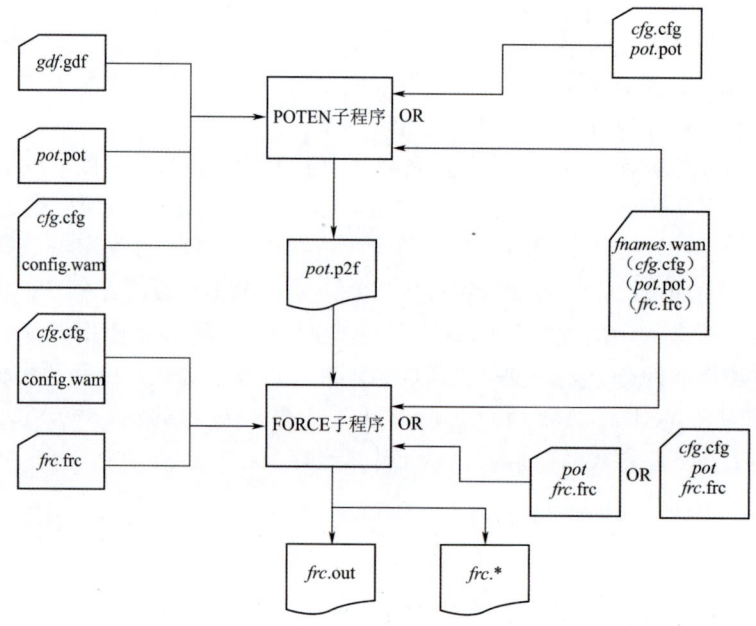

图 7.2　WAMIT 计算流程图

除了主要的 POTEN 子程序和 FORCE 子程序外，WAMIT 还提供了一些其他的工具和功能，以帮助用户更好地使用和评估计算结果。例如，它提供了一个可视化工具，使用户更好地理解计算结果的空间分布和趋势。此外，WAMIT 还提供了一些额外的工具，用于处理特殊的问题或任务，例如评估海洋工程结构在极端海洋条件下的性能。

7.5　海上浮体运动响应的频域计算

根据上文中的相关理论基础以及计算模型，考虑使用以下软件及计算流程方法对海上漂浮式风电机组的运动响应进行分析计算。

为分析对应漂浮式风电机组的水动力响应，考虑使用 WAMIT 对海上漂浮式结构进行频域水动力分析以获得其漂浮式风电机组整体系统的响应幅值算子（RAO）。为了将海洋环境中的风荷载以及系泊系统等对漂浮式风电机组的作用同时考虑在内，决定联合 FAST 软件对处于相应海况中的漂浮式风电机组整体系统进行线性化求解，生成包含气动阻尼和系泊系统的整体系统矩阵后再使用 WAMIT 对其整体系统进行求解，具体计算流程如下：

（1）在 WAMIT 中建立对应漂浮式风电机组结构的湿表面模型，并设置相关环境水深参数和规则波的频率范围以及频率间值，通过 WAMIT 中的 POTEN 子程序对其辐射绕射问题进行求解。需要注意的是将其整体结构重心设为结构中心线与水线的交点处，这样的设置可以使得 WAMIT 在计算过程中忽略重心项给整体系统在纵摇和横摇上带来的静水刚度，以避免在之后 FAST 的分析中进行重复计算。经过 WAMIT 的初步计算可以得到漂浮式风电机组在自由漂浮状态中的静水系数（不包含其重力项）、附加质量系数、阻尼系数以及波浪激励力。

（2）首先在 FAST 中建立整个漂浮式风电机组的完整模型，包括其上部风力发电机模型参数、系泊系统等，并将 WAMIT 中计算得到的静水系数作为输入参量，同时设置其对应设计工况下的风况条件以及叶片转速。然后使用 FAST 的线性化模块对此整体系统进行线性化处理，获得对应风况条件和系泊系统作用下的整体系统相关矩阵。需要注意的是在此线性化过程中整个漂浮式风电机组被假设为一个刚体，并限制为六自由度。最后由 FAST 得到包含整体质量、惯性、气动效应和系泊系统等多重作用下的线性化 M、C、K 矩阵。

（3）对上一步 FAST 线性化得到的 M、C、K 矩阵进行后处理，其中质量矩阵 M 中包含风力发电机、塔架以及漂浮式基础，可以直接作为 WAMIT 计算中的输入质量矩阵 M_{ext}，阻尼矩阵 C 中包含气动阻尼和整体风电机组的回转效应，也可以直接作为 WAMIT 计算中的输入阻尼矩阵 C_{ext}，刚度矩阵 K 中包含多种不同来源的组成刚度，其具体组成为

$$K = K_{aero} + K_{hydrostat} + K_{gra} + K_{mooring} \tag{7.20}$$

式中：K_{aero} 为气动刚度；$K_{hydrostat}$ 为静水刚度；K_{gra} 为重力刚度；$K_{mooring}$ 为系泊刚度。

为防止刚度矩阵中部分刚度在 WAMIT 中被二次计算，需对 FAST 线性化输出的刚度矩阵 K 进行后处理，其后处理遵循以下公式

$$K_{ext} = K - K_{WAMIT} \tag{7.21}$$

其中，实际 K_{WAMIT} 与 $K_{hydrostat}$ 相等，由此得到 WAMIT 的输入刚度矩阵 K_{ext}。

（4）在 WAMIT 中输入上一步中后处理得到的相关矩阵，利用 WAMIT 的 FORCE 子程序对漂浮式风电机组在给定风况条件下的水动力运动进行频域求解，得到相应条件下的 RAO，再结合对应工况的波浪谱输入条件生成对应的响应谱，并对其进行最大值分析。

WAMIT - FAST 的联合计算流程如图 7.3 所示。

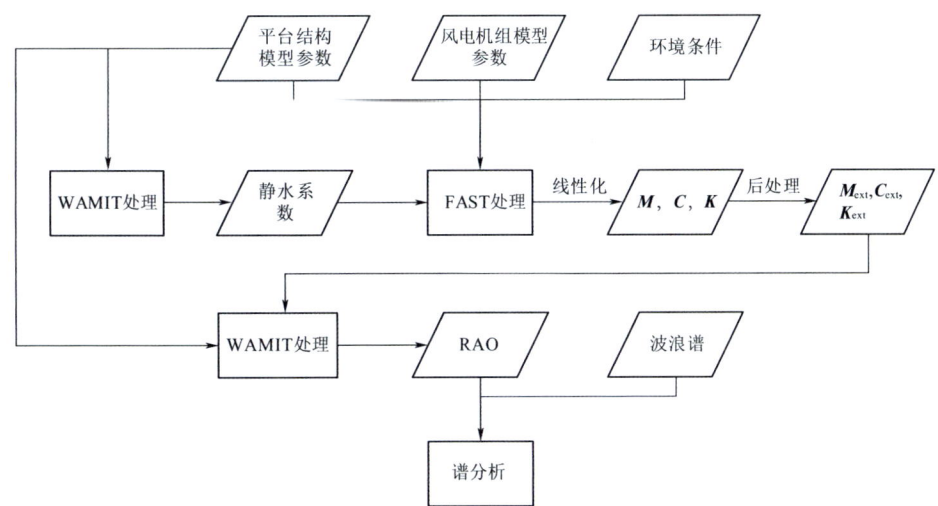

图 7.3　WAMIT - FAST 联合计算流程

参 考 文 献

[1] PHILIPPE M, BABARIT A L, FERRANT P. Comparison of time and frequency domain simulations of an offshore floating wind turbine [C]. proceedings of the International Conference on Offshore Mechanics and Arctic Engineering, 2011.

[2] LIU F, LU H, LI H. Dynamic analysis of offshore structures with non-zero initial conditions in the frequency domain [J]. Journal of Sound and Vibration, 2016, 366: 309-324.

[3] LIU F, LU H, JI C. A general frequency-domain dynamic analysis algorithm for offshore structures with asymmetric matrices [J]. Ocean Engineering, 2016, 125: 272-284.

[4] NIELSEN F G, HANSON T D, SKAARE B R. Integrated dynamic analysis of floating offshore wind turbines [C]. proceedings of the International conference on offshore mechanics and arctic engineering, 2006.

[5] LIU F, TIAN Z, WANG B, et al. A new residue-based dynamic analysis method for offshore structures with non-zero initial conditions [J]. Ocean Engineering, 2018, 162: 138-149.

[6] JAIN A, DATTA T. Nonlinear dynamic analysis of offshore towers in frequency domain [J]. Journal of engineering mechanics, 1987, 113 (4): 610-625.

[7] LIU T, LIN J. Forced vibration of flexible body systems: a dynamic stiffness method [J]. 1993.

[8] CRAIG JR R R, KURDILA A J. Fundamentals of structural dynamics [M]. John Wiley & Sons, 2006.

[9] KNUDSEN H, NIELSEN J N. Introduction to the modelling of wind turbines [J]. Wind power in power systems, 2012: 767-797.

[10] JONKMAN J. The new modularization framework for the FAST wind turbine CAE tool [C]. proceedings of the 51st AIAA aerospace sciences meeting including the new horizons forum and aerospace exposition, 2013.

[11] PLATT A, JONKMAN B, JONKMAN J. InflowWind user's guide [M]. Technical Report, 2016.

[12] 李德源, 汪显能, 莫文威, 等. 动态气动荷载和构件振动对风力机气弹特性的影响分析 [J]. 机械工程学报, 2016, 52 (14): 165-173.

[13] BIR G. User's guide to BModes (software for computing rotating Beam-coupled Modes) [R]. National Renewable Energy Lab. (NREL), Golden, CO (United States), 2005.

[14] BIR G S. User's guide to PreComp (pre-processor for computing composite blade properties) [R]. National Renewable Energy Lab. (NREL), Golden, CO (United States), 2006.

[15] KELLEY N D, JONKMAN B J. Overview of the TurbSim stochastic inflow turbulence simulator [R]. National Renewable Energy Lab. (NREL), Golden, CO (United States), 2005.

[16] JONKMAN J M, ROBERTSON A, HAYMAN G J. HydroDyn user's guide and theory manual [J]. National Renewable Energy Laboratory, 2014.

[17] CAO A, SHI X, SANG S, et al. Research on Static Analysis of Box Foundation for Wind Turbine on SESAM Software [J]. Wireless Personal Communications, 2018, 103: 535-546.

[18] HALL M. MoorDyn user's guide [M]. Department of Mechanical Engineering, University of Maine: Orono, ME, USA, 2015.

[19] PENALBA M, KELLY T, RINGWOOD J. Using NEMOH for modelling wave energy converters: A comparative study with WAMIT [C]. Proceedings of the 12th European Wave and Tidal Energy Conference, F, 2017.

[20] BLASINGAME T, JOHNSTON J, LEE W. Type-curve analysis using the pressure integral method [C]. proceedings of the SPE Western Regional Meeting, 1989.

第8章
典型漂浮式风电机组基础在南海海域的运动响应

现有的主流漂浮式风电机组基础主要用于欧洲海域,特别是在地中海和英国北海。其典型基础型式包括单立柱式漂浮式基础,半潜式漂浮式基础以及驳船式漂浮式基础[1]。其中,单立柱式基础和多浮体的半潜式基础已经在欧洲海域实现了示范工程运用和商业化海上风能开发的前期工程。

在我国南海海域,漂浮式风电机组基础的选择和应用一直是备受关注的问题。现阶段,半潜式漂浮式基础是主要的示范工程建设形式。这主要是因为南海的水深较浅,还没有真正形成深远海的发电能力,采用半潜式基础主要是为了验证技术的可行性。然而,随着漂浮式风电机组技术的不断发展和深远海风电场的建设需求,选择合适的基础型式成为一个重要的问题。从技术角度来看,浅水采用单立柱式的基础型式可能不太合适,因为这种基础型式需要较深的水深才能充分发挥其优势。而现有的驳船式基础型式在欧洲虽然出现了概念性设计和早期示范工程,但还未形成推广效应[2]。因此,在我国南海海域,半潜式漂浮式基础仍然是主要的示范工程建设形式[3]。然而,随着技术的不断进步和研究的深入,针对不同海况、不同区域选择不同的基础型式将成为未来的发展趋势。

为了更好地选择和优化漂浮式基础型式,需要利用理论分析和数值模拟的手段,研究不同型式的基础在南海中的运动响应和动力响应[4]。基于相关研究成果,才能更进一步明确不同漂浮式基础的优劣势,并针对特定基础进行优化设计。同时,随着南海风电场建设的不断推进,还需要考虑如何降低建设和运营成本、提高发电效率、减少对环境的影响等问题。因此,未来需要进一步开展相关研究,探索更加经济、环保、高效的漂浮式基础型式和技术方案。

8.1 OC3-Hywind 单立柱式漂浮式风电机组基础的运动响应

OC3-Hywind 单立柱式漂浮式风电机组是美国国家可再生能源实验室(NREL)为 IEA Annex XXIII Offshore Code Comparison Collaboration(OC3)项目第四阶段设计的漂浮式风电机组构型[5],其基础主体结构是基于挪威 Statoil 公司设计的 Hywind 漂浮式风电机组进行构型参数修改后的结果,其设计工作海域水深为320m,平台上方搭载一个5MW的NREL基准风电机组[6]。

8.1.1 单立柱式漂浮式风电机组的结构参数

OC3-Hywind漂浮式风电机组由风力发电机系统、塔架、漂浮式基础以及系泊系统组成,本节主要介绍其漂浮式基础和系泊系统的构型参数。

1. 漂浮式基础主要参数

OC3-Hywind漂浮式基础为单立柱式平台,其主体结构由上下两个直径不同的筒柱形结构组成,两个筒柱之间由一个锥体结构连接过渡。整个漂浮式基础的吃水深度为120m,塔架在水面上10m高度处与平台上筒柱相接,平台的详细构型物理参数见表8.1,在WAMIT中为其建立的湿表面模型如图8.1所示。

表8.1 OC3-Hywind单立柱式漂浮式基础构型物理参数

漂浮式基础物理参数	数值
平台底部距水面深度(总吃水深度)/m	120
平台顶部出水高度/m	10
锥体顶部吃水深度/m	4
锥体底部吃水深度/m	12
锥体上方平台直径/m	6.5
锥体下方平台直径/m	9.4
平台总质量/kg	7466330
平台重心吃水深度/m	89.9155
平台关于重心的横摇惯性矩/(kg·m²)	4229230000
平台关于重心的纵摇惯性矩/(kg·m²)	4229230000
平台关于中心线的艏摇惯性矩/(kg·m²)	164230000

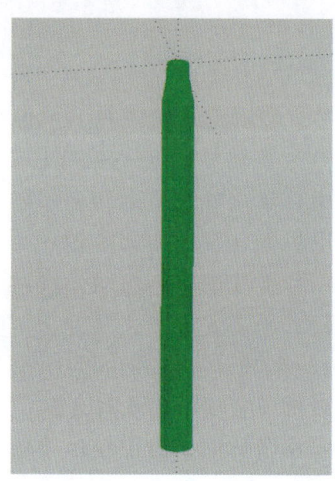

图8.1 OC3-Hywind漂浮式风电机组湿表面模型

2. 系泊系统主要参数

OC3-Hywind漂浮式风电机组的系泊系统由3根悬链线组成,每根悬链线通过位于水下70m、距平台中心线5.2m处的导缆器与平台相连,悬链线之间互成120°夹角,系泊系统具体参数见表8.2。

表8.2 系泊系统主要参数

系泊系统物理参数	数值	系泊系统物理参数	数值
悬链线数	3	未拉伸状态悬链线长度/m	902.2
相邻悬链线夹角/(°)	120	悬链线直径/m	0.09
锚固基础距静水面深度/m	320	悬链线等效质量密度/(kg/m)	77.7066
导缆器距静水面深度/m	70.0	悬链线等效拉伸刚度/N	384243000
锚固基础距平台中心线距离/m	853.87	附加艏摇弹性刚度/(N·m/rad)	98340000
导缆器距平台中心线距离/m	5.2		

8.1.2 单立柱式漂浮式风电机组南海海域工况条件的选择

OC3-Hywind 单立柱式漂浮式风电机组是专门为深海环境设计的，其设计工作海域水深为 320m。为了探究其在南海海域实际工作时的运动响应情况，根据挪威船级社的相关规范，选定两种简化的组合工况进行分析，分别是作业工况和自存工况。作业工况主要考虑漂浮式风电机组在正常作业的环境条件下其整体结构的运动表现。为此，选取了风电机组正常工作时的额定定常风况作为风条件[7]，同时选取了南海相应水深海域的月平均最大有义波高及跨零周期作为海浪条件特征参数。波浪谱模型选用了非台风条件下的 JONSWAP 谱[8]。自存工况主要考虑漂浮式风电机组在极端风浪环境条件下的自存运动响应。依照挪威船级社相关规范，出于保守考虑，选择使用 50 年一遇的风况条件与 50 年一遇的波浪条件作为组合工况。其中 50 年一遇的风况条件是根据其 320m 的工作水深，在南海对应水深的潜在风场海域进行分片选取，综合选取其中最具代表性的极端风况条件作为输入风况。对于 50 年一遇的波浪条件，选取了对应台风条件下的 JONSWAP 谱参数模型。

两种工况的具体环境输入参数见表 8.3。这些参数的选取综合考虑了风、浪、流等多种因素，以及漂浮式风电机组的工作特性和南海海域的实际情况。通过这些参数的分析，可以更准确地了解 OC3-Hywind 单立柱式漂浮式风电机组在南海海域的实际工作表现，为后续的风电场规划和设计提供重要的参考依据。

表 8.3 作业工况与自存工况的具体环境输入参数

参数	作业工况	自存工况
轮毂处定常风速/(m/s)	11.4	37.5
风剖面指数系数	0.14	0.07
有义波高/m	2.1	11.1
跨零周期/s	5.3	10.0

8.1.3 单立柱式漂浮式风电机组的频域水动力分析

1. 不同风况下的 RAO 计算

本书采用 WAMIT-FAST 联合计算方法对 OC3-Hywind 单立柱式漂浮式风电机组进行了频域水动力分析。考虑到单立柱式漂浮式风电机组在水下与波浪发生直接作用的基础平台为中心对称结构，为了简化计算，仅选取了与正面来风方向相同的 0°入射角作为来波方向。设定入射规则波的频率范围为 0~0.8Hz，频率间隔为 0.002Hz。在此基础上分析了漂浮式风电机组整体系统在无风条件、作业风况条件和自存风况条件下的水动力响应，并得到了其在 6 个自由度上的幅值响应算子（RAO）随频率的变化曲线。由于漂浮式风电机组各自由度上的 RAO 在高频区域维持在一个较低的数值水平，因此仅展示其在 0Hz 至 0.2Hz 范围内的 RAO 变化，具体情况如图 8.2 所示。

由图 8.2 可以发现，漂浮式风电机组整体系统在受到 0°入射波作用时，横荡、横摇、艏摇自由度上的运动响应幅值相对较小，其主要运动响应发生在纵荡、垂荡和纵摇 3 个自由度上。以无风情况为例，纵荡方向的 RAO 在 0.008Hz 达到第一个峰值，与整体系统的纵荡固有频率（0.008Hz）相符，然后纵荡 RAO 先随频率增大而减小，至 0.028Hz 后再随频率增大而增大，并在 0.034Hz 左右达到第二个峰值；垂荡方向的 RAO 同样呈现一个双峰谱的形态，其第一个峰值在 0.032Hz 左右出现，这与整体系统的垂荡固有频率

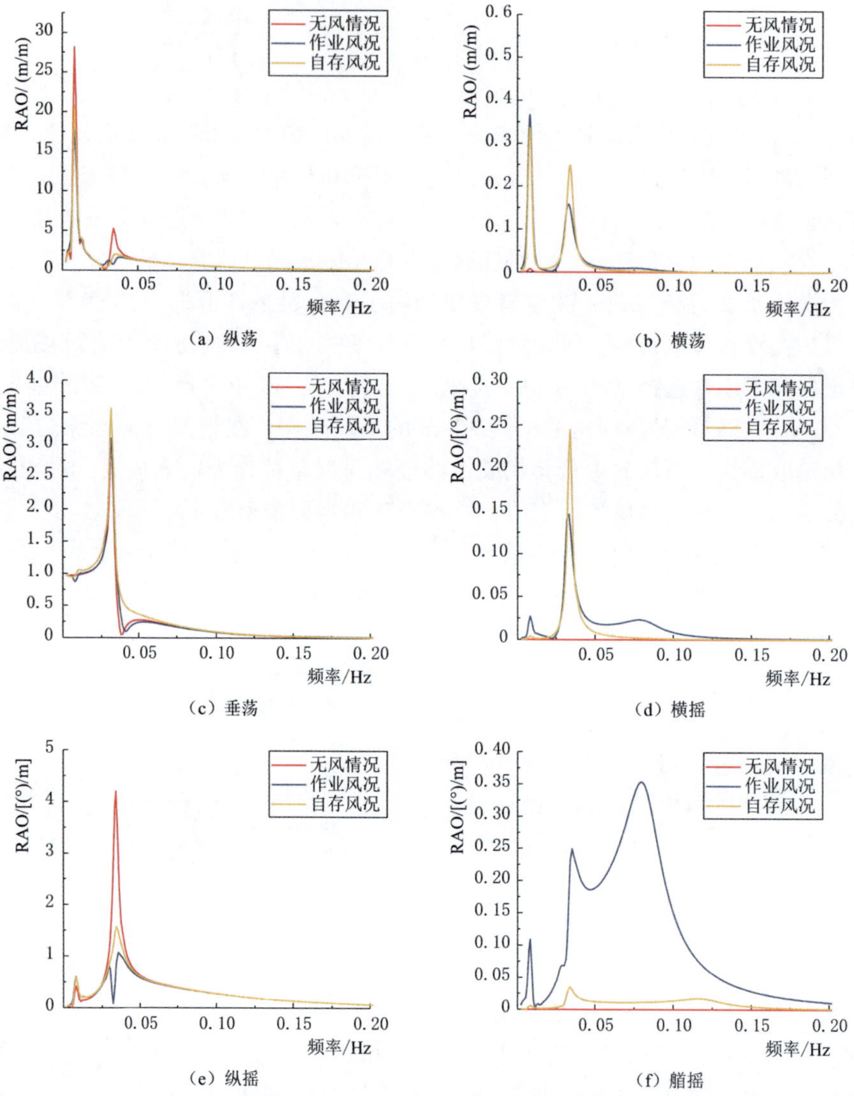

第 8 章 典型漂浮式风电机组基础在南海海域的运动响应

图 8.2 不同风况下漂浮式风电机组的幅值响应算子

（0.032Hz）相符，第二个峰值则出现在 0.05Hz；纵摇方向 RAO 的两个峰值分别在 0.008Hz 与 0.034Hz 出现，其主峰频率与纵摇方向的固有频率（0.034Hz）匹配较好，两个谱峰频率与纵荡方向的 RAO 呈现出较强的耦合相关性。

对比不同风况下相同自由度的 RAO 可以发现，纵荡和纵摇方向的 RAO 在有风情况下的谱峰峰值均要小于无风情况下的谱峰峰值，这是有风情况下整体系统受气动阻尼影响造成的。同时作业风况和自存风况之间的对比可以发现，作业风况下其 RAO 的谱峰峰值要比自存风况下更低，这是因为自存工况下风电机组启动停机保护，叶片停转后其整体受到的气动阻尼要小于作业工况。而垂荡自由度上不同风况下的响应峰值吻合较好，这反映了漂浮式风电机组的垂荡运动在其固有频率上的响应峰值并不受气动阻尼的影响。对横荡、横摇以及艏摇自由度上不同风况下的 RAO 进行对比后可以发现，有风情况下相关自由度上的 RAO 要

8.1 OC3-Hywind 单立柱式基础的漂浮式风电机组运动响应

明显大于无风情况下的 RAO,这是由于在无风条件下,漂浮式风电机组整体系统的运动响应主要受波浪载荷作用,而 0°来波方向的波浪对于整体系统在以上 3 个自由度上的运动响应作用甚微,特别地,对于艏摇方向的运动响应,漂浮式基础本身的圆柱结构使得其在艏摇方向几乎不受水动力作用,有风情况下的 RAO 增大更多的是受其水上结构如风电机组的运行转矩影响,这从作业风况下艏摇 RAO 明显大于自存风况下艏摇 RAO 的现象中可以得到佐证。

2. 响应谱分析及最大响应值计算

由 WAMIT 中计算得到的不同工况下漂浮式风电机组整体系统各自由度上的幅值响应算子(RAO),结合对应工况下的输入波浪谱条件可以得到漂浮式风电机组在南海海域不同工况下的运动响应谱,如图 8.3 所示。

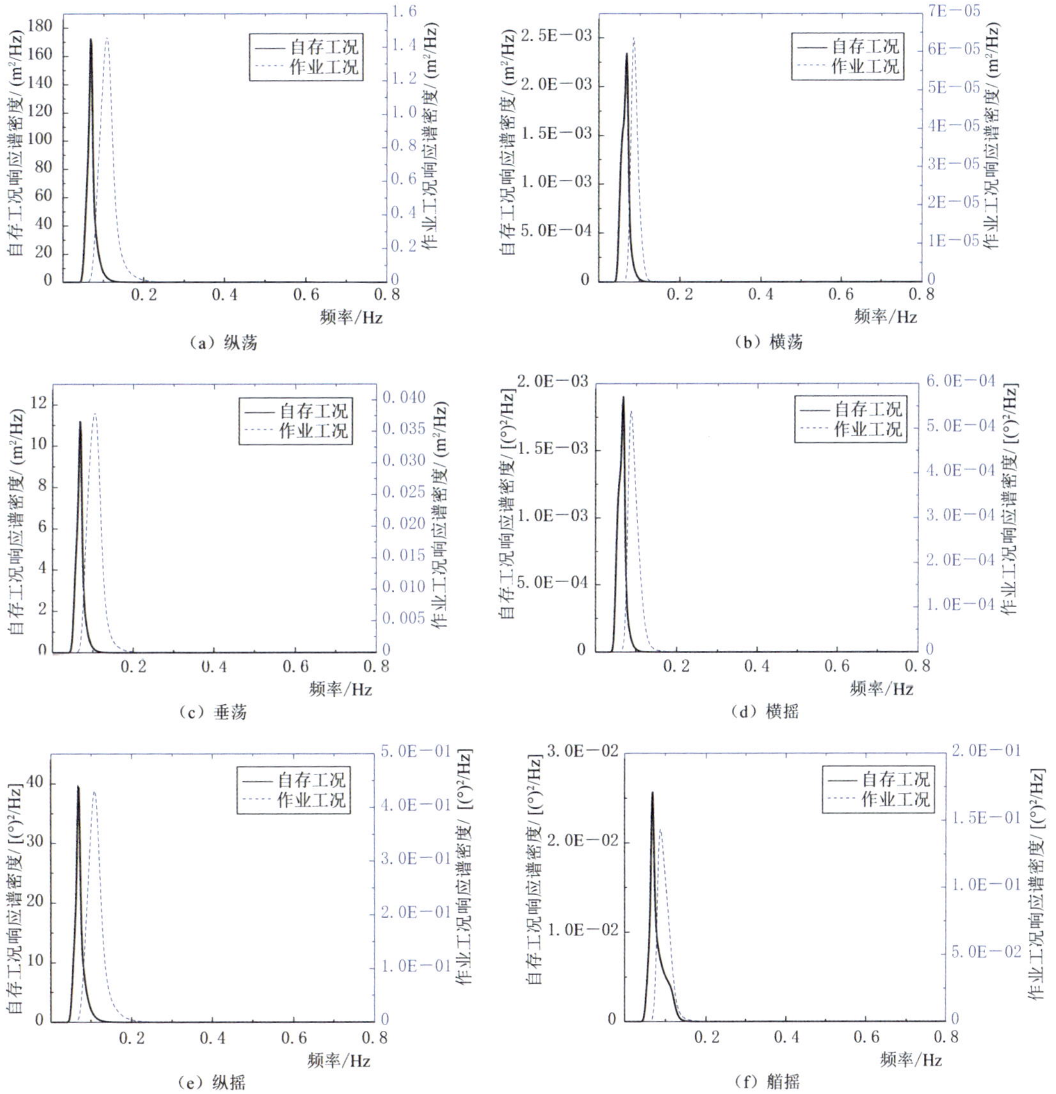

图 8.3 漂浮式风电机组在南海海域不同工况下的运动响应谱

从图 8.3 给出的响应谱组图可以看出，在作用工况和自存工况下漂浮式风电机组各自由度的响应谱主要集中在 0~0.2Hz 的低频区域，而相同自由度不同工况下的响应谱不仅在其幅值量级上有较大差别，其分布情况也存在较大差异。考虑其中响应谱密度较大的纵荡、垂荡和纵摇 3 个自由度，具体来说有，自存工况下纵荡、垂荡和纵摇的响应谱谱峰频率均为 0.068Hz 左右，而作业工况下其三者的谱峰频率则在 0.11Hz 左右，这 3 个不同的自由度在相同工况下谱峰频率的相似性可以归结为漂浮式风电机组整体系统在这两种工况条件下的运动响应主要受波浪谱条件影响，即各自由度的固有频率均落在波浪谱的主要频率之外，避免了特定波浪频率下整体结构受波浪条件影响发生共振的可能。

表 8.4 OC3-Hywind 单立柱式漂浮式风电机组不同工况下的运动响应最大值

自由度	运动响应最大值	
	作业工况	自存工况
纵荡/m	0.304	4.057
横荡/m	0.001	0.016
垂荡/m	0.044	1.018
横摇/(°)	0.004	0.015
纵摇/(°)	0.168	1.961
艏摇/(°)	0.064	0.055

利用上面得到的漂浮式风电机组在不同工况下的响应谱，计算其整体系统在不同工况下各自由度的运动响应最大值，结果见表 8.4。

观察表 8.4，可以发现漂浮式风电机组在不同工况下的运动响应存在显著差异。在作业工况下，漂浮式风电机组在各自由度上的运动响应表现出良好的稳定性，幅值最大的纵荡方向运动响应仅为 0.3m 左右。然而，在自存工况下，由于波浪条件较为恶劣，0°的来波方向导致漂浮式风电机组主要受到纵荡方向上的波浪荷载作用，使得纵荡上的最大运动响应值达到 4m 左右。横荡方向的运动响应相对较小。同时，由于漂浮式风电机组本身的结构设计，其浮心高于重心，形成了较大的恢复刚度，从而有效地将垂荡方向的最大运动响应限制在 1m 左右。在纵摇方向上，最大倾角也保持在 2°以内，证明了该单立柱式漂浮式风电机组具有可靠的防倾覆性。

总体来说，针对该单立柱式漂浮式风电机组的最大运动响应计算表明其水动力表现相当优秀。这种漂浮式风电机组能够适用于南海相关海域作业，并且在自存工况下表现出良好的稳定性和防倾覆性。因此，该单立柱式漂浮式风电机组是一种具有广泛应用前景的海洋能源开发设备。为了进一步了解该单立柱式漂浮式风电机组的性能和适用性，还可以进行更多的研究和实验。例如，可以研究不同海域、不同气候条件下漂浮式风电机组的性能表现，以及与其他类型漂浮式风电机组的对比研究；此外，还可以开展相关的数值模拟和仿真分析，以更全面地评估该设备的性能和可靠性。通过对表 8.4 的分析和讨论，可以得出结论：该单立柱式漂浮式风电机组在南海相关海域作业中表现出良好的水动力性能和稳定性，具有广泛的应用前景。

8.1.4 不同构型参数对单立柱式漂浮式风电机组水动力响应的影响

通过对漂浮式风电机组在海洋环境中的受力情况进行分析，发现其主要受到的环境荷载可以分为风电机组的水上部分受到的风荷载、水下部分受到的水动力荷载。在复杂的海洋环境中，水动力荷载对漂浮式风电机组整体系统运动的影响要明显大于风荷载。因此，

8.1 OC3-Hywind 单立柱式基础的漂浮式风电机组运动响应

对于漂浮式基础水下部分构型的研究显得尤为重要，因为其将直接影响到漂浮式风电机组在水体中受到的水动力荷载大小，从而对漂浮式风电机组的整体运动表现产生影响。

OC3-Hywind 单立柱式漂浮式风电机组基础构型如图 8.4 所示。

由图 8.4 可以注意到单立柱式漂浮式风电机组基础的水下结构主要由三部分组成，分别是上筒柱结构延展至水下的细筒柱部分、连接上筒柱与主筒柱的锥体部分和结构中最长的主筒柱部分。对其各部分构型参数进行分析发现，上筒柱部分由于与平台上方塔架直接相连，其直径必须与塔架直径保持一致，即 6.5m。上筒柱 10m 的出水高度是保证风电机组轮毂高度达到预设工作高度 90m 的前提。因此，漂浮式风电机组基础结构中的可变构型参数为平台底部直径、锥体顶部吃水深度、锥体长度以及主筒柱长度。漂浮式风电机组基础的主体几何构型由这 4 个构型参数决定。

为了分析比较不同构型参数对漂浮式风电机组整体结构运动响应的影响，需要针对每个构型参数分别建立多个不同的对

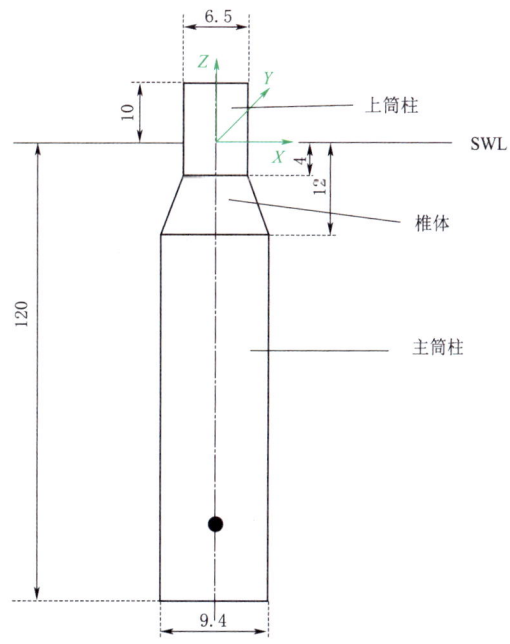

图 8.4 OC3-Hywind 单立柱式漂浮式风电机组基础构型（单位：m）

应参数数值的平台模型，并对其进行相关运动响应分析。这种分析方法可以了解不同构型参数对漂浮式风电机组整体结构运动的影响，从而为优化漂浮式基础结构提供理论支持。在建立模型时，需要考虑各个参数之间的相互影响和耦合效应。例如，平台底部直径的变化可能会影响漂浮式基础的稳定性，而锥体长度和主筒柱长度的变化可能会影响平台的承载能力和刚度。因此，在建立模型时需要综合考虑这些因素，以确保模型的准确性和可靠性。通过运动响应分析，可以得到各个构型参数对漂浮式风电机组整体结构运动的影响规律。例如，当平台底部直径增加时，平台的稳定性可能会提高，但同时也会增加平台的重量和成本。因此，在选择平台底部直径时需要权衡稳定性、重量和成本等因素。同样地，其他构型参数的选择也需要综合考虑多个因素。

1. 平台底部直径

平台底部直径是单立柱式漂浮式风电机组构型中决定主筒柱大小的主要物理参数，在原设计构型中其值为 9.4m，于是在原设计构型的基础上，建立 7 个平台底部直径不同而其他几何构型参数相同的漂浮式风电机组模型，其中平台底部直径大小的变化范围选取为原设计值的 85%～115%，间隔值为原设计值的 5%。针对每个模型使用 WAMIT-FAST 联合计算方法并对其进行频域水动力分析，分别计算不同模型在作业工况和自存工况下整体结构的最大运动响应，得到不同工况下其六自由度上最大运动响应值随平台底部直径的归一化变化趋势，如图 8.5 所示。

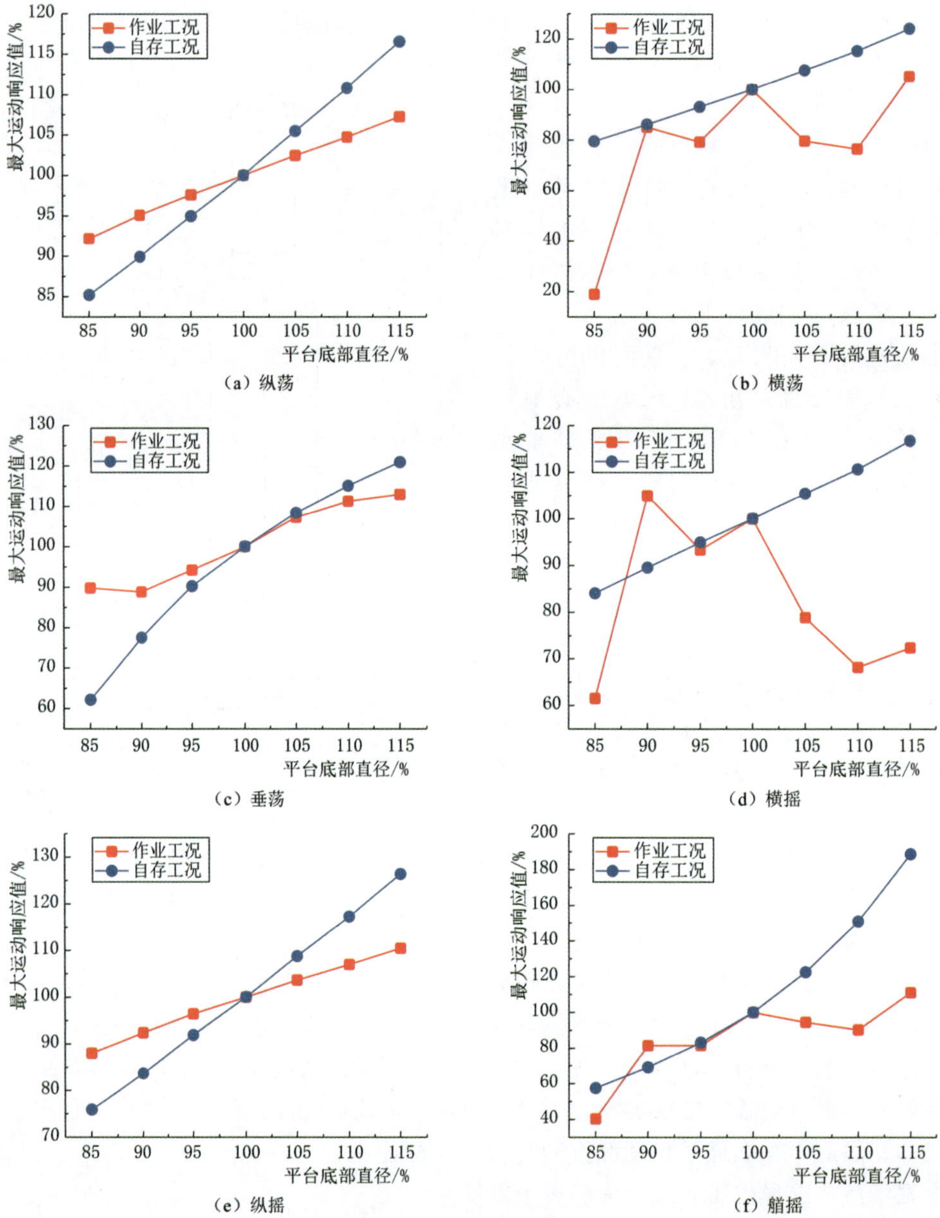

（a）纵荡　（b）横荡　（c）垂荡　（d）横摇　（e）纵摇　（f）艏摇

图 8.5　不同平台底部直径的最大运动响应

从图 8.5 中可以观察到，无论是作业工况还是自存工况，随着平台底部直径的增大，单立柱式漂浮式风电机组基础在纵荡、垂荡、纵摇自由度上的最大运动响应值均呈现增大的趋势。这一趋势在给定的构型参数变化范围内表现得尤为明显，整体系统在此 3 个自由度上的最大响应幅值和平台底部直径呈现一定的正相关性。这一现象的产生，主要是因为随着平台底部直径的增大，单立柱式漂浮式风电机组基础的体积和质量都会相应增加，导致其在面对相同波浪作用时，产生的运动响应也会增大。此外，较大的平台底部直径也会使得波浪在平台上的反射和绕射效应增强，进一步加剧了平台的运动响应。然而，需要注意的是，减小平台底部直径可以提高该漂浮式风电机组在对应两种工况下的运动稳定性。这是因为较小的平台底部直径可以降低平台的重心高度，从而减小其受到的波浪作用力矩，提高其运动稳定性，同时，较小的平台底部直径还可以降低平台的阻尼系数，使其更容易发生摆动和摇摆，从而更好地吸收和分散波浪作用力。

综上所述，单立柱式漂浮式风电机组的结构特征和入射波浪角度对其运动响应有重要的影响。在设计和应用过程中，需要充分考虑这些因素，以优化单立柱式漂浮式风电机组的性能并提高其运动稳定性。

2. 锥体顶部吃水深度

在 OC3-Hywind 单立柱式漂浮式风电机组的平台构型设计中，锥体结构是用于连接上筒柱与主筒柱的过渡结构，锥体上方的筒柱直径为 6.5m，要小于下方主筒柱 9.4m 的直径，锥体结构上方更加细小的筒柱直径可以减小漂浮式基础在自由表面附近区域受到的水动力荷载。为研究其锥体顶部吃水深度对于漂浮式风电机组整体系统运动响应的影响，在原构型的基础上分别建立不同锥体顶部吃水深度的 7 个漂浮式风电机组模型，其构型参数变化范围为原设计值的 85%~115%，间隔值为原设计值的 5%，利用 WAMIT-FAST 联合计算方法对相应模型进行运动响应分析，得到不同锥体顶部吃水深度的漂浮式风电机组基础模型在不同工况下六自由度最大运动响应的变化曲线，如图 8.6 所示。

由图 8.6 可以观察到，在给定的变化范围内，随着锥体顶部吃水深度的不断增加，漂浮式风电机组在作业工况和自存工况下的各自由度最大运动响应值均呈现出不同程度的减小趋势。这一现象表明，在一定范围内增加锥体顶部吃水深度可以提高漂浮式风电机组整体系统的稳定性。然而，需要注意的是，整体系统在不同自由度上的最大响应幅值随锥体顶部吃水深度变化幅度较小。这意味着实际情况下，该构型参数对整体系统的运动响应影响相对较小。增加锥体顶部吃水深度可以改变漂浮式风电机组基础的浮力分布，从而影响其整体姿态和稳定性。然而，由于自由度之间的耦合效应以及系统内部阻尼等因素的影响，不同自由度上的最大响应幅值变化并不明显。

总之，图 8.6 所呈现的结果表明，在一定范围内增加锥体顶部吃水深度可以提高漂浮式风电机组整体系统的稳定性。然而，实际应用中还需考虑其他因素的影响，并进行综合分析和优化设计。

3. 锥体长度

作为漂浮式风电机组基础构型中的连接部分，锥体结构的设计长度为 8m。为探究其锥体长度对漂浮式风电机组整体系统在特定工况条件下的运动响应影响，分别建立 7 个锥体长度不同而其他几何构型参数保持不变的漂浮式风电机组模型，锥体长度的变化范围为原设计值的 85%~115%，间隔值为原设计值的 5%，通过 WAMIT-FAST 联合计算方法分析得到对应构型在不同工况下的最大运动响应，如图 8.7 所示。

由图 8.7 可知，随着漂浮式风电机组基础锥体长度的增加，漂浮式风电机组纵荡、垂荡、纵摇 3 个自由度在两种工况下的最大运动响应基本符合逐渐减小的趋势。这一趋势表明，当锥体长度增加时，整体结构在对应工况下的最大运动响应幅值会相应减小。然而，需要注意的是，两种工况下的最大响应幅值随锥体长度变化的幅度范围相对有限。具体来

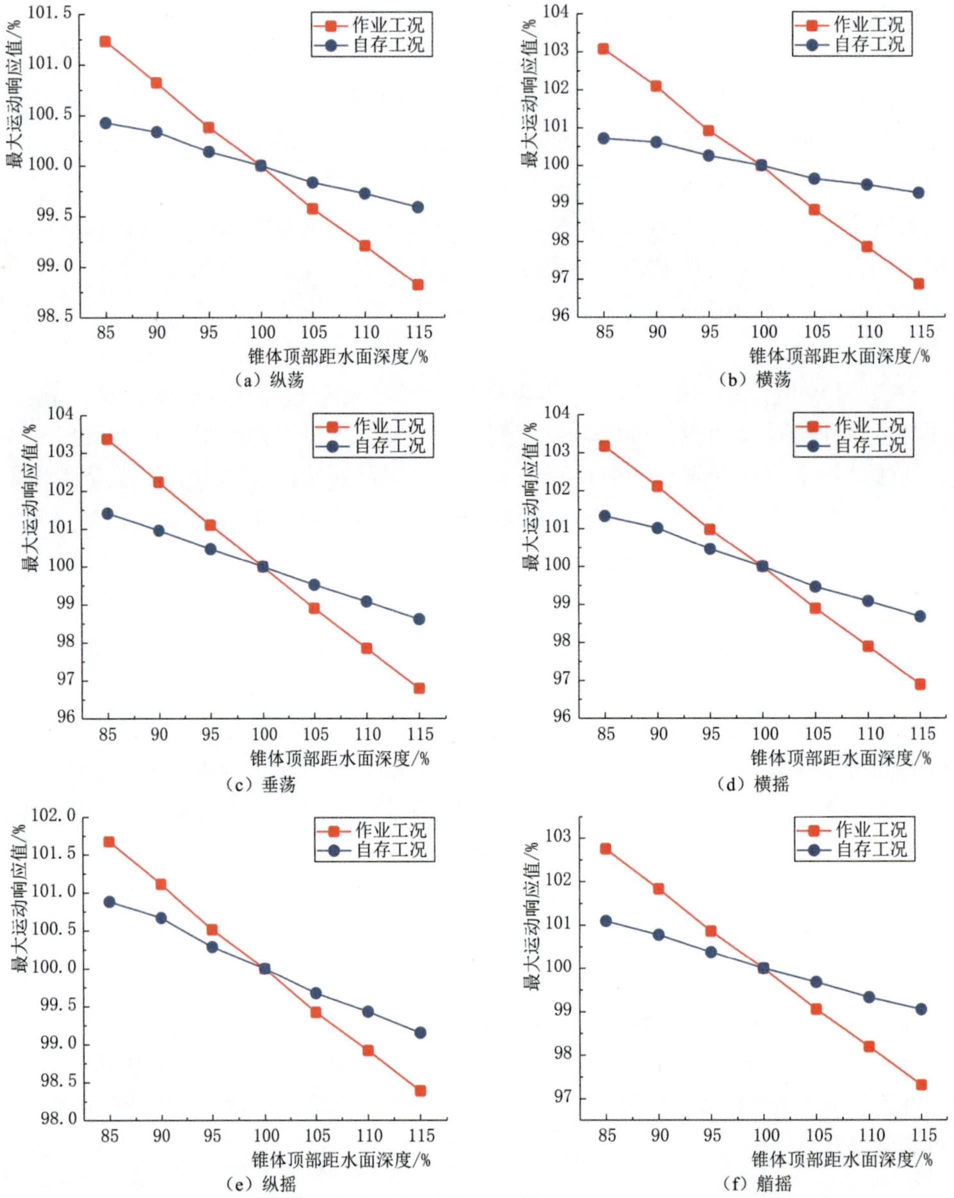

图 8.6 不同锥体顶部吃水深度的最大运动响应

说，主要运动自由度上的响应随构型参数变化的幅值范围为原值的 98%～104%。随着锥体长度的增加，整体结构的刚度和稳定性可能会相应提高，从而减小了运动响应幅值。然而，由于漂浮式风电机组基础的水动力作用和波浪等外部因素的干扰，锥体长度对整体系统水动力表现的影响可能受到一定限制。虽然随着漂浮式风电机组基础锥体长度的增加，整体结构在对应工况下的最大运动响应幅值有所减小，但锥体长度对整体系统的水动力表现影响并不显著。因此，在设计和优化漂浮式风电机组基础时，需要综合考虑多个因素，以达到最佳的水动力性能和稳定性。

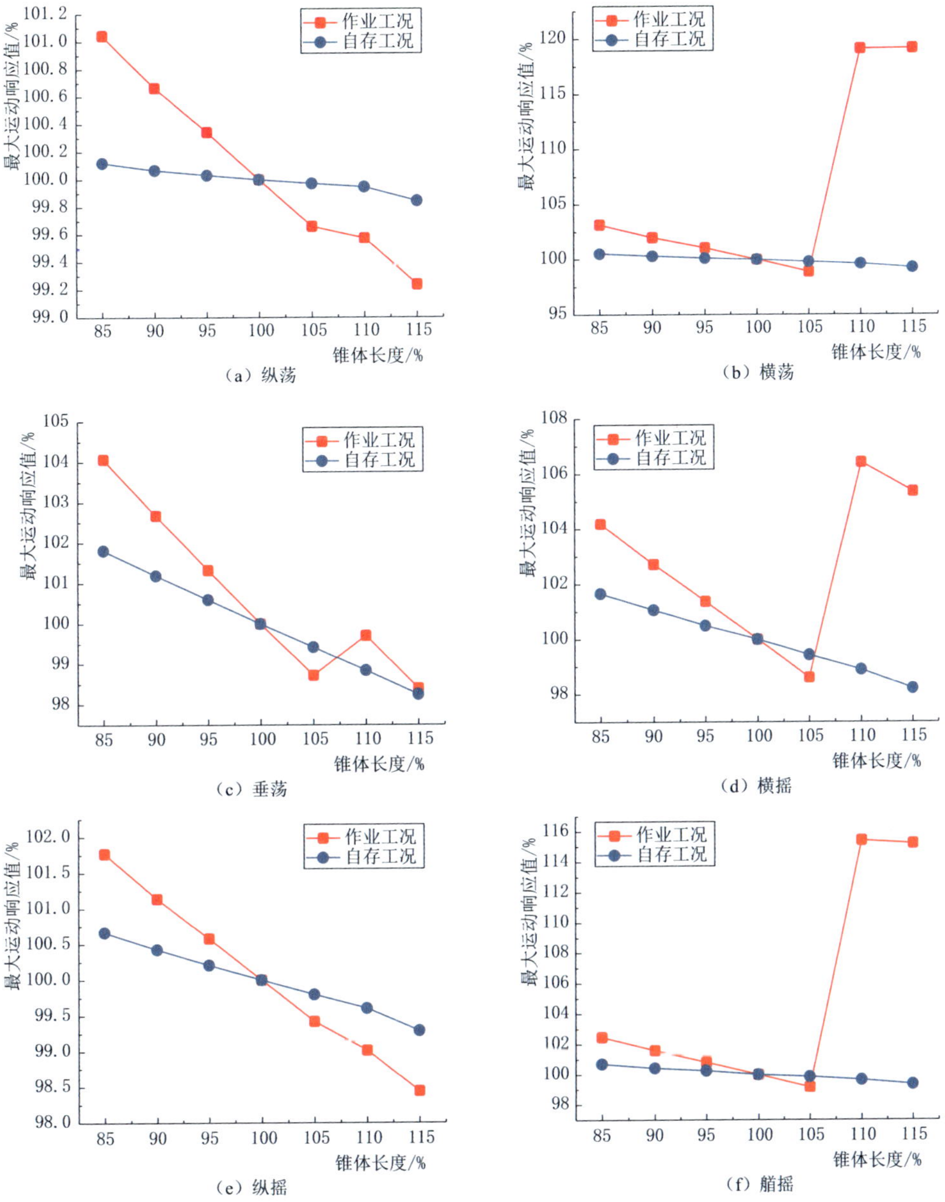

8.1 OC3-Hywind 单立柱式基础的漂浮式风电机组运动响应

图 8.7 不同锥体长度的最大运动响应

4. 主筒柱长度

单立柱式漂浮式风电机组基础中水下结构的主体部分为一根直径为 9.4m 的主筒柱，初始设计长度为 108m，筒柱结构底部的压载物使得风电机组整体的浮心远高于重心位置，从而形成巨大的垂向恢复力矩，以提高其垂荡方向的稳定性。为研究主筒柱长度对于单立柱式漂浮式风电机组在不同工况下运动表现的影响，在原构型的基础上分别建立 7 个不同主筒柱长度的漂浮式风电机组模型，然后通过 WAMIT-FAST 联合计算方法来比较不同主筒柱长度的漂浮式风电机组基础之间最大运动响应值的变化，主筒柱长度的选取范围为原设计值的85%～115%，间隔值为原设计值的5%，所得归一化数据结果如图8.8所示。

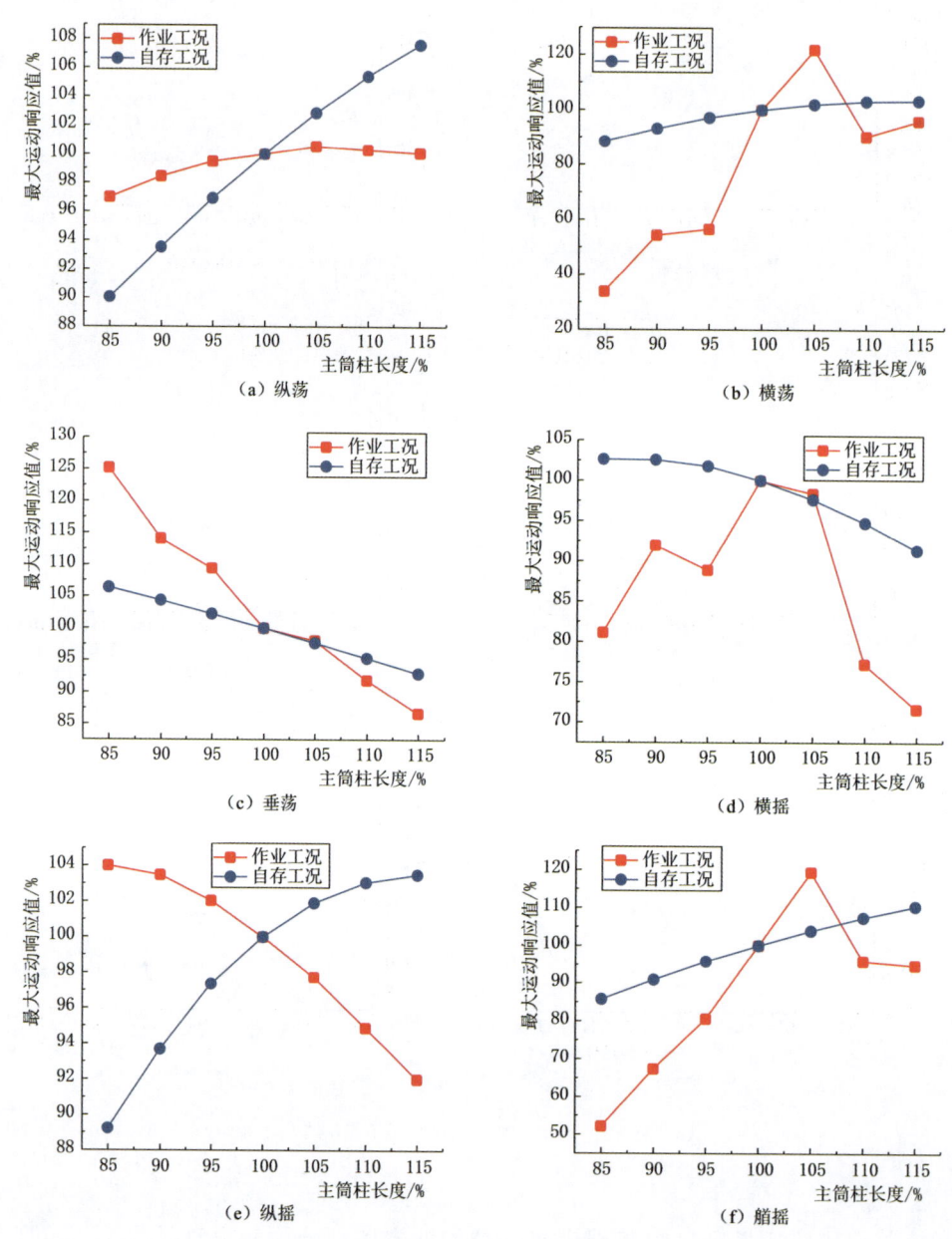

图8.8 不同主筒柱长度的漂浮式风电机组最大运动响应

观察图8.8可以发现主筒柱长度对漂浮式风电机组整体系统的运动响应，主要集中在纵荡、垂荡和纵摇三个主要自由度上的运动。

在纵荡自由度上，作业工况下不同主筒柱长度的漂浮式风电机组基础其最大运动响应值差别不大，波动范围在原最大响应值的97%~101%，并不与主筒柱长度呈现强相关性。然而，在自存工况下，其纵荡最大运动响应值与主筒柱长度呈现一定正相关性，主筒柱长度的增大会使整体系统在自存工况下的最大运动响应值增大。

在垂荡自由度上，主筒柱长度的增加会导致整体系统在两种给定工况下的最大运动响应减小，即增强漂浮式风电机组在垂荡方向的稳定性。这可能是因为随着主筒柱长度的增加，漂浮式风电机组的重心位置会发生变化，从而影响其在垂荡方向上的运动响应。

在纵摇自由度上，主筒柱长度在不同工况下的影响有所不同。在作业工况下，漂浮式风电机组的纵摇响应最大值随主筒柱长度的增加而减小。这可能是因为随着主筒柱长度的增加，漂浮式风电机组的转动惯量会增大，从而使其在纵摇方向上的运动响应减小。在自存工况下，漂浮式风电机组的纵摇响应最大值随主筒柱长度的增大而增大。这可能是因为自存工况下漂浮式风电机组受到的风力作用更大，从而使其在纵摇方向上的运动响应增大。

综上所述，主筒柱长度对漂浮式风电机组整体系统的运动响应影响相对复杂，主要表现在纵荡、垂荡和纵摇3个自由度上。为了更好地理解和预测这一影响，需要进一步研究不同工况下主筒柱长度与漂浮式风电机组运动响应之间的关系，并考虑其他影响因素如风速、海流等；同时，也需要关注漂浮式风电机组在实际运行中的安全性和稳定性问题，以确保其能够正常运行并发挥出最佳性能。

8.2 OC4-DeepCwind 半潜式漂浮式风电机组基础的运动响应

OC4-DeepCwind 半潜式漂浮式风电机组是美国国家可再生能源实验室（NREL）为 Offshore Code Comparison Collaboration Continuation（OC4）项目第二阶段设计的一款半潜式漂浮式风电机组[9]，其基础平台上方搭载的是 NREL 设计的 5MW 基准风电机组[6]，OC4 半潜式漂浮式风电机组概念图如图 8.9 所示。

8.2.1 半潜式漂浮式风电机组的结构参数

OC4-DeepCwind 半潜式漂浮式风电机组由风力发电机系统、塔架、漂浮式基础以及系泊系统组成，本节主要介绍其漂浮式基础和系泊系统的构型参数，风电机组湿表面模型如图 8.10 所示。

1. 漂浮式风电机组基础主要参数

OC4-DeepCwind 半潜式漂浮式风电机组基础的主体结构由 4 个立柱组成，分别是 3 个外部立柱和 1 个中心立柱，中心立柱的出水高度为 10m，中心立柱的直径与上方塔架的直径同为 6.5m，其顶部与上方的风电机组塔架直接相连，其余 3 个外部立柱则为两段式结构，上半段为直径更小的上立柱，下半段为直径较大的基础立柱。外部立柱通过横撑杆和斜撑杆与中心立柱相连，3 个外部立柱之间则通过撑杆结构互相连接形成一个等边三角形的整体结构。漂浮式基础的详细构型及物理参数见表 8.5。

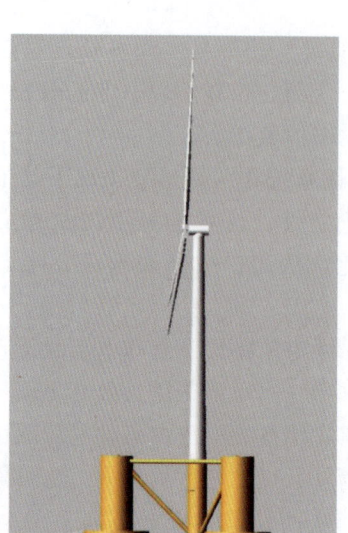

图 8.9　OC4-DeepCwind 半潜式漂浮式风电机组概念图

图 8.10　OC4-DeepCwind 半潜式漂浮式风电机组湿表面模型

表 8.5　OC4-DeepCwind 半潜式漂浮式风电机组基础主要参数

漂浮式风电机组基础物理参数	数值	漂浮式风电机组基础物理参数	数值
平台底部距水面深度（总吃水深度）/m	20	上立柱直径/m	12
中心立柱顶部出水高度/m	10	基础立柱直径/m	24
外立柱顶部出水高度/m	12	撑杆直径/m	1.6
外立柱中心间距/m	50	平台总质量/kg	13473000
上立柱长度/m	26	重心吃水深度/m	13.46
基础立柱长度/m	6	平台关于重心的横摇惯性矩/(kg·m^2)	6.827×10^9
基础立柱顶部水深/m	14	平台关于重心的纵摇惯性矩/(kg·m^2)	6.827×10^9
中心立柱直径/m	6.5	平台关于中心线的艏摇惯性矩/(kg·m^2)	1.226×10^{10}

2. 系泊系统主要参数

OC4-DeepCwind 半潜式漂浮式风电机组的系泊系统由 3 根悬链线组成，每根悬链线通过位于不同基础立柱顶部的导缆器与漂浮式风电机组相连，悬链线之间各呈 120°夹角，系泊系统详细参数见表 8.6。

表 8.6　系泊系统主要参数

系泊系统物理参数	数值	系泊系统物理参数	数值
悬链线数	3	导缆器距平台中心线距离/m	40.868
相邻悬链线夹角/(°)	120	未拉伸状态悬链线长度/m	835.5
锚固基础距静水面深度/m	200	悬链线直径/m	0.0766
导缆器距静水面深度/m	14	悬链线等效质量密度/(kg/m)	113.35
锚固基础距平台中心线距离/m	837.6	悬链线等效拉伸刚度/N	753600000

8.2.2 半潜式漂浮式风电机组南海海域工况条件的选择

OC4-DeepCwind 半潜式漂浮式风电机组的设计工作海域水深为 200m，为模拟分析其在南海相关水深海域的工作可行性，依据挪威船级社相关规范选定了两种简化的风浪组合工况对其进行动力响应分析，分别是作业工况与自存工况[10]。作业工况的风况条件选取的是风电机组额定工作的风速条件，同时其组合波浪条件特征参数为南海海域月平均最大有义波高和跨零周期，波浪谱模型选择非台风条件下的 JONSWAP 谱；自存工况则出于保守考虑选择了对应水深海域的 50 年一遇风况和波浪条件，波浪谱模型选择台风情况下的 JONSWAP 谱模型[11]。两种工况的具体环境特征参数见表 8.7。

表 8.7 作业工况与自存工况的具体环境特征参数

参　数	作业工况	自存工况
轮毂处定常风速/(m/s)	11.4	40
风剖面指数系数	0.14	0.07
有义波高/m	2.1	11.1
跨零周期/s	5.3	10.0

8.2.3 半潜式漂浮式风电机组的频域水动力分析

使用 WAMIT-FAST 联合计算方法对 OC4-DeepCwind 半潜式漂浮式风电机组进行水动力分析，同时考虑其气动阻尼及系泊系统等对整体系统的影响。

1. 不同入射波角度下半潜式漂浮式风电机组的 RAO

通过观察半潜式漂浮式风电机组的结构构型可以发现，该漂浮式风电机组在水体中与波浪相互作用的湿表面部分并非中心对称结构，因此当波浪从不同角度入射时，漂浮式风电机组各自由度受到的波浪荷载会有所不同，从而可能对其整体系统的运动响应产生影响。为此考虑选取了 0°～60° 中 7 个间值为 10° 的波浪入射角，分别计算在定常风速为 11.4m/s 的作业风况条件下，该漂浮式风电机组在对应入射角规则波作用下的 RAO，所得部分结果如图 8.11 所示。

从图 8.11 中可以观察到，在各种入射角度的规则波影响下，半潜式漂浮式风电机组在垂荡自由度上的 RAO 展现出相对稳定性，基本不随入射波角度的变化而发生显著变化。这意味着整体系统在垂荡方向所受到的波浪力与来波方向关系不大，具有一定的鲁棒性。然而，随着波浪角度增大，漂浮式风电机组在纵荡和纵摇方向上的 RAO 逐渐减小，而在横荡和横摇方向上的 RAO 则逐渐增大。这一现象反映了作用在整体系统上的波浪荷载随波浪入射角变化的趋势。综合分析，可以得出结论：整体系统各自由度的 RAO 并没有在某一特定的波浪入射角度出现异常增大的现象。因此，可以认为该漂浮式风电机组的整体运动响应对入射波浪角度不具备敏感性。

这一发现对于漂浮式风电机组的设计和应用具有重要意义。首先，稳定的垂荡响应意味着风电机组在各种波浪条件下都能保持稳定的运行状态，从而提高了其可靠性和耐久性；其次，随着波浪角度的变化，纵荡和纵摇的响应减小以及横荡和横摇的响应增大，有助于优化风电机组的结构设计和荷载分布，使其在复杂的海洋环境中更好地适应和生存；此外，这一研究结果还可以为其他海洋工程结构的设计和优化提供参考。例如，在海上石油钻井平台、海洋观测站等设施的设计中，了解和掌握波浪荷载随入射角的变化规律对于

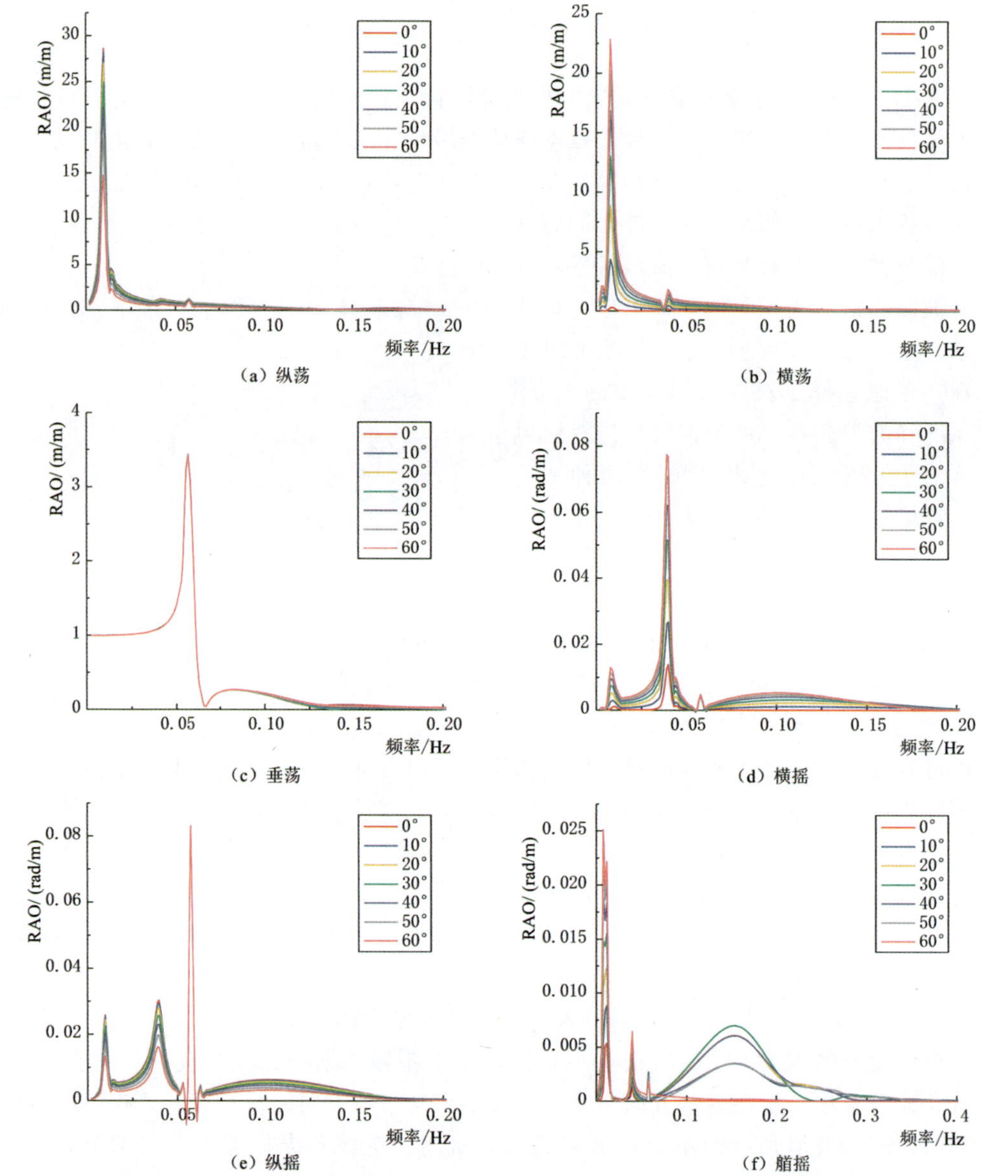

图 8.11　不同来波方向作用下半潜式漂浮式风电机组的 RAO

提高设施的稳定性和安全性具有重要意义。

总之，通过对半潜式漂浮式风电机组在各种入射角度下的运动响应进行分析和研究，不仅了解了其运动规律和特点，还为风电机组的设计和应用提供了理论支持和实践指导。

2. 不同风况条件下半潜式漂浮式风电机组的 RAO

使用 WAMIT-FAST 联合计算方法对不同风况条件下的半潜式漂浮式风电机组进行频域水动力响应分析。由不同入射波角度下半潜式风电机组的 RAO 可知，该半潜式漂浮式风电机组无敏感入射角，因此为简化计算，仅选定与正面来风方向相同的 0°入射角为来波方向，规则波波浪频率间值为 0.002Hz，频率范围设定为 0～0.8Hz，共 400 组不同频率的规

8.2 OC4-DeepCwind 半潜式漂浮式风电机组基础的运动响应

则波,针对不同风况下的规则波作用分别计算其 RAO,其中 0~0.2Hz 结果如图 8.12 所示。

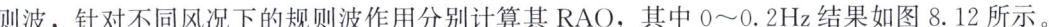

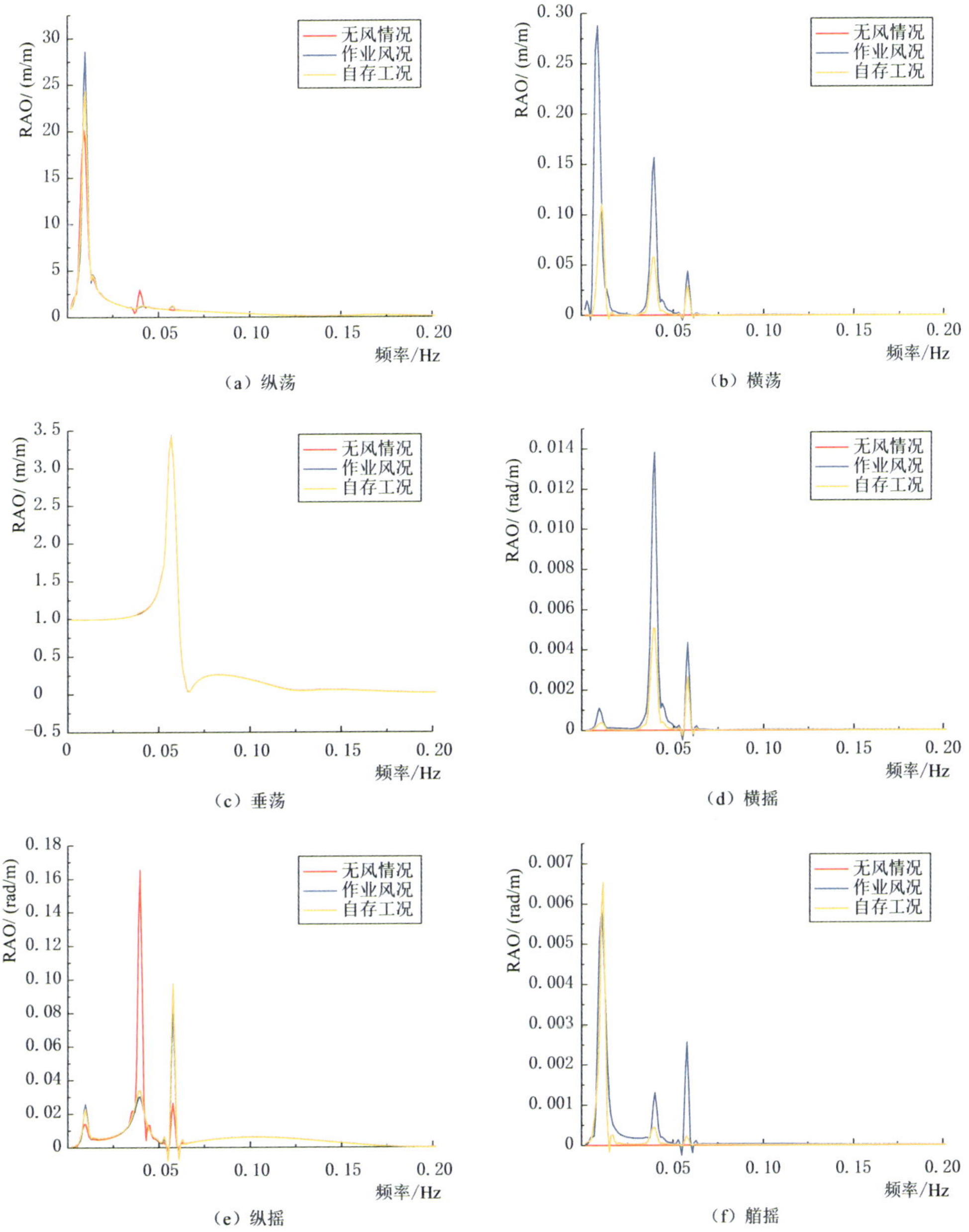

图 8.12 不同风况条件下漂浮式风电机组的 RAO

由图 8.12 可以清晰地看到,在 0°入射方向的波浪作用下,漂浮式风电机组的主要运动自由度为纵荡、垂荡和纵摇。这表明在特定的风况下,这些自由度对于漂浮式风电机组的运动具有显著的影响。进一步对比不同风况下的整体系统各自由度 RAO,可以发现,有风情况下,非主要响应自由度如横荡、横摇、艏摇方向受风影响明显。这主要是因为风荷载与漂浮式风电机组之间的相互作用增大了整体系统在对应自由度上的扰动。随着作用在漂浮式风电机组上的风荷载的增加，横荡、横摇、艏摇上的 RAO 也随之增大，这表明风荷载对风电机组在这些自由度上的运动有显著影响。

在垂荡方向上，RAO 几乎不随风况条件的变化而变化，这表明漂浮式风电机组在垂荡方向的迎风稳定性。即使在有风的情况下，垂荡方向的扰动仍然保持相对稳定，这体现了漂浮式风电机组在设计上的优越性。

在纵摇方向上，有风情况下的对应 RAO 谱值要小于无风情况下的 RAO。这主要是气动阻尼对于整体系统运动的影响造成的。自存工况下风电机组停转，故实际作业工况受到的气动阻尼影响要大于自存工况，这与观察到的作业风况下对应纵摇 RAO 小于自存工况相吻合。

整体来看，不同风况之间整体系统对应自由度的 RAO 谱峰频率并没有出现较大差异，这说明风荷载并没有影响漂浮式风电机组整体系统的固有频率。纵荡方向的 RAO 主峰值出现在 0.01Hz 左右，垂荡方向的 RAO 主峰值出现在 0.056Hz，纵摇方向的 RAO 主峰值出现在 0.04Hz，三者分别对应漂浮式风电机组在各自由度上的固有频率。

此外，还可以观察到横荡、横摇、纵摇以及艏摇自由度上的 RAO 呈现一个三峰谱的形态，各谱峰频率正好对应纵荡、垂荡、纵摇三个固有频率。这表现出各自由度之间较强的耦合作用，这种耦合作用可能是风荷载、漂浮式风电机组自身结构以及海洋环境等多种因素共同作用的结果。

综上所述，可以得出以下结论：

（1）漂浮式风电机组的主要运动自由度为纵荡、垂荡和纵摇，这些自由度在特定风况下受到显著影响。

（2）有风情况下，非主要响应自由度如横荡、横摇、艏摇方向受风影响明显，随着风荷载的增加，这些自由度的扰动也随之增大。

（3）垂荡方向的 RAO 几乎不随风况条件的变化而变化，表明漂浮式风电机组在垂荡方向的迎风稳定性好。

（4）气动阻尼对整体系统运动的影响在纵摇方向上尤为明显，实际作业工况受到的气动阻尼影响大于自存工况。

（5）不同风况之间整体系统对应自由度的 RAO 谱峰频率并没有出现较大差异，说明风荷载并没有影响漂浮式风电机组整体系统的固有频率。

（6）横荡、横摇、纵摇以及艏摇自由度上的 RAO 呈现一个三峰谱的形态，各谱峰频率正好对应纵荡、垂荡、纵摇三个固有频率，表现出各自由度之间较强的耦合作用。

3. 响应谱分析及最大响应值计算

使用由 WAMIT-FAST 联合计算方法得到的半潜式漂浮式风电机组在不同风况下的 RAO 频谱，结合对应工况的输入波浪谱条件得到如图 8.13 所示不同工况下的响应谱。

从图 8.13 中可以看出，在作业工况下，6 个自由度的响应谱谱峰峰值均出现在 0.12Hz 附近，这表明该半潜式漂浮式风电机组在作业工况下的整体运动响应主要受输入波浪谱影响。同时，其响应谱频率分布范围较广，这进一步证实了这点。值得注意的是，该半潜式漂浮式风电机组的固有频率避开了作业工况输入波浪谱的主要频率范围。这意味着该漂浮式风电机组在设计时已经考虑到了作业工况下的波浪影响，并采取了相应的措施

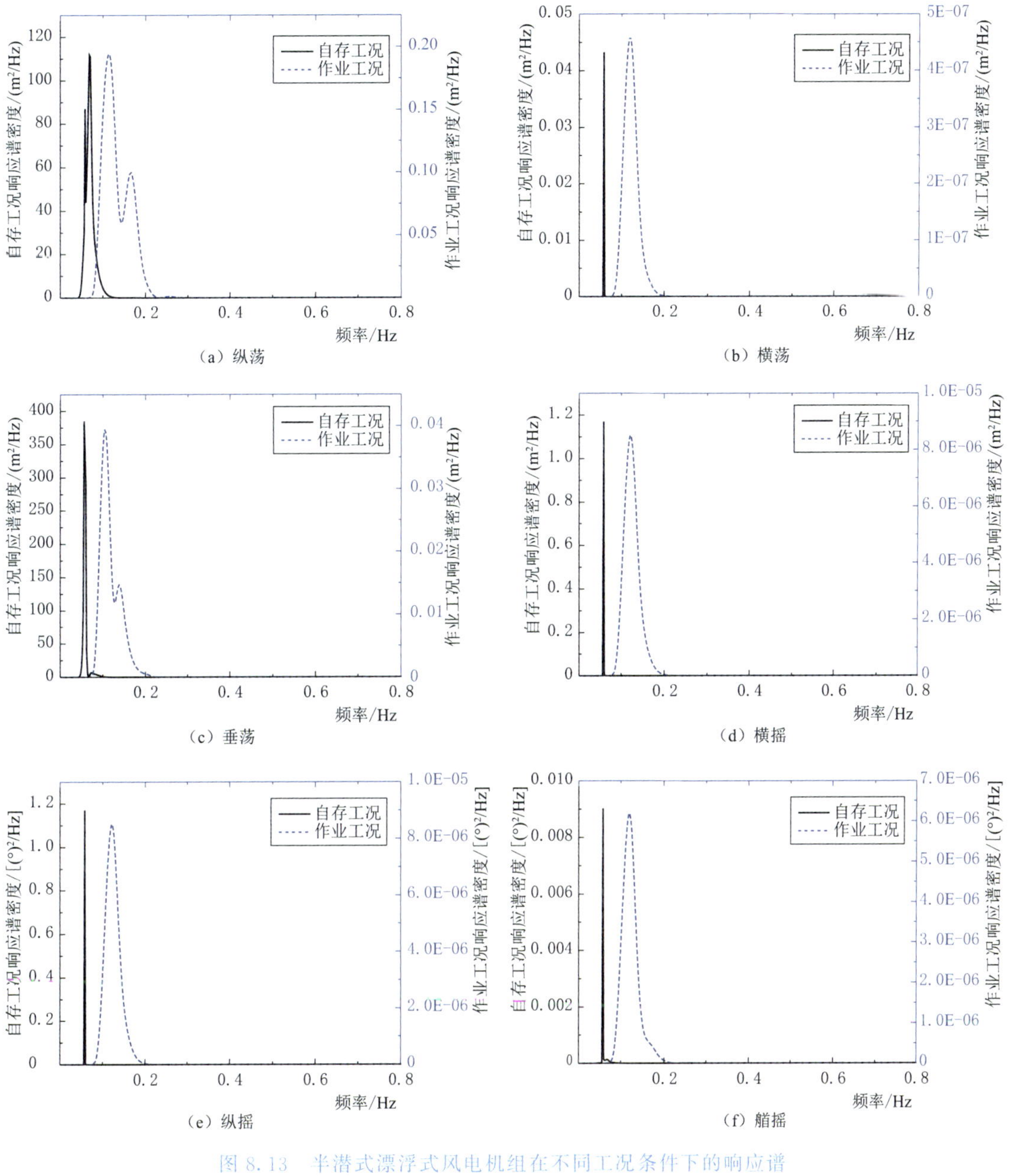

图 8.13　半潜式漂浮式风电机组在不同工况条件下的响应谱

来避免共振等不利影响。在自存工况下，除了纵荡自由度以外，其余 5 个自由度的响应谱在频率上均呈现一个围绕 0.058Hz 附近的较窄分布形势。这说明漂浮式风电机组的垂荡固有频率在自存工况下对整体运动响应有较大的影响。这可能是因为自存工况下的波浪输入与漂浮式风电机组的垂荡固有频率较为接近，导致其运动响应受到较大影响。

综上所述，该半潜式漂浮式风电机组的设计考虑了作业工况和自存工况下的不同影响因素，并采取了相应的措施来优化其运动响应。这种设计思路对于提高漂浮式风电机组的稳定性和可靠性具有重要意义。

利用以上得到的半潜式漂浮式风电机组在不同工况下的响应谱，计算得到其在对应工况下各自由度上的最大运动响应值，计算结果见表 8.8。

表 8.8　半潜式漂浮式风电机组不同风况下的最大运动响应值

自由度	最大运动响应值	
	作业工况	自存工况
纵荡/m	0.0958	3.3273
横荡/m	0.0001	0.0223
垂荡/m	0.0208	42.6083
横摇/(°)	0.0003	0.1159
纵摇/(°)	0.0496	4.4021
艏摇/(°)	0.0003	0.0108

由表 8.8 的数据可以看出，在来波方向为 0°的作业工况下，半潜式漂浮式风电机组展现出良好的水动力性能。在作业工况下，各个自由度的最大运动响应值均非常小，这表明该风电机组在作业过程中具有较高的稳定性和可靠性。

然而，在自存工况下，该风电机组的表现却不尽如人意。虽然在 3 个主要运动自由度中纵荡的最大运动响应值仅为 3.32m，纵摇的最大响应角度也只有 4.4°，但是其垂荡方向的最大运动响应值却达到了 42.61m。如此大的垂荡方向最大运动响应使得该风电机组无法满足相应的动力响应要求，因此原构型的 OC4-DeepCwind 半潜式漂浮式风电机组可能不适用于南海相关海域的作业环境。为了解决这个问题，可以考虑对原构型进行改进或优化。例如，可以调整风电机组的结构或设计，以减少其在自存工况下的垂荡运动响应。此外，还可以考虑增加相应的减摇装置或设备，以增强风电机组的稳定性和可靠性。

综上所述，虽然 OC4-DeepCwind 半潜式漂浮式风电机组在作业工况下表现出色，但在自存工况下仍存在一些问题需要解决。为了确保其在南海相关海域作业环境中的稳定性和可靠性，需要进行进一步的改进和优化。

8.2.4　不同构型参数对半潜式漂浮式风电机组水动力响应的影响

半潜式漂浮式风电机组上部搭载 NREL 发布的基准型 5MW 风电机组，其通过塔架与下部的漂浮式风电机组基础相连，而其平台部分在水中受到的水动力荷载是漂浮式风电机组整体系统受到的环境荷载中最重要的荷载，因此本节主要考虑半潜式漂浮式风电机组基础的相关构型参数变化对于整体系统在对应海况条件运动表现的影响。

OC4-DeepCwind 半潜式漂浮式风电机组基础构型如图 8.14 所示。由于中心立柱上方与搭载的 5MW NREL 基准型风电机组的塔架直接相连，故中心立柱的直径需固定为与塔架相同的 6.5m。于是在维持风电机组轮毂处高度不变的情况下确定了上立柱直径、上立柱吃水深度、基础立柱高度、基础立柱直径以及外立柱中心间距等关键可变构型参数。下面分别讨论构型参数数值不同的模型其整体系统在相应工况下的运动响应变化。

1. 上立柱直径

半潜式漂浮式风电机组上立柱的原设计直径为 12m，于是在原设计构型的基础上，建立了 7 个上立柱直径大小不同而其他构型参数保持不变的半潜式漂浮式风电机组基础模型，其直径变化范围为原值的 85%～115%，间隔值为原值的 5%。分别计算各个模型在不同工况下的最大运动响应值，得到如图 8.15 所示的最大运动响应随上立柱直径变化的归一化计算结果。

从图 8.15 中可以明显地看到，垂荡和纵摇方向在自存工况下的变化与上立柱直径的

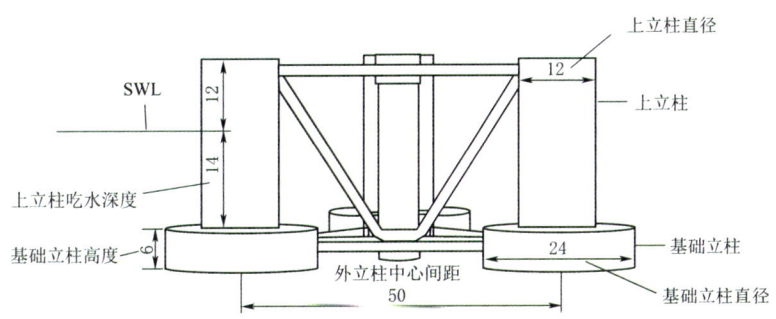

图 8.14 OC4-DeepCwind 半潜式漂浮式风电机组基础构型（单位：m）

大小有着密切的关系。当上立柱直径为 12m 时，即原构型值，垂荡和纵摇在自存工况下的最大运动响应值达到最大。然而，当上立柱直径发生变化时，其垂荡和纵摇方向自存工况下的最大运动响应值均较原构型有了较大幅度的减小。具体来说，当上立柱直径为 10.2m，即原构型参数的 85% 时，自存工况下的垂荡最大运动响应减小到原构型对应响应的 4.7%（2.82m）。这表明，通过调整上立柱直径的大小，可以有效减小整体系统在自存工况下垂荡和纵摇方向的最大位移。

在纵荡方向上，随着上立柱直径的增大，其在作业工况和自存工况下的最大运动响应值均有所增大。然而，这种增大的幅度并不明显。当上立柱直径在原构型的 85%～115% 范围变化时，其纵荡响应值的变化范围为原构型的 92%～106%。这意味着，实际受其构型参数影响变化并不明显。对于作业工况下的垂荡和纵摇方向来说，上立柱直径的增大可以减小其在两者自由度上的最大运动响应值，并且其变化范围相对较大。这进一步证明了调整上立柱直径可以有效地改善整体系统的性能。

综上所述，通过调整上立柱直径的大小，可以有效地减小整体系统在自存工况下垂荡和纵摇方向的最大位移，并且在作业工况下也有一定的改善效果。这提供了一种有效的优化方法，以改善整体系统的性能。

2. 上立柱吃水深度

在该半潜式漂浮式风电机组基础构型中，其上立柱部分露出水面，部分在水面之下，原在水面之下部分的吃水深度为 14m，为探究上立柱吃水深度变化对整体系统运动响应的影响，分别建立不同上立柱吃水深度而其余构型参数相同的半潜式漂浮式风电机组基础模型，其上立柱吃水深度的变化范围为原值的 85%～115%，间隔值为原值的 5%，共 7 个不同的半潜式漂浮式风电机组基础模型，并对其在两种给定南海海域工况条件下的最大运动响应值进行计算，得到如图 8.16 所示的不同模型在给定相应工况下的最大运动响应。

从图 8.16 中可以明显观察到，上立柱吃水深度的增加对半潜式漂浮式风电机组作业工况下的运动响应具有显著影响。在纵荡、垂荡和纵摇三个主要运动自由度上，最大运动响应随着上立柱吃水深度的增加而减小。从最大运动响应的变化百分比来看，垂荡自由度受到的影响相对最大，而纵荡自由度受到的影响最小。

在自存工况下，垂荡方向的最大运动响应随上立柱吃水深度的增大呈现出先增大后减小的变化趋势。当上立柱吃水深度为原构型数值的 85% 时，相应模型的垂荡运动响应值

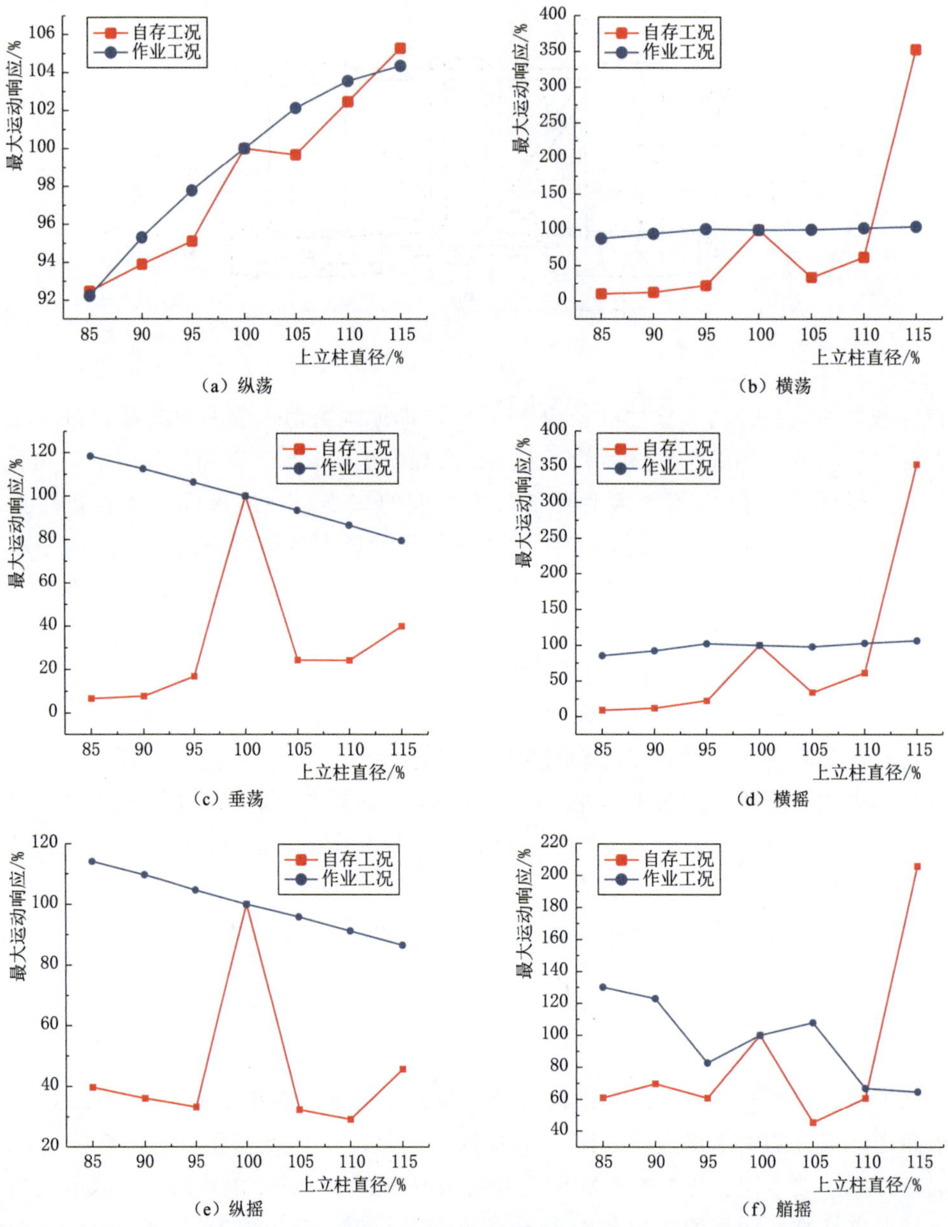

图 8.15 不同上立柱直径的半潜式漂浮式风电机组基础模型在两种工况下的最大运动响应

下降为原构型对应响应的 5%（6.2m）。同时，当上立柱吃水深度为 14m（即原构型值）时，整体系统在纵荡、垂荡和纵摇方向上的最大运动响应值达到极值。这意味着，通过调整原半潜式漂浮式风电机组基础的上立柱吃水深度参数大小，可以有效减小整体系统在自存工况下的 3 个主要自由度运动响应幅值。

综上所述，上立柱吃水深度的变化对半潜式漂浮式风电机组的运动响应具有显著影响。通过调整上立柱吃水深度参数，可以优化整体系统的运动响应，提高其稳定性和安全性。因此，在设计和优化半潜式漂浮式风电机组基础时，需要充分考虑上立柱吃水深度对

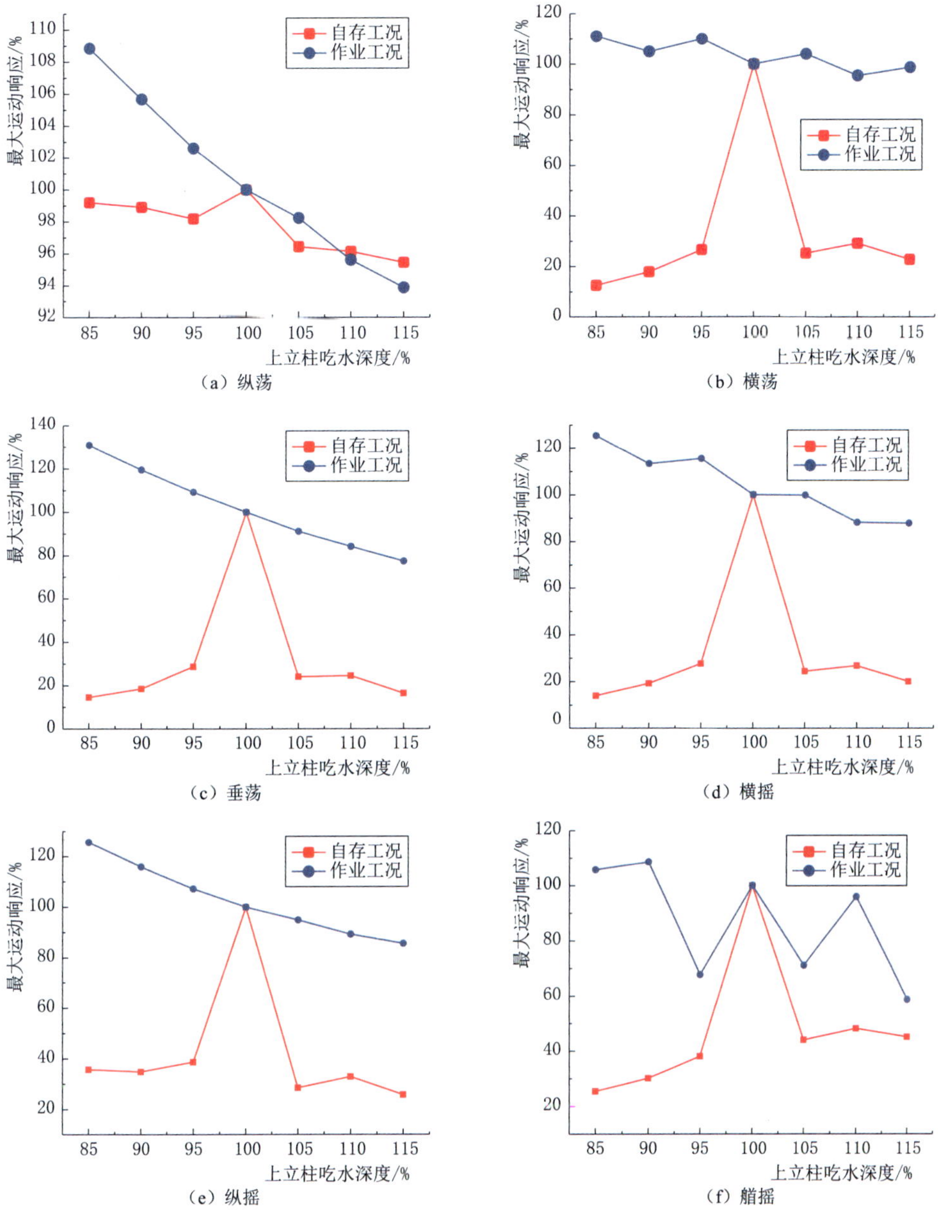

8.2 OC4-DeepCwind 半潜式漂浮式风电机组基础的运动响应

图 8.16 不同上立柱吃水深度的半潜式漂浮式风电机组基础模型在两种工况下的最大运动响应

其性能的影响。

3. 基础立柱高度

该半潜式漂浮式风电机组基础外部的 3 根外立柱结构由上、下两部分组成，下部直径较大的立柱结构即为基础立柱，在原构型的设计中基础立柱的高度为 6m，为研究基础立柱高度参数对于整体系统运动响应的影响，分别建立 7 个基础立柱高度不同而其余构型参数不变的半潜式漂浮式风电机组基础模型，并对其在南海两种给定工况条件下的运动响应进行计算，得到其最大运动响应随基础立柱高度变化的归一化结果，如图 8.17 所示。

177

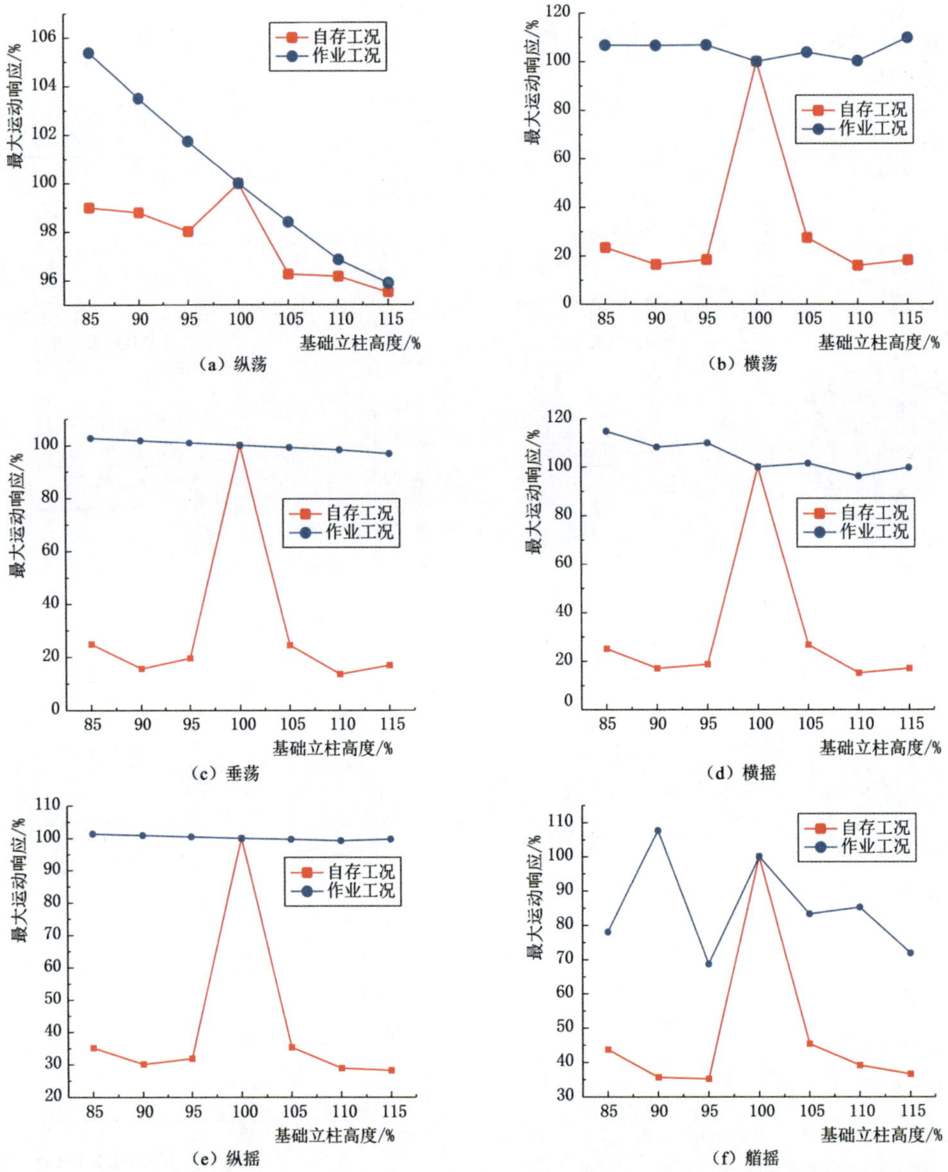

图 8.17 不同基础立柱高度的半潜式漂浮式风电机组基础模型在两种工况下的最大运动响应

由图 8.17 可以观察到，当半潜式漂浮式风电机组基础的立柱高度发生变化时，整体系统的垂荡和纵摇最大运动响应值的变化并不显著。然而，主要的影响体现在纵荡方向的运动上。具体来说，当基础立柱高度在原构型值的 85%～115% 之间变化时，纵荡最大响应随其构型参数的变化而减小。这种变化范围为原响应值的 96%～106%，这意味着在实际作业工况下，纵荡运动响应受该参数变化的影响并不显著。

在自存工况下，原构型在纵荡、垂荡和纵摇 3 个主要运动自由度的响应值均为各模型之中的最大值。具体来说，当基础立柱高度在原参数值的 85%～115% 之间变化时，垂荡的最大运动响应值会从原构型的 42.6m 减小到 5～10m（下降为原构型对应响应的 10%～

15%)。这表明,通过改变半潜式漂浮式风电机组基础的立柱高度,可以有效地控制整体系统在给定工况下的垂荡最大运动响应。

综上所述,基础立柱高度的变化对半潜式漂浮式风电机组的整体系统运动响应有一定的影响,但主要影响体现在纵荡方向的运动上。在自存工况下,通过调整基础立柱高度可以有效地控制垂荡的最大运动响应值。因此,在设计和优化半潜式漂浮式风电机组基础时,需要充分考虑基础立柱高度对其运动响应的影响,以优化整体性能。

4. 基础立柱直径

在该半潜式漂浮式风电机组基础的原构型中,外立柱的基础立柱结构直径为24m,为探究其基础立柱直径参数变化对于整体系统的运动响应变化影响,分别建立7个基础立柱直径不同而其余构型参数相同的半潜式漂浮式风电机组基础模型,对其在南海海域给定工况下的最大运动响应值进行计算,得到如图8.18所示的归一化变化曲线。

从图8.18中可以明显观察到,在作业工况下,随着基础立柱直径的增大,风电机组基础模型在纵荡方向的最大运动响应值呈现下降趋势,而垂荡和纵摇响应则呈现上升趋势。这一现象表明,随着基础立柱直径的增大,风电机组基础模型的稳定性在纵荡方向上有所提高,而在垂荡和纵摇方向上则有所降低。

对于自存工况,当基础立柱直径为24m(即原构型)时,风电机组基础模型的垂荡和纵摇的最大运动响应达到了各模型中的极大值。进一步观察其在垂荡方向上的最大运动响应变化可以发现,当基础立柱直径小于原构型值时,其垂荡最大响应在14~19m之间变化;而当基础立柱直径大于原构型值时,其垂荡最大响应在2~9m之间变化。这一结果表明,当基础立柱直径增大时,整体系统在自存工况下的垂荡方向稳定性更好。

综上所述,基础立柱直径对风电机组基础模型的稳定性具有重要影响。在作业工况下,随着基础立柱直径的增大,风电机组基础模型的稳定性在纵荡方向上提高,而在垂荡和纵摇方向上降低。在自存工况下,当基础立柱直径增大时,整体系统在垂荡方向上的稳定性更好。因此,在风电机组基础设计过程中,需要根据具体工况和需求来合理选择基础立柱直径,以确保风电机组基础模型的稳定性和安全性。

5. 外立柱中心间距

该半潜式漂浮式风电机组基础的3个外立柱之间用连接杆相互连接,在原构型中,外立柱的中心间距为50m,为研究外立柱中心矩发生变化时其整体系统在南海对应工况下的最大运动响应变化,建立7个外立柱中心距不同而其余构型参数不变的半潜式漂浮式风电机组基础模型,各模型的外立柱中心距变化范围为原设计值的85%~115%,间隔值为原值的5%,并对各模型进行相应的气动—水动力联合分析,得到如图8.19所示归一化最大响应值随构型参数变化的结果。

通过观察图8.19可以发现,外立柱中心矩的改变对于半潜式漂浮式风电机组构型在自存工况下的垂荡和纵摇响应值并没有显著的影响。在原构型参数的基础上对外立柱中心矩进行参数调整,反而会导致整体系统自存工况下在垂荡方向的最大运动响应值增加。这一现象可能与外立柱中心矩的调整对漂浮式风电机组的重心位置和浮力分布的影响有关。

进一步观察不同模型在自存工况下的垂荡和纵摇运动响应值发现,垂荡的最小值在外立柱间距为52.5m(即原参数的105%)时取得,而纵摇的最小值则在外立柱间距为

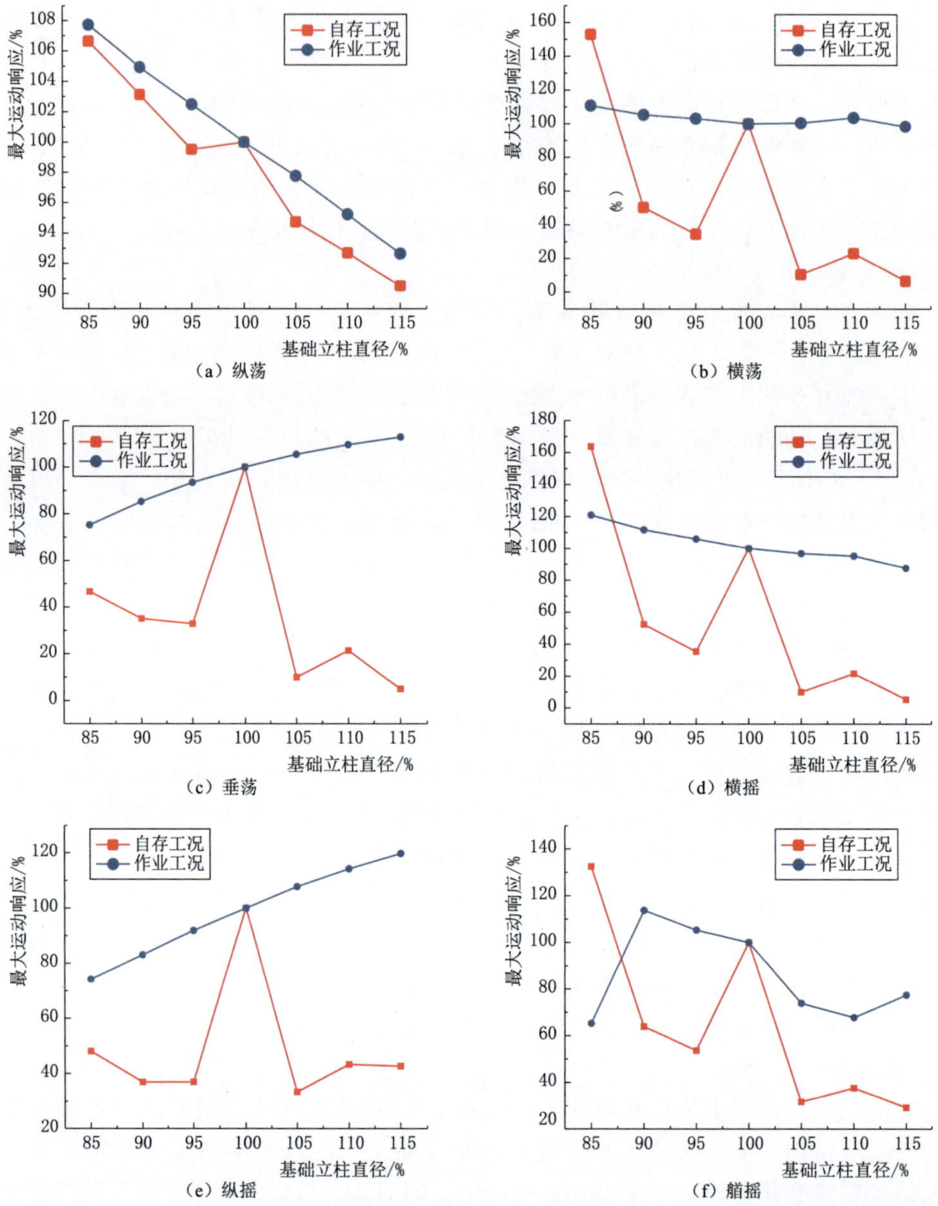

图 8.18 不同基础立柱直径的半潜式漂浮式风电机组基础模型在两种工况下的最大运动响应

47.5m（即原参数的 95%）时取得。这表明在自存工况下，适当调整外立柱间距可以优化漂浮式风电机组的垂荡和纵摇运动响应值。

在作业工况下，垂荡和纵荡方向的最大运动响应值则随外立柱间距的增大而增大，这可能与外立柱间距增大导致漂浮式风电机组基础重心位置上移和浮力分布变化有关。与此同时，纵摇方向的最大运动响应随外立柱间距的增大而减小，这可能与外立柱间距增大导致漂浮式风电机组基础在纵摇方向上的刚度增加有关。

综上所述，通过对外立柱中心矩的调整以及适当的外立柱间距优化，可以对半潜式漂

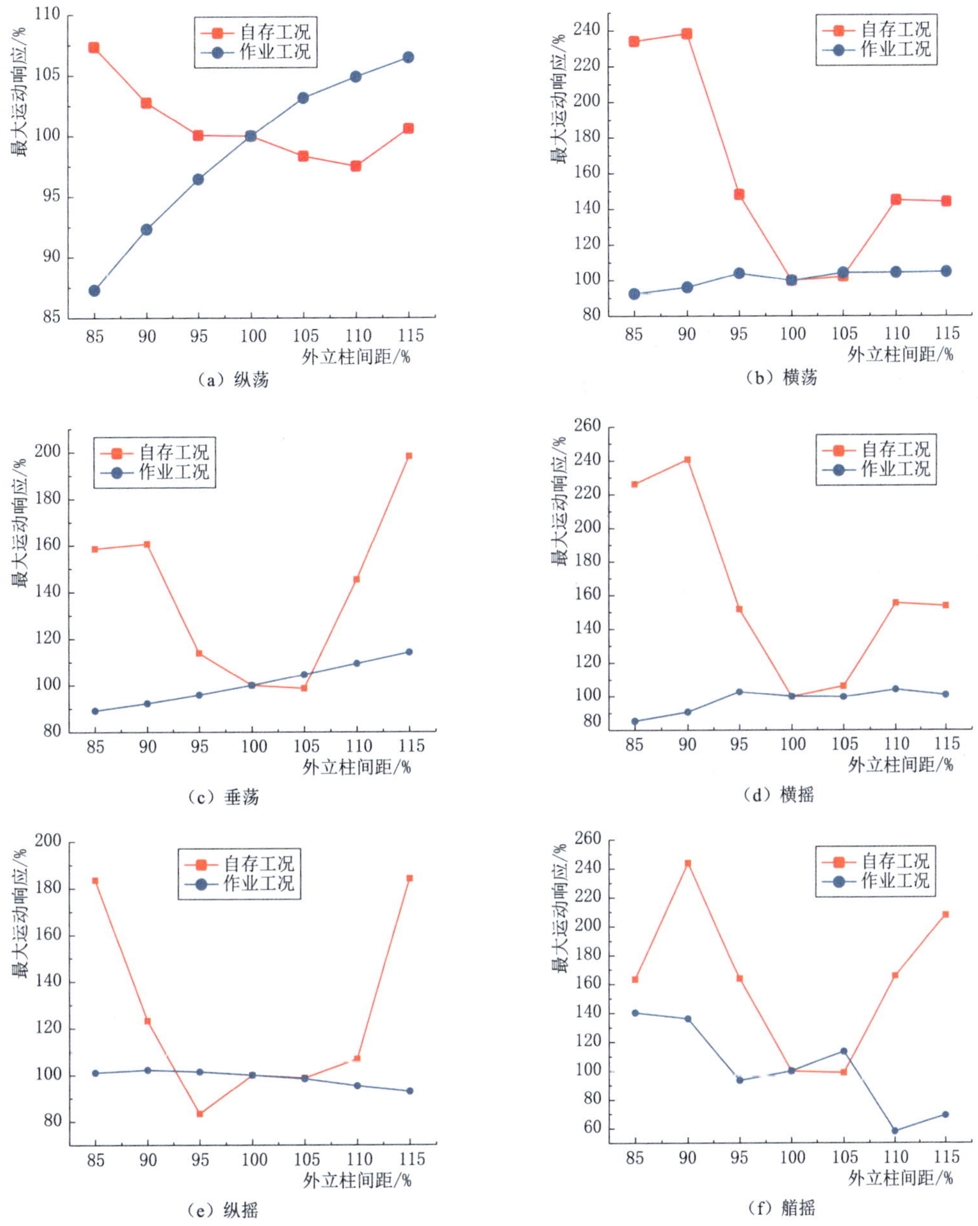

图 8.19　不同外立柱中心距的半潜式漂浮式风电机组基础模型在两种工况下的最大运动响应

浮式风电机组基础构型在自存和作业工况下的垂荡和纵摇运动响应值进行有效的改善。这一研究结果对于半潜式漂浮式风电机组基础的设计、优化和控制具有重要的指导意义。

8.3　ITI-Energy 驳船式漂浮式风电机组基础的运动响应

ITI-Energy 驳船式漂浮式风电机组是 Jason Jonkman 依据相关研究提出的一类简化版漂浮式风电机组基础构型[12]，为使得该漂浮式风电机组易于制造安装，基础设计去除了原始设计方案中的波浪能利用模块,设计工作海域水深为 150m。基础上方搭载一个 5MW NREL 基准型风电机组[6],其概念图如图 8.20 所示。

8.3.1 驳船式漂浮式风电机组的结构参数

驳船式漂浮式风电机组主要由风力发电机系统、塔架、漂浮式基础以及系泊系统组成,本节主要介绍其漂浮式基础和系泊系统的构型参数。ITI-Energy 驳船式漂浮式风电机组基础湿表面模型如图 8.21 所示。

图 8.20 ITI-Energy 驳船式漂浮式风电机组概念图

图 8.21 ITI-Energy 驳船式漂浮式风电机组基础湿表面模型

1. 漂浮式基础主要参数

ITI-Energy 漂浮式风电机组基础为驳船式基础,其主体结构由一个水平方向为正方形的大尺度立方体平台构成,平台中心为一个正方形的月池。5MW 的 NREL 基准型风电机组被安装在平台上方的支撑塔架上,其轮毂高度为 90m。具体的漂浮式风电机组基础结构参数见表 8.9。

表 8.9　ITI-Energy 驳船式漂浮式风电机组基础结构参数

结构参数	数值	结构参数	数值
平台边长/m	10	平台重心吃水深度/m	0.281768
月池直径/m	10	平台关于重心的横摇惯性矩/(kg·m^2)	726900000
平台吃水深度/m	4	平台关于重心的纵摇惯性矩/(kg·m^2)	726900000
平台出水高度/m	6	平台关于中心线的艏摇惯性矩/(kg·m^2)	1453900000
平台总质量/kg	5452000		

2. 系泊系统主要参数

ITI-Energy 驳船式漂浮式风电机组的系泊系统由 8 根悬链线组成,其中每 2 根悬链线与漂浮式风电机组基础底部的一个棱角附近的导缆器相连,两悬链线之间呈 45°夹角。系泊系统的具体参数见表 8.10。

表 8.10　　　　　　　　　　　系泊系统主要参数

系泊系统参数	数值	系泊系统参数	数值
悬链线数	8	未拉伸状态悬链线长度/m	473.312
锚固基础距静水面深度/m	150	悬链线直径/m	0.0809
导缆器距静水面深度/m	4	悬链线等效密度/(kg/m)	130.403
锚固基础距平台中心线距离/m	423.42	悬链线等效拉伸刚度/N	589000000
导缆器距平台中心线距离/m	28.284		

8.3.2　驳船式漂浮式风电机组南海海域工况条件的选择

ITI-Energy 驳船式漂浮式风电机组的设计工作海域水深为 150m，为探究其在南海相关水深海域实际工作的运动响应情况，依据挪威船级社的相关规范选定两种简化的组合工况对其进行动力响应分析，分别是作业工况与自存工况。作业工况的风况条件选取该漂浮式风电机组搭载的风力发电机额定工作时的风速条件，同时选取南海海域月平均最大有义波高和跨零周期作为波浪条件的特征参数，对应波浪谱模型则选择非台风情况下的 JONSWAP 谱[11]。自存工况则依据挪威船级社相关规范[10]，基于保守性选择对应海域的 50 年一遇风况条件与 50 年一遇波浪条件作为组合工况。作业工况与自存工况的具体环境输入参数见表 8.11。

表 8.11　作业工况与自存工况的具体环境输入参数

参　数	作业工况	自存工况
轮毂处定常风速/(m/s)	11.4	40
风剖面指数系数	0.14	0.07
有义波高/m	2.1	11.1
跨零周期/s	5.3	10.0

8.3.3　驳船式漂浮式风电机组的频域水动力分析

为考虑气动阻尼、系泊系统等对漂浮式风电机组整体系统的作用，使用 WAMIT-FAST 联合计算方法对驳船式漂浮式风电机组基础进行频域水动力分析。

1. 不同入射波角度下驳船式漂浮式风电机组的 RAO

观察驳船式漂浮式风电机组基础的结构可以发现，漂浮式风电机组基础湿表面部分为轴对称结构而非中心对称，故当波浪与漂浮式风电机组发生作用时，由三维线性势流理论可知，虽然其附加质量与辐射阻尼并不会随波浪角度变化而发生变化，但是入射角度的不同会改变整体系统在水体中受到的波浪力，从而导致漂浮式风电机组在不同入射角度的波浪作用下运动响应出现较大差异。因此为研究入射波角度的不同对于整体系统运动响应的影响，选取了 0°、15°、30°、45°四个入射角，分别计算在风速为 11.4m/s 的定常风况条件下，漂浮式风电机组在不同对应入射角度规则波作用下的幅值响应算子（RAO），其中规则波的频率选取范围为 0~0.8Hz，频率间值为 0.002Hz。不同波浪方向作用下漂浮式风电机组的 RAO 如图 8.22 所示。

从图 8.22 中可以观察到漂浮式风电机组在六自由度运动响应幅值中的表现。在垂荡方向上，RAO 几乎不随波浪入射角发生变化，这表明漂浮式风电机组在垂向上受到的波浪力与波浪入射角度关系不大。这也排除了垂荡方向的运动与其他自由度存在较强耦合作

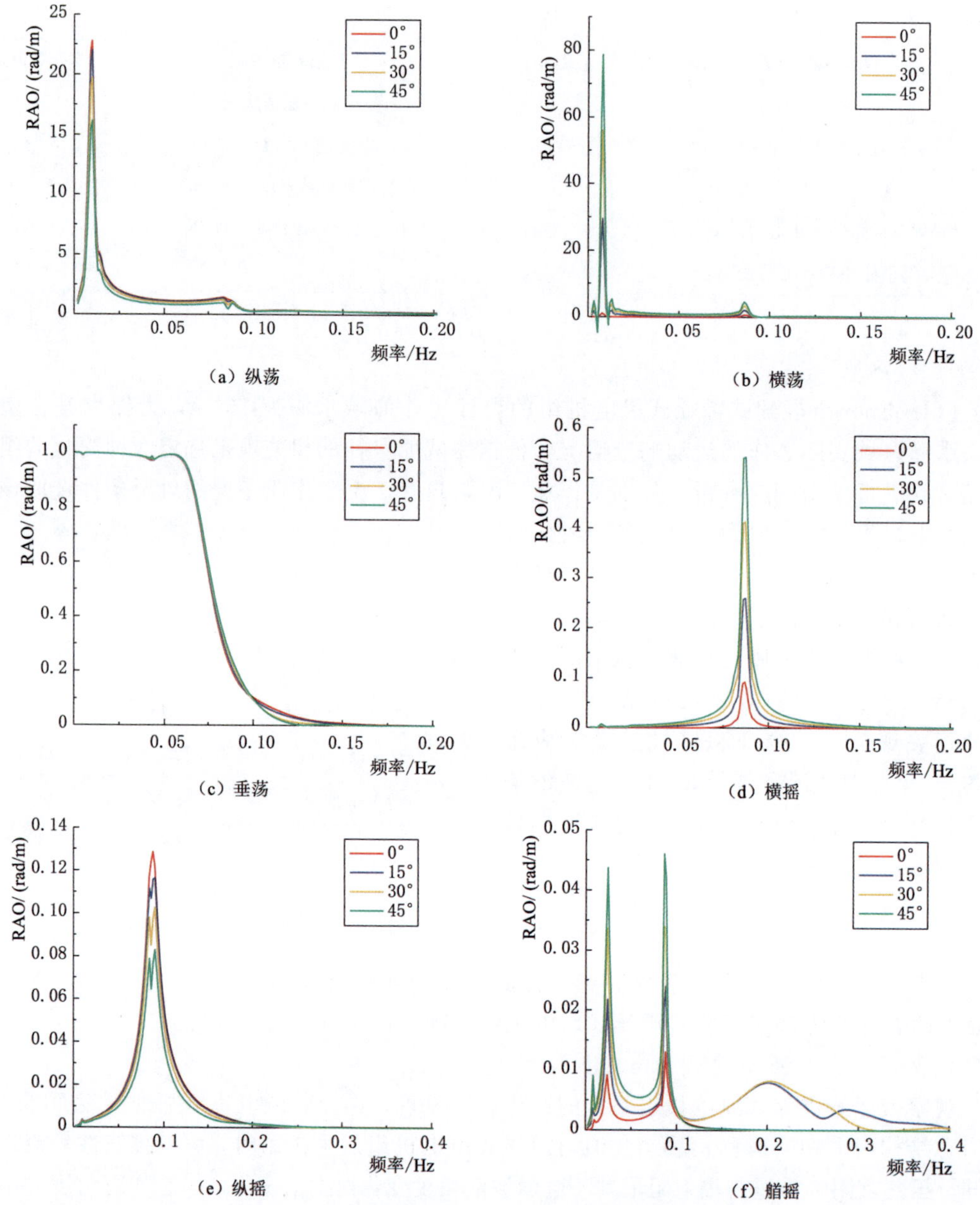

图 8.22　不同波浪方向作用下漂浮式风电机组的 RAO

用的可能性。

　　在纵荡和纵摇方向上，RAO 幅值随波浪角度的增大而逐渐减小。这可能是因为随着波浪入射角度的增加，漂浮式风电机组受到的纵向力逐渐减小，导致纵荡和纵摇方向的响应幅值随之减小。而在横荡和横摇方向上，RAO 幅值则随波浪角度的增大而逐渐增大。这符合平台轴对称结构随波浪方向改变的受力预期。随着波浪入射角度的改变，漂浮式风电机组受到的横向力可能会发生变化，导致横荡和横摇方向的响应幅值随之增大。在艏摇方向上，随着波浪入射角的增大，其 RAO 幅值也逐渐增大，这符合漂浮式风电机组在波浪作用下所受转动力矩的变化预期。从整体来看，该漂浮式风电机组的 RAO 在各自由度上的谱峰频率并未随入射波角度变化而发生改变。这意味着漂浮式风电机组基础结构在各个自由度上的共振频率是相对稳定的，并不会因为波浪入射角度的变化而发生显著变化。此外，对应的谱峰峰值也未随波浪角度而出现大幅度增加。这进一步证实了该漂浮式风电机组基础结构并不存在某一特定的敏感入射角。在面对不同角度的波浪冲击时，该漂浮式风电机组能够保持相对稳定的运动响应，显示出良好的稳定性和适应性。

综上所述，从图 8.22 的分析中可以得出结论：该漂浮式风电机组基础结构在面对不同角度的波浪冲击时，能够保持相对稳定的运动响应，显示出良好的稳定性和适应性。

2. 驳船式漂浮式风电机组在不同风况下的 RAO

由于平台上部风电机组结构受风荷载作用，不同风况条件下对漂浮式风电机组整体系统造成的运动响应影响各不相同，因此为研究驳船式漂浮式风电机组在不同风况条件下其水动力表现的不同，使用 WAMIT-FAST 联合计算方法分别对处于无风情况下、作业风况下（风速为 11.4m/s）和自存风况下（风速为 40m/s）的漂浮式风电机组进行频域水动力分析。选取 0°为入射波方向，规则波频率范围为 0~0.8Hz，频率间隔为 0.002Hz，得到其漂浮式风电机组整体系统的六自由度幅值响应算子（RAO）随频率变化曲线，如图 8.23 所示。

由图 8.23 可以观察到，当规则波的入射角度为 0°时，漂浮式风电机组受波浪作用的主要运动自由度为纵荡、横荡、垂荡和纵摇。首先可以发现，整体系统各自由度上的 RAO 谱峰频率并没有因为风况条件的不同而发生明显变化。

纵荡方向上，三种风况下的第一个 RAO 谱峰均出现在 0.009Hz 附近，这与其纵荡方向的固有频率相吻合；第二个 RAO 谱峰则出现在 0.086Hz 附近，符合漂浮式风电机组在纵摇方向的固有频率，这显示出整体系统在纵荡和纵摇方向上的一定耦合性。横荡方向上的谱峰频率分布与纵荡方向上的基本一致。垂荡方向的 RAO 在 0~0.12Hz 的频率区间内一直维持在 1m/m 左右的幅值，随后随频率增大而逐渐减小。这说明较宽频率范围内的低频波浪对于漂浮式风电机组在垂荡方向运动均具有较强的影响。通过比较不同风况下的整体系统 RAO 可以发现，在气动阻尼的作用下纵荡和纵摇方向的 RAO 谱峰峰值要比无风情况下更小；在横荡、横摇以及艏摇方向，其 RAO 整体谱值则因气动阻尼的影响而比无风情况下的谱值更大。这反映了气动阻尼的存在可以减弱其整体系统受波浪激励力影响时主要运动自由度上的响应幅值，而同时其带来的扰动作用加大了漂浮式风电机组在非主要运动自由度上的运动。观察整体系统垂荡方向在不同风况下的 RAO 谱值则可以发现，该漂浮式风电机组的垂向运动几乎不受气动阻尼的影响。这说明漂浮式风电机组在垂荡方向上的运动具有较高的稳定性，不易受到气动阻尼的影响。

综上所述，漂浮式风电机组在规则波入射角度为 0°时的运动特性表现出一定的规律性。各自由度上的 RAO 谱峰频率基本保持不变，显示出整体系统在各方向上的耦合性。气动阻尼对整体系统的影响主要表现在主要运动自由度上的响应幅值减弱和非主要运动自由度上的运动扰动增加。而垂荡方向的运动则表现出较高的稳定性，不易受到气动阻尼的影响。这些结果对于进一步研究漂浮式风电机组的运动特性和优化其结构具有重要意义。

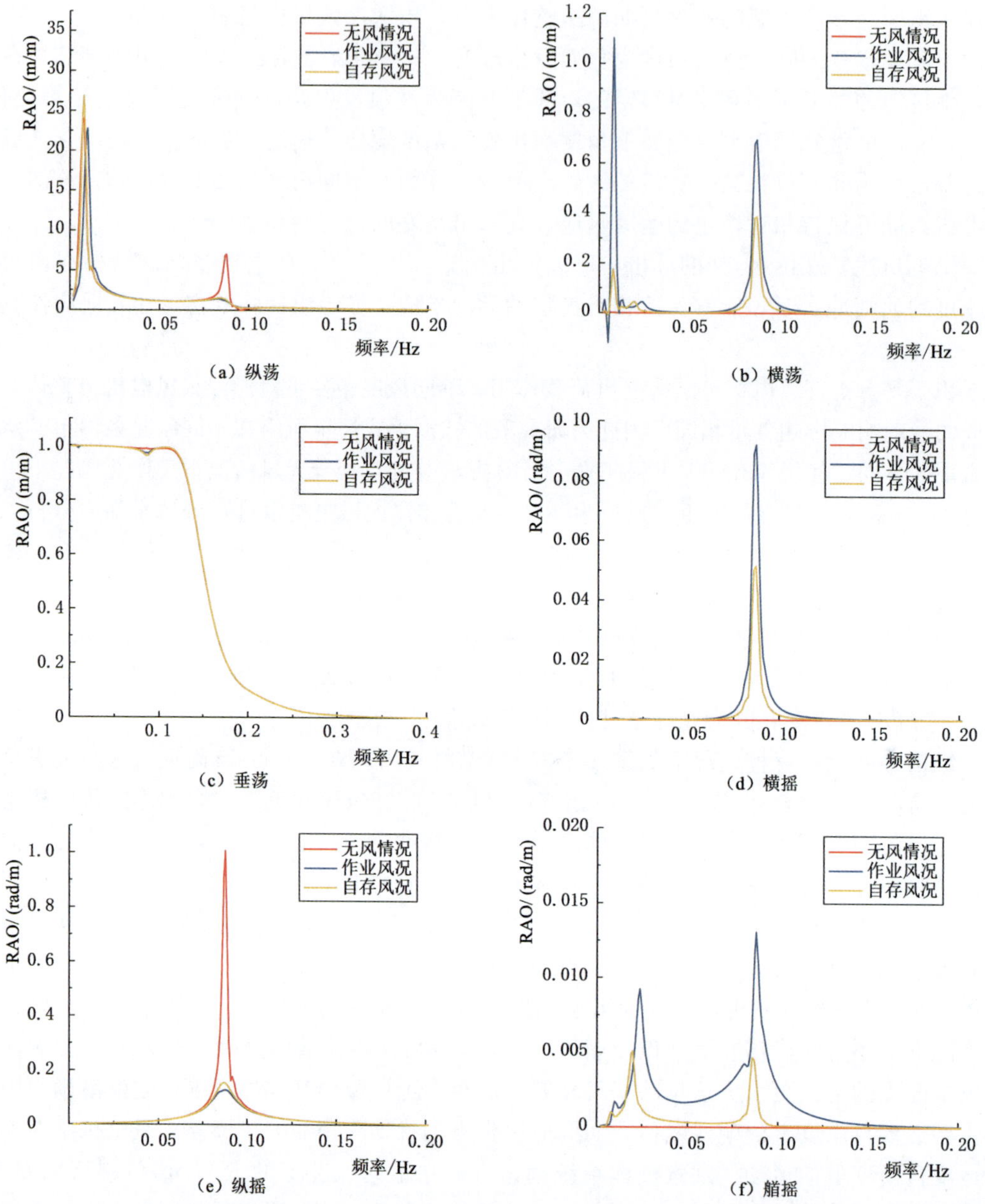

图 8.23　不同风况下漂浮式风电机组的 RAO

3. 响应谱分析及最大响应值计算

依据从 WAMIT 中得到的驳船式漂浮式风电机组在不同风况下的整体系统 RAO 频谱，结合对应工况条件的波浪谱输入条件得到该漂浮式风电机组不同设计工况下的运动响应谱，如图 8.24 所示。

由图 8.24 可以发现，作业工况下漂浮式风电机组整体系统在纵荡、横荡、横摇、纵摇以及艏摇 5 个自由度上的谱峰峰值均出现在 0.09 Hz 附近，这说明在作业工况下这 5 个自由度上的响应谱主要与输入波浪谱条件有关，垂荡方向的谱峰频率则为 0.126 Hz；在自

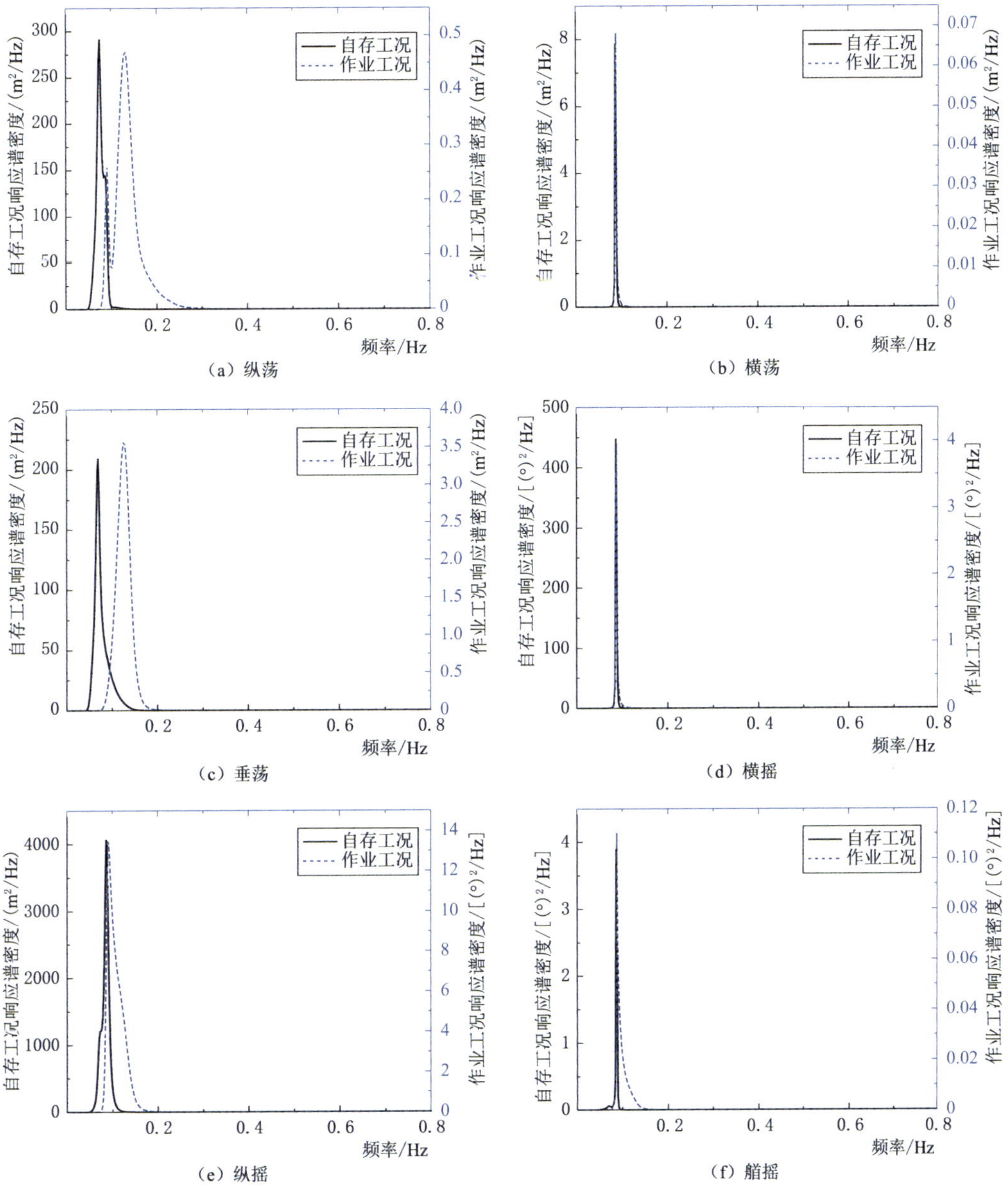

8.3 ITI-Energy 驳船式漂浮式风电机组基础的运动响应

图 8.24 漂浮式风电机组在不同工况下的运动响应谱

存工况下其纵荡方向的响应谱峰值出现在 0.074Hz，垂荡方向的响应谱峰值出现在 0.07Hz，两者的谱峰频率均表现出与波浪谱峰频率较强的相关性，证明在自存工况下这 2 个自由度上的响应主要受输入波浪条件影响，而其余自由度的响应谱峰值则均出现在 0.086Hz，表现出与自身结构固有纵摇频率的较强相关性。

利用以上得到的不同工况条件下漂浮式风电机组的响应谱，可以计算得到驳船式漂浮式风电机组整体系统在对应工况下的不同自由度上的最大运动响应值，计算结果见表 8.12。

187

表 8.12 ITI-Energy 驳船式漂浮式风电机组不同工况下的最大运动响应值

自 由 度	最大运动响应值	
	作业工况	自存工况
纵荡/m	0.306	5.380
横荡/m	0.053	0.381
垂荡/m	0.732	4.679
横摇/(°)	0.309	2.889
纵摇/(°)	1.362	17.737
艏摇/(°)	0.071	0.269

由表 8.12 中的数据可知，在输入波浪谱入射角为 0°的条件下，漂浮式风电机组在作业工况和自存工况下的纵荡最大响应值分别为 0.306m 和 5.380m，显示出了较好的纵荡稳定性，而由于驳船式漂浮式风电机组本身的设计特点，较浅的吃水深度以及贴近水面的重心位置使得其在垂荡方向上的运动较为明显，作业工况下其最大运动响应达到了 0.732m，自存工况下的最大运动响应则为 4.679m，较 OC3-Hywind 单立柱式漂浮式风电机组的垂荡响应更大。特别需要注意的是其在自存工况下纵摇方向的最大运动响应达到了 17.737°，虽然符合作业的要求，但还是要谨防其倾覆的可能性。

8.3.4 不同构型参数对驳船式漂浮式风电机组水动力响应的影响

驳船式漂浮式风电机组在海洋环境中作业时主要受风荷载和水动力荷载作用，其中水动力荷载为影响其运动响应的最主要荷载，而漂浮式风电机组基础在水体中受到的水动力荷载与其湿表面有关，因此本节主要考虑漂浮式风电机组基础构型参数的变化对于整体系统在海洋环境中运动表现的影响。

ITI-Energy 驳船式漂浮式风电机组基础水下部分构型如图 8.25 所示。

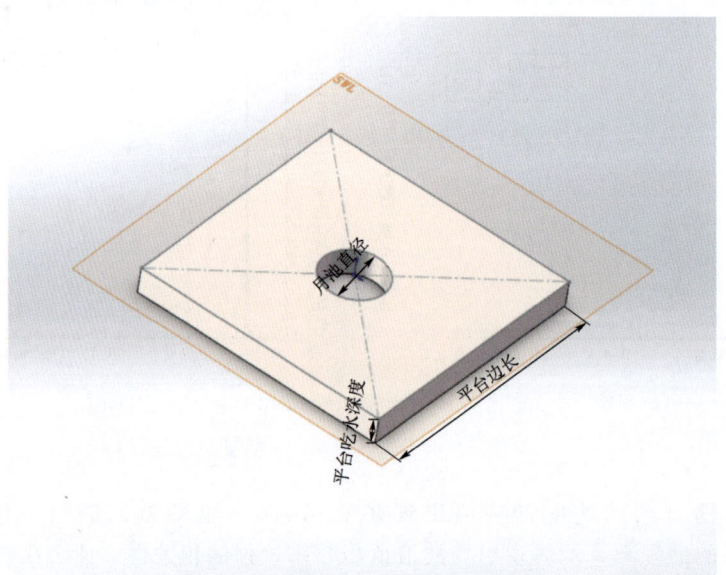

图 8.25 ITI-Energy 驳船式漂浮式风电机组基础水下部分构型

观察图 8.25 中给出的基础水下部分构型可以发现，驳船式漂浮式风电机组基础的结构相当简单，主体为一个边长 40m 的正方形平台，平台中心处有一个直径为 10m 的月池，整体平台水下部分的厚度为 4m。因此在保证平台上方风电机组的轮毂高度与预设高

8.3 ITI-Energy 驳船式漂浮式风电机组基础的运动响应

度（90m）一致的情况下，该驳船式漂浮式风电机组基础的水下构型主要由3个构型参数决定，分别是平台边长、月池直径以及平台吃水深度。为分析这3个构型参数变化对于漂浮式风电机组整体系统在相应工况下运动响应的影响，考虑分别针对每个构型参数建立多个不同对应参数数值的基础模型，并对其进行相关运动响应分析。

驳船式漂浮式风电机组基础的原设计构型中，其初始平台边长为40m，为研究不同平台边长的漂浮式风电机组在两种给定工况下的运动响应，在原设计构型的基础上，建立7个平台边长不同而其余几何构型参数相同的漂浮式风电机组基础模型，并对其进行 WAMIT-FAST 联合分析，其中平台边长的参数变化范围为原设计值的85%~115%，间隔值为原设计值的5%，得到两种工况下不同自由度最大运动响应值随平台边长变化的归一化计算结果，如图8.26所示。

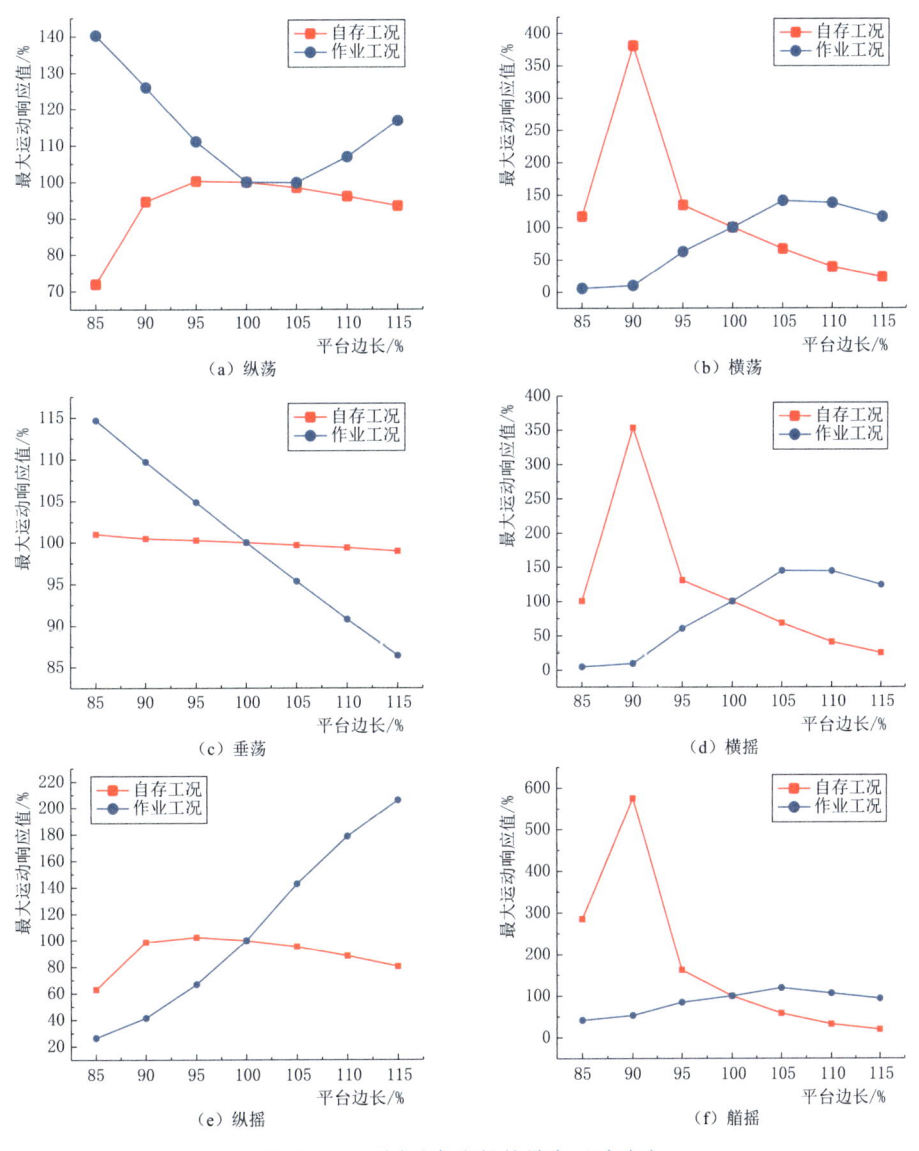

图 8.26 不同平台边长的最大运动响应

考虑平台边长变化对于漂浮式风电机组 3 个主要运动自由度的影响，可以从纵荡、垂荡和纵摇 3 个方向来分析。

（1）在纵荡方向上，漂浮式风电机组的最大运动响应在作业工况下先随平台边长的增大而减小，并在原设计值处达到极小值，随后再随平台边长的增大而增大。在自存工况下，其最大运动响应值先随平台边长的增大而增大，并在原设计值的 95％ 处取得极值，之后随边长的增大而缓慢减小。这说明在纵荡方向上，平台边长对漂浮式风电机组的运动响应有显著影响。

（2）在垂荡方向上，漂浮式风电机组的最大运动响应在自存工况和作业工况下均随平台边长的增大而减小。但从归一化变化幅度来看，作业工况下的垂荡运动受平台边长的影响更大。这说明在垂荡方向上，平台边长对漂浮式风电机组的运动响应也有一定影响，但相对纵荡方向来说较小。

（3）在纵摇方向上，漂浮式风电机组在作业工况下的纵摇最大响应值随平台边长的增大明显增大，而在自存工况下则是于平台边长为原设计值的 95％ 处取得极大值，随后随平台边长的增大而逐渐减小。这说明在纵摇方向上，平台边长对漂浮式风电机组的运动响应也有显著影响。

除了这 3 个主要运动自由度外，还可以观察到其他 3 个非主要运动自由度上的变化。当平台边长为 36m（即原设计值的 90％）时，其他 3 个自由度的自存工况最大运动响应值取得极值。作业工况下其他 3 个自由度的最大运动响应值则均随平台边长先增大后减小。这说明在其他 3 个非主要运动自由度上，平台边长对漂浮式风电机组的运动响应也有一定影响，但与主要自由度相比影响较小。

综上所述，平台边长对漂浮式风电机组的运动响应有显著影响。在设计和运行过程中，需要充分考虑平台边长对风电机组运动自由度的影响，以确保风电机组的稳定性和安全性。同时，对于不同工况下的运动响应也需要进行详细的分析和评估，以便采取相应的措施来优化风电机组性能和提高其可靠性。

参 考 文 献

[1] BRETON S-P, MOE G. Status, plans and technologies for offshore wind turbines in Europe and North America [J]. Renewable energy, 2009, 34（3）：646-654.

[2] MARTINEZ A, IGLESIAS G. Mapping of the levelised cost of energy for floating offshore wind in the European Atlantic [J]. Renewable and Sustainable Energy Reviews, 2022, 154：111889.

[3] ZHAO Z, LI X, WANG W, et al. Analysis of dynamic characteristics of an ultra-large semi-submersible floating wind turbine [J]. Journal of Marine Science and Engineering, 2019, 7（6）：169.

[4] FARAGGIANA E, GIORGI G, SIRIGU M, et al. A review of numerical modelling and optimisation of the floating support structure for offshore wind turbines [J]. Journal of Ocean Engineering and Marine Energy, 2022, 8（3）：433-456.

[5] JONKMAN J. Definition of the Floating System for Phase IV of OC3 [R]. National Renewable Energy Lab.（NREL），Golden, CO（United States），2010.

[6] JONKMAN J, BUTTERFIELD S, MUSIAL W, et al. Definition of a 5MW reference wind turbine

for offshore system development [R]. National Renewable Energy Lab. (NREL), Golden, CO (United States), 2009.

[7] LIU Y, CHEN D, YI Q, et al. Wind profiles and wave spectra for potential wind farms in South China Sea. Part I: Wind speed profile model [J]. Energies, 2017, 10 (1): 125.

[8] 陈顺楠, 乔方利, 潘增弟, 等. 中国南海东部海域气候特征及风浪流极值参数的研究——LAGFD数值模式群的应用 [J]. 黄渤海海洋, 1998, 16 (2): 6-17.

[9] ROBERTSON A, JONKMAN J, MASCIOLA M, et al. Definition of the semisubmersible floating system for phase II of OC4 [R]. National Renewable Energy Lab. (NREL), Golden, CO (United States), 2014.

[10] VERITAS N. Environmental conditions and environmental loads [M]. Norway: Det Norske Veritas Oslo, 2000.

[11] LIU Y, LI S, YI Q, et al. Wind Profiles and Wave Spectra for Potential Wind Farms in South China Sea. Part II: Wave Spectrum Model [J]. Energies, 2017, 10 (1): 127.

[12] CHUANG T-C, YANG W-H, YANG R-Y. Experimental and numerical study of a barge-type FOWT platform under wind and wave load [J]. Ocean Engineering, 2021, 230: 109015.

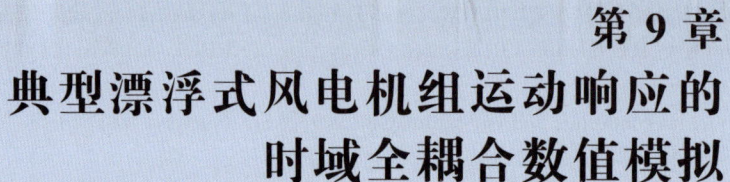

第 9 章 典型漂浮式风电机组运动响应的时域全耦合数值模拟

为了更好地分析特定类型的漂浮式风电机组在我国南海海域的工作性能和动力响应，特别是为了更好评估特定类型漂浮式风电机组在南海的工作状态以及损毁情况，本章通过数值模拟的方式，完成了一种类型漂浮式风电机组的台风海况的全耦合数值模拟。实际上，本章选择了已经初步实现商业化的 Hywind 单立柱式漂浮式风电机组，放置于南海特定风浪环境当中，完成其运动响应的模拟。

9.1 Hywind 单立柱式漂浮式风电机组的数值建模

为了完成一个典型漂浮式风电机组的运动和动力响应模拟，需要明确其外部环境荷载条件，进而利用外部环境荷载设置漂浮式风电机组数值模拟的边界和初始条件。为此，利用第 6 章的南海风浪环境数值模拟结果对已经初步实现商业化的 Hywind 单立柱式漂浮式风电机组在不同状态下的运动响应进行模拟，进而给出一般进行漂浮式风电机组全耦合数值模拟的过程并讨论 Hywind 单立柱式漂浮式风电机组在南海的适用性。

具体地，本章主要讨论了基于计算流体动力学模型（CFD）框架的漂浮式风电机组的运动响应模拟的具体设置。其中，数值模拟风场和波浪场由第 6 章提出的南海实际风浪环境工程实用模型得到，表征南海相关水域下各类风浪环境的典型特征；在此基础上，本章给出了利用虚拟体积力方法，配合特定湍流数值模型的使用，能够实现对南海风浪情况的准确模拟。将本章的计算结果与 FAST 计算结果、不同学者研究成果进行了对比，说明使用本章所提出的 CFD 数值模拟设置和虚拟体积力方法对模拟漂浮式风电机组的响应有较好的效果。利用 CFD 的运动响应模拟结果，本章研究并讨论 Hywind 单立柱式漂浮式风电机组在各类极端风、浪、流联合作用下的动力学行为。

9.1.1 数值方法

利用较为成熟的 CFD 方法进行浮体运动模拟可以得到浮体在风场和流场中的运动时

程响应。根据浮体的运动时程响应能够进一步讨论风浪荷载在浮体运动过程中的作用以及Hywind单立柱式漂浮式风电机组在南海的适用性。从数值建模角度，CFD浮体运动模拟的设置包括控制方程、多相流（风流和海流）模型以及动网格模型。

1. 控制方程

对于不可压缩的黏性流体而言，其流动通常由基于雷诺时间平均法的连续性方程和N-S方程决定[1]，即

$$\frac{\partial \overline{u_i}}{\partial x_i} = 0 \quad (i=1,2,3) \tag{9.1}$$

$$\frac{\partial \overline{u_i}}{\partial t} + \overline{u_j}\frac{\partial \overline{u_i}}{\partial x_j} = -\frac{1}{\rho}\frac{\partial \overline{p}}{\partial x_i} + \nu \frac{\partial^2 \overline{u_i}}{\partial x_i \partial x_j} - \frac{\partial \overline{u'_i u'_j}}{\partial x_j} \quad (i,j=1,2,3) \tag{9.2}$$

式中：ρ 为空气或水的密度，$\rho = 1.225 \text{kg/m}^3$；$\nu$ 为空气或水的运动学黏度，$\nu = 1.7894 \times 10^{-5} \text{kg/(m·s)}$；$\overline{u_i}$ 为 i 方向上速度分量的时间平均值；u'_j 为在 j 方向上的瞬时速度脉动值；x_i 为位置矢量在 i 方向上的分量；p 为流体压强。

式（9.2）采用了爱因斯坦下标表示法，实际代表三个方向的动量方程。为了使上述雷诺平均N-S方程封闭，数值模拟中使用了标准 k-ε 湍流模型[12] 描述湍流特征。

2. 多相流模型

本章采用海洋工程上广泛应用的体积分数法进行多相流模拟[3]，进而捕捉海水与空气之间的自由表面。体积分数法实际上考虑某一个网格单元中空气相和水相分别占有的体积分数，并将其作为一个变量设计了数值模拟的控制方程进行求解。体积分数法假定自由表面为一层包含海水和空气体积分数的网格，采用近似的解决方法来简化复杂的多相流场，因此无法直接产生空气与海表面之间复杂的物理相互作用。当研究不关注空气与海表面的物理相互作用时，体积分数法通常能够保证较低的计算代价，并给出较为合理的流场特征。然而，由于海气相互作用力的缺失，体积分数法无法直接产生平衡的大气边界层风浪流动，因此当使用风剖线模型研究风荷载对漂浮式风电机组影响时，将导致风剖线沿流向上发生不可预期的变化，和入口边界条件指定的目标风剖线相去甚远。因此，本章提出的虚拟体积力和湍流剖线，作用于动量方程源项和入口湍流边界中，补偿海气交界面上湍流应力缺失带来的影响，从而保证风剖线沿流向上具有均匀稳定的流场特征。

3. 动网格模型

在计算流体力学（CFD）建模过程中，漂浮式风电机组基础的六自由度运动通过周围流场网格的移动来表征。为此，CFD方法通常使用动网格[4] 或滑移网格[5] 技术来定义流场网格的运动与更新。相比于滑移网格技术，动网格技术在处理复杂的刚体运动问题上更具有优越性。为此，本章使用动网格模型中的弹簧光顺法[4] 来定义网格的运动与更新。在弹簧光顺法中，连接计算网格节点的边被假想为相互连接的弹簧网格。网格具有类似弹簧的特征，即网格的形状可以改变，但是网格数量、拓扑结构保持不变。在这种方法中，连接计算网格的边被视为具有弹性系数的弹簧，因此计算节点位置 (i,j) 的弹性张力

可写作

$$F_{i,j} = K_{i,j}(x_j - x_i) \quad (9.3)$$

式中：$K_{i,j}$ 为连接节点（i，j）的刚度矢量；x_i 和 x_j 为上述两个节点的位置矢量并认为变形后的计算节点位置满足计算节点在初始时的受力情况，即满足

$$\sum_j F_{i,j} = S_i \quad (9.4)$$

式中：S_i 为初始时计算节点 i 受到的合力。

4. 数值计算流程

为了求解漂浮式风电机组在风浪流联合作用下的动力学行为，整个数值计算流程如图 9.1 所示。

由图 9.1 可知，整个数值计算流程总结如下：

（1）在数值模拟开始阶段，第 6 章提出的风剖线、波浪谱工程模型和湍流剖线输入至 CFD 模型的边界条件及动量方程中，并初始化整个流场。

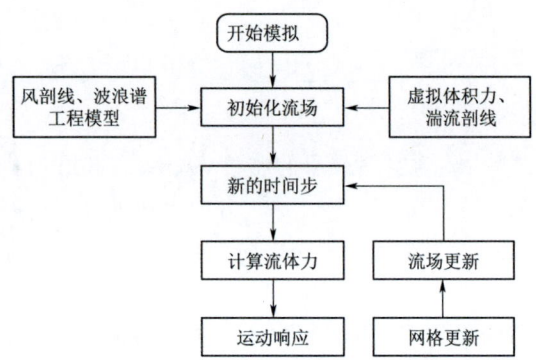

图 9.1 数值计算流程图

（2）在每一个时间步开始，通过对漂浮式风电机组基础壁面的压强积分，求出作用在塔架、漂浮式风电机组上的风荷载、波浪荷载和流荷载后，按照六自由度刚体的运动计算公式可得漂浮式系统的加速度、速度和位移。

（3）根据预报的漂浮式风电机组运动响应更新壁面的动网格，并重新求解 N-S 方程更新流场的信息。

（4）当流场经过若干步迭代后达到收敛标准或最大迭代步时，进入下一个时间步重复上述计算过程。

9.1.2 CFD 模型

本章使用商用软件 Fluent（版本：17.2）实现整个 CFD 数值模拟过程。

1. 漂浮式风电机组计算模型

本章使用的漂浮式风电机组模型为美国国家可再生能源实验室开发的 OC3-Hywind[6]，该漂浮式风电机组基于单立柱式基础，并广泛用于各类模型试验[7]和数值研究[8,9]中。其整体结构如图 9.2 所示。

漂浮式风电机组基础的结构设计如图 9.3 所示。由图可知，漂浮式风电机组基础由上方立柱、中间锥体和下方立柱三部分构成。

该漂浮式风电机组基础上方与美国国家可再生能源实验室的 5MW 海上风电机组及其支撑塔架相连接，并通过 3 根系泊线组成的锚泊系统维持其在海上作业时的稳定性。相关设计参数见表 9.1 和表 9.2。

9.1 Hywind 单立柱式漂浮式风电机组的数值建模

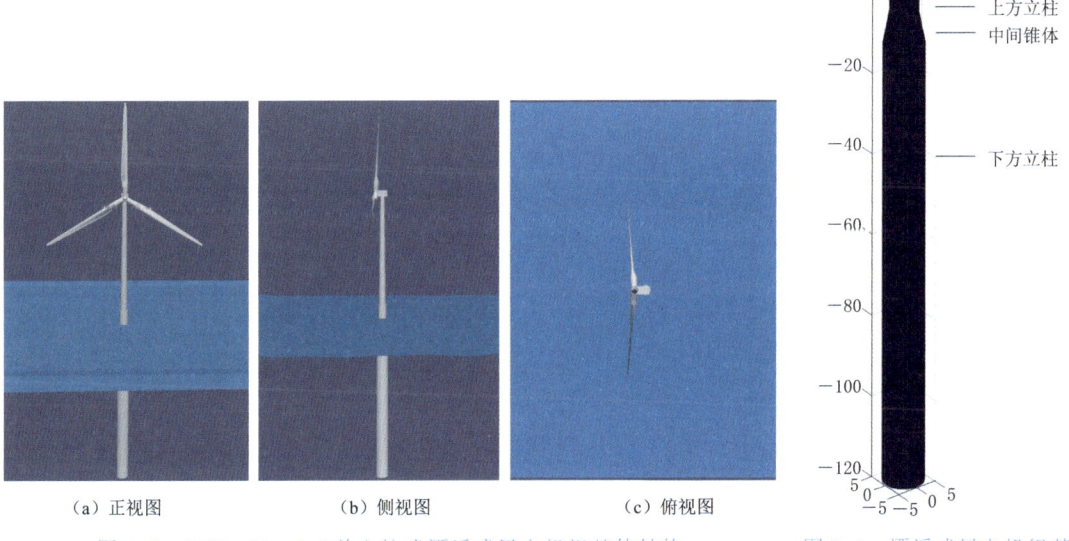

（a）正视图　　　（b）侧视图　　　（c）俯视图

图 9.2　OC3-Hywind 单立柱式漂浮式风电机组整体结构

图 9.3　漂浮式风电机组基础的结构设计（单位：m）

表 9.1　　　　　　　　　　OC3-Hywind 漂浮式风电机组设计参数

设 计 参 数	设计值	设 计 参 数	设计值
吃水深度/m	120	漂浮式风电机组基础质量（包含压载水）/kg	7466330
排水体积/m³	8029.21	转子、机舱和塔架质量/kg[20]	110000，240000，347460
平台顶部出水高度/m	10		
锥体顶部吃水深度/m	4		
锥体上方、下方平台直径/m	6.5，9.4	重心距水面深度/m	89.9155
锥体长度/m	8	转动惯量（横摇/纵摇）/(kg·m²)	4229230000
锥体下方柱体长度/m	108	转动惯量（艏摇）/(kg·m²)	164230000

表 9.2　　　　　　　　　　　锚泊系统设计参数

设 计 参 数	设计值	设 计 参 数	设计值
系泊线/根	3	未张紧状态锚链长度/m	902.2
相邻锚链夹角/(°)	120	锚链直径/m	0.09
下锚深度/m	320	锚链等效质量密度/(kg·m)	77.7066
导缆孔深度/m	70	锚链等效重力/(N/m)	698.04
下锚距平台中心线距离/m	853.87	等效拉伸刚度/(N·m/rad)	384243000

在极端海况下中，整个漂浮式系统处于自存工况，风轮即时停车并顺桨以避免极端风荷载对风电机组产生破坏。在这种海况下，漂浮式风电机组基础的运动响应占主导地位。为了简化整个分析过程，在极端海况的计算中，风电机组被简化为一个质点。此外，锚泊系统可采用三种简化模型进行计算[6]。考虑到本章主要关注漂浮式结构在风、浪、流环境

中的运动特征,因此,锚泊系统通过一个简化的线性模型[6]描述其对漂浮式风电机组基础的作用,并忽略系泊线固有的线性、系泊惯量和阻尼。

2. 计算域

计算域的尺寸为长×宽×高=800m×200m×400m,分别对应X、Y和Z方向,如图9.4所示。

为了能够精确地捕捉漂浮式风电机组周围的流场及海表面、近壁面局部流动细节,整个计算域采用多区网格划分技术[10]。具体做法如下:在划分网格之前,多区网格划分技术将整个计算域分解成若干个规则的几何体,其后在不同几何体内产生指定精度的网格。这种方法能够保证网格精度的同时,产生优质的六面体结构网格,多区网格划分的计算域及局部细节如图9.5所示。

在图9.5显示的计算网格中,对海表面、计算域和漂浮式风电机组壁面均进行了不同程度的加密,具体网格数量和划分层数见表9.3。此外,网格质量是所有CFD模型中首要考察的内容,因为网格质量的优劣程度与

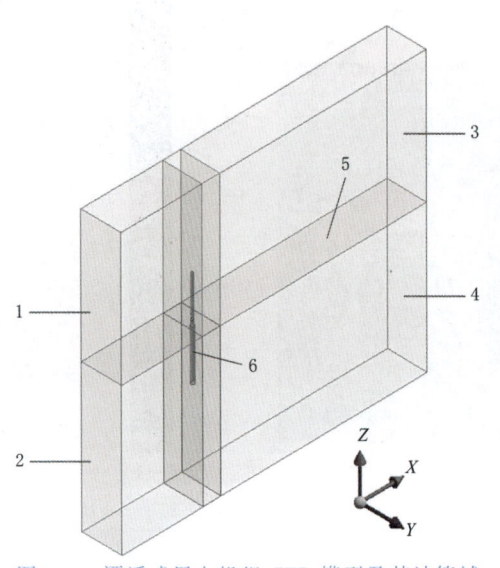

图9.4 漂浮式风电机组CFD模型及其计算域
1—空气相速度入口;2—水相速度入口;3—空气相压力出口;4—水相压力出口;5—平均海平面(MSL);6—漂浮式风电机组基础

计算过程的收敛性和计算结果的可靠性直接相关。需要指出,动网格方法通常要求较高的网格质量,才能得到可收敛的计算结果。因此,3个广泛应用的统计指标,扭曲度(Skewnewss)、正交质量(Orthogonal quality)和单元质量(Element quality),用于衡量网格的质量特征。3个指标的统计结果见表9.4。

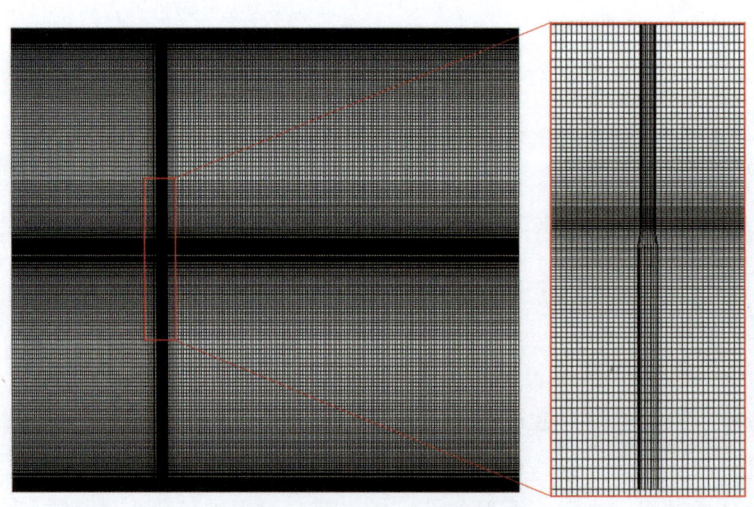

图9.5 多区网格划分的计算域及局部细节

表 9.3　多区网格划分信息

网　格　信　息	统计值	网　格　信　息	统计值
X 方向层数／层	214	Z 方向层数／层	280
Y 方向层数／层	37		

表 9.4　网格质量统计信息

质量指标	统计值（最小值/均值/最大值）	质量指标	统计值（最小值/均值/最大值）
扭曲度	$1.31\times10^{-10}/1.60\times10^{-2}/0.51$	单元质量	0.001/0.688/1.00
正交质量	0.13/0.99/1.00		

扭曲度是评判网格质量的主要标准之一，其值越小，说明网格质量越高。需要注意的是，在动网格方法中，通常要求网格的扭曲度小于 0.85。正交质量和单元质量指标用于综合反映网格的质量，越接近 1，网格质量越好。由表 9.4 给出的 3 个质量指标的统计值可知，最大扭曲度为 0.51，远低于动网格方法要求的标准，正交质量和单元质量均接近 1。综上所述，本章的计算网格质量较高，可用于后续的数值模拟过程。

3. 时间设置

在建立合适的计算流体动力学网格的基础上，特别是在设置合适的动网格体系的基础上，CFD 模拟使用分离求解器数值求解雷诺平均的 N‐S 方程。在 Fluent 提供的分离求解器中，压力隐式和算子分割（PISO）算法适用于求解非稳态动量方程[1]。在一个计算过程中，当一个波浪周期内平均流速、湍流特性等参数不再发生明显变化（两个波浪周期内平均流动参数变化率小于 1%）时，即认为该流场达到稳定状态，可用于后续研究。为此，模拟中瞬态计算的时间持续 165s，固定时间步为 0.05s，每一时间步内最大迭代 20 步。为了消除模拟初始阶段出现的瞬态启动效应，在结果讨论时去除前 75s 模拟时间内的计算结果，从 75s 时刻起正式记录流场数据。

9.2　基于虚拟体积力的风浪边界条件调整

Baba‐Ahmadi 和 Tabor 曾提出了一种虚拟体积力法用于产生可用于大涡模拟的入口边界条件[2]。本质上，虚拟体积力法是一类自反馈控制系统，通过一个动量修正项将流场修正为所需的剖线来产生平均流动。借鉴 Baba‐Ahmadi 和 Tabor 提出的虚拟体积力形式，描述虚拟体积力 F 来维持平衡的大气边界层，即

$$F=-\frac{U_{10}}{L}\alpha(U-U_{\text{des}}) \tag{9.5}$$

式中：U 为某一计算网格中流体沿流向的风速；U_{10} 为 10m 高度沿流向的平均风速；U_{des} 为目标风剖线的设计风速；L 为计算域沿流向的长度。

$\alpha(U-U_{\text{des}})$ 本质上提供 F 所需的自反馈机制。当 $U>U_{\text{des}}$ 时，F 产生与流向相反的阻力，使 U 降低至接近 U_{des} 的值，反之亦然。α 表征整个反馈系统的强度。在整个数值计算的初始阶段，由于计算域内瞬时风速与目标的偏差，$U-U_{\text{des}}$ 具有较大的值。为了保证计算收敛，此时 $\alpha=0$。随着物理时间增加，α 逐步增长，并设定为物理时间的 2 倍。值得注

意的是，如果 α 的增长不受限制，那么在数值计算后期，动量方程中人为引入的虚拟体积力将会不可避免地控制整个流场，从而导致没有物理意义的计算结果。为此，计算的 α 最终限制在 50 以内。为了避免海表面波浪引起的自由液面附近虚拟体积力出现周期性振动的情况，式（9.5）中，U 取单位波浪周期内的平均风速。

与此同时，以第 6 章给出的适用于南海的风剖线模型为例，描述海上风速沿高度的变化特征，即

$$U_{\text{des}}(z) = \frac{u_*}{\kappa} \ln \frac{z}{z_0} \tag{9.6}$$

式中：u_* 为摩阻风速；κ 为冯卡门常数，取 0.4；z_0 为海表面粗糙长度；z 为距离海面的高度。

u_* 与 U_{10} 之间的转化关系为

$$u_* = \sqrt{C_d} U_{10} \tag{9.7}$$

其中

$$C_d = \begin{cases} 1.2875 \times 10^{-3} & U_{10} > 7.5 \text{m/s} \\ (0.8 + 0.065 U_{10}) \times 10^{-3} & U_{10} \leqslant 7.5 \text{m/s} \end{cases} \tag{9.8}$$

式中：C_d 为摩阻系数，可根据 Wu 给出的经验模型进行估计[13]。

基于 Charnock 假设[24]，z_0 估计为

$$z_0 = \frac{A_c u_*^2}{g} \tag{9.9}$$

式中：g 为重力加速度，取 9.81N/kg；A_c 为 Charnock 常数，取 0.014。

基于上述给定的风、浪和流参数和所提出的虚拟体积力计算方法，共开展了 99 组风浪流数值水池的 CFD 模拟实验，研究虚拟体积力法在维持平衡的边界层流动上的可行性。

具体地，本章提取单位波浪周期内平均风剖线、瞬时风剖线、瞬时波高进行对比验证。由于波流相互作用[15]，波高与波长在水流的影响下发生变化。为了衡量水流对波浪的影响，不同学者提出的波浪能守恒理论和波浪作用守恒理论[16] 用于估计波高和波长在水流中的变化。本章使用波浪作用守恒理论描述深水（水深/波长＞0.5）中的波高与波长，即

$$\frac{L'}{L} = \frac{1}{4} \left(1 + \sqrt{1 + \frac{4TU_c \sin \alpha}{L}} \right)^2 \tag{9.10}$$

其中

$$C = g/\omega$$

$$\frac{\rho H^2}{8} C \left(U_c + \frac{C}{2} \right) = \text{constant} \tag{9.11}$$

式中：L，H 为无流情况下的波长与波高；L' 为受流影响后的波长；α 为未受海流影响和受到海流影响的波浪的相位差；T 为波浪周期；U_c 为流速；ρ 为海水密度；ω 为波浪角频率，g 为重力加速度；constant 为常数，即公式计算结果为常数。

以某一风浪流条件下的数值模拟过程（$U_{10} = 12\text{m/s}$，$H = 2\text{m}$，$L = 80\text{m}$）为例，提取一个波浪周期内平均风剖线、近入口边界和出口边界的瞬时风剖线以及对应的波高时间历程进行研究。由式（9.10）和式（9.11）可知，理论波高衰减至 1.92m，理论波长增

长至 86.69m。图 9.6 给出的是三阶斯托克斯波理论曲线和数值仿真的对比结果。其中，理论三阶斯托克斯波考虑了水流对其的影响。从图中可知，波浪的特性，例如波浪周期与受水流影响后的波高和理论结果几乎保持一致，说明 Fluent 产生的数值波浪符合预期。

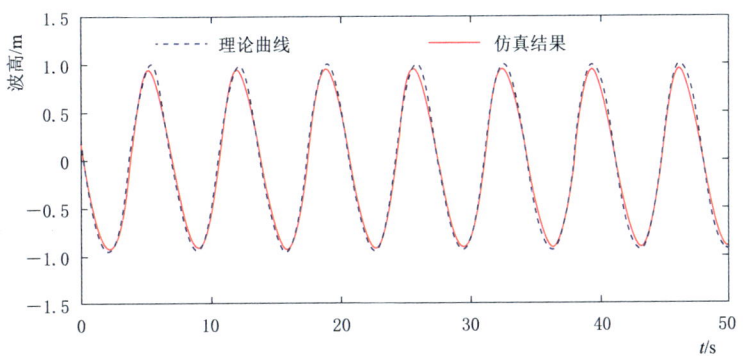

图 9.6　三阶斯托克斯波理论曲线和数值仿真的对比结果

图 9.7 所示为单个波浪周期内平均风剖线和靠近入口/出口（$X_{入口}=10\text{m}$，$X_{出口}=230\text{m}$）的瞬时风剖线的对比结果。

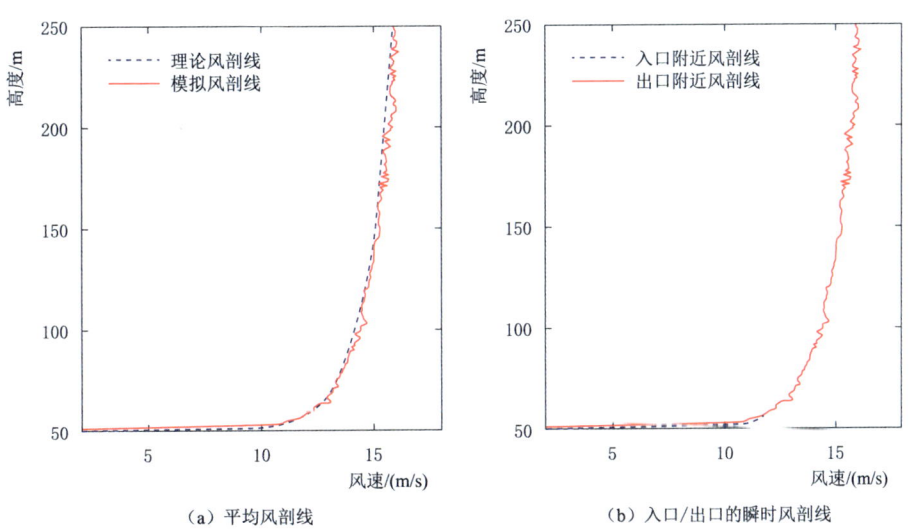

（a）平均风剖线　　　　　　　　　（b）入口/出口的瞬时风剖线

图 9.7　单个波浪周期内平均风剖线和靠近入口/出口的瞬时风剖线

图 9.7 表明，在图 9.6 显示的波浪环境中，除了在 200m 高度出现轻微的偏离，单个波浪周期内平均风剖线和目标风剖线公式［式（9.16）］基本上吻合，而靠近入口/出口的瞬时风剖线几乎保持一致，说明本章引入的虚拟体积力法有助于风浪流数值水池维持平衡的边界层流动。

从上述平衡边界层流动中提取的虚拟体积力 F、湍动能 k 及其耗散率 ε 剖线如图 9.8 所示。

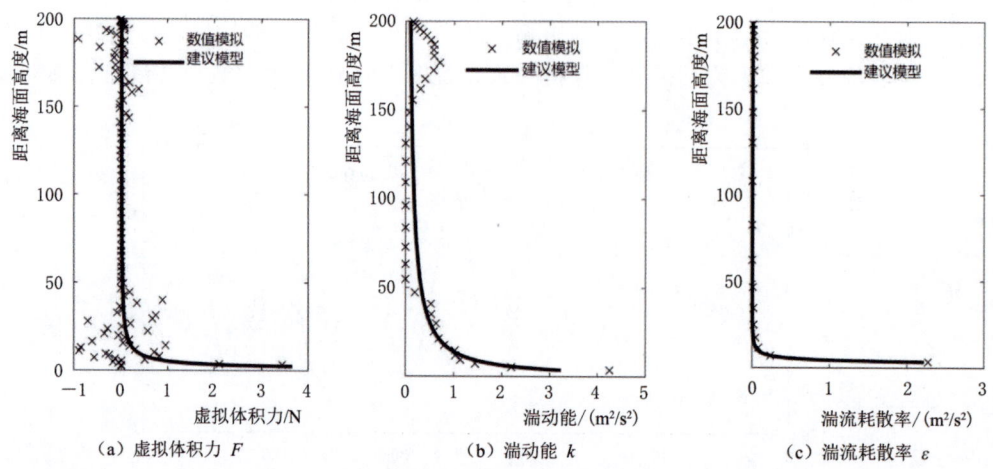

图 9.8　虚拟体积力 F、湍动能 k 及其耗散率 ε 的剖线

由图 9.8 可知，F、k 和 ε 沿高度的变化特征呈现一种近似指数律的形式。三条剖线的最大值均出现在接近海表面～50m 高度附近，在实际海洋环境中，该区域通常能够观测到明显的海气相互作用。由于高空区域动量的耗散，引入的虚拟体积力最终形成近似的面力作用在海气交界面上，和本章上述推测相吻合。此外，上述 k 和 ε 沿高度的变化特征和不同学者提出的陆上湍流剖线有相似的变化趋势，均呈现近似指数律的变化规律。相比较陆上 k 和 ε 剖线，图 9.8 揭示了海上 k 和 ε 沿高度变化具有更快的衰减速率。这种差异来源于海陆环境及风剖线模型的不同。相比于陆地而言，海表面具有相对更低的粗糙度，从而导致海面上空的湍流剖线具有更大的切变。此外，F 剖线在海表面与上壁面附近出现明显的离散，说明此处的速度场出现局部振荡；而 k 剖线在上壁面出现明显的突变。海表面波浪向上传递的动量及上壁面假定的滑移边界条件对局部速度场的影响是导致上述速度场出现局部振荡的主要原因。

为了描述平衡边界层流动中 F、k 和 ε 沿高度的变化趋势，本章提出以下指数律工程模型来估计虚拟体积力和湍流剖线，即

$$v(z) = c \cdot z^\lambda \tag{9.12}$$

式中：v 为 F、k 及 ε 之中的任意一个；z 为距离表面的高度。

实际上，式（9.12）表明 F、k 及 ε 的剖线具有相同的形式。c 和 λ 是经验参数，决定了剖线的变化特征。

实际上，经验参数 c 代表比例因子，表征 F、k 和 ε 值的平均幅值，经验参数 λ 代表形状因子，描述的是虚拟体积力、湍动能和耗散率的剖线形状。为了便于后续讨论，F 剖线的经验参数记为 c_1 和 λ_1；k 剖线的经验参数记为 c_2 和 λ_2；ε 剖线的经验参数记为 c_3 和 λ_3。上述经验参数可通过非线性回归分析进行估计，拟合结果如图 9.8 所示。

由图 9.8 可知，除了 F 剖线和 k 剖线在壁面和海表面附近存在一定的偏差，本章提出的指数律经验模型整体上较好地描述了平衡边界层中 F、k 和 ε 沿高度的变化趋势。其余风浪环境中的平衡边界层模拟过程均给出相似的结论，为了行文简洁，在此不再

赘述。

上述研究表明，本章提出的虚拟体积力法能够维持 CFD 建立的风浪流数值水池的平衡边界层流动；当给定目标风剖线后，本章提出的指数律工程模型能够预报风浪流数值水池中平衡边界层的虚拟体积力和湍流剖线。

由上述分析可知，本章引入的虚拟体积力，本质上表征的是海表面向空气域传递的湍流切应力。由此推测，上述工程模型的比例因子 c 和形状因子 λ 可能与海表面的流动状态相关。为此，提取海表面附近 [(50 ± 5) m] 风速与流速的平均速度梯度（$\overline{\partial U/\partial Z}$）、$U_{10}$ 和 H 来衡量风、浪和流对 c 和 λ 的影响。其中，$\overline{\partial U/\partial Z}$ 随风浪的变化如图 9.9 所示。

图 9.9 表明，海表面附近 [(50 ± 5)m] 的平均速度梯度（$\overline{\partial U/\partial Z}$）明显与风速和浪高相关。风速越大，波高越小，则 $\overline{\partial U/\partial Z}$ 越大；风速越小，波高越大，则 $\overline{\partial U/\partial Z}$ 越小。

U_{10} (m/s)	2	3	4	5	6	7	8
12	1.081	1.026	0.9522	0.8476	0.7154	0.687	0.665
13	1.181	1.12	1.042	0.9277	0.7772	0.7332	0.6618
14	1.275	1.213	1.131	1.007	0.8111	0.7803	0.6649
15	1.368	1.305	1.22	1.085	0.902	0.8433	0.7158
16	1.461	1.807	1.309	1.164	0.9634	0.8492	0.7498
17	1.553	1.492	1.399	1.241	1.024	0.8645	0.7422
18	1.645	1.586	1.491	1.318	1.085	0.8775	0.7886
19	1.737	1.681	1.582	1.398	1.144	0.9018	0.8163
20	1.828	1.774	1.674	1.477	1.205	0.9811	0.8196
21	1.920	1.868	1.764	1.554	1.269	1.078	0.932
22	2.011	1.961	1.855	1.633	1.326	1.097	0.9462

H/m

图 9.9　风速与流速的平均速度梯度与 10m 高度风和波高的关系

最大值（2.011m/s²）出现在 $U_{10}=22$m/s 和 $H=2$m 的风浪条件下；而最小值（0.665m/s²）出现在 $U_{10}=12$m/s 和 $H=8$m 的风浪条件下。由此可知，由于波流相互作用，近海表面流速明显受到波浪的影响而增加。波高越大，近海面流速受到的影响越显著，从而导致 $\overline{\partial U/\partial Z}$ 减小，反之亦然。

基于 $\overline{\partial U/\partial Z}$、$U_{10}$ 和 H，可以计算 F、k 和 ε 剖线，所需的经验参数如图 9.10～图 9.12 所示。

由图 9.10 可知，F 剖线的比例因子 c_1 对风速和波高较为敏感，极大值（$>1\times10^4$）大多出现在 $U_{10}>19$m/s、$H>4$m 的海况。其中，$H=8$m 的海况中出现最大值（约为 2×10^6）。在风速较低的海况下，c_1 往往取值较小。例如，在 $U_{10}=12$m/s 和 $H=2$m 的海况中，c_1 仅为 13.24。F 剖线的形状因子 λ_1 的变化范围在 $-0.5\sim-6.5$ 之间。更小的 λ_1 意味着剖线的形状具有更大的梯度，即在海表面迅速衰减至接近 0 的值，而更大的 λ_1 意味着衰减速度较为缓慢。因此，从图 9.10 可知，绝大多数海况下，F 在近海表面迅速衰减（$\lambda_1<-4$），除了在 $\overline{\partial U/\partial Z}$ 较小的海况下，F 具有更为缓慢的衰减速度（$\lambda_1>-4$）。综上所述，F 的值对风速和波高十分敏感，在大风浪海况下具有更高的比例因子 c_1，F 的剖线形状则与 $\overline{\partial U/\partial Z}$ 相关，当 $\overline{\partial U/\partial Z}$ 较小时，F 沿高度的衰减更为缓慢。

由图 9.11 和图 9.12 可知，相比于 F 剖线，k 剖线和 ε 剖线的经验参数变化较为平缓，因此整个剖线的形状较为稳定。k 剖线的经验参数变化范围分别为 8～410 和 $-0.8\sim-1.9$。c_2 的极大值（>100）大多出现在 H 为 3～6m 的海况中，且随着风速的增长，存

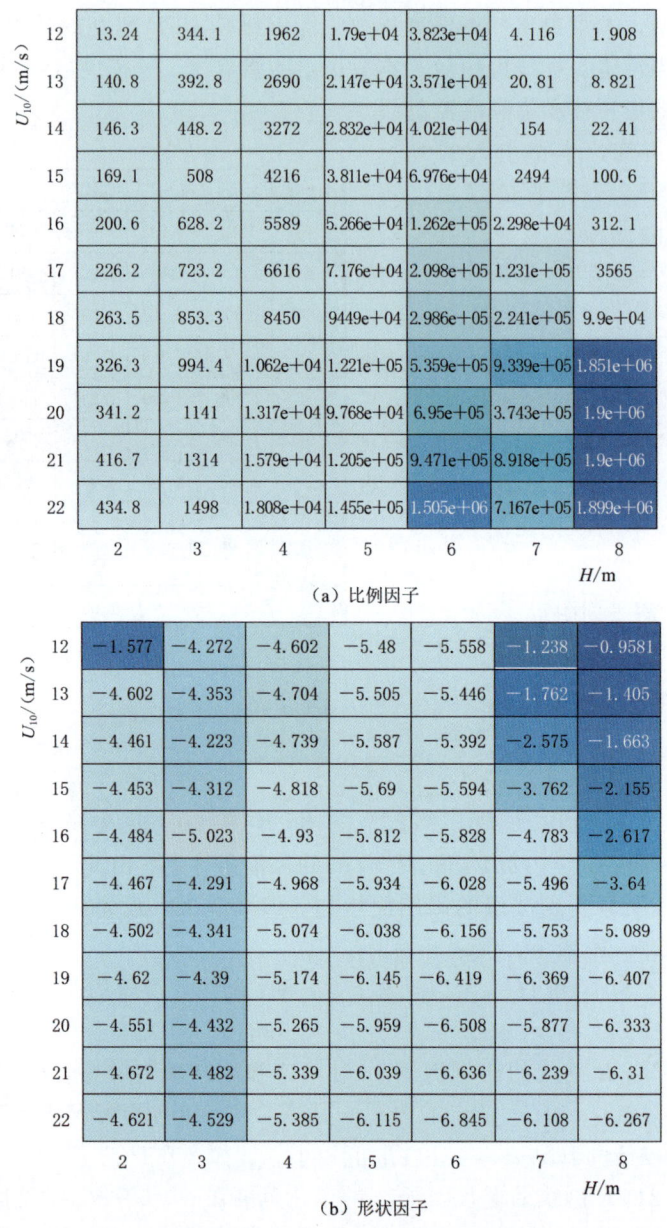

图 9.10 虚拟体积力 F 剖线经验参数

在逐渐上升的趋势。λ_2 的极大值（>-1）大多出现在 H 为 2m 的海况中，因此在 $H=2$m 波浪场中，k 剖线沿高度的衰减较为缓慢。ε 剖线的经验参数变化范围分别为 2～1641 和 -4.9～-0.23。其比例因子 c_3 与 $\overline{\partial U/\partial Z}$ 存在明显的相关性，即 $\overline{\partial U/\partial Z}$ 越大，c_3 具有相对更大的取值。ε 剖线的形状因子 λ_3 变化和波高相关，波高较大的海况下（4～8m），λ_3 通常大于 -3，而在波高较小的海况下（2～4m），除了在 $U_{10}=16$m/s，$H=3$m 的海况下具有一个最大值，约为 -0.23 以外，λ_3 均小于 -3。

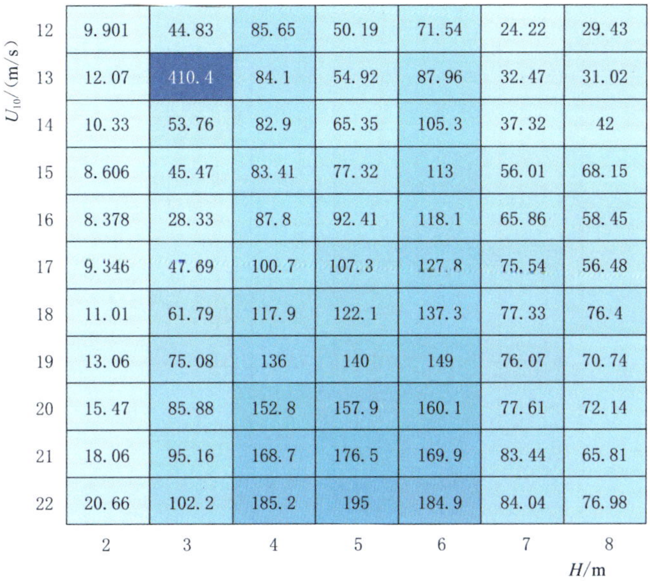

(a) 比例因子

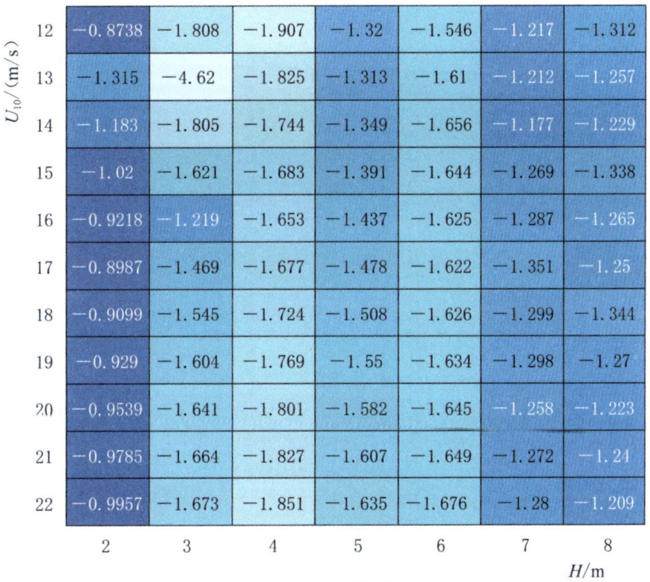

$U_{10}/(\text{m/s})$ \ H/m	2	3	4	5	6	7	8
12	9.901	44.83	85.65	50.19	71.54	24.22	29.43
13	12.07	410.4	84.1	54.92	87.96	32.47	31.02
14	10.33	53.76	82.9	65.35	105.3	37.32	42
15	8.606	45.47	83.41	77.32	113	56.01	68.15
16	8.378	28.33	87.8	92.41	118.1	65.86	58.45
17	9.346	47.69	100.7	107.3	127.8	75.54	56.48
18	11.01	61.79	117.9	122.1	137.3	77.33	76.4
19	13.06	75.08	136	140	149	76.07	70.74
20	15.47	85.88	152.8	157.9	160.1	77.61	72.14
21	18.06	95.16	168.7	176.5	169.9	83.44	65.81
22	20.66	102.2	185.2	195	184.9	84.04	76.98

(b) 形状因子

$U_{10}/(\text{m/s})$ \ H/m	2	3	4	5	6	7	8
12	−0.8738	−1.808	−1.907	−1.32	−1.546	−1.217	−1.312
13	−1.315	−4.62	−1.825	−1.313	−1.61	−1.212	−1.257
14	−1.183	−1.805	−1.744	−1.349	−1.656	−1.177	−1.229
15	−1.02	−1.621	−1.683	−1.391	−1.644	−1.269	−1.338
16	−0.9218	−1.219	−1.653	−1.437	−1.625	−1.287	−1.265
17	−0.8987	−1.469	−1.677	−1.478	−1.622	−1.351	−1.25
18	−0.9099	−1.545	−1.724	−1.508	−1.626	−1.299	−1.344
19	−0.929	−1.604	−1.769	−1.55	−1.634	−1.298	−1.27
20	−0.9539	−1.641	−1.801	−1.582	−1.645	−1.258	−1.223
21	−0.9785	−1.664	−1.827	−1.607	−1.649	−1.272	−1.24
22	−0.9957	−1.673	−1.851	−1.635	−1.676	−1.28	−1.209

图 9.11 湍动能 k 剖线经验参数

综上所述，F 剖线的大小和形状易随风浪环境及 $\overline{\partial U/\partial Z}$ 发生变化，k 剖线和 ε 剖线通常具有相对稳定的大小和形状。在工程应用中，在假定 $U_C=0.5\text{m/s}$ 的情况下，可根据图 9.11 至图 9.12 选择对应海况下的经验参数。其中，λ_1 可直接通过 $\overline{\partial U/\partial Z}$ 进行估计。

通过上述工程模型及经验参数确定 F 剖线、k 剖线和 ε 剖线后，将其输入至风浪流数值水池中的动量方程源项和湍流入口边界条件中，即可用于维持 CFD 建立的平衡边界层的水平一致性。

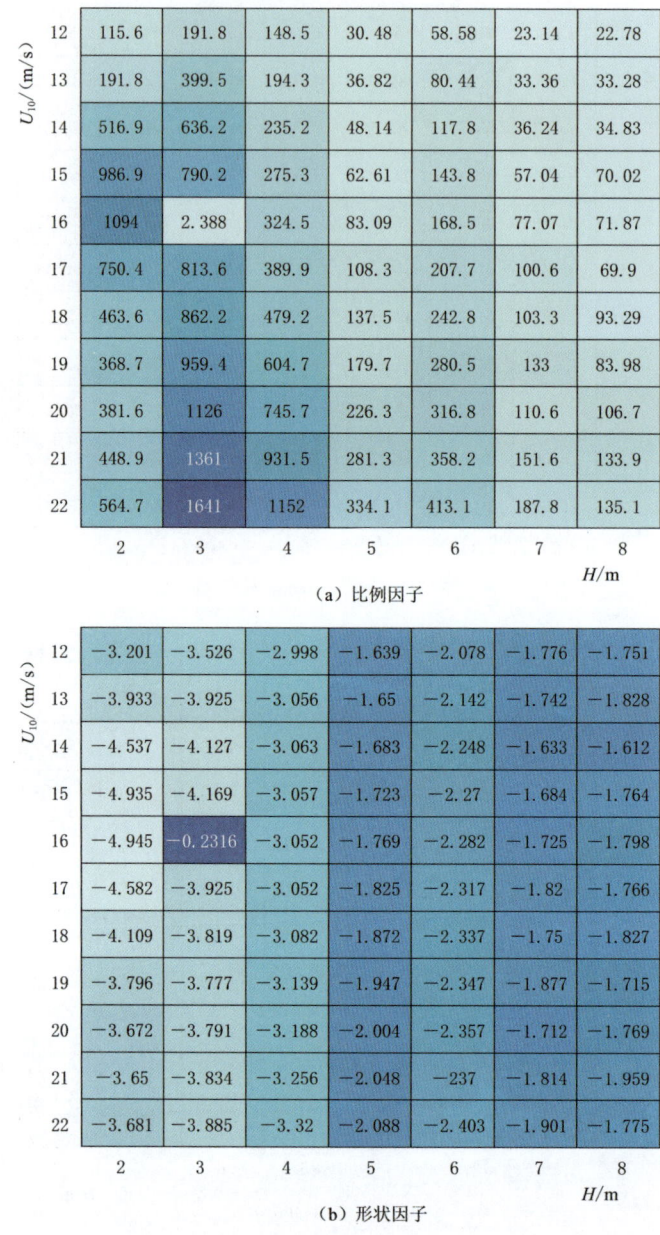

图 9.12 耗散率 ε 剖线经验参数

9.3 计算案例

本节通过计算案例评估上述工程模型及相关经验参数的可行性与可靠性。在该计算案例中,风、浪、流等环境参数设定如下:$U_{10}=17\text{m/s}$,$H=4\text{m}$,$L=80\text{m}$ 和 $U_c=0.5\text{m/s}$。空气域周期性边界条件改为速度入口($X_{入口}=0\text{m}$)和压力出口($X_{出口}=240\text{m}$)边界条件，其余边界条件基本保持一致。计算案例的模型配置见表9.5。

表 9.5　　　　　　　　　　　　计算案例的模型配置

配置	工程模型及其经验参数
风环境	对数律模型
波浪环境	三阶斯托克斯波模型
流环境	均匀流速 0.5m/s
湍流剖线	工程模型，其中，k 剖线：$c_2 = 100.70$，$\lambda_2 = -1.68$；ε 剖线：$c_3 = 389.90$，$\lambda_3 = -3.05$
动量方程	工程模型，表征虚拟体积力剖线，其中 $c_1 = 6616$，$\lambda_1 = -4.97$

由表9.5可知，F、k 和 ε 剖线根据公式计算后添加至动量方程源项和湍流入口边界中。上述剖线的经验参数则根据图9.10～图9.12确定。值得注意的是，为了避免动量方程源项中虚拟体积力剖线对波浪场产生不真实的影响而引起不必要的数值误差，上述工程模型仅添加至距离自由液面4m以上的空气相计算域（$\geqslant 54$m）。

上述瞬时风剖线模型中，水流影响下的波浪 L' 与波高 H' 则根据波浪作用守恒理论进行估计。计算结果表明，在波流作用下，$L' = 86.58$m，$H' = 3.83$m。整个数值模拟过程以 0.05s 为间隔持续记录 258s 的模拟时间。为了消除模拟初始阶段引起的瞬态启动效应，本章去除前 75s 模拟时间的计算结果，从 75s 时刻起正式记录模拟数据。模拟的三阶斯托克斯波浪的时程曲线如图9.13所示。

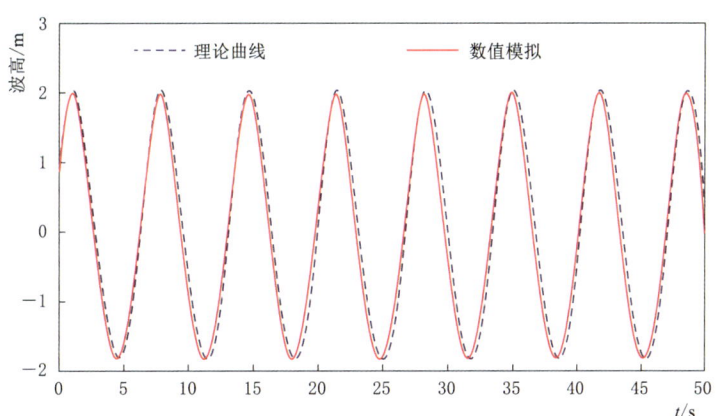

图 9.13　计算案例中模拟波浪时程与三阶斯托克斯波理论曲线的对比

图 9.13 表明，计算案例中三阶斯托克斯波的波高和周期基本符合预期，除了在波峰与波谷的位置出现微弱的偏差。此外，模拟波浪与理论波形存在微弱的相位差。总体上看，引入的入口边界条件和虚拟体积力工程模型并不影响 VOF 多相流模型产生的斯托克斯波形。在图 9.6 给定的波浪环境下，CFD 计算域中入口、出口的速度剖线、湍流剖线和本章提出的工程模型之间的对比如图 9.14 所示。

由图 9.14 给出的入口、出口及其工程模型的对比结果可知，三者的剖线基本吻合。一些偏差主要出现在近海表面附近区域，例如在图 9.14 中，50～55m 高度附近，入口和

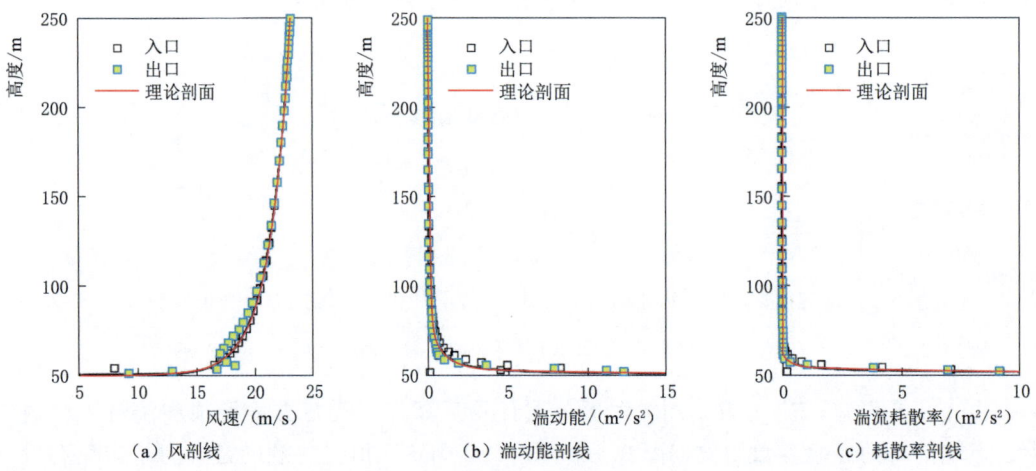

(a) 风剖线　　(b) 湍动能剖线　　(c) 耗散率剖线

图 9.14　计算案例入口、出口的速度剖线、湍流剖线与工程模型的比较

出口的风剖线存在明显的差异。导致这一差异的主要原因可能是在计算案例中，主要针对海表面（50m）上方高 4m 以上的空气相计算网格（>55m）考虑速度、湍流剖线和虚拟体积力法，从而避免引入的模型对波流场造成不真实的影响，因此由于虚拟体积力在近海表面区域的缺失，导致近海面空气流动在 50～54m 高度尚未达到平衡。由此可以说明，工程模型及相关的比例因子和形状因子建立的湍流剖线和虚拟体积力剖线，能够较好地在 CFD 建立的风浪流数值水池中产生平衡的边界层流动，从而保证在 CFD 计算域的流动方向上形成均一稳定的目标风剖线。

9.4　漂浮式风电机组的运动学行为

本节主要模拟 3 种情况下的 OC3 - Hywind 运动特征，分别为：①静水中漂浮式风电机组基础的自由振动衰减；②规则波下的运动响应；③南海相关水域风、浪、流联合作用下的运动响应。自由振动衰减测试通常用于水池试验中确定漂浮式风电机组基础的固有周期和水动力阻尼。规则波测试用于确定漂浮式风电机组基础的运动响应和响应幅值算子（RAO）。值得注意的是，自由振动衰减和规则波测试均用于验证漂浮式风电机组基础 CFD 模型的水动力特性，因此在这两类测试中仅开启漂浮式风电机组基础的计算模型。风浪流耦合模拟主要考察漂浮式风电机组系统在南海风能资源开发水域极端海况中的动力学行为。为了充分考虑南海潜在风电开发水域不同水深及离岸距离的风浪特征，本章根据第 6 章适应南海的独特风浪环境工程模型研究中选取 4 个典型风浪设计参数建立极端海况下的风浪流数值水池。与此同时，为了简化流场的计算，根据南海极端海况下的流场分布特征[17]，使用恒定的流速，即 $U_c = 0.5 \text{m/s}$。在整个计算过程中，风、浪和流均沿 X 方向传播，因此漂浮式风电机组的 3 个自由度运动，即 X 方向风、浪和流荷载作用产生的纵荡和纵摇及波浪荷载作用产生的垂荡是主要考虑的运动响应。具体风、浪、流设计参数见表 9.6。

9.4 漂浮式风电机组的运动学行为

表 9.6　　OC3-Hywind 漂浮式风电机组的 3 种情况

3 种情况	启用的结构	风场条件		波浪场条件	流场条件
自由振动衰减	漂浮式风电机组基础	$U_{10}=0\text{m/s}$		$H=0\text{m}$	$U_c=0\text{m/s}$
规则波				Airy 线性波：$H=1.3\text{m}$，$T=7.14\text{s}$	
风浪流耦合模拟	漂浮式风电机组基础+塔架	工况	风剖线	JONSWAP 谱	均匀流 $U_c=0.5\text{m/s}$
		A	$U_{10}=16\text{m/s}$	$H=3.0\text{m}$，$T_p=11.00\text{s}$	
		B	$U_{10}=20\text{m/s}$	$H=5.0\text{m}$，$T_p=12.57\text{s}$	
		C	$U_{10}=22\text{m/s}$	$H=6.0\text{m}$，$T_p=13.82\text{s}$	
		D	$U_{10}=27\text{m/s}$	$H=7.5\text{m}$，$T_p=14.96\text{s}$	

9.4.1　自由振动衰减测试

6 个自由度振动衰减测试用于确定漂浮式风电机组基础的水动力阻尼和振动的固有周期。初始和边界条件设定为：数值水池设定为无风、浪和流等环境荷载的静止海况，且仅考虑漂浮式风电机组基础的自由振动衰减过程。研究纵荡和垂荡的自由振动衰减过程时，初始偏离平衡位置的位移设定为 4m；研究纵摇的自由振动衰减过程时，初始偏离平衡位置的角度设定为 4°。Fluent 软件和 FAST 软件模拟的 OC3-Hywind 漂浮式风电机组基础自由振动衰减过程如图 9.15 所示。

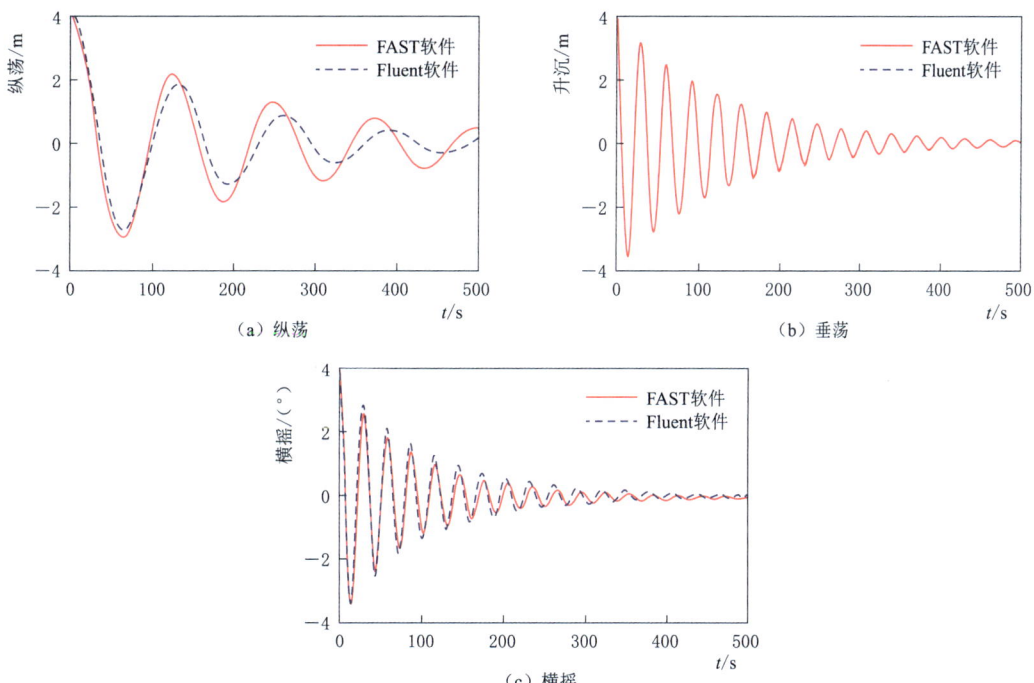

图 9.15　Fluent 软件和 FAST 软件模拟的 OC3-Hywind 漂浮式风电机组基础自由振动衰减过程

由图 9.15 可知，Fluent 软件模拟的自由振动衰减曲线在垂荡运动上几乎和 FAST 软件计算结果一致，在纵荡运动上 Fluent 软件模拟的固有周期（126.35s）略大于 FAST 软件的计算结果（124.16s），在纵摇运动上 Fluent 软件模拟的响应幅值略大于 FAST 软件的计算结果。这种差异可能来源于水动力数值模型的不同。FAST 软件采用工程上广泛应用的线性势流理论和莫里森方程中的二次阻尼模型[18,19]求解水动力对漂浮式风电机组基础的影响。而 Fluent 软件则数值求解 N-S 方程，通过对漂浮式风电机组基础表面压强积分求出水动力。因此，水动力数值计算模型的差异可能导致纵荡和纵摇运动的计算结果出现明显的不同。

此外，国内外不同学者通过 CFD 方法和工程数值模型对 OC3-Hywind 漂浮式风电机组基础的水动力特征展开研究，本章计算结果与已有研究的对比见表 9.7。进一步给出了本章模拟的固有周期（纵荡、垂荡和横摇）和 FAST 软件及不同学者研究结果的对比。

表 9.7 本章计算的浮体运动周期与已有研究的对比

相关研究	固有周期/s		
	纵荡	垂荡	横摇
FAST 软件	124.16	30.87	29.56
Matha[20]	125.00	30.86	29.15
Wu 等人[21]	130.72	—	—
Bridge 和 Howells[22]	125.66	31.42	28.56
本章研究	126.35	30.86	29.44

由表 9.7 可知，本章模拟的水动力特征基本上和不同学者的研究结果均较为相近。在纵荡运动上，除了 Wu 等人[8]通过 CFD 方法给出一个相对较大的固有周期（130.72s）以外，大多数计算结果均在 124~126s 之间。在垂荡和横摇运动上，FAST 软件及不同学者给出的计算值较为接近，固有周期均在 31s 和 29s 附近。除了上述固有周期，自由振动衰减的阻尼比参数在预报漂浮式系统的动力学响应时同等重要[20]。阻尼比可通过两个相邻同向幅值的对数衰减率求得。Fluent 和 FAST 软件模拟的 OC3-Hywind 漂浮式风电机组基础自由振动衰减的阻尼比如图 9.16 所示。

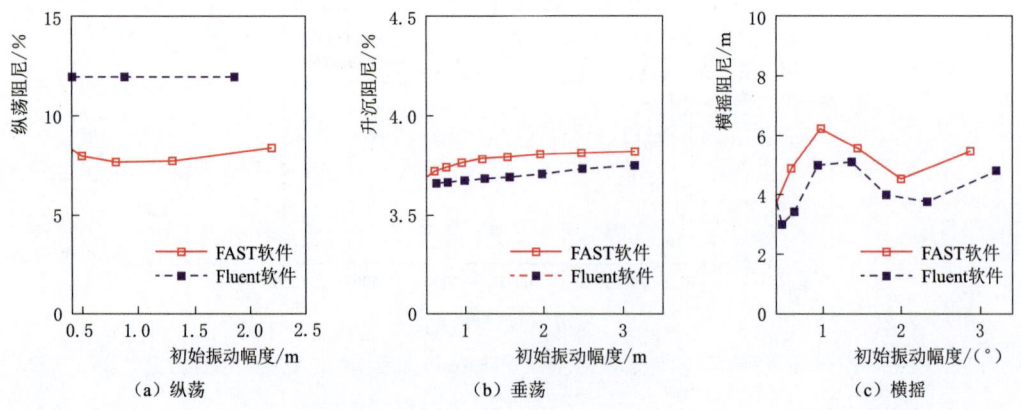

图 9.16 Fluent 和 FAST 软件模拟的 OC3-Hywind 漂浮式风电机组基础自由振动衰减的阻尼比

图 9.16 给出的阻尼比参数用于表征模拟的漂浮式风电机组基础标准化的阻尼大小。相比于 FAST 软件的计算结果，本章模拟的纵荡运动具有更大的阻尼比（约 12%），从而导致纵荡具有相对较小的幅值，而垂荡和横摇的阻尼比略小于 FAST 软件计算的结果。整体上看，本章 Fluent 软件模拟的阻尼比基本上和 FAST 软件计算的结果相吻合。

综上所述，通过 CFD 方法计算的 OC3－Hywind 漂浮式风电机组基础的水动力特性和 FAST 软件及国内外不同学者的计算结果较为接近；此外，数值求解 N－S 方程，导致本章给出的纵荡和横摇运动水动力特性和工程模型计算的结果具有明显的差异。

9.4.2 规则波测试

除了上述自由振动衰减测试以外，漂浮式风电机组基础的规则波测试同样用于反映模拟的水动力特征。用于规则波测试的 Airy 线性波[24]波高和周期分别为 1.3m 和 7.14s。为了对比势流理论和莫里森方程阻尼模型的计算结果，作者在 FAST 软件中计算了相同波浪条件下的运动响应。为了排除瞬态启动效应引起的不必要的干扰，整个 CFD 模型数值计算持续 450s 的物理时间，而 FAST 软件计算持续 2000s 的物理时间，从而在两者中均实现周期性的漂浮式风电机组基础运动响应。从两者模拟结果中分别提取 45s 时间历程的周期性运动响应进行比较。需要指出的是，由于 Fluent 软件和 FAST 软件具有不同的模拟时间历程，因此参考相关研究的处理方法[25]，作者将两者模拟的周期性运动响应根据运动周期进行了人为匹配，因此这种对比仅考察在规则波中周期性运动响应的幅值和周期，而不考虑时间上的不一致性以及运动响应平衡位置的差异。Fluent 软件和 FAST 软件模拟的 OC3－Hywind 漂浮式风电机组基础规则波中的运动响应如图 9.17 所示。

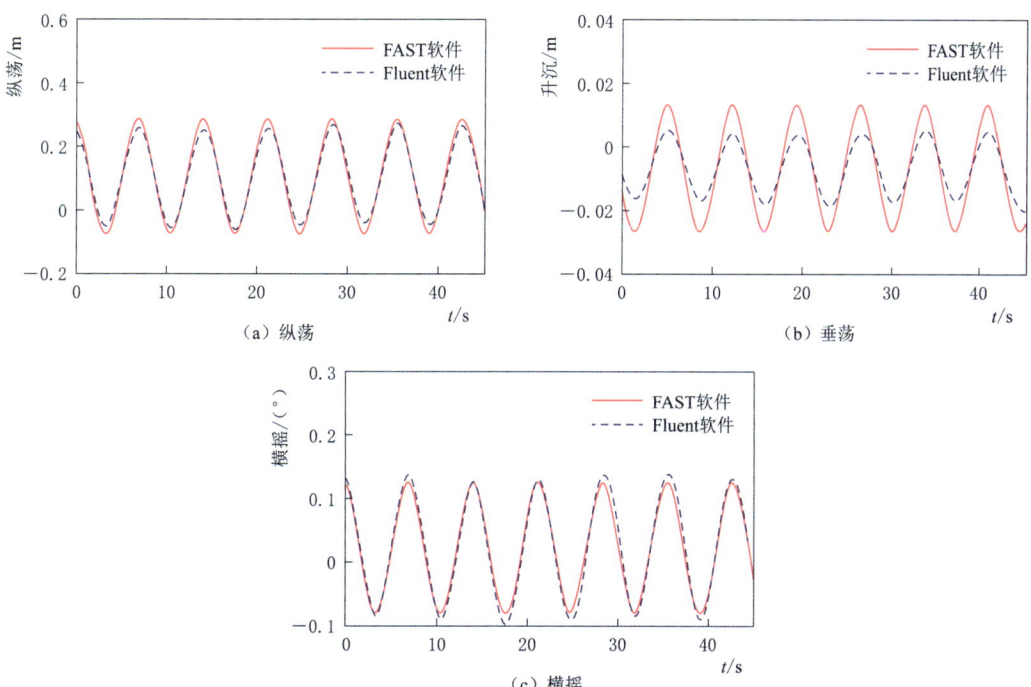

图 9.17 Fluent 软件和 FAST 软件模拟的 OC3－Hywind 漂浮式风电机组基础规则波中的运动响应

图 9.17 表明，整个运动时间序列的周期和线性波周期相一致（7.14s），说明漂浮式风电机组基础的运动主要由入射波控制。Fluent 软件预报的纵荡和垂荡幅值小于 FAST 软件的计算结果。这种差异同样来源于水动力计算模型的不同。例如，FAST 软件使用的线性势流理论无法考虑非线性的黏性效应以及涡脱落引起的水动力变化[8]。为了进一步衡量不同软件计算的水动力差异，本章继续引入响应幅值算子（RAO），以表征单位规则波中的响应幅值。RAO 可通过漂浮式风电机组基础运动响应的幅值与规则波幅值之比进行计算。其中，漂浮式风电机组基础运动响应的幅值取 45s 时间历程中 6 个周期性运动响应的平均幅值。规则波中 OC3-Hywind 漂浮式风电机组基础（纵荡、垂荡和横摇）的 RAO 如图 9.18 所示。

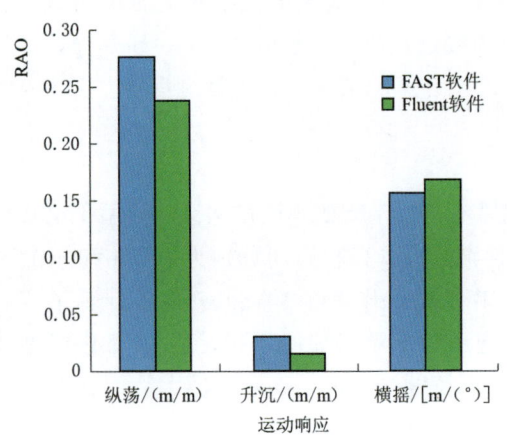

图 9.18　规则波中 OC3-Hwyind 漂浮式风电机组基础（纵荡、垂荡和横摇）的 RAO

在相同的波浪条件下，本章模拟的 OC3-Hywind 漂浮式风电机组基础 3 个主要运动响应 RAO 和 FAST 软件计算的结果较为接近。相比于 FAST 软件的计算结果，本章模拟的纵荡和垂荡 RAO 值更小，分别约为 0.24m/m 和 0.016m/m，而横摇 RAO［0.17m/(°)］略大于 FAST 软件计算的结果。

9.4.3　风浪流联合作用下的运动响应

实际情况下，南海风能资源开发水域通常需要考虑风、浪、流等环境荷载联合作用下的漂浮式风电机组运动响应。因此，本节主要通过 Fluent 软件模拟南海潜在风电开发水域四类极端工况下风、浪、流耦合中的漂浮式风电机组动力学行为。选取的极值风、浪和流参数见表 9.6。

在分析 OC3-Hywind 漂浮式风电机组在四类工况下的运动响应前，需要确定 Fluent 软件中建立的风、浪、流数值水池的流动特征以及作用于漂浮式风电机组塔架、基础上的荷载分布。四类工况下，490s 时刻的流场特征如图 9.19 和图 9.20 所示。

图 9.19 给出的是不同工况下 490s 时刻的流场空间分布。其中，最为明显的是风场绕流前后具有明显的差异。靠近入口边界，由于给定的风剖线模型，风速沿高度基本呈对数形式的增长。最小风速（~0m/s）出现在塔架的前后驻点位置。假定前驻点和后驻点为 0°方位，则最大风速（~32m/s）出现在塔架±90°方位。流动分离出现在小于 90°方位。受漂浮式风电机组结构的影响，绕流后的风场出现明显的衰减特征，漂浮式风电机组背风面风速下降明显（>50%）。此外，受波浪场的影响，近海表面风速和水流产生沿 Z 方向的速度，从而导致海表面周围出现椭圆形的流动。相比于风速和波浪速度，海面以下的水流速度变化较为稳定（~0.5m/s）。

综上分析，本章模拟的风浪流耦合流场和预期相符。除了上述流动特征，漂浮式风电机组表面受到的动压强分布同样是工程设计者重点关注的方面，这是因为动压强本质上直

9.4 漂浮式风电机组的运动学行为

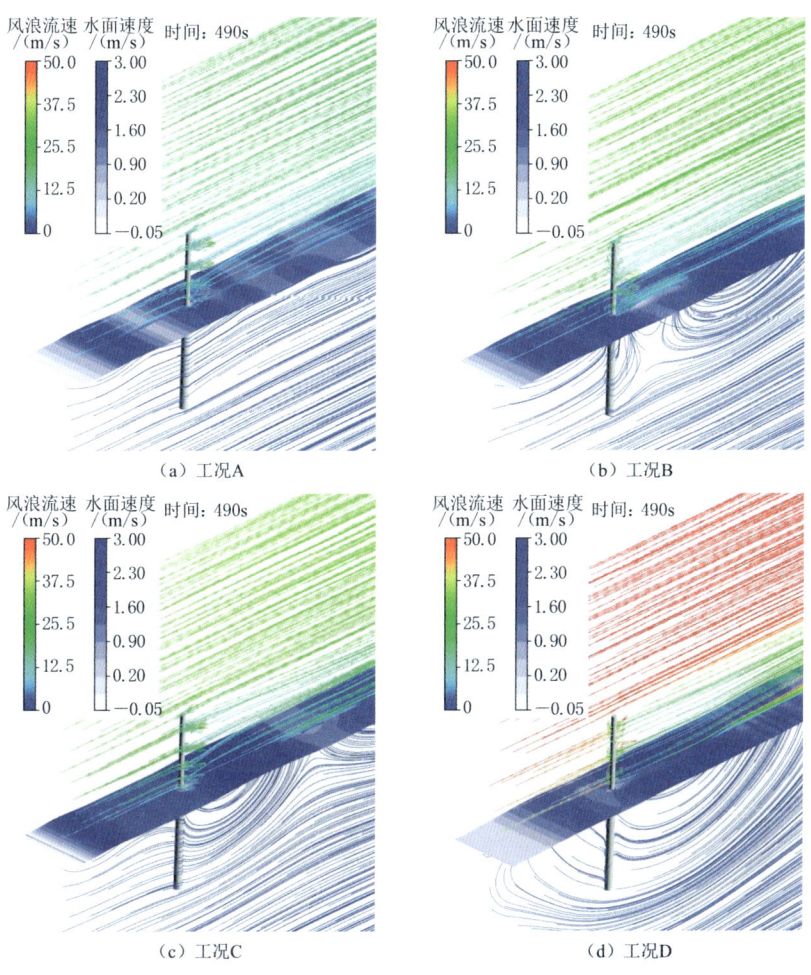

图 9.19 490s 时刻的流场空间分布

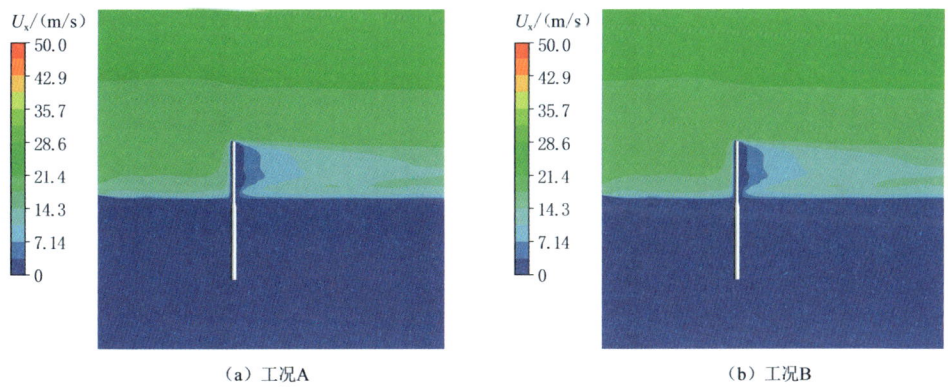

图 9.20（一） 490s 时刻的流场沿流向分布

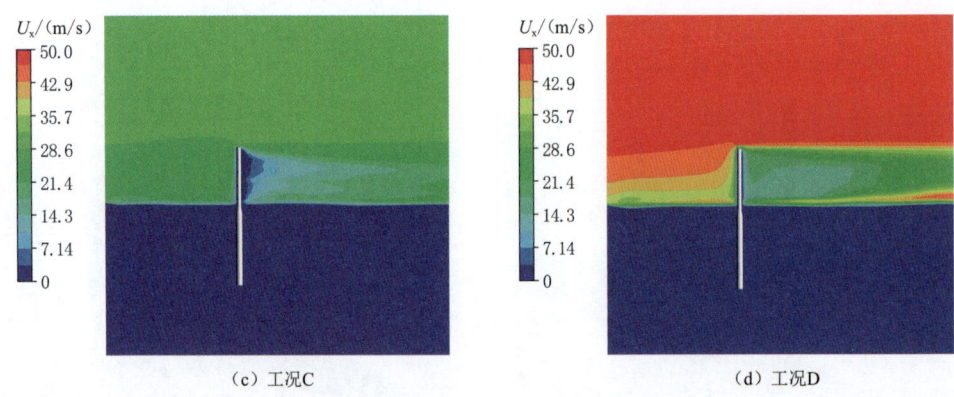

(c) 工况C　　　　　　　　　　　(d) 工况D

图9.20（二）　490s时刻的流场沿流向分布

接反映漂浮式风电机组受到的风、浪、流荷载分布。490s时刻漂浮式风电机组塔架和基础的动压强分布如图9.21所示。

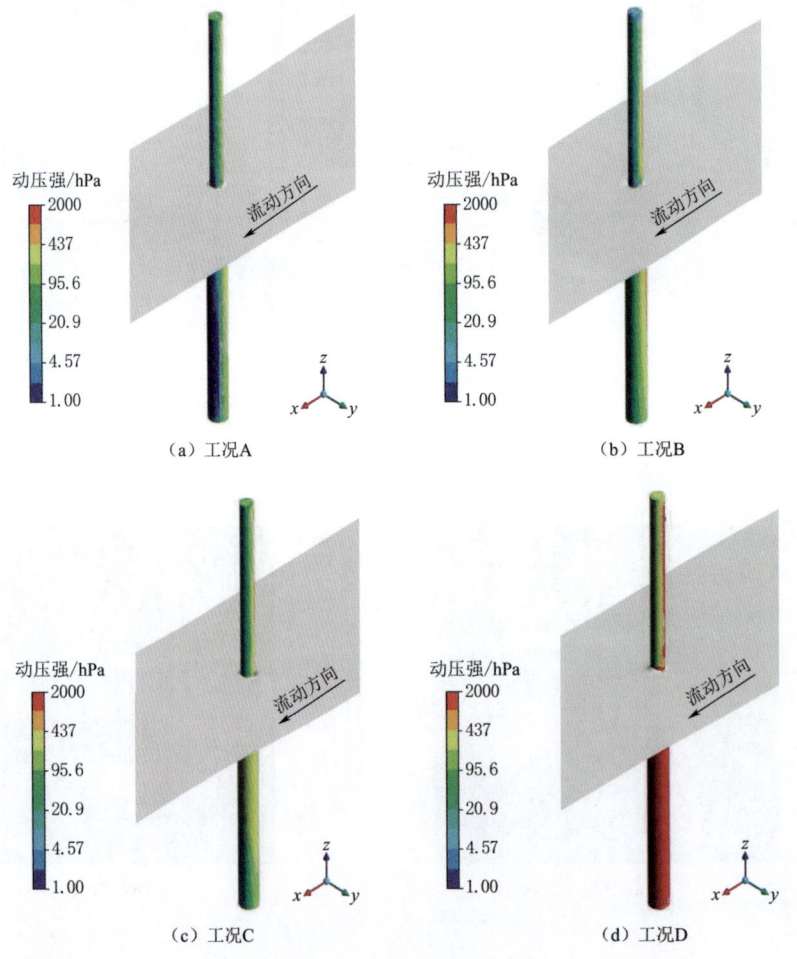

(a) 工况A　　　　　　　　　　　(b) 工况B

(c) 工况C　　　　　　　　　　　(d) 工况D

图9.21　490s时刻漂浮式风电机组塔架和基础的动压强分布

图 9.21 中，最大动压强出现在距离前驻点 90°方位附近，而漂浮式风电机组背风面动压强最低。由经典流体力学理论[26]可知，由于流体黏性及流动分离，漂浮式风电机组后驻点附近压强低于迎风面压强，从而产生明显的流动阻力。综上分析，上述流场及其漂浮式风电机组表面的动压强分布和实际经典流体力学理论相一致，符合预期的结果。基于上述风浪流联合作用，以工况 A（$U_{10}=16\text{m/s}$）和工况 C（$U_{10}=22\text{m/s}$）为例，对比 OC3-Hywind 漂浮式风电机组在自存工况中的运动响应曲线，如图 9.22 所示。其中虚线代表 300～700s 内运动响应的均值。

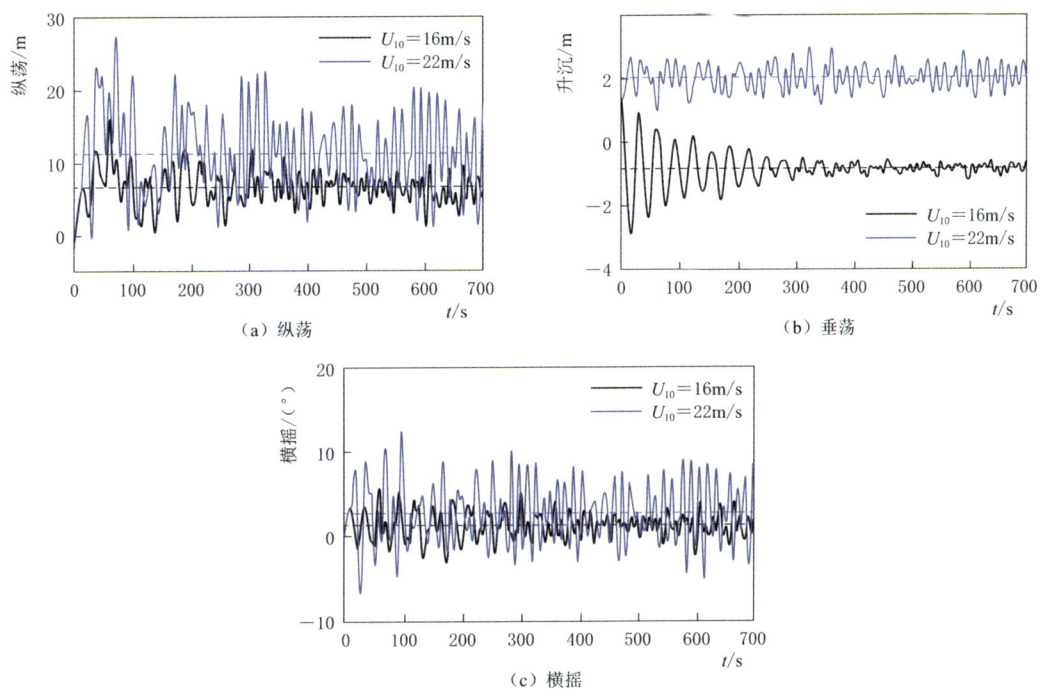

图 9.22　不同风、浪、流联合作用下的漂浮式风电机组运动响应曲线

图 9.22 表明，漂浮式风电机组在 300s 以后基本达到稳定。上述两类工况下，漂浮式风电机组的运动响应具有明显差异。工况 C 下，由于更恶劣的风、浪条件（$U_{10}=22\text{m/s}$，$H=5\text{m}$，$T_p=12.57\text{s}$），漂浮式风电机组显然具有更大的运动幅值。相比于工况 A，工况 C 的纵荡具有最大的差异，均值达到 11.21m，最大值甚至超过 20m，说明纵荡对来流方向的荷载最为敏感。此外，图 9.22 表明，工况 A 和 C 在纵荡方向上具有不同的平衡位置。工况 A 的平衡位置位于水面以下 1.52m，而工况 C 的平衡位置位于水面以上 0.54m。出现上述差异的原因是漂浮式风电机组在风速绕流的影响下受到的升力不同。由此推测，风浪荷载越大，漂浮式风电机组在垂荡上往往具有更高的平衡位置。上述两类工况下纵荡、垂荡和横摇对应的力与力矩如图 9.23 所示。虚线代表 300～700s 内力、力矩的均值。

图 9.23 表明，相比于工况 A，在工况 C 中，漂浮式风电机组受到的力与力矩具有更大的振动幅值。然而，在不同工况下平均受力相差不大，X 和 Z 方向受力（F_x 和 F_z）分别为 $3\times10^5\text{N}$ 和 $8\times10^7\text{N}$ 左右，而横摇力矩 M_y 的均值则有明显的差异。对比图 9.22 给

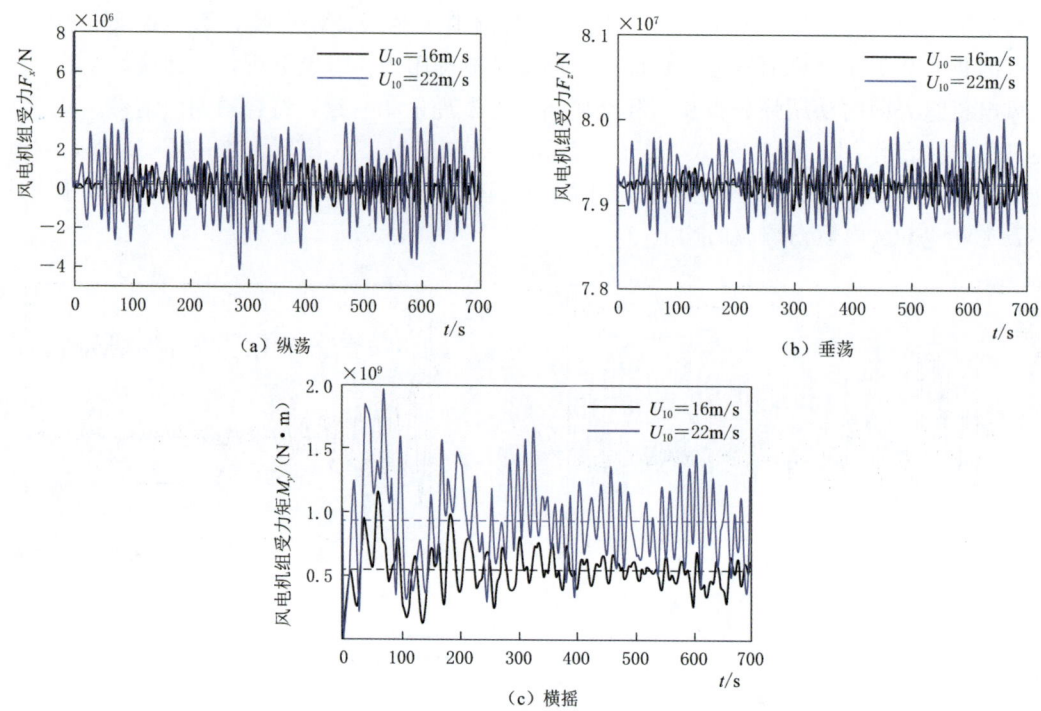

图 9.23 不同风、浪、流联合作用下漂浮式风电机组受到的力与力矩

出的纵荡和垂荡运动可知,F_x 和 F_z 的极大值,而非均值主导漂浮式系统的纵荡和垂荡。例如,对比图 9.22 和图 9.23 可知,在工况 C 中,漂浮式风电机组在约 300s 和 600s 时刻出现较大的力与力矩。其中 F_x 达到 $4×10^6$N,从而导致漂浮式风电机组在对应时刻出现剧烈的纵荡(22m)。表 9.8 给出了 OC3 - Hywind 漂浮式风电机组在上述四类工况下运动响应的统计值。

表 9.8 OC3 - Hywind 漂浮式风电机组在四类工况下(300~700s 内)运动响应的统计值

工况	U_{10}/(m/s)	H/m	T_p/s	最大值/均值/最小值		
				纵荡/m	垂荡/m	纵摇/(°)
A	16	3.0	11.00	12.00/6.53/1.18	−1.36/−1.62/−1.89	5.16/1.34/−2.37
B	20	5.0	12.57	27.00/17.19/10.59	0.78/0.24/−0.25	8.79/3.57/−1.47
C	22	6.0	13.82	22.48/11.21/1.21	1.25/0.54/−0.11	8.95/2.73/−5.07
D	27	7.5	14.96	34.74/22.38/10.10	1.47/0.42/−0.42	14.46/4.74/−2.79

表 9.8 统计结果表明,风浪荷载越大,漂浮式风电机组的运动响应越剧烈。相比于垂荡运动,纵荡和纵摇运动更加明显。对比垂荡的均值可知,随着风流荷载加剧,漂浮式风电机组在垂荡方向上具有高于水面的平衡位置。在工况 D 中,风速比工况 C 增长约 23%,有义波高增长约 25%,谱峰周期增长约 10%,然而纵荡、垂荡和纵摇的均值则分别增长约 100%,−22% 和 74%,由此说明,运动响应的幅值和风速、有义波高及谱峰波浪并不

完全呈线性相关。纵荡的最大值通常和 F_x 瞬时出现的极大值直接相关，在整个漂浮式风电机组的动力学研究中可能成为影响其结构安全性和稳定性的重要因素。

上述研究表明，在潜在风电开发水域四类典型的自存工况中，南海极端环境荷载对漂浮式结构产生不可忽略的影响，从而导致 OC3-Hywind 漂浮式风电机组出现剧烈的纵荡、垂荡和纵摇运动。其中，纵荡对来流方向的荷载最为敏感。随着风浪荷载增大，漂浮式风电机组在垂荡上往往具有更高的平衡位置。通过对比运动响应和对应的结构受力可知，漂浮式风电机组结构受力的瞬时极大值，而非均值，主导整个系统在纵荡和垂荡上的运动响应。此外，运动响应的幅值和风速、有义波高及谱峰波浪并不完全呈线性相关。纵荡响应的最大值将是导致漂浮式风电机组出现安全性和稳定性问题的主要原因之一。

本章基于第 6 章提出的风剖线与波浪谱工程模型，在 Fluent 软件中模拟 OC3-Hywind 漂浮式风电机组在南海风能资源开发水域各种风浪环境中的动力学特性。在此过程中，本章提出了使用虚拟体积力调整风浪环境，确定可维持的平衡大气边界层风剖线和波浪时程，进而讨论了 Hywind 单立柱式漂浮式风电机组在南海的运动响应。

根据本章的研究工作，可以得出如下结论：

（1）基于 CFD 方法，Fluent 软件模拟的 OC3-Hywind 漂浮式风电机组基础水动力特性，例如固有周期和阻尼比，和 FAST 软件及国内外不同学者的计算结果较为接近。相比于 FAST 软件的计算结果，本章模拟的纵荡和纵摇周期以及纵荡的阻尼比更大，垂荡和纵摇的阻尼比略小。这些差异主要来源于两者水动力模型的不同。FAST 软件采用工程上广泛应用的势流理论和莫里森方程中的二次阻尼模型求解水动力，而 Fluent 软件则数值求解 N-S 方程，并对表面压强积分计算水动力。因此，导致两者水动力计算具有明显的差异。

（2）由于 CFD 方法考虑了流体黏性和涡脱落对水动力的影响，因此 Fluent 软件模拟的漂浮式风电机组基础在规则波中的运动响应小于 FAST 软件的计算结果。

（3）分析 OC3-Hywind 漂浮式风电机组在南海典型极端风浪流联合作用下的动力学行为可知，漂浮式风电机组周围流场具有明显的绕流现象，背风面风场与波浪表面流速明显下降。最大动压强（2000Pa）出现在距离漂浮式风电机组前驻点 90°方位附近，而漂浮式风电机组背风面动压强最低。由于流体黏性和流动分离，漂浮式风电机组后驻点附近压强低于迎风面压强，从而产生明显的流动阻力。

（4）南海典型的极端风、浪、流荷载对 OC3-Hywind 漂浮式风电机组产生巨大影响，进而导致漂浮式系统出现明显的纵荡、垂荡和纵摇运动。纵荡对来流方向的荷载最为敏感。上述研究表明，随着风浪荷载增大，漂浮式风电机组在垂荡上往往具有更高的平衡位置。此外，漂浮式风电机组结构受力的瞬时极大值，而非均值，主导整个系统在纵荡和垂荡上的运动响应。通过研究运动响应的统计特征可知，运动响应的幅值和风速、有义波高及谱峰波浪并非呈简单的线性关系。对于工程设计者而言，纵荡响应的最大值将是影响漂浮式风电机组结构安全性和稳定性的主要原因之一。

参 考 文 献

[1] REYNOLDS. On the Theory of Lubrication and its Application to Mr Beauchamp Tower's Experi-

ments Including an Experimental Determination of the Viscosity of Olive Oil [J]. Phitransroysoclond, 1886, 177: 191-203.

[2] LAUNDER B E, SPALDING D B. Lectures in mathematical models of turbulence [M]. New York: Academic Press, 1972.

[3] HIRT C W, NICHOLS B D. Volume of fluid (VOF) method for the dynamics of free boundaries [J]. Journal of Computational Physics, 1981, 39 (1): 201-225.

[4] DUMONT K, STIJNEN J M, VIERENDEELS J, et al. Validation of a fluid-structure interaction model of a heart valve using the dynamic mesh method in fluent [J]. Computer Methods in Biomechanics & Biomedical Engineering, 2004, 7 (3): 139.

[5] STEIJL R, BARAKOS G. Sliding mesh algorithm for CFD analysis of helicopter rotor– fuselage aerodynamics [J]. International Journal for Numerical Methods in Fluids, 2010, 58 (5): 527-549.

[6] JONKMAN J. Definition of the Floating System for Phase IV of OC3 [J]. Scitech Connect Definition of the Floating System for Phase IV of Oc3, 2010: 509-513.

[7] SHIN H. Model test of the OC3-Hywind floating offshore wind turbine [C]. // Proceeding of the The Twenty-first International Offshore and Polar Engineering Conference, Maui, Hawaii, USA, June 2011.

[8] WU J, LONG M, ZHAO Y, et al. Coupled Aerodynamic and Hydrodynamic Analysis of Floating Offshore Wind Turbine Using CFD Method [J]. 南京航空航天大学学报（英文版），2016，33 (1): 80-87.

[9] YAN J, KOROBENKO A, DENG X, et al. Computational free-surface fluid – structure interaction with application to floating offshore wind turbines [J]. Computers & Fluids, 2016, 141: 155-174.

[10] FLUENT INC. FLUENT 17.2 User's Guide [M]. Ansys Inc.: 2017.

[11] ASHGRIZ N, MOSTAGHIMI J. An introduction to computational fluid dynamics [J]. Fluid flow handbook, 2002, 1: 1-49.

[12] BABA-AHMADI M, TABOR G. Inlet conditions for LES using mapping and feedback control [J]. Computers & Fluids, 2009, 38 (6): 1299-1311.

[13] WU J. Wind - stress coefficients over sea surface from breeze to hurricane [J]. Journal of Geophysical Research: Oceans, 1982, 87 (C12): 9704-9706.

[14] CHARNOCK H. Wind stress on a water surface [J]. Quarterly Journal of the Royal Meteorological Society, 1955, 81 (350): 639-640.

[15] 易乾，李孙伟，刘翊超，等. 南海风浪条件下 Spar 式浮式风机基础的构型及参数 [J]. 船舶工程，2017，39 (10): 75-81.

[16] 赵喜喜，侯一筠，齐鹏. 中国海海面风场时空变化特征分析 [J]. 高技术通讯，2007，17 (5): 523-528.

[17] SHEIKH R, BROWN A. Extreme Vertical Deepwater Current Profiles in the South China Sea, Offshore Borneo [C]. proceedings of the ASME 2010 International Conference on Ocean, Offshore and Arctic Engineering, F, 2010.

[18] DUAN F, HU Z, NIEDZWECKI J M. Model test investigation of a spar floating wind turbine [J]. Marine Structures, 2016, 49: 76-96.

[19] TRAN T T, KIM D H. The coupled dynamic response computation for a semi-submersible platform of floating offshore wind turbine [J]. Journal of Wind Engineering & Industrial Aerodynamics, 2015, 147: 104-119.

[20] MATHA D. Model development and loads analysis of an offshore wind turbine on a tension leg platform with a comparison to other floating turbine concepts: April 2009 [R]. National Renewable Energy Lab. (NREL), Golden, CO (United States), 2010.

[21] WU J, LONG M, ZHAO Y, HE Y. Coupled Aerodynamic and Hydrodynamic Analysis of Floating Offshore Wind Turbine Using CFD Method [J]. 南京航空航天大学学报（英文版），2016，33：80-87.

[22] BRIDGE C D, HOWELLS H A. Observations and modeling of steel catenary riser trenches [C] // ISOPE International Ocean and Polar Engineering Conference. ISOPE, 2007: ISOPE-I-07-321.

[23] LIU Y, XIAO Q, INCECIK A, et al. Establishing a fully coupled CFD analysis tool for floating offshore wind turbines [J]. Renewable Energy, 2017, 112: 280-301.

[24] WHITHAM G B. Linear and nonlinear waves [M]. New York: John Wiley & Sons, 2011.

[25] TRAN T T, KIM D H. A CFD study of coupled aerodynamic-hydrodynamic loads on a semisubmersible floating offshore wind turbine [J]. Wind Energy, 2018, 21 (1): 70-85.

[26] DAUGHERTY R L, INGERSOLL A C. Fluid mechanics [M]. New York: McGraw-Hill, 1954.

第 10 章
现有漂浮式风电机组基础构型在南海的工作适应性讨论

漂浮式海上风电技术正在快速发展。目前全球已投运的海上风电项目仍主要集中在近岸浅海区域,但未来深远海开发将成为必然趋势。随着水深的增加,固定式海上风电建造安装费用急剧上升,当水深超 60m 后,采用漂浮式海上风电技术更经济。因此,海上风电正呈现出由浅到深、由固定式到漂浮式的变化趋势。

目前,漂浮式海上风电技术仍处于导入期,但近年商业化进程显著加快[1]。已投运项目中,位于英国、葡萄牙、挪威共 200MW 项目实现了商业化的突破;在建项目中,中国的中电建海南万宁百万千瓦级漂浮式海上风电项目(一期)为商业化项目,规模达 355.7MW,且均在 2023—2025 年间投产,商业化进程显著加快。中国"十四五"海上风电发展战略为推动近海项目规模化开发、深远海项目示范性开发[2]。具体到漂浮式海上风电技术,《"十四五"能源领域科技创新规划》《加快电力装备绿色低碳创新发展行动计划》表明应积极推进远海深水区域漂浮式风电装备基础一体化设计、建造施工与应用;具体到漂浮式项目,《"十四五"可再生能源发展规划》提出力争"十四五"期间开工建设我国首个漂浮式商业化海上风电项目。

预计 2025 年全球漂浮式风电将步入黄金成长期,我国有望弯道超车贡献主要增量[3]。未来 3 年漂浮式海上风电重点工作在样机试验到规模化商用的技术攻关和成本下降,并且过程中会带来相关产业链的培育。据全球风能协会资料,2021—2025 年,全球漂浮式海上风电新增装机容量由 59.5MW 增长至 839.4MW;2026—2030 年,全球漂浮式海上风电新增装机容量由 2GW 增长至 12GW。我国将逐步超越欧洲成为主要新增市场[4]。图 10.1 所示为 2021—2030 年中国海上风电新增装机容量和累计装机容量现状与展望。

南海是我国漂浮式风电开发的主要战场,这片广袤的海洋拥有丰富的风能资源,为漂浮式风电的开发提供了得天独厚的条件。南海风能资源丰富,风速稳定,且海水深度适中,为漂浮式风电的开发提供了良好的条件。同时,南海的地理位置优越,靠近我国沿海地区,电力输送方便,为漂浮式风电的开发提供了良好的市场前景[5]。

在南海的漂浮式风电开发中,我国已经取得了一定的成果。一些漂浮式风电项目已经

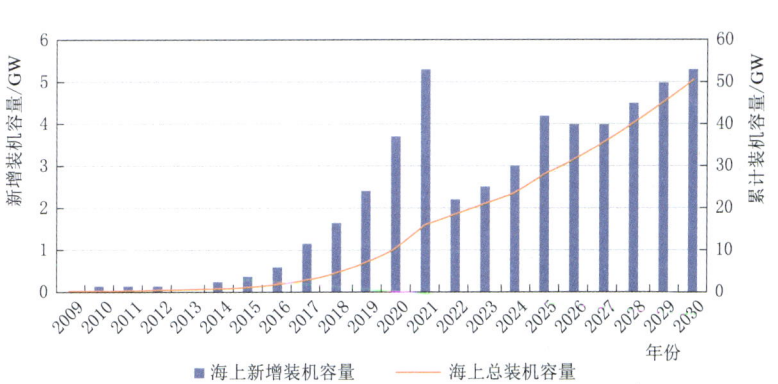

图 10.1 2021—2030 年中国海上风电新增装机容量和累计装机容量现状与展望

开工建设,并计划在未来几年内建成投产。这些项目的建设不仅将为我国提供可再生能源,也将推动我国海洋经济的发展。然而,南海的漂浮式风电开发也面临着一些挑战[6,7]。首先,南海的海水环境复杂,需要克服一些技术难题。其次,南海的电力输送距离较长,需要解决电力输送的问题。此外,南海的开发成本较高,需要采取一些措施来降低开发成本。为了应对这些挑战,我国正在加强漂浮式风电技术的研究和开发。同时,我国也在加强与国际合作伙伴的合作,共同推动南海漂浮式风电的发展。相信在未来的发展中,我国将在南海的漂浮式风电开发中取得更大的成果。在主流漂浮式风电机组基础结构构型中,除了张力腿式,目前都已经出现了全尺寸试验样机,甚至商业化使用案例。然而上述漂浮式风电机组基础结构构型是否能够完美地运用于南海尚存在一定的疑问。因此,本书采用数值模拟的方式,对单立柱式、半潜式以及驳船式漂浮式风电机组在南海的工作状态和自存能力进行了评估,进而针对每一个漂浮式风电机组基础结构构型提出了适应性挑战和改造发展方向。

10.1 单立柱式漂浮式风电机组基础的南海工作适应性

本书对 OC3 - Hywind 单立柱式漂浮式风电机组[8](图 10.2)进行了深入的研究。第 8 章详细介绍了该漂浮式风电机组的整体结构和各部分的构型参数,包括其独特的单立柱式结构、浮体、塔筒等关键部分。为了更准确地模拟该漂浮式风电机组在海洋环境中的表现,本书第 8 章使用 WAMIT 软件建立了该漂浮式风电机组的湿表面模型。在此基础上,利用联合计算方法对 OC3 - Hywind 单立柱式漂浮式风电机组进行了频域水动力分析。研究中,分别计算了无风情况、作业风况和自存风况下的整体系统幅值响应算子。这些计算提供了风电机组在不同风况下的动态性能数据。为了更全面地分析该漂浮式风电机组的性能,数值模拟还结合南海海域给定的作业工况及自存工况条件对其进行了响应谱分析及最大运动响应值计算。上述分析提供了风电机组在不同海域、不同风况下的具体性能数据,有助于更准确地评估该漂浮式风电机组的适用性和可靠性。

通过以上分析,本书得出初步结论:OC3 - Hywind 单立柱式漂浮式风电机组具有优

图 10.2　OC3-Hywind 单立柱式漂浮式风电机组设计概念图

良的水动力性能和稳定性，能够在不同风况下保持稳定的运行状态。同时，该漂浮式风电机组在南海海域的作业工况及自存工况下表现出良好的适应性，能够满足海上风电场的需求。此外，联合数值模拟还发现该漂浮式风电机组在无风情况下的运动响应值较小，说明其具有较好的抗风能力[9]。

当来波方向与来风方向同为 0°角时，单立柱式漂浮式风电机组受到环境荷载的主要运动响应发生在纵荡、垂荡、纵摇 3 个自由度上[10]。这 3 个自由度的固有频率分别为 0.008Hz、0.032Hz 和 0.034Hz。这些固有频率是单立柱式漂浮式风电机组设计和分析的重要参数，它们决定了风电机组在海洋环境中的稳定性和动力响应。在有风情况下，气动阻尼的出现导致漂浮式风电机组整体系统纵荡和纵摇的 RAO 谱峰峰值减小，而垂荡方向的运动却几乎不受气动阻尼影响。这说明在有风情况下，单立柱式漂浮式风电机组的运动响应会受到气动阻尼的影响，尤其是在纵荡和纵摇方向上。在作业工况和自存工况条件下，漂浮式风电机组的纵荡、垂荡和纵摇方向的响应谱谱峰频率主要受波浪条件影响。这说明波浪条件是影响单立柱式漂浮式风电机组运动响应的重要因素之一。

通过对不同工况下响应谱的分析发现，在南海的相关工况下，单立柱式漂浮式风电机组具有良好的水动力表现。这表明南海的海洋环境对于单立柱式漂浮式风电机组的运行具有较好的适应性。对于南海等特定海域的海洋能源开发，需要针对当地的海洋环境条件进行专门的设计和评估，以确保单立柱式漂浮式风电机组的水动力性能和稳定性。为了进一步优化单立柱式漂浮式风电机组的设计和性能，数值联合模拟揭示出单立柱式漂浮式风电机组可以从以下方面进行深入研究和改善：

(1) 气动阻尼影响研究。针对气动阻尼对单立柱式漂浮式风电机组运动响应的影响，可以开展更详细的研究。通过实验和数值模拟等方法，进一步了解气动阻尼的规律和影响因素，为风电机组的设计和优化提供依据[11]。

(2) 波浪条件影响研究。波浪条件是影响单立柱式漂浮式风电机组运动响应的重要因素之一。可以进一步研究不同波浪条件对风电机组运动响应的影响，包括波浪的幅度、周期、方向等。通过实验和数值模拟等方法，了解不同波浪条件下的风电机组运动响应特性，为风电机组的设计和优化提供依据[6,7]。

(3) 多因素耦合影响研究。在海洋环境中，风、浪、流等多种因素会对单立柱式漂浮式风电机组产生耦合影响。可以开展多因素耦合影响的研究，了解不同因素之间的相互作用和影响规律，为风电机组的设计和优化提供更全面的依据[12]。

(4) 新型结构设计研究。针对单立柱式漂浮式风电机组存在的不足和问题，可以开展新型结构设计的探索和研究。通过引入新的设计理念和技术手段，提高风电机组的稳定性、可靠性和经济性，为海洋能源领域的可持续发展作出贡献。

（5）控制系统优化。单立柱式漂浮式风电机组的控制系统对于其运动响应和稳定性具有重要影响。可以研究更加先进的控制系统，包括智能控制算法、神经网络等技术的应用，以实现对风电机组运动的高效控制和优化[13]。

（6）材料与制造。单立柱式漂浮式风电机组的材料和制造工艺对其性能和成本具有重要影响。可以研究新型材料的应用，如高强度轻质材料、耐腐蚀材料等，以提高风电机组的性能和寿命。同时，可以探索新的制造工艺，如3D打印技术、精细焊接技术等，以降低风电机组的制造成本和提高生产效率。

（7）运维与维护。单立柱式漂浮式风电机组的运维与维护是其稳定运行的重要保障。可以研究更加智能的运维系统，实现对风电机组运行状态的实时监控和预警，提高运维效率和质量。同时，可以探索更加高效的维护方法，包括定期检查、预防性维修等，以降低风电机组的维护成本和提高设备可靠性[1]。

（8）环境影响评估。单立柱式漂浮式风电机组的建设和运行对其周围环境产生一定的影响。可以开展环境影响评估的研究，包括对海洋生态、水文环境等方面的影响进行评估，为风电机组的选址和优化提供依据，同时保障海洋环境的可持续发展[14]。

单立柱式漂浮式风电机组的研究和优化需要从多个方面进行深入探讨和实践。通过不断研究和创新，可以进一步提高单立柱式漂浮式风电机组的性能和稳定性，降低其成本和维护难度。对典型的OC3-Hywind单立柱式漂浮式风电机组的构型参数进行变化，并根据变化的基础结构几何参数进行了一系列模拟。单立柱式漂浮式风电机组的外部构型由4个主要构型参数决定，分别是平台底部直径、锥体顶部吃水深度、锥体长度以及主筒柱长度。这些参数的比例和大小都对漂浮式风电机组的性能有着至关重要的影响。

首先，平台底部直径是漂浮式风电机组的重要构型参数之一。随着平台底部直径在原设计值85%~115%范围内增加，漂浮式风电机组在两种工况下纵荡、垂荡、纵摇方向的最大运动响应值均相应减小。这表明，平台底部直径对于整体系统的运动表现具有重要影响。当平台底部直径增大时，漂浮式风电机组的稳定性会提高，从而降低了风浪等自然环境对其产生的影响。但是，需要注意的是，如果平台底部直径超过一定的范围，可能会对整体系统的水动力表现产生不利影响。

其次，锥体顶部吃水深度和锥体长度也是漂浮式风电机组的重要构型参数。当这两个参数在原设计值85%~115%之间变化时，整体系统在两种工况下的最大运动响应值随对应构型参数的增大而减小。然而，实际最大运动响应幅值随这两个构型参数变化的幅度并不大，可以认为这两个构型参数对于整体系统的水动力表现影响较小。这表明，锥体顶部吃水深度和锥体长度的变化对漂浮式风电机组的性能影响相对较小。

最后，主筒柱长度是漂浮式风电机组的另一个重要构型参数。研究发现，主筒柱长度对漂浮式风电机组作业工况下的纵荡运动几乎没有影响，而自存工况下纵荡的最大运动响应值随其长度的增大而增大。此外，主筒柱长度的增加会增强整体系统在垂荡方向的稳定性，两种给定工况的垂荡最大运动响应值均随长度增加而减小。同时，主筒柱长度对纵摇方向的影响则与工况条件有关，作业工况下纵摇最大运动响应值随其长度增加而减小，自存工况下随其长度增加而增加。这些结果表明，主筒柱长度对于漂浮式风电机组的水动力性能有着显著影响。

OC3-Hywind单立柱式漂浮式风电机组的外部构型参数对于其性能有着重要影响。其中，平台底部直径是影响整体系统运动表现的主要构型参数；锥体顶部吃水深度和锥体长度对整体系统的水动力表现影响较小；主筒柱长度则对漂浮式风电机组的水动力性能有着显著影响。因此，在设计和构建单立柱式漂浮式风电机组时，需要充分考虑这些构型参数的影响，以实现其性能的最优化。

对于单立柱式漂浮式风电机组的设计，除了上述的构型参数，还应考虑其他因素。例如，漂浮式风电机组的稳定性是一个重要的性能指标，它与构型参数密切相关。如果漂浮式风电机组在海上遇到恶劣天气和海况，其稳定性将受到考验。为了提高漂浮式风电机组的稳定性，设计师可以考虑优化平台的形状和结构，以及增加额外的稳定装置。另外，漂浮式风电机组的能源转换效率也是评估其性能的关键指标之一。由于单立柱式漂浮式风电机组是在海洋环境中运行的，因此其能源转换效率受到多种因素的影响，如风速、浪高、海流等。为了提高漂浮式风电机组的能源转换效率，设计师可以采取一系列措施，例如优化风轮叶片的设计，提高捕风效率；采用先进的控制系统，实现能源的高效管理和调度；以及降低设备的摩擦和阻力等。在设计和构建单立柱式漂浮式风电机组的过程中，设计师还需要考虑一些其他的因素。例如，漂浮式风电机组的建造和安装成本、运营和维护成本、生命周期内的可靠性等。这些因素都会直接影响到漂浮式风电机组的经济性和可持续性。因此，设计师需要在满足性能要求的同时，充分考虑这些因素，以实现漂浮式风电机组的高效建设和运营。

总之，设计和构建单立柱式漂浮式风电机组是一个复杂而关键的任务。为了实现其性能的最优化，设计师需要综合考虑多种因素，包括构型参数、稳定性、能源转换效率、经济性和可持续性等。

10.2　半潜式漂浮式风电机组基础的南海工作适应性

OC4-DeepCwind半潜式漂浮式风电机组概念构型（图10.3）和具体结构参数对于风电机组的性能和稳定性具有重要影响[15]。本书第8章在WAMIT中建立该漂浮式风电机组的湿表面模型，可以更加准确地模拟风电机组的水动力性能。同时，使用WAMIT-FAST联合计算方法对该漂浮式风电机组进行气动—水动耦合动力响应分析，可以更加全面地了解风电机组的动力响应特性。联合数值模拟分析方法综合考虑了风电机组的气动性能和水动力性能，可以更加准确地预测风电机组的运动和荷载情况。在联合数值模拟的分析过程中，考虑了多种因素，如风速、波浪、水流等。这些因素会对风电机组的动力响应产生重要影响。同时，联合数值模拟还需要考虑风电机组的结构参数、材料属性等因素对动力响应的影响。

对OC4-DeepCwind半潜式漂浮式风电机组进行气动—水动耦合动力响应分析，可以更加深入地了解风电机组的性能和稳定性，为风电机组的优化设计和改进提供重要的参考依据。联合数值模拟给出了以下结论：

研究不同来波方向的波浪对该半潜式漂浮式风电机组的作用，发现该风电机组不存在特定的敏感入射角[16]。这一发现对于评估该漂浮式风电机组在不同海洋环境下的性能具有重要意义。为了深入理解该漂浮式风电机组在风浪耦合作用下的水动力表现，对其系统运动进行了分析比较。结果显示，在入射角为0°的波浪作用下，气动阻尼的主要影响是减小了漂浮式风电机组基础在纵摇方向的共振峰值，同时还会扰动浮体在横荡、横摇和艏摇3个非主要运动自由度的运动。具体地，气动阻尼将增大横荡、横摇和艏摇的共振峰值。这一现象表明，该漂浮式风电机组在0°入射角的波浪作用下具有较好的稳定性。

进一步研究了该半潜式漂浮式风电机组在两种南海海域设计工况条件下的运动响应谱。结果显示，作业工况下整体系统的运动响应谱主要受输入波浪谱影响，而在自存工况下，该漂浮式风电机组的垂荡固有频率对其运动响应有较大影响。这说明，在作业工况下，该漂浮式风电机组主要受外部输入波浪的影响，而在自存工况下，其垂荡运动则更为重要。

图 10.3　OC4-DeepCwind 半潜式漂浮式风电机组设计概念图

计算该半潜式漂浮式风电机组在给定两种南海海域工况下的最大运动响应值，发现在两种工况条件下半潜式漂浮式风电机组的主要运动响应集中在纵荡、垂荡和纵摇方向上。其中作业工况中各自由度的最大运动响应值均相对较小，显示出该构型在作业工况下较好的稳定性。然而，在自存工况下其纵荡和纵摇虽然运动幅度不大，但垂荡方向的最大运动响应值达到了42m。考虑到过大的垂荡运动可能对漂浮式风电机组稳定性产生不利影响，这意味着该半潜式漂浮式风电机组的原构型可能不能适用于南海相关海域作业[17]。为了解决这个问题，可以考虑对半潜式漂浮式风电机组进行优化设计。例如，通过改变漂浮式风电机组的结构、增加阻尼的方式来降低垂荡运动。此外，还可以通过实时的海洋环境监测和控制系统来调整漂浮式风电机组的位置和姿态，以适应不同的海洋环境条件。

综上所述，对于半潜式漂浮式风电机组在南海海域的应用，需要充分考虑其运动响应谱和最大运动响应值的影响。特别是在自存工况下，垂荡运动是一个需要重点关注的问题。为了确保半潜式漂浮式风电机组在南海相关海域的稳定性和性能，未来的研究应考虑对其进行优化设计和实时控制。此外，对于漂浮式风电机组的设计和运营，还可以考虑以下几点：

（1）结构优化。对漂浮式风电机组进行结构优化设计，可以降低其在不同海洋环境下的运动响应，具体包括但不限于改进风电机组叶片形状、调整浮体结构等措施。

（2）增加阻尼。通过合理增加阻尼材料或设计，降低漂浮式风电机组在波浪作用下的振动和摆动，这有助于提高设备的稳定性和可靠性。

（3）环境监测与控制系统。在漂浮式风电机组上安装环境监测系统，实时监测海洋环境参数如波浪、风速、水流等。同时设计一个控制系统，根据监测到的环境参数来自动调整漂浮式风电机组的位置和姿态以降低运动响应。

（4）运营策略。制定合理的运营策略以确保半潜式漂浮式风电机组在自存工况下的安全性，包括避免在高风速、高波浪等极端环境条件下运行设备；定期对设备进行检查和维护以确保其结构和设备运行正常；针对可能出现的故障或异常情况制定相应的应急预案以降低潜在风险。

（5）人员培训与资质认证。对漂浮式风电机组的操作和维护人员进行专业培训和资质认证以确保他们了解设备的原理、结构和性能并掌握操作和维护技能。这将有助于及时发现和处理问题并提高设备运行效率。

（6）监测与评估。实施长期的监测和评估计划以确保半潜式漂浮式风电机组在南海海域的应用效果和安全性。这包括监测设备的性能指标如发电量、稳定性、耐久性等以便及时发现问题并进行改进。

与此同时，本书第 8 章的联合数值模拟定义了一系列关于 OC4-DeepCwind 半潜式漂浮式风电机组的基础结构几何参数，并根据经验标准对关键几何参数进行了一定程度的变化，研究几何参数变化对漂浮式风电机组基础结构的影响以及在南海特定风浪环境的适应性。OC4-DeepCwind 漂浮式风电机组基础主要由五个构型参数决定其水动力和结构动力学性能，分别是上立柱直径、上立柱吃水深度、基础立柱高度、基础立柱直径以及外立柱中心间距。

上立柱直径是漂浮式风电机组的重要构型参数之一，它直接影响到漂浮式风电机组的稳定性和抗风能力。较大的上立柱直径可以提供更好的稳定性，但也会增加设备的重量和成本。因此，在选择上立柱直径时，需要综合考虑稳定性和经济性等因素。

上立柱吃水深度也是影响漂浮式风电机组稳定性的重要参数。较深的上立柱吃水深度可以提供更好的稳定性，但也会增加设备的重量和吃水深度，从而影响设备的可移植性和适用范围。因此，在选择上立柱吃水深度时，需要综合考虑稳定性、可移植性和经济性等因素。

基础立柱高度和基础立柱直径是影响漂浮式风电机组抗风能力的重要参数。较高的基础立柱高度和较大的基础立柱直径可以提供更好的抗风能力，但也会增加设备的重量和成本。因此，在选择基础立柱高度和基础立柱直径时，需要综合考虑抗风能力、经济性等因素。

外立柱中心间距是影响漂浮式风电机组稳定性的重要参数之一。较小的外立柱中心间距可以提供更好的稳定性，但也会增加设备的重量和成本。因此，在选择外立柱中心间距时，需要综合考虑稳定性、经济性等因素。

改变原构型中上立柱直径、上立柱吃水深度、基础立柱高度和基础立柱直径的构型参数数值可以有效减小该漂浮式风电机组在自存工况下的垂荡最大运动响应值，而只改变其外立柱中心间距并不能达到减小自存工况垂荡响应的效果。这表明在选择构型参数时，需要综合考虑多个因素，以达到最佳的稳定性和抗风能力。

为了进一步提高半潜式漂浮式风电机组的稳定性和抗风能力，可以采取一些优化措施。例如，可以采用先进的数值模拟技术和实验方法对设备进行优化设计，以降低波浪荷载的影响；同时，也可以考虑采用新型材料和制造技术，以减轻设备的重量和提高其强度。

10.3 驳船式漂浮式风电机组基础的南海工作适应性

本书第 8 章详细介绍了 ITI - Energy 驳船式漂浮式风电机组的整体结构以及各部分的构型参数，并讨论了关键参数对漂浮式风电机组整体运动响应的影响。目前虽然该类型的漂浮式风电机组基础尚未出现样机或者前商业化项目，但是借用驳船式基础概念的漂浮式风电机组已经出现，并开始了商业化（图 10.4）。相关讨论主要采用 WAMIT - FAST 联合计算方法进行了频域水动力分析。WAMIT 是一种广泛使用的船舶水动力分析软件，FAST 则是用于风电机组气动性能分析的软件。通过联合使用这两种软件，可以更全面地评估该风电机组的水动力性能，包括其在不同风速、不同波浪条件下的稳定性、效率等。在频域水动力分析中，WAMIT - FAST 联合计算考虑了多种影响因素，如风速、波浪高度、波浪周期等。通过模拟和分析这些因素对风电机组的影响，得到该风电机组在不同条件下的性能表现。此外还对风电机组的气动性能、结构强度等方面进行了评估，以确保其在各种环境条件下的安全性和稳定性。

图 10.4 借用驳船式概念的 FloatGen 漂浮式风电机组基础设计效果图

通过联合数值模拟的结果进行分析，ITI - Energy 驳船式漂浮式风电机组在结构和性能方面都具有独特的优势。其整体结构合理、稳定，各部分构型参数经过精心设计，能够确保风机的性能和稳定性[18]。

在漂浮式风电机组水动力表现的研究中，本书探讨了不同来波方向对其性能的影响。结果显示，该漂浮式风电机组对入射波的方向并不敏感，没有明显的弱势波浪入射角。这一特性在漂浮式风电领域具有重要意义，因为在实际海洋环境中，波浪的来波方向是随机的，漂浮式风电机组需要具有良好的适应性以应对各种情况。此外，本书还分析了不同风况条件下漂浮式风电机组在风浪耦合作用下的水动力表现。研究发现，气动阻尼的存在使得漂浮式风电机组在纵荡和纵摇方向的振幅较无风情况更小，而垂荡方向的振幅基本不随风况条件发生变化。其他 3 个自由度的振幅则在气动阻尼的扰动作用下相应增大。这一发现对于理解漂浮式风电机组在复杂海洋环境中的行为和提高其稳定性具有重要作用。

为了进一步了解漂浮式风电机组在南海海域中的响应，WAMIT - FAST 联合计算研究了两种设计工况下的响应谱。在作业工况下，漂浮式风电机组的整体响应主要与其结构的固有横荡（纵荡）频率相关联，而垂荡方向的响应谱则主要受波浪谱条件的影响。在自存工况下，漂浮式风电机组在纵荡以及垂荡方向的响应主要受输入波浪谱的影响，其主要响应谱峰出现在波浪谱的频率附近，而其他 4 个自由度的响应谱则主要受其固有横荡频率的影响。这些发现对于预测漂浮式风电机组在不同工况下的行为以及优化其设计具有指导意义。WAMIT - FAST 联合计算还考虑了该漂浮式风电机组在给定南海海域工况下的最大运动响应值。结果发现，两种工况下整体系统的主要运动自由度为纵荡、垂荡以及纵摇。其中，纵摇方向的最大偏转角度较大，为17.7°。这是需要特别关注的地方，因为过大的偏转角度可能会在自存工况下导致漂浮式风电机组倾覆。因此，在实际应用中需要采取相应的措施来控制这一自由度的运动。

综上所述，WAMIT-FAST联合计算提供了关于ITI-Energy驳船式漂浮式风电机组基础结构在不同海洋环境条件下的全面结论。这些结果不仅揭示了漂浮式风电机组的水动力特性，还为提高其稳定性和适应性提供了指导。尽管WAMIT-FAST联合计算已经取得了一些有意义的发现，但还有许多工作需要做。例如，还需要进一步研究不同海域的波浪条件对驳船式漂浮式风电机组性能的影响，以及如何优化漂浮式风电机组的设计和控制策略以提高其鲁棒性。此外，还需要进行更多的实验和模拟来验证理论分析结果并进一步探索ITI-Energy驳船式漂浮式风电机组基础结构的性能极限。在未来的研究中，我们计划进一步探讨漂浮式风电机组在复杂海洋环境中的性能表现。这包括研究不同海域的波浪条件、流速、水质等因素对漂浮式风电机组的影响。为了提高漂浮式风电机组的稳定性和适应性，实现漂浮式风电机组的长期稳定运行和高效发电，人们还应该关注其维护和修复问题，包括研究如何延长漂浮式风电机组的使用寿命、降低其故障率以及优化其维修策略。

本书第8章给出的WAMIT-FAST联合数值模拟定义了一系列驳船式风电机组基础的关键几何参数，同时在此基础上定义了一系列变化范围对驳船式漂浮式风电机组的构型参数进行分析，将其在南海工作的性能进行了讨论，讨论得到的主要结论如下：

驳船式漂浮式风电机组在水体中受到的波浪荷载主要由3个构型参数决定，分别是平台边长、月池直径以及平台吃水深度。其中，平台边长和平台吃水深度是影响漂浮式风电机组水动力表现的主要构型参数，而月池直径对其整体系统的运动影响幅度相对较小。

平台边长是影响漂浮式风电机组水动力表现的主要构型参数之一。在一定范围内，平台边长的增大会导致整体系统在作业工况下纵摇运动的增大以及垂荡运动的减小。当平台边长为原构型值的95%~100%时，漂浮式风电机组在自存工况下的纵荡以及纵摇最大运动响应值取到不同平台边长模型中的极值。这表明，在一定范围内，平台边长的增大可以改善漂浮式风电机组的水动力性能，但超过一定范围后，其影响逐渐减弱。

月池直径对整体系统的运动影响幅度相对较小。虽然月池直径对漂浮式风电机组水动力性能的影响不如平台边长显著，但在设计时仍需考虑其对整体系统运动的影响。

平台吃水深度也是影响漂浮式风电机组水动力性能的重要构型参数。随着平台吃水深度的增大，漂浮式风电机组在自存工况下的纵荡和作业工况下的纵摇的最大值会减小。在作业工况下纵荡的最大值以及两种工况下垂荡的最大值会增大，但自存工况下纵摇方向的最大值几乎不随其变化。这表明，平台吃水深度的增大对漂浮式风电机组水动力性能的影响是复杂的，需要在设计时综合考虑各种因素。

为了更好地理解驳船式漂浮式风电机组在水体中的波浪荷载和构型参数之间的关系，需要进一步研究不同构型参数对漂浮式风电机组水动力性能的影响机制。同时，也需要考虑实际应用场景中的各种因素，如风速、波浪、水流等，以优化漂浮式风电机组的设计和性能。

总之,驳船式漂浮式风电机组在水体中的波浪荷载受到多个构型参数的影响,需要综合考虑各种因素以优化其设计和性能。通过进一步的研究和实践经验的积累,可以不断提高驳船式漂浮式风电机组的性能和稳定性,为可再生能源领域的发展作出更大的贡献。

参 考 文 献

[1] CHITTETH RAMACHANDRAN R, DESMOND C, JUDGE F, et al. Floating wind turbines: marine operations challenges and opportunities [J]. Wind Energy Science, 2022, 7 (2): 903-924.

[2] 林玉鑫,张京业. 海上风电的发展现状与前景展望 [J]. 分布式能源,2023,8 (2): 1-10.

[3] COUNCIL G W E. Global offshore wind report 2020 [J]. GWEC: Brussels, Belgium, 2020, 19: 10-12.

[4] YANG J, LIU Q, LI X, et al. Overview of wind power in China: Status and future [J]. Sustainability, 2017, 9 (8): 1454.

[5] SAJITH S, ASWANI R, BHAT M Y, et al. Can offshore wind energy lead to a sustainable and secure South China Sea? [J]. Energy & Environment, 2023, 34 (7): 2858-2875.

[6] LIU Y, CHEN D, YI Q, et al. Wind profiles and wave spectra for potential wind farms in South China Sea. Part I: Wind speed profile model [J]. Energies, 2017, 10 (1): 125.

[7] LIU Y, LI S, YI Q, et al. Wind Profiles and Wave Spectra for Potential Wind Farms in South China Sea. Part II: Wave Spectrum Model [J]. Energies, 2017, 10 (1): 127.

[8] JONKMAN J. Definition of the Floating System for Phase IV of OC3 [R]. National Renewable Energy Lab. (NREL), Golden, CO (United States), 2010.

[9] 易乾,李孙伟,刘翊超,等. 南海风浪条件下 Spar 式漂浮式风机基础的构型及参数 [J]. 船舶工程,2017,39 (10): 75-81.

[10] JIANG Z, WEN B, CHEN G, et al. Feasibility studies of a novel spar-type floating wind turbine for moderate water depths: Hydrodynamic perspective with model test [J]. Ocean Engineering, 2021, 233 (1): 109070.

[11] MENG Q, HUA X, CHEN C, et al. Analytical study on the aerodynamic and hydrodynamic damping of the platform in an operating spar-type floating offshore wind turbine [J]. Renewable Energy, 2022, 198: 772-788.

[12] RONY J, KARMAKAR D, SOARES C G. Coupled dynamic analysis of spar-type floating wind turbine under different wind and wave loading [J]. Marine Systems & Ocean Technology, 2021, 16: 169-198.

[13] MU A, HUANG Z, LIU A, et al. Optimal model reference adaptive control of spar-type floating wind turbine based on simulated annealing algorithm [J]. Ocean Engineering, 2022, 255: 111474.

[14] YUAN W, FENG J-C, ZHANG S, et al. Floating wind power in deep-sea area: Life cycle assessment of environmental impacts [J]. Advances in Applied Energy, 2023, 9: 100122.

[15] ROBERTSON A, JONKMAN J, MASCIOLA M, et al. Definition of the semisubmersible floating system for phase Ⅱ of OC4 [R]. National Renewable Energy Lab. (NREL), Golden, CO (United States), 2014.

[16] KIM J, SHIN H. Model test & numerical simulation of OC4 semi-submersible type floating offshore wind turbine [C]. proceedings of the ISOPE International Ocean and Polar Engineering Conference, F, ISOPE, 2016.

[17] LIU Y, LI S, CHAN P W, et al. On the failure probability of offshore wind turbines in the China

coastal waters due to typhoons: a case study using the OC4 - DeepCwind semisubmersible [J]. IEEE Transactions on Sustainable Energy, 2018, 10 (2): 522-532.

[18] ROBERTSON A N, JONKMAN J M. Loads analysis of several offshore floating wind turbine concepts [C]. proceedings of the ISOPE International Ocean and Polar Engineering Conference, F. ISOPE, 2011.

第11章 结 论

全球各国正在积极寻求向更清洁的能源转型，以实现碳中和目标。在这个过程中，海上风电作为一种被寄予厚望的新能源，正受到越来越多的关注。根据国际能源署（IEA）的数据，到2040年，世界海上风能资源能够满足全球电力需求的11倍，利用这种能源是到2050年实现全球净零碳排放目标的关键路径[1]。根据全球风能理事会（GWEC）发布的《2023年全球海上风电报告》，截至2022年年底，全球海上风电总装机容量达64.3GW。预计未来十年（2023—2032年），海上风电装机容量将超过380GW，到2032年年底，海上风电总装机容量将达到447GW[2]。

多国政府开始意识到海上风电不仅能带来安全、可及、清洁的能源，还能培育新兴产业并创造就业岗位。因此，很多国家都在加速布局海上风电项目。在俄乌战争和全球能源危机背景下，各国加快了新能源转型步伐，海上风电建设也在加速[3]。

美国能源部（DOE）在2021年宣布，到2030年将部署30GW海上风电机组。根据目前的项目进度，美国海上风电部门预计到2035年将安装约60GW的海上风电容量[4]。日本受地理位置影响，自然资源有限，发展光伏和陆上风电等可再生能源非常有限，核电又因为福岛事故而放缓步伐。日本政府为了实现2050年脱碳，提出了以可再生能源为主要电源的方针，并想尽快引进作为王牌手段的海上风力发电[5]。2020年，日本风能协会（JWPA）表示，各方就日本海上风电远期目标达成共识：该国计划将海上风电装机容量2030年完成10GW，2040年完成30～45GW。海上风电传统地区欧洲受俄乌战争影响，能源危机加剧，更是加快了海上风电开发的脚步。欧洲海上风电主要装机国为英国、法国、荷兰、德国[6]。2022年英国新增海上风电装机容量1.18GW，法国新增海上风电装机容量0.48GW，荷兰新增海上风电装机容量0.37GW，德国新增海上风电装机容量0.34GW。根据欧盟气候政策目标，到2030年海上风电装机总量将从当前的2500万kW增加至1.1亿kW，到2050年欧洲海上风电装机总量将在当前基础上增长25倍以上。

我国在"双碳"目标下，海上风电发展也非常迅速。2021年年底我国海上风电累计装机规模已经超越英国，跃居世界第一[7]。2022年较2021年发展规模有所回落，但仍然是海上风电发展史上的第二高位。我国是全球海上风电累计装机规模最大的国家，累计装机规模为 37.3GW，占全球总规模的 57.6%。

随着技术的进步和市场的发展，海上风电逐步进入漂浮式风电领域，这也意味着海上风电的未来主要关注漂浮式风电的发展。实际上，全球漂浮式海上风电市场持续升温，海上风电机组的机型样式也在不断推陈出新。多个国外开发商，如 EnerOcean、EnBW、Hexicon 等一直在探索单基础平台搭载多台风电机组的方式[8]，而 X1 Wind、Eolink、T-Omega Wind 等公司则成功研发出无塔筒风电机组[9]。

早在 2009 年，挪威国家石油（Statoil 公司，2018 年更名为 Equinor）就已经开发了世界上第一个全尺寸漂浮式风电机组的样机项目——Hywind Demo[10]。该项目采用了单立柱式基础，离岸距离 10km，机位和作业水深达 200m，基础重量约 3200t，单机功率 2.3MW，成为漂浮式海上风电行业的重要里程碑。此后，葡萄牙、日本、英国、法国、西班牙等国家也纷纷推出漂浮式样机。近期，漂浮式样机的推出速度明显加快，漂浮式海上风电已经历从单台样机到小型商业化示范风电场的过程，商业化进程显著加快。

根据 GWEC 的统计，2022 年全球新建约 66MW 漂浮式风电项目，包括挪威 60MW 项目和中国海装"扶摇号"6.2MW 机型。截至 2022 年，漂浮式海上风电已投运项目 20 个，规模为 245.4MW，占海上风电累计装机容量比值仅为 0.4%；在建项目 12 个，规模为 387.4MW。

随着全球能源结构的转变，漂浮式海上风电项目逐渐成为可再生能源领域的重要发展方向。根据 BNEF 研究数据，全球漂浮式海上风电项目的成本已经明显下降，由 2008 年首个项目建成时接近 30 万元/kW 降至 2019 年 40511 元/kW 的造价，目前全球漂浮式风电造价在 4 万元/kW 左右。这种成本的降低为漂浮式风电的快速发展提供了有力的支持[11]。

漂浮式风电的优势在于其能够利用广阔的海域，尤其在一些深远水域和台风多发区域。因此，漂浮式风电具有巨大的发展潜力。挪威船级社认为，未来 30 年间，全球范围内要安装的漂浮式海上风电装机容量将达到 300GW 左右，占所有海上风电装机容量的 15%，需要约 2 万台风电机组，每台风电机组将安装在重量超过 5000t 的漂浮式基础上，并使用大量系泊缆绳予以固定。这种大规模的装机容量将为漂浮式风电的发展提供强有力的支撑。同时，随着企业投资的不断增加和技术的不断进步，漂浮式海上风电产业链将迎来更加广阔的发展空间。

漂浮式风电开发中的基础结构技术挑战是技术创新的重要领域。目前，主流的漂浮式风电机组基础结构型式包括单立柱式、半潜式、张力腿式和驳船式。单立柱式基础结构呈圆柱形，吃水较大，适用于水深大于 100m 的环境。半潜式基础结构多为三、四浮筒结构，适用于水深大于 40m 的环境，设计灵活，运输安装难度较小。张力腿式基础控制平台的浮力大于自重，借助锚固在海底的拉索维持稳定，张力腿结构造价较高，其平台的平面外运动性能较好。驳船式基础结构呈四边形中间镂空结构，类似于船型，具有良好的阻尼作用以改善整体运动性能。这种结构适用于水深大于 30m 的环境，结构型式简单，便于批量化组装。

目前阶段，立柱式和半潜式基础技术的发展相对成熟，已经进入了小批量示范风场阶段[12]。驳船式基础处于小容量样机试验阶段，张力腿式基础则处于单机样机试验阶段。

随着我国不断加大漂浮式技术的研究开发和经验储备，以上四种技术路线预计将在2023—2025年技术成熟度不断提高。

11.1 单立柱式漂浮式风电机组基础

单立柱式漂浮式风电机组基础是当前主流的漂浮式风电机组基础，已经在全球范围内的一系列前导性漂浮式风电机组试验项目中得到应用，并在欧洲的漂浮式风电机组商业化开发中取得了宝贵的验证性数据和实际操作评估。这种基础设计在南海的应用前景尤为广阔，因为南海的海域环境和气候条件与欧洲相似，有利于单立柱式漂浮式风电机组的稳定运行和高效发电。

为了更深入地了解单立柱式漂浮式风电机组基础在南海的工作性能，本书通过数值模拟的方法对其在南海工作海况和自存海况进行了充分的研究。数值模拟是一种有效的研究手段，可以模拟实际海洋环境中的各种复杂因素，为研究提供准确的数据和预测。本书模拟了单立柱式漂浮式风电机组在不同海况下的工作状态，包括风速、波浪、水流等多种因素。通过对比和分析不同海况下的数据，发现单立柱式漂浮式风电机组在南海具有很好的适应性。即使在复杂的海洋环境中，它也能够保持稳定的运行状态，实现高效发电。

当来波方向与来风方向同为0°角时，单立柱式漂浮式风电机组受到的主要环境荷载主要发生在纵荡、垂荡、纵摇3个自由度上。这3个自由度上的固有频率分别为0.008Hz、0.032Hz和0.034Hz。这些固有频率是风电机组设计的重要参数，它们决定了风电机组在特定环境条件下的稳定性和响应。

在有风情况下，气动阻尼的出现对漂浮式风电机组整体系统产生了影响。具体来说，纵荡和纵摇的RAO谱峰峰值减小，而垂荡方向的运动几乎不受气动阻尼影响。这说明在有风条件下，单立柱式漂浮式风电机组的稳定性在垂荡方向得到了提升，而在纵荡和纵摇方向则需要更多的关注。

不同工况下响应谱的分析显示，在作业工况和自存工况条件下，漂浮式风电机组的纵荡、垂荡和纵摇方向的响应谱谱峰频率主要受波浪条件影响。这说明波浪条件是影响单立柱式漂浮式风电机组响应的重要因素，因此在设计风电机组时需要考虑不同波浪条件下的响应特性。

通过计算单立柱式漂浮式风电机组在两种工况下的最大响应值，发现其在南海的相关工况下具有良好的水动力表现。这一发现对于南海地区的海上风电场建设具有重要的指导意义，因为南海地区的海洋环境条件相对复杂，需要选择适合的设备以确保风电场的稳定运行。

11.2 半潜式漂浮式风电机组基础

半潜式漂浮式风电机组基础构型是使用最为广泛的漂浮式风电机组基础构型，在欧洲的一系列前导性和半商业化、商业化漂浮式风电机组项目中都得到了广泛的运用。长期的使用经验证明，半潜式漂浮式风电机组基础具有优越的水动力性能，是漂浮式风电开发的可靠选择。本书利用频域数值模拟的方式，研究了 OC4 - Submersible 漂浮式风电机组在南海常规海况下和自存海况下的工作性能，进而也说明了 OC4 - Submersible 半潜式漂浮式风电机组用于南海海上风能开发中的优化方向。

为了更深入地了解半潜式漂浮式风电机组在南海的工作性能，研究人员利用频域数值模拟的方式，对 OC4 - Submersible 漂浮式风电机组在南海常规海况下和自存海况下的工作性能进行了研究。结果表明，OC4 - Submersible 半潜式漂浮式风电机组在南海海上风能开发中具有优化的潜力。

在南海的常规海况下，OC4 - Submersible 漂浮式风电机组表现出良好的工作性能。通过数值模拟，研究人员发现该风电机组在各种风速和波浪条件下都能保持稳定的运行状态。此外，该风电机组还具有较高的能源转换效率，能够有效地将风能转化为电能。

在自存海况下，OC4 - Submersible 漂浮式风电机组也表现出了良好的适应性。研究人员发现，该风电机组能够根据海况的变化自动调整其位置和姿态，以确保稳定的运行状态。此外，该风电机组还具有较高的结构强度和稳定性，能够抵御南海复杂海况的挑战。

通过对 OC4 - Submersible 漂浮式风电机组在南海常规海况下和自存海况下的工作性能进行深入研究，研究人员为南海海上风能开发提供了优化方向。未来，可以进一步优化半潜式漂浮式风电机组的基础构型、提高能源转换效率、增强结构强度和稳定性等，以更好地适应南海复杂的海况条件。

具体地，通过研究不同来波方向的波浪对该漂浮式风电机组的作用发现，该半潜式漂浮式风电机组不存在特定的敏感入射角。在入射角度为 0° 的波浪作用下，气动阻尼的存在主要影响整体系统在纵摇方向的 RAO，使其谱峰峰值减小，同时还会对其在横荡、横摇和艏摇三个非主要运动自由度产生扰动作用，增大其对应自由度的 RAO 谱值。为了更深入地理解半潜式漂浮式风电机组在风浪耦合作用下的水动力表现，本书进一步研究了该风电机组在两种南海海域设计工况条件下的运动响应谱。在作业工况下，整体系统的运动响应谱主要受输入波浪谱影响；在自存工况下，该漂浮式风电机组的垂荡固有频率对其运动响应有较大影响。通过计算该半潜式漂浮式风电机组在给定两种南海海域工况下的最大运动响应值发现，在两种工况条件下半潜式漂浮式风电机组的主要运动响应集中在纵荡、垂荡和纵摇方向上。其中，作业工况中各自由度的最大运动响应均相对较小，显示出该构型在作业工况下较好的稳定性。然而，在自存工况下，其纵荡和纵摇虽然运动幅度不大，但垂荡方向的运动响应非常大。过大的垂荡运动意味着该半潜式漂浮式风电机组的原构型不能适用于南海相关海域作业。

为了改善半潜式漂浮式风电机组的水动力性能，建议进行以下方面的研究和改进：首先，优化漂浮式风电机组基础的结构设计和材料选择，以提高其抵抗风浪的能力；其次，引入先进的控制技术和算法，以实现对漂浮式风电机组及基础运动的精确控制；最后，加强海上试验和观测，以获取更准确的数据和信息，为后续的研究和改进提供有力支持。

11.3 驳船式漂浮式风电机组基础

以 ITI - Barge 为代表的驳船式漂浮式风电机组基础是长期受到研究人员重视的一类

漂浮式风电机组基础构型,已经通过数值模拟、水池试验等不同的模拟方式明确了其在欧洲和其他水域的优越工作性能和长期可靠性。但是,ITI-Barge 类型漂浮式风电机组基础运用在中国南海尚未得到充分的研究,其适用性和优越性需要进一步证明。为此,研究人员通过 WAMIT-FAST 联合数值模拟的方式,仿真了该漂浮式风电机组基础在南海特定风浪环境中的运动和动力响应,说明了该类型漂浮式风电机组在南海的适用性并解释了后续可能的优化方向。

通过仿真研究研究人员发现,ITI-Barge 型漂浮式风电机组基础在南海特定风浪环境下具有良好的稳定性和可靠性。与传统的漂浮式风电机组基础相比,ITI-Barge 型漂浮式风电机组基础能够更好地适应南海复杂的水文条件和风浪环境,从而提高风电场的发电效率和稳定性。

此外,仿真研究还为后续的优化设计提供了重要的指导方向。研究人员可以根据仿真结果,对 ITI-Barge 型漂浮式风电机组基础进行针对性的优化设计,进一步提高其适应性和可靠性。例如,可以改进基础的形状、结构或材料等,使其更好地适应南海的风浪环境和海底地质条件。

首先,本书研究了不同来波方向对漂浮式风电机组水动力表现的影响。结果表明,该漂浮式风电机组对于入射波的来波方向并不敏感,不存在特定的弱势波浪入射角。这意味着,无论波浪从哪个方向来袭,漂浮式风电机组都能保持较好的稳定性,从而有效地吸收风能。

其次,本书分析了不同风况条件下漂浮式风电机组在风浪耦合作用下的水动力表现。结果发现,气动阻尼的存在使得漂浮式风电机组在纵荡和纵摇方向的 RAO 较无风情况更小,而垂荡方向的 RAO 基本不随风况条件发生变化。其余 3 个自由度上的 RAO 则在气动阻尼的扰动作用下相应增大。这说明,在风浪耦合作用下,漂浮式风电机组能够通过自身的气动阻尼作用有效减小波浪对设备的影响,保持稳定运行。

再次,本书还研究了漂浮式风电机组在两种南海海域设计工况下的响应谱。研究发现,在作业工况下,其整体响应主要与自身结构的固有横荡(纵荡)频率有关,而垂荡方向的响应谱则主要受波浪谱条件影响。在自存工况下,漂浮式风电机组在纵荡以及垂荡方向的响应主要受输入波浪谱影响,其主要响应谱谱峰出现在波浪谱的频率附近,其余 4 个自由度的响应谱则主要受其固有横荡频率的影响。这说明,在不同的工况下,漂浮式风电机组的响应谱表现出不同的特点,需要根据具体情况进行相应的设计和优化。

最后,本书计算得到该漂浮式风电机组在给定南海海域工况下的最大运动响应值。发现两种工况下整体系统的主要运动自由度为纵荡、垂荡以及纵摇,其中纵摇方向的最大偏转角度较大,为 17.7°。这需要在实际设计和运行中特别注意,以防其在自存工况下发生倾覆。

11.4 未来漂浮式风电机组基础结构型式的发展方向

虽然我国漂浮式技术起步较晚,但随着海上风电产业的发展,我国率先实现远海风电规模化开发和平价上网的目标将成为可能[13]。GWEC 预计,到 2030 年全球漂浮式风电的总装机容量将达到 16.5GW，2030 年后漂浮式风电发展速度将进一步加快。为了实现这一目标，我们需要加强技术研发和创新，提高漂浮式风电技术的可靠性和经济性。同时，还需要加强市场推广和应用，提高公众对漂浮式风电技术的认知度和接受度。此外，还需要加强政策支持和监管，为漂浮式风电技术的发展提供良好的环境和保障。

我国正在积极布局深远海海上风电示范项目，沿海各省出台一系列促进深远海海上风电发展的政策方案。山东、江苏和广东的风能资源及发电情况较好，政策扶持下海上风电产业前景光明，漂浮式风电市场有望受益。不同漂浮式风电机组基础结构型式技术成熟度见图 11.1。

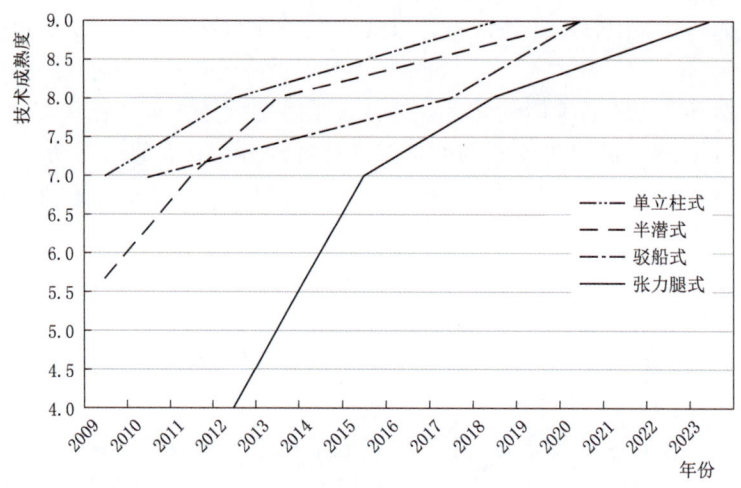

图 11.1　不同漂浮式风电机组基础结构型式技术成熟度

目前漂浮式风电真正走向商业化和规模化的主要障碍在于相比于固定式海上风电，成本仍然较高，造成漂浮式风电场的整体经济效益较低。为了降低漂浮式海上风电项目的成本，当前海洋工程业界和新能源产业界的研究认为可以采取一系列措施，如批量化制造、岸上装配和调试，以及最大限度地减少昂贵的海上运维作业等。这些措施有助于降低项目的建设和运营成本，提高项目的经济效益。

从降低生产，安装和运维成本的角度，在漂浮式风电机组支撑结构方面，呈现以下技术发展趋势[14]：

1. 方案多样化

在对漂浮式风电机组基础方案不断进行总布置、主尺度优化的同时，近年来涌现出多种结构特征鲜明、设计理念独特的新型漂浮式风电机组基础方案。例如，Stiesdal Offshore Technologies A/S 公司提出的 TetraSpar 方案，该方案采用独特的三角形结构，具有较高的稳定性和较低的制造成本。

2. 新材料的推广应用

传统漂浮式机组的结构重心高、稳性差，导致基础主尺度和用钢量难以降低。近年来，一些方案采用混凝土等高密度、低单价材料作为漂浮式风电机组基础的主要建造或压载材料，有效降低了机组的重心，减少基础的主尺度和建造费用。这种新材料的推广应用将有助于降低项目的成本。

参 考 文 献

[1] SADORSKY P. Wind energy for sustainable development: Driving factors and future outlook [J]. Journal of Cleaner Production, 2021, 289: 125779.

[2] MUSIAL W, SPITSEN P, DUFFY P, et al. Offshore wind market report: [R]. National Renewable Energy Laboratory (NREL), Golden, CO (United States), 2023.

[3] KARKOWSKA R, URJASZ S. How does the Russian-Ukrainian war change connectedness and hedging opportunities? Comparison between dirty and clean energy markets versus global stock indices [J]. Journal of International Financial Markets, Institutions and Money, 2023, 85: 101768.

[4] JOST K, XYDIS G. Offshore wind acceleration in the US Atlantic coast and the 30 GW by 2030 target [J]. Proceedings of the Institution of Civil Engineers-Energy, 2023, 176 (4): 169-176.

[5] ZHU D, MORTAZAVI S M, MALEKI A, et al. Analysis of the robustness of energy supply in Japan: Role of renewable energy [J]. Energy Reports, 2020, 6: 378-391.

[6] SOARES-RAMOS E P, DE OLIVEIRA-ASSIS L, SARRIAS-MENA R, et al. Current status and future trends of offshore wind power in Europe [J]. Energy, 2020, 202: 117787.

[7] XIA S, YANG Y, LIU Y. Potential of China's offshore wind energy [J]. Science, 2023, 379 (6635): 888.

[8] GROUP R E M. Plenitude invests in Enerocean's floating wind technology [R]. Back Media Press Release, 2022.

[9] CRUCIANI M. Offshore Wind Power Floating in its Industrial and Technological Dimension [M]. Ifri, Italy: 2019.

[10] SKAARE B, NIELSEN F G, HANSON T D, et al. Analysis of measurements and simulations from the Hywind Demo floating wind turbine [J]. Wind Energy, 2015, 18 (6): 1105-1122.

[11] 舟丹. 浮式风电未来发展展望 [J]. 中外能源, 2020, (2): 1.

[12] DíAZ H, SERNA J, NIETO J, et al. Market needs, opportunities and barriers for the floating wind industry [J]. Journal of Marine Science and Engineering, 2022, 10 (7): 934.

[13] 赵靓. 漂浮式海上风电, 持续降本是关键 [J]. 风能, 2023 (6): 40-44.

[14] CHEN Y, LI C, GAO W, et al. The Current Situation and Recent Advances of Deep-Water Floating Wind Turbine [J]. Applied Mechanics and Materials, 2012, 226: 772-775.

《中国海上风电丛书》编辑人员名单

总责任编辑　丁　琪　王　梅
项目总执行　汤何美子
项目组成员　邹　昱　高丽霄　王　惠　蒋雷生
　　　　　　张建良

《中国海上风电丛书》出版人员名单

封面设计　芦　博
版式设计　吴建军　郭会东　孙　静
责任校对　梁晓静　黄　梅　张伟娜　王凡娥
责任印制　黄勇忠　辛公军　焦　岩　冯　强
责任排版　吴建军　郭会东　孙　静　丁英玲